电气工程及其自动化系列

电工与电子技术基础学习指导

DIANGONG YU DIANZI JISHU JICHU XUEXI ZHIDAO

毕淑娥 主编

内容简介

本书是毕淑娥主编的《电工与电子技术基础》(第4版)的配套学习指导教材,其涉及第4版教材中第1～16章的内容。每章的标题及内容排列均与第4版教材相同,含有内容提要、重点与难点、例题分析、思考题分析和习题分析等内容。本书详细地总结了电工与电子技术的基本理论、基本分析方法和基本应用电路。全书内容条理清晰、深入浅出,例题结合实际,习题解答详细且方法多,适合不同层次的读者自学使用。

本书是高等工科学校“电工与电子技术”课程学习的指导教材,可供高等工科院校非电类专业的相关学生和教师使用,也可作为其他各类院校“电工与电子技术”课程学习的指导教材或参考书。

图书在版编目(CIP)数据

电工与电子技术基础学习指导/毕淑娥主编. —哈尔滨:哈尔滨工业大学出版社,2022.1

ISBN 978-7-5603-7787-2

Ⅰ.①电… Ⅱ.①毕… Ⅲ.①电工技术-高等学校-教学参考资料 ②电子技术-高等学校-教学参考资料 Ⅳ.①TM ②TN

中国版本图书馆CIP数据核字(2018)第264222号

策划编辑 王桂芝 黄菊英
责任编辑 李长波 张 权
出版发行 哈尔滨工业大学出版社
社 址 哈尔滨市南岗区复华四道街10号 邮编 150006
传 真 0451-86414749
网 址 http://hitpress.hit.edu.cn
印 刷 哈尔滨市工大节能印刷厂
开 本 787 mm×1 092 mm 1/16 印张 15.5 字数 397 千字
版 次 2022年1月第1版 2022年1月第1次印刷
书 号 ISBN 978-7-5603-7787-2
定 价 45.00元

前　言

“电工与电子技术”课程是高等工科学校非电类专业的重要基础课。本书是按照教育部颁布的“电工技术(电工学Ⅰ)”和“电子技术(电工学Ⅱ)”两门课程的教学基本要求,针对目前学生的学习需要而编写的。

本书是毕淑娥主编的《电工与电子技术基础》(第4版)的配套学习指导教材,其涉及第4版教材中第1~16章的内容。每章的标题及内容排列均与第4版教材相同,含有内容提要、重点与难点、例题分析、思考题分析和习题分析等内容。

本书详细地总结了电工与电子技术的基本理论、基本分析方法和基本应用电路。全书内容条理清晰、深入浅出,例题结合实际,习题解答详细且方法多,适合不同层次的读者自学使用。

本书是高等工科学校“电工与电子技术”课程学习的指导教材,可供高等工科院校非电类专业的相关学生和教师使用,也可作为其他各类院校“电工与电子技术”课程学习的指导教材或参考书。

因编者学识水平所限,书中难免有疏漏和不足之处,恳切希望使用本书的读者提出宝贵意见。意见可发送邮件至 sebi@ scut. edu. cn。

编　者

2021 年 7 月

目　　录

第1章　电路的基本概念和基本定律

1.1　内容提要

1. 电路的作用与组成

(1) 电路的作用是输送电能和传递信号。

(2) 电路是由电源、负载和中间转换环节组成的。

2. 电路模型

实际电路是由多种电气元件通过导线连接起来的。在分析电路时,可将实际电路中的元器件理想化。理想化就是突出元器件的主要电磁特性,忽略其次要特性。由理想元件构成的电路称为电路模型。理想元件有电阻、电感、电容、电压源、电流源和理想变压器等。

3. 电流、电压的参考方向

在直流复杂电路或交流电路中,某段电路或每个元件中的电流实际方向及其两端电压的实际方向是很难确定的。因此,在分析电路之前,先任意设定电路中电流或电压的方向,这个设定的方向称为电流或电压的参考方向。然后根据参考方向列方程,若求出的 $I > 0$ 或 $U > 0$,表明电流或电压的实际方向与参考方向相同;若 $I < 0$ 或 $U < 0$,表明电流或电压的实际方向与参考方向相反。

对于同一个电路元件,若电流与电压的参考方向相同,则称为关联参考方向;若电流与电压的参考方向相反,则称为非关联参考方向,如图1.1所示。

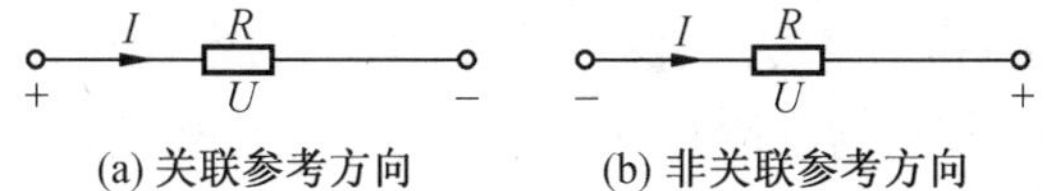

(a) 关联参考方向　　(b) 非关联参考方向

图1.1　电流与电压的参考方向

4. 电流的实际方向

电流流过电源时,是从电源的低电位到高电位;电流流过负载时,是从负载的高电位到低电位。

5. 功率

在单位时间内,某段电路所接受能量的数值是 $P = UI$,$P = UI$ 称为这段电路所吸收的功率。功率的单位为瓦,用符号W表示。

在电路中,电源发出的功率等于负载吸收的功率,即 $P_S = P_L$。

若电流与电压为关联参考方向,则 $P = UI$;若电流与电压为非关联参考方向,则 $P = -UI$。

当计算结果 $P > 0$ 时,表明电路元件实际吸收功率;当计算结果 $P < 0$ 时,表明电路元件实际发出功率。

电阻是耗能元件,在电路中吸收功率。计算电阻元件吸收功率的公式为

$$P = UI = RI^2 = \frac{U^2}{R}$$

6. 电路的基本定律

(1) 欧姆定律。

线性电阻元件两端的电压与流过此元件的电流成正比,其正比关系称为欧姆定律,即 $U = RI$;当电阻元件两端的电压与电流为非关联参考方向时,其关系式为 $U = -RI$。

(2) 基尔霍夫定律。

① 基尔霍夫电流定律(KCL)。基尔霍夫电流定律用于描述电路中各支路之间的电流关系,其定律内容为:

在电路中的任一时刻,流入某节点或封闭面的电流之和等于流出该节点或该封闭面的电流之和。或者这样表明,流入或流出任一节点或封闭面的所有支路电流的代数和等于零,即

$$\sum i = 0$$

流入节点的电流取正号,流出节点的电流取负号。

② 基尔霍夫电压定律(KVL)。基尔霍夫电压定律用于描述电路中各段电压之间的关系,其定律内容为:

在电路中的任一时刻沿任一回路绕行一周,电位降之和等于电位升之和。或者这样表明,该回路的各段支路电压的代数和为零,即

$$\sum u = 0$$

当支路的电压或电流的方向与所选的回路绕行方向一致时取正号;反之取负号。

KVL 不仅适用于闭合回路,也适用于开口回路。

7. 电位及其计算

在对电路实际调试中,经常要用到电位的概念对电路的工作状态进行分析。所谓电位,就是在电路中取任意一节点 o 作为参考点,设参考点的电位为零,即 $V_o = 0$。把由某节点 a 到此参考点之间的电压 U_{ao} 称为 a 节点的电位 V_a,即 $U_{ao} = V_a$。在工程应用中,常把电路中的公共连接点作为电路的参考点。

8. 电路的基本连接方式

在电路中,电阻元件的基本连接方式有三种,即串联、并联和 Y - △ 连接。

(1) 电阻的串联。

当两个电阻 R_1、R_2 串联时,其等效电阻为

$$R = R_1 + R_2$$

两个电阻串联的分压公式为

$$U_1 = \frac{R_1}{R_1 + R_2}U, \quad U_2 = \frac{R_2}{R_1 + R_2}U$$

(2) 电阻的并联。

当两个电阻 R_1、R_2 并联时,其等效电阻为

$$R=\frac{R_1R_2}{R_1+R_2}$$

两个电阻并联的分流公式为

$$I_1=\frac{R_2}{R_1+R_2}I,\quad I_2=\frac{R_1}{R_1+R_2}I$$

(3) 电阻的 Y 形(星形) 连接和 △ 形(三角形) 连接。

当电阻为 Y 形连接和 △ 形连接时,如果在它们的对应端子之间具有相同的电压,而流入对应端子的电流也分别相等,这两种连接方式的电阻可以进行等效变换。

当 Y 形连接或 △ 形连接的三个电阻值相等时,可以用下式进行等效变换,即

$$R_Y=\frac{1}{3}R_\triangle,\quad R_\triangle=3R_Y$$

9. 电桥电路

当对应桥臂的电阻分别是 R_1、R_3 和 R_2、R_4 时,电桥的平衡条件是

$$R_1R_3=R_2R_4$$

当电桥电路平衡时,电桥无信号输出,对其输出端做开路或短路处理。

10. 电路的基本工作状态

(1) 有载状态。

电源向负载提供的电流为

$$I=\frac{E}{R_S+R_L}$$

电源向负载提供的电压为

$$U=E-IR_S$$

负载消耗的功率为

$$P=UI$$

(2) 开路状态(负载开路)。

电源无电流输出,即

$$I=0$$

电源的开路电压为

$$U_o=E$$

负载无功率消耗,即

$$P=0$$

(3) 短路状态(负载被短路)。

电源的短路电流为 $I_S=\dfrac{E}{R_S}$,短路电流超过额定电流,若不采取措施,电源将烧坏。

电源无电压输出,即

$$U=0$$

电源产生的功率全部被内阻消耗掉。负载无功率消耗,即

$$P=0$$

1.2 重点与难点

1.2.1 重点

1. 电流、电压的参考方向

(1) 必须深刻理解为什么要在电路中设置电流、电压参考方向的概念。

(2) 参考方向一旦确定,在电路分析过程中不能改变,要按参考方向列电路方程。

(3) 在设置电压、电流的参考方向时,电源的电压和电流的参考方向要设置为非关联参考方向;负载的电压和电流的参考方向要设置为关联参考方向。

(4) 若计算结果(电压或电流)为正值,说明电压或电流的实际方向与参考方向相同;若计算结果(电压或电流)为负值,说明电压或电流的实际方向与参考方向相反。

2. 电流的实际方向

电流流过电源时,是从电源的低电位到高电位;电流流过负载时,是从负载的高电位到低电位。

3. 功率

(1) 必须深刻理解电路中功率平衡的概念,即 $P_S = P_L$。电源发出功率,负载吸收功率。

(2) 在计算功率时,要按电压、电流的参考方向列功率公式。计算出电源的功率是 $P < 0$,计算出负载的功率是 $P > 0$。

4. 基尔霍夫定律

(1) KCL 不仅适用于电路中的节点,也适用于任意一个闭合面。

(2) KVL 不仅适用于电路中的闭合回路,也适用于任意不闭合的回路。

(3) 在使用KVL列方程时,关键是沿回路绕行方向要分清各段电压是电位升还是电位降,即各支路电流或电源端电压与回路绕行方向一致为电位降,各支路电流或电源端电压与回路绕行方向相反为电位升。

(4) 用“电位降之和 = 电位升之和”列回路电压方程比较简单。

5. 电位及其计算

(1) 用电位的概念求解电压或电流时,首先要在电路中设参考点。

(2) 参考点一般设在电路的外围节点上,或者将电压源的负极作为参考点。

(3) 由于电路中各点的电位与路径无关,因此,在求解某点电位时,应选择元件最少的支路列方程。

6. 电路的连接方式

(1) 电阻串联起分压作用,电阻串联后阻值增大。两个电阻串联时的分压公式要熟记。

(2) 电阻并联起分流作用,电阻并联后阻值减小。两个电阻并联时的分流公式要熟记。

(3) Y - △ 变换公式要熟记。

(4) 电桥电路常用于工程应用中,所以电桥电路的结构要熟记,电桥平衡条件要熟记。

1.2.2 难点

(1) 判断某条支路是否为开路。

当需要求解某条支路的端子电位时,这条支路就是开路的,此时这条支路的电阻中无电流，即支路电流等于零；当某条支路不能和其他支路形成闭合回路时，此支路电流等于零。

(2) 判断电路元件是发出功率还是吸收功率。

判断方法有两种：

① 计算元件的功率，若 $P>0$，则此元件吸收功率；若 $P<0$，则此元件发出功率。

② 找出元件电压、电流的实际方向。当电流从元件的低电位流向高电位时，此元件发出功率；当电流从元件的高电位流向低电位时，此元件吸收功率。

(3) 电阻电路的 Y－△ 变换。

当电阻电路进行 Y－△ 变换时，要从三个对应端子出发画出变换后的三个电阻的连接方式。

1.3　例题分析

【例 1.1】　在图 1.2 所示电路中，已知 $U_S=12\ \text{V}$，$R_1=1\ \Omega$，$R_2=3\ \Omega$，$R_3=6\ \Omega$，$R_4=5\ \Omega$，$R_5=20\ \Omega$，$R_6=12\ \Omega$，$R_7=16\ \Omega$，$R_8=10\ \Omega$。求电流 I。

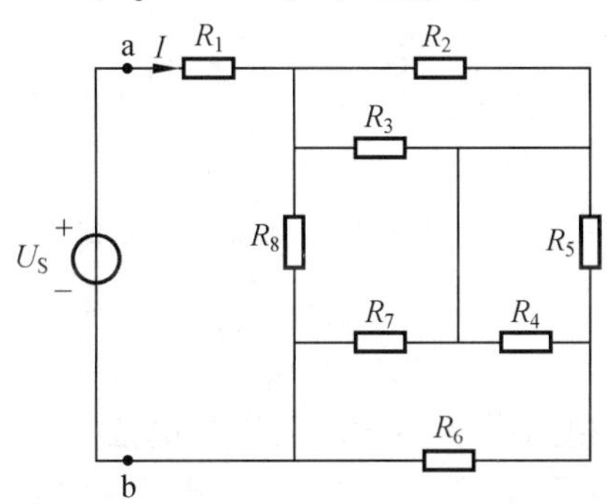

图 1.2　例 1.1 图

解　在图 1.2 中，首先将等效电阻 R_{ab} 求出来，然后利用欧姆定律就可求出电流 I。可见，此题求等效电阻是关键。

从图 1.2 中可以看出，电路中有等电位点，即图 1.3(a) 中的 c 点。根据等电位点，将图 1.3(a) 改画为图 1.3(b)。由图 1.3(b) 可知

$$R'=R_2\ /\!/\ R_3=\frac{R_2R_3}{R_2+R_3}=\frac{3\times 6}{3+6}=2(\Omega)$$

$$R''=(R_4\ /\!/\ R_5)+R_6=\frac{R_4R_5}{R_4+R_5}+R_6=\frac{5\times 20}{5+20}+12=16(\Omega)$$

由此画出等效电路，如图 1.3(c) 所示。

由图 1.3(c) 可知

$$R'''=R'+R_7\ /\!/\ R''=2+\frac{16\times 16}{16+16}=2+8=10(\Omega)$$

由此画出等效电路，如图 1.3(d) 所示。由图 1.3(d) 求出等效电阻 R_{ab}，即

$$R_{ab}=R_1+(R_8\ /\!/\ R''')=1+\frac{10\times 10}{10+10}=6(\Omega)$$

由欧姆定律求出电流，即

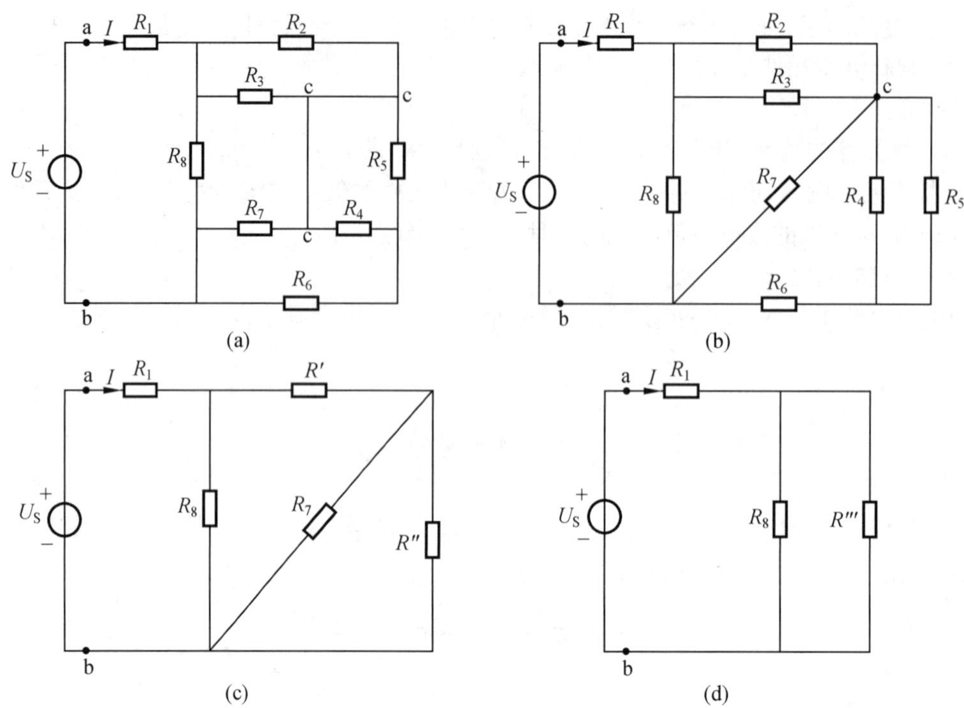

图 1.3　例 1.1 求 R_{ab} 的图解步骤

$$I=\frac{U_S}{R_{ab}}=\frac{12}{6}=2(\text{A})$$

【例 1.2】　在图 1.4 所示电路中，求 a、b、c 各点的电位。

解　在图 1.4 中，由于 c 点开路，则 5 Ω 电阻中的电流为零，由欧姆定律可知，其端电压为零。由于 10 Ω 电阻没有和其他支路组成闭合回路，则 10 Ω 电阻中无电流，其端电压为零。只有 a、b 之间的独立闭合小回路中有电流，其电流 I 的参考方向及等效电路如图 1.5 所示。

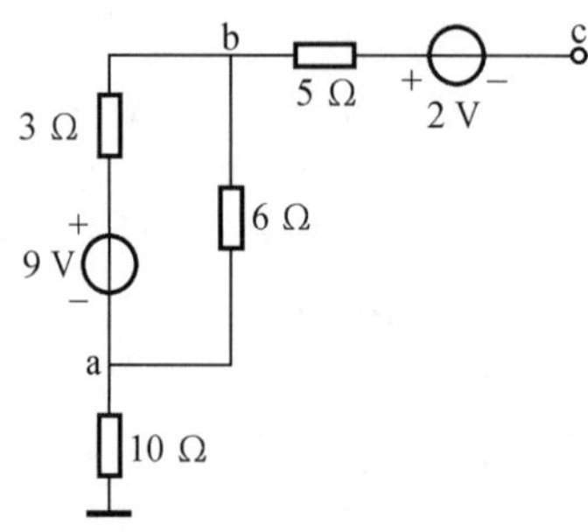

图 1.4　例 1.2 图

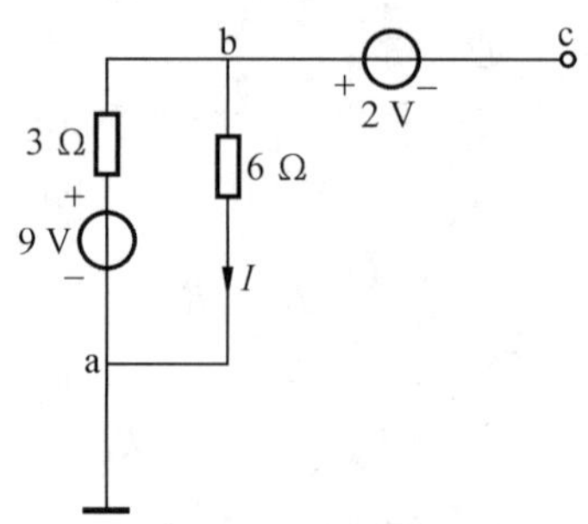

图 1.5　例 1.2 图的等效电路

由图 1.5 的等效电路可知

$$V_a=0,\quad I=\frac{9}{3+6}=1(\text{A}),\quad V_b=6I=6\times1=6(\text{V}),\quad V_c=V_b-2=6-2=4(\text{V})$$

【例 1.3】　在图 1.6(a) 所示电路中，已知 $U_{S1}=10\ \text{V}$，$U_{S2}=4\ \text{V}$，$U_{S3}=2\ \text{V}$；$R_1=2\ \Omega$，$R_2=4\ \Omega$，$R_3=6\ \Omega$。求开路电压 U_{ab}。

解　在图 1.6(a) 所示电路中，由于 a、b 两端开路，电阻 R_3 和电压源 U_{S3} 中无电流，电阻 R_1

和 R_2 是串联关系，则 R_2 中的电流也是 I。由欧姆定律得

$$I=\frac{U_{S1}-U_{S2}}{R_1+R_2}=\frac{10-4}{2+4}=1(A)$$

按图 1.6(b) 所示的回路绕行方向，根据 KVL，即电位降之和等于电位升之和，有

$$U_{ab}+U_{S3}=U_{S2}+IR_2$$

所以，开路电压为

$$U_{ab}=U_{S2}+IR_2-U_{S3}=4+1\times 4-2=6(V)$$

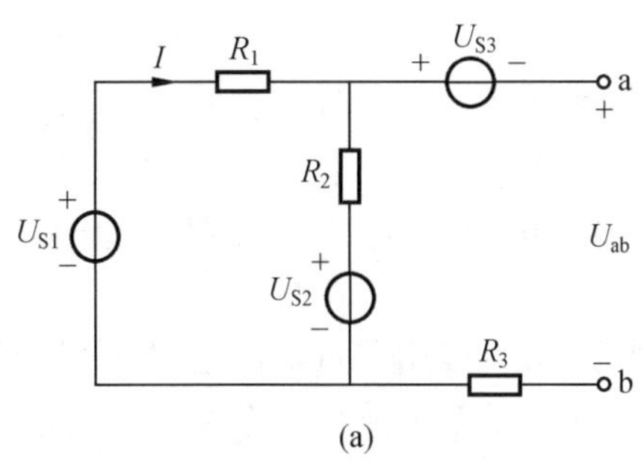

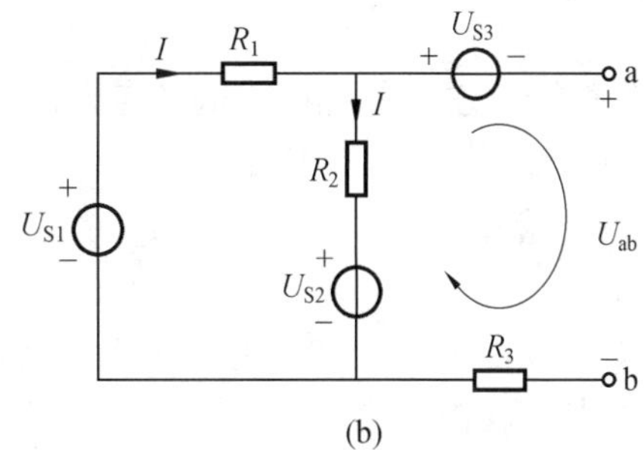

图 1.6　例 1.3 图

1.4　思考题分析

1.1　电压和电流的实际方向是怎样规定的？什么是电压和电流的关联参考方向和非关联参考方向？

解　电压的实际方向规定：电源两端电压的实际方向是从电源的正极到负极；负载两端电压的实际方向是从高电位到低电位。

电流的实际方向规定：电流流过电源时，是从电源的负极流向正极；电流流过负载时，是从负载的高电位流向低电位。

电压和电流的关联参考方向：电压和电流的参考方向相同。

电压和电流的非关联参考方向：电压和电流的参考方向相反。

1.2　在图 1.7(b) 中，电源电压为 U_{ab}，是否意味着 a 点电位高于 b 点电位？如果已知 $U_{ab}=-10$ V，那么 a、b 两点中哪点电位高？高多少？

解　在图 1.7(b) 中，电源两端电压的参考方向为 U_{ab}，下标 a 在前，说明 a 点电位高于 b 点电位。

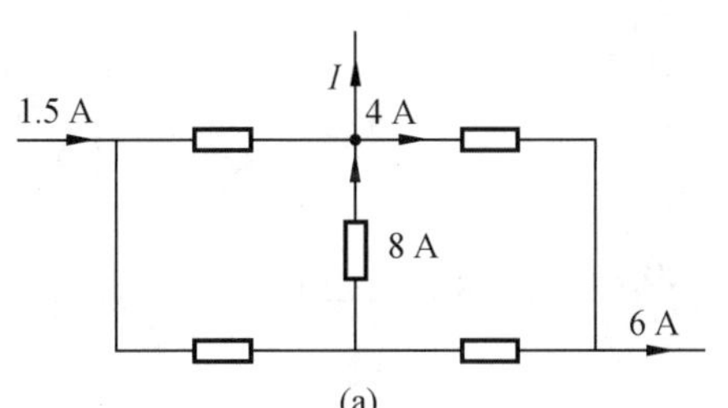

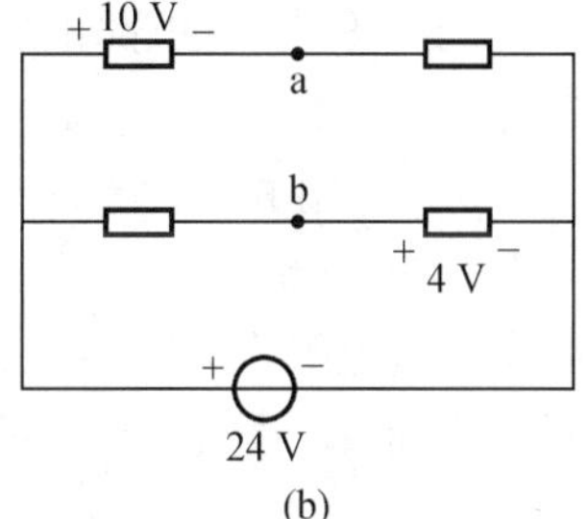

图 1.7　教材图 1.21(a)、(b)

当 $U_{ab}=-10$ V 时，说明电源两端电压的参考方向与实际方向相反，实际上是 b 点电位高于 a 点电位。b 点电位比 a 点电位高 10 V。

1.3　在电路中，为什么说某点电位的高低是相对的，而两点间的电压是绝对的？计算电位时，为什么只考虑参考点的选择，而与计算路径无关？

解　电路中某点的电位高低只和参考点有关，即某点的电位等于该点到参考点之间的电压。参考点的位置不同，各点电位随之改变。所以说某点电位高低是相对的。

电路中两点之间的电压等于两点的电位差，与参考点无关。所以说两点之间的电压是绝对的。

参考点选定之后，电路中的各点电位，用与参考点之间的差值来计算，与路径无关。不论选择何种计算路径，其差值是唯一的。

1.4　应用基尔霍夫定律的两个推论，在图 1.7(a)、(b) 所示电路中，分别计算电流 I 和电压 U_{ab}。

解　在图 1.7(a) 中，由于支路电流的已知条件不足，直接用节点电流定律求不出 I。我们知道，基尔霍夫电流定律可扩展应用到闭合面。所以，将整个电路用一个闭合面表示，闭合面作为节点，如图 1.8(a) 所示。

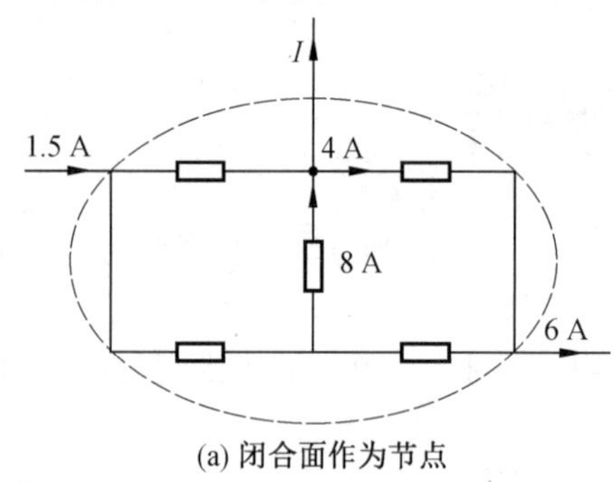

(a) 闭合面作为节点

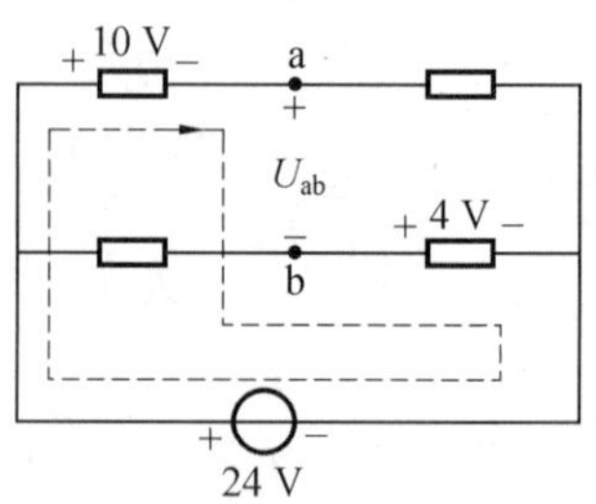

(b) 开口电路作为闭合回路

图 1.8　基尔霍夫定律的扩展应用

由 KCL 得 $1.5=I+6$，则 $I=1.5-6=-4.5$(A)。

在图 1.7(b) 中，a、b 之间是开路的。我们知道，基尔霍夫电压定律可扩展应用到开口电路。所以，将 a、b 之间接上一个无穷大电阻，即组成了闭合电路。然后设定电路的绕行方向，如图 1.8(b) 所示。

由 KVL 得，$U_{ab}+4+10=24$，则 $U_{ab}=24-14=10$(V)。

1.5　计算图 1.9 所示电路的等效电阻 R_{ab}。

解　在图 1.9 中，从电路的右边开始求等效电阻。

首先是 4 Ω 电阻和 2 Ω 电阻串联为 6 Ω，然后 6 Ω 电阻和第一个 3 Ω 电阻并联为 2 Ω。接着，2 Ω 电阻和第二个 4 Ω 电阻串联为 6 Ω，再与第二个 3 Ω 电阻并联为 2 Ω。最后，2 Ω 电阻再串联第三个 4 Ω 电阻为 6 Ω，6 Ω 电阻和最左边的 2 Ω 电阻并联，则等效电阻 $R_{ab}=1.5\ \Omega$。写出求解公式为

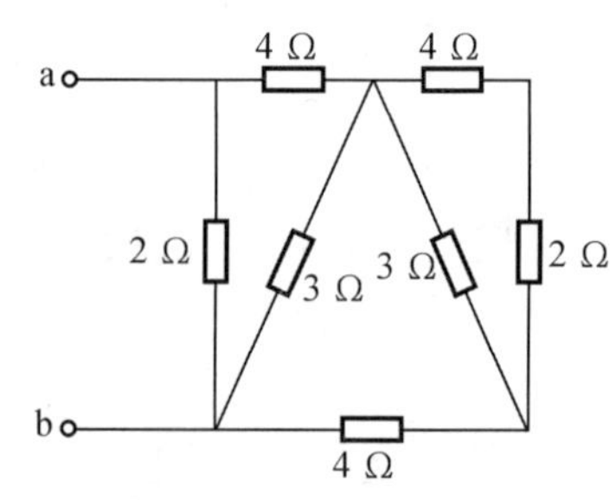

图 1.9　教材图 1.28

$$R_{ab}=2\ /\!/\ (4+[3\ /\!/\ (4+[3\ /\!/\ (4+2)])])=2\ /\!/\ (4+[3\ /\!/\ (4+2)])=$$

$2 /\!/ (4+2) = 1.5\ (\Omega)$

1.6　何谓电阻的分压作用和分流作用？试写出两个电阻 R_1、R_2 串联和并联时的分压公式和分流公式。

解　为了满足负载的需要，电阻在电路中可以和负载串联，也可以和负载并联。

当电阻和负载串联时，起分压作用，使负载上得到合适的电压。当电阻和负载并联时，起分流作用，使负载上得到合适的电流。

当两个电阻 R_1、R_2 串联时，分压公式为

$$U_1 = \frac{R_1}{R_1 + R_2}U, \quad U_2 = \frac{R_2}{R_1 + R_2}U$$

当两个电阻 R_1、R_2 并联时，分流公式为

$$I_1 = \frac{R_2}{R_1 + R_2}I, \quad I_2 = \frac{R_1}{R_1 + R_2}I$$

1.7　电桥电路的主要特点是什么？电桥的平衡条件是什么？

解　电桥电路的主要特点是，四个电阻连接成桥臂，两条对角线分别接入电源和负载。

电桥的平衡条件是，电桥相对臂电阻的乘积相等，此时负载中无电流，电桥电路无信号输出。

1.8　一台发电机，额定电流为 100 A，只接了 60 A 的负载，还有 40 A 的电流流到哪去了？

解　电源发出多少电流由负载决定。发电机此时只接了60 A的负载，则电源此时只发出 60 A 的电流，还有 40 A 的余量没有发出。

1.9　你是否注意到，电灯在深夜一般要比晚上七八点钟亮一些？这个现象的原因是什么？

解　由于实际电源有内阻，随着负载增加，内阻压降增大，导致负载两端的电压下降。

晚上七八点钟用户用电多，电源的内阻压降增大，则电灯两端的电压下降，电灯就暗些。深夜时，用户用电少，电源的内阻压降减小，则电灯两端的电压增高，电灯就亮些。

1.5　习题分析

1.1　在题图 1.1(a)、(b)、(c) 所示电路中，已给出电压、电流的参考方向和它们的数值。试求：

(1) 电压、电流的参考方向是否为关联参考方向？

(2) 计算各电路的功率，并指出是吸收功率还是发出功率？是负载性的还是电源性的？

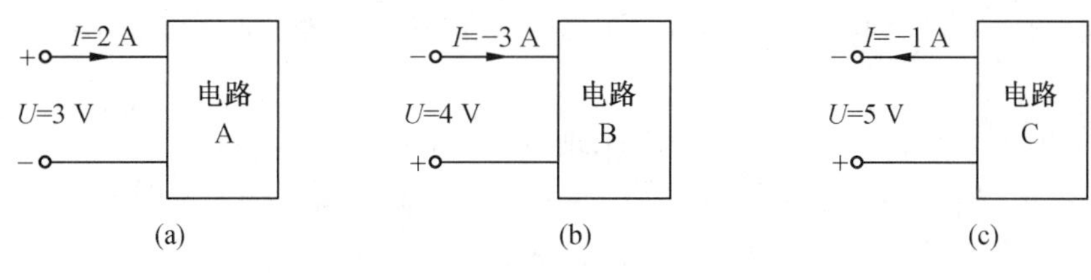

题图 1.1

解　(1)(a) 图，电压、电流的参考方向为关联参考方向。

(b) 图,电压、电流的参考方向为非关联参考方向。

(c) 图,电压、电流的参考方向为关联参考方向。

(2)(a) 图,$P = UI = 3 \times 2 = 6(\mathrm{W})$,吸收功率,电路 A 是负载性的。

(b) 图,$P = -UI = -4 \times (-3) = 12(\mathrm{W})$,吸收功率,电路 B 是负载性的。

(c) 图,$P = UI = 5 \times (-1) = -5(\mathrm{W})$,发出功率,电路 C 是电源性的。

1.2　在题图 1.2(a)、(b)、(c) 所示支路中,分别计算电阻 R_x、电压 U_x 和电流 I_x。

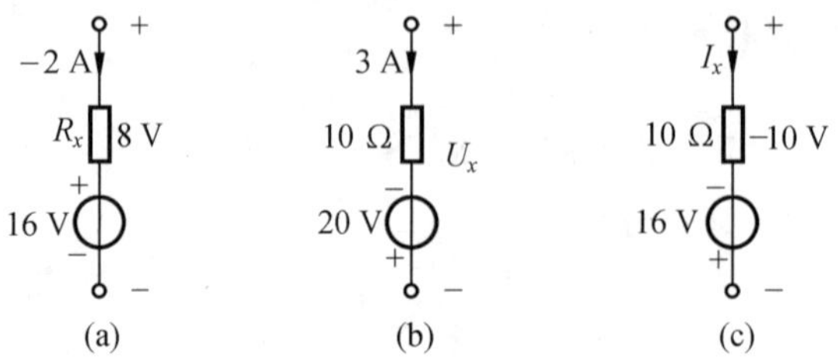

题图 1.2

解　(a) 图,$U_R = 8 - 16 = -8(\mathrm{V})$,$R_x = \dfrac{U_R}{I} = \dfrac{-8}{-2} = 4(\Omega)$。

(b) 图,$U_x = 3 \times 10 - 20 = 10(\mathrm{V})$。

(c) 图,$U_R = -10 - (-16) = 6(\mathrm{V})$,$I_x = \dfrac{U_R}{R} = \dfrac{6}{10} = 0.6(\mathrm{A})$。

1.3　在题图 1.3 中,计算 A、B、C、D 各点的电位,电路中,C 端开路。

解　在题图 1.3 中,由于 D、B 之间的电阻中有电流,D 端不是开路的。则 D 点和地之间存在一条支路,如题图 1.3(a) 所示。

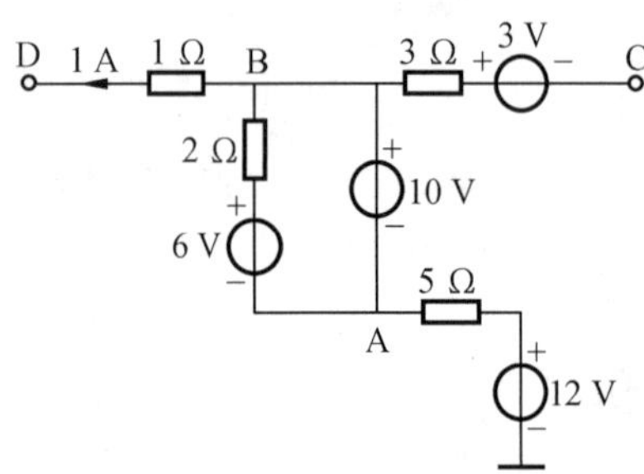

题图 1.3

题图 1.3(a)

在题图 1.3(a) 中,5 Ω 电阻中有 1 A 电流流过,则

$V_A = 12 - 1 \times 5 = 7(\mathrm{V})$,　$V_B = V_A + 10 = 17(\mathrm{V})$,　$V_C = V_B - 3 = 17 - 3 = 14(\mathrm{V})$

$$V_D = V_B - 1 \times 1 = 17 - 1 = 16(\mathrm{V})$$

1.4　题图 1.4 是由两只电位器 R_1 和 R_2 构成的调压电路,试分析输出电压 U_o 的变化范围。

解　将电位器 R_1、R_2 的电阻调至最小,即 $R_1 = R_2 = 0$。则 $U_o = 0$。

将电位器 R_1、R_2 的电阻调至最大,即 $R_1 = R_2 = 10\ \mathrm{k\Omega}$。则电路如题图 1.4(a) 所示。

在题图 1.4(a) 中,$V_A = 100\ \mathrm{V}$。由分压公式有

$$U_{R1} = \frac{R_1}{100 + R_1} \times 10 = \frac{10 \times 10^3}{100 + 10 \times 10^3} \times 10 = 9.9(\mathrm{V})$$

则

$$U_o = V_B = V_A + U_{R1} = 100 + 9.9 = 109.9(\text{V})$$

所以输出电压 U_o 的变化范围为 0 ~ 109.9 V。

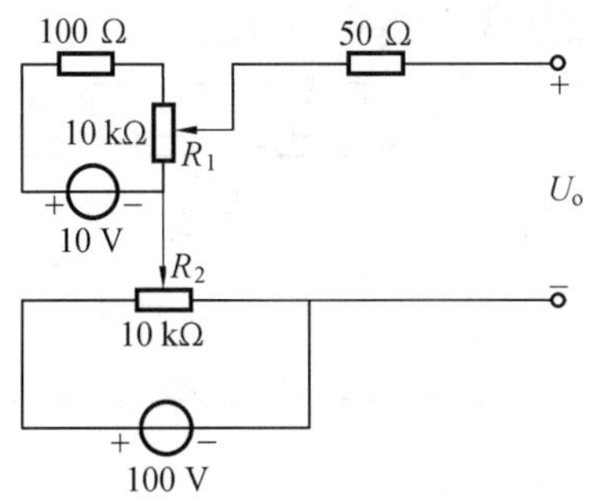

题图 1.4

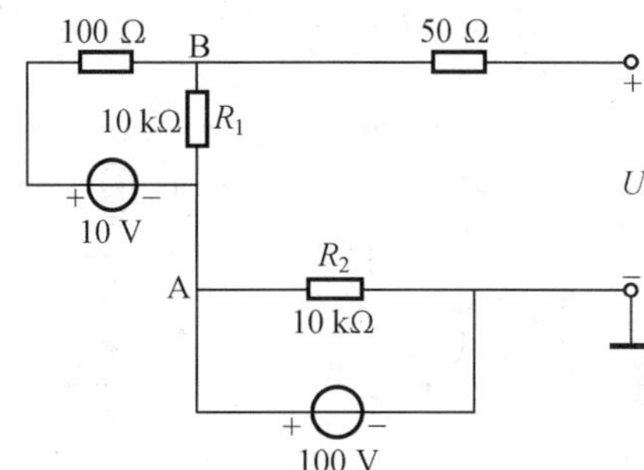

题图 1.4(a)

1.5　在题图 1.5 中，当电位器调到 $R_1 = 3\ \text{k}\Omega, R_2 = 7\ \text{k}\Omega$ 时，试求：

(1) 电压 U_{R1} 和 U_{R2}。

(2) A、B、C 各点电位。

解　(1) 由分压公式有

$$U_{R1} = \frac{R_1}{R_1 + R_2} \times 24 = \frac{3}{3 + 7} \times 24 = 7.2(\text{V})$$

$$U_{R2} = 24 - U_{R1} = 24 - 7.2 = 16.8(\text{V})$$

(2) $V_A = 12\ \text{V}, V_B = V_A - U_{R1} = 12 - 7.2 = 4.8(\text{V}), V_C = -12\ \text{V}$。

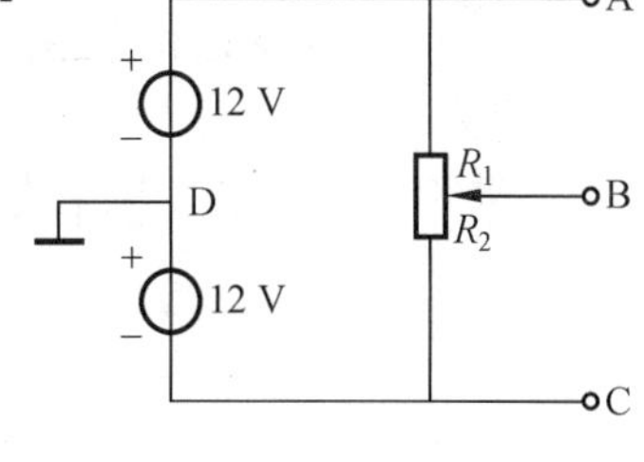

题图 1.5

1.6　在题图 1.6 中，两只 10 kΩ 的可变电阻构成同轴电位器(两个触头同步滑动)。当滑动触头调到左端、中间、右端时，输出电压 U_o 分别为多少伏？

解　(1) 当滑动头调到左边时，$U_o = 6\ \text{V}$。

(2) 当滑动头调到右边时，$U_o = -6\ \text{V}$。

(3) 当滑动头调到中间时，两个可变电阻中间的点对地的电位都为 3 V。则 $U_o = 3 - 3 = 0$。

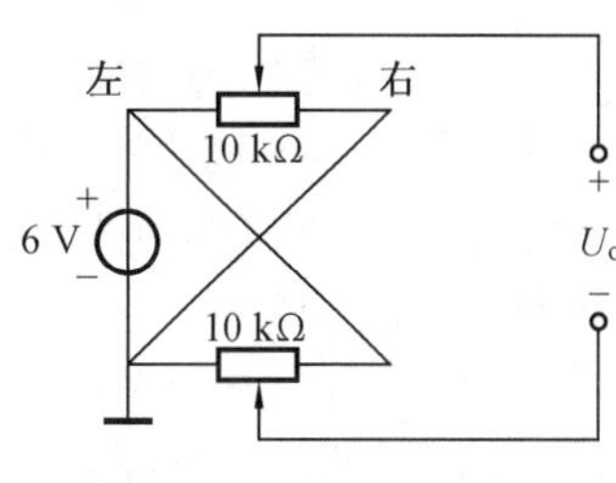

题图 1.6

1.7　在题图 1.7(a)、(b) 所示电路中，求电流 I 和电压 U_{ab}。

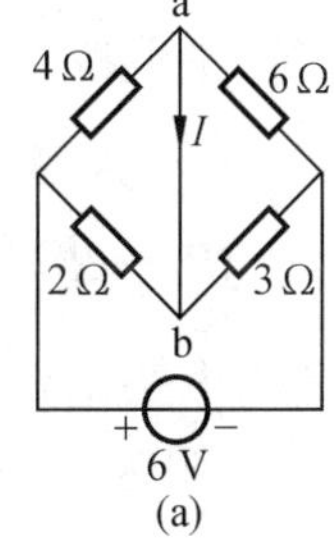

(a)

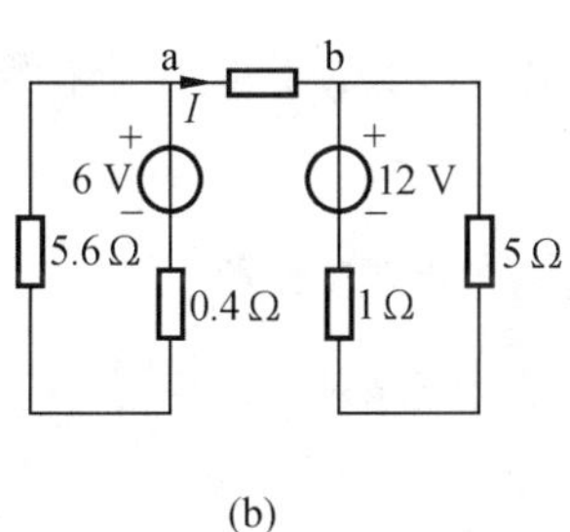

(b)

题图 1.7

解　(a) 图是电桥电路，满足电桥平衡条件，则 $V_a = V_b$，电桥电路无信号输出，故

$$U_{ab} = V_a - V_b = 0, \quad I = 0$$

(b) 图中 a、b 点之间电阻中的电流 $I = 0$，根据欧姆定律，则 $U_{ab} = 0$。

1.8　在题图 1.8(a)、(b)、(c) 所示电路中，分别计算等效电阻 R_{ab}。

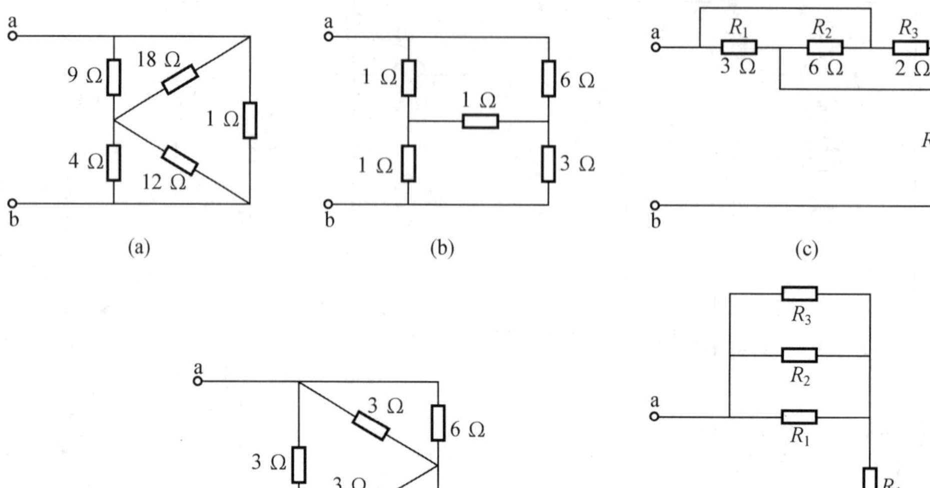

题图 1.8

解　(a) 图的等效电阻可以用电阻的串、并联方法等效，即

$$R_{ab} = [(9 \,/\!/\, 18) + (4 \,/\!/\, 12)] \,/\!/\, 1 = [6 + 3] \,/\!/\, 1 = 0.9(\Omega)$$

(b) 图的等效电阻不能用电阻的串、并联方法等效，可用电阻的星形、三角形变换方法等效。将三个星形连接的 1 Ω 电阻等效为三角形连接，利用公式 $R_{\triangle} = 3R_{Y}$，等效后的电路如题图 1.8(d) 所示。由题图 1.8(d) 得

$$R_{ab} = [(3 \,/\!/\, 6) + (3 \,/\!/\, 3)] \,/\!/\, 3 = [2 + 1.5] \,/\!/\, 3 = 1.62(\Omega)$$

(c) 图电路可以改画为题图 1.8(e)。由题图 1.8(e) 得

$$R_{ab} = (R_1 \,/\!/\, R_2 \,/\!/\, R_3) + R_4 = (3 \,/\!/\, 6 \,/\!/\, 2) + 9 = 1 + 9 = 10(\Omega)$$

1.9　在题图 1.9(a)、(b)、(c) 中，利用其中的自然等电位点化简电路，求它们的等效电阻 R_{ab}（设每只电阻为 R）。

解　(a) 图是一个电桥电路，可见，四个桥臂电阻相等，则电桥平衡。另外两点之间可以开路处理，则等效电阻为

$$R_{ab} = (R + R) \,/\!/\, R \,/\!/\, (R + R) = 2R \,/\!/\, 2R \,/\!/\, R = \frac{1}{2}R$$

在(b) 图电路中，由于电阻都是 R，利用等电位的概念将电路化简为题图 1.9(d) 所示。由题图 1.9(d) 可知，e、f、g 三个节点为等电位，则等效电阻为

$$R_{ab} = [(R + R) \,/\!/\, (R + R) \,/\!/\, R] \times 2 = [2R \,/\!/\, 2R \,/\!/\, R] \times 2 = \frac{1}{2}R \times 2 = R$$

对(c) 图电路，同样用等电位的概念进行化简，其简化电路如题图 1.9(e) 所示。由题图

1.9(e) 可知,1、1′和 2、2′、2″和 3、3′、3″为等电位点,则等效电阻为

$$R_{ab}=\left(\frac{R}{2}+\frac{R}{4}\right)\times 2=\frac{3R}{4}\times 2=\frac{3}{2}R$$

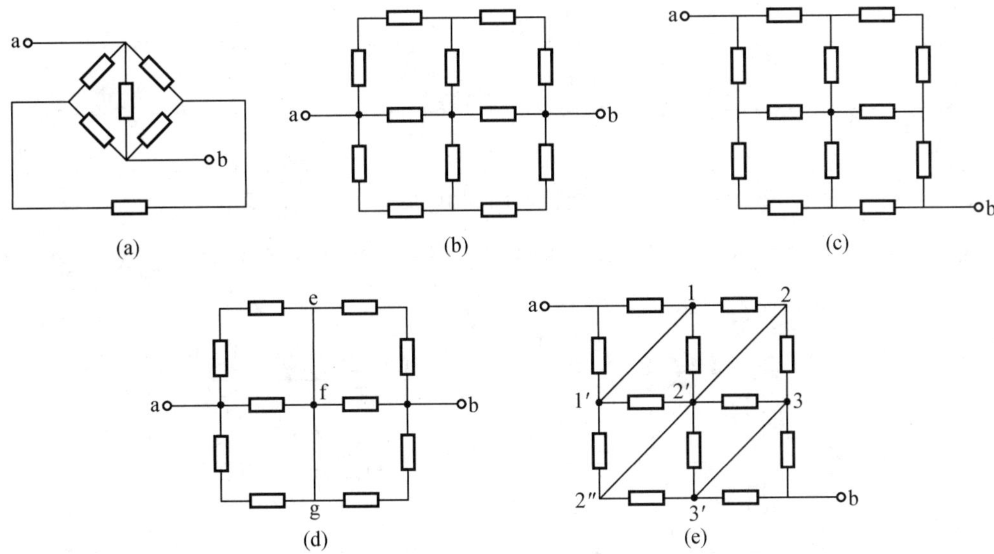

题图 1.9

1.10 在题图 1.10 所示电路中,计算电流 I_1、I_2 和 I,并按给定的电位参考点计算 a、b 两点的电位差。

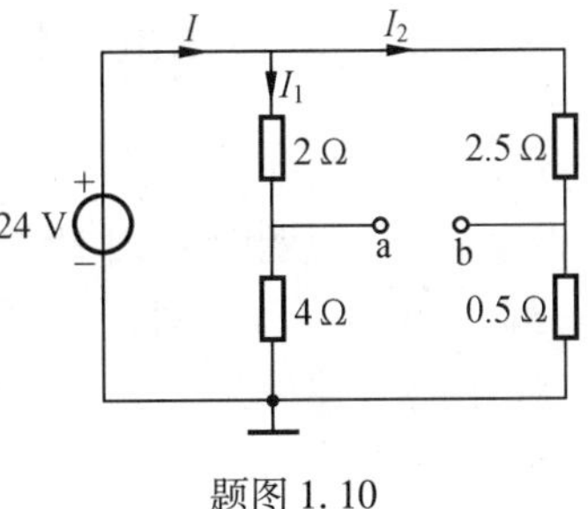

题图 1.10

解 (1) 求电流,由题图 1.10 可知

$$I_1=\frac{24}{6}=4(\mathrm{A}),\quad I_2=\frac{24}{3}=8(\mathrm{A})$$

$$I=I_1+I_2=4+8=12(\mathrm{A})$$

(2) 求电位差,由题图 1.10 可知

$$U_{ab}=V_a-V_b=4\times 4-8\times 0.5=16-4=12(\mathrm{V})$$

1.11 在题图 1.11 中,已知 $U_1=100\ \mathrm{V}$,$U_{S1}=40\ \mathrm{V}$,$U_{S2}=10\ \mathrm{V}$,$R_1=1\ \mathrm{k\Omega}$,$R_2=5\ \mathrm{k\Omega}$,$R_3=2\ \mathrm{k\Omega}$,1、2 两点之间开路。当电位器 R_2 的触头由下端滑向上端时,计算开路电压 U_2 的变化范围。

在题图 1.11 中,由于 1、2 之间开路,则电阻 R_3 中无电流。当电位器 R_2 的滑动头在最下端时

$$U_2=U_{S1}-U_{S2}=40-10=30(\mathrm{V})$$

由于 1、2 之间开路,电阻 R_1 和电位器 R_2 中流过同一电流 I,其参考方向如题图 1.11(a) 所示。当电位器 R_2 滑动头在最上端时,其电流为

$$I=\frac{U_1-U_{S1}}{R_1+R_2}=\frac{100-40}{(1+5)\times 10^3}=\frac{60}{6\times 10^3}=10(\mathrm{mA})$$

由 KVL,按照题图 1.11(a) 的绕行方向,有 $U_2+U_{S2}=U_{S1}+IR_2$,则

$$U_2=U_{S1}+IR_2-U_{S2}=40+10\times 10^{-3}\times 5\times 10^3-10=80(\mathrm{V})$$

可见,U_2 的变化范围是 30 ~ 80 V。

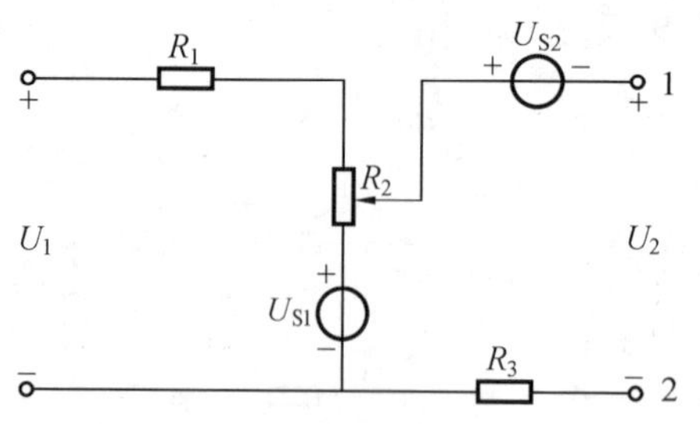

题图 1.11

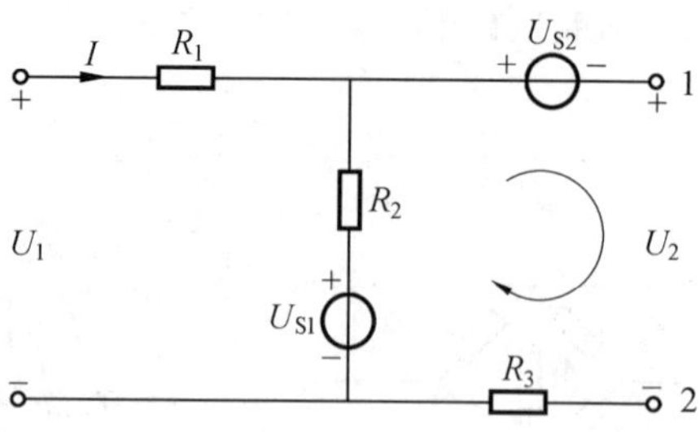

题图 1.11(a)

1.12　在题图 1.12 所示电路中,试计算 12 V 电源流出的电流 I。

解　将题图 1.12 中的三角形连接的 6 Ω 电阻用星、三角变换公式 $R_Y = \frac{1}{3}R_\triangle$ 变换为星形连接,其电路如题图 1.12(a) 所示。

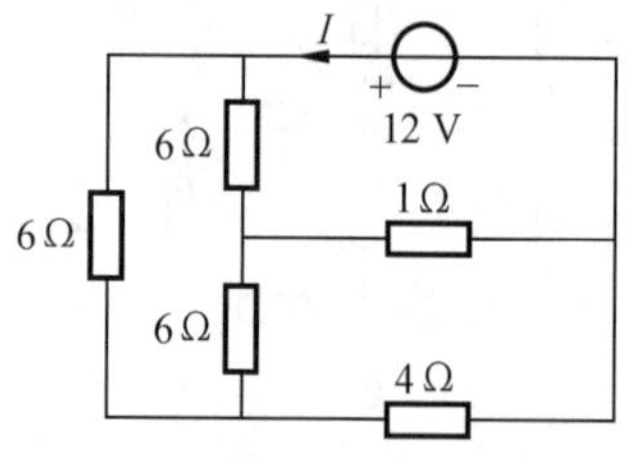

题图 1.12

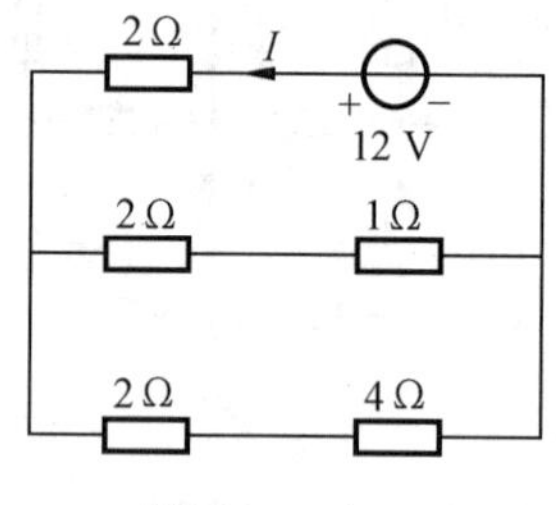

题图 1.12(a)

由题图 1.12(a) 求出电流为

$$I = \frac{12}{(6 /\!/ 3) + 2} = \frac{12}{4} = 3(\text{A})$$

1.13　计算题图 1.13 所示电路中的电压 U_{ab} 和 U_{cd}。

解　由于 a、b 之间开路,左边电路和右边电路是独立的。设两个独立电路中的电流参考方向如题图 1.13(a) 所示。左边电路中的电流为

$$I_1 = \frac{18 - 10}{6 + 4} = \frac{8}{10} = 0.8(\text{A})$$

右边电路中的电流为

$$I_2 = \frac{12 - (-3)}{10 + 5} = \frac{15}{15} = 1(\text{A})$$

则

$$U_{ab} = V_a - V_b = (6I_1 + 10) - (10I_2 - 3) = (6 \times 0.8 + 10) - (10 \times 1 - 3) = 14.8 - 7 = 7.8(\text{V})$$

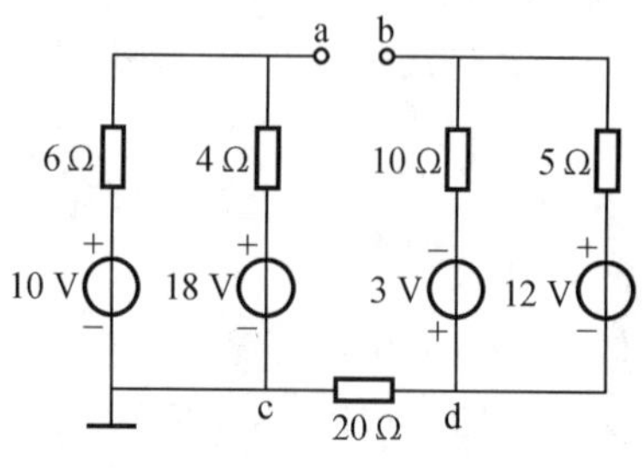

题图 1.13

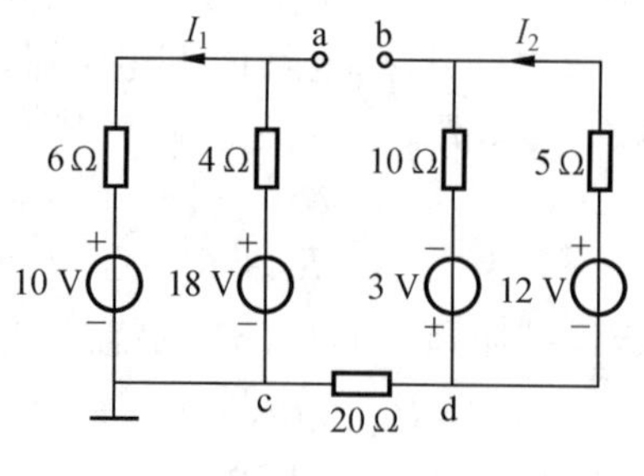

题图 1.13(a)

由于 a、b 之间开路，20 Ω 的电阻中无电流，则 $U_{cd}=0$。

1.14　在题图 1.14 所示桥式电路中，已知 $R_1=50\ \Omega$，$R_2=100\ \Omega$，$R_3=20\ \Omega$，$U_S=100\ V$。试求：

(1) R_4 为何值时，电压 $U_o=0$？

(2) 若 $R_4=20\ \Omega$，求 U_o。

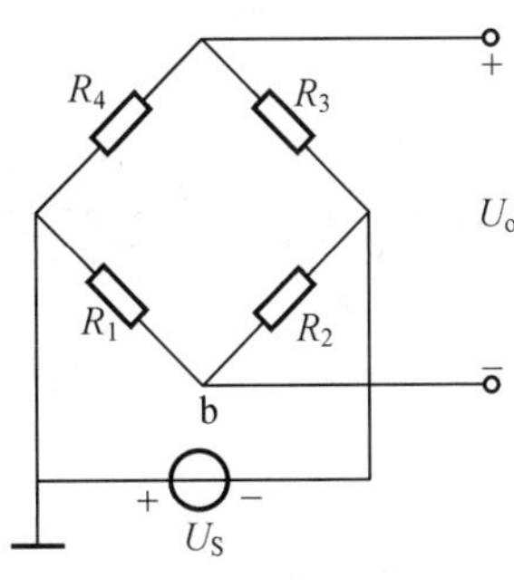

题图 1.14

解　(1) 根据电桥平衡条件，得

$$R_4=\frac{R_1R_3}{R_2}=\frac{50\times 20}{100}=10(\Omega)$$

(2) 当 $R_4=20\ \Omega$ 时，电桥不平衡，则

$$U_o=V_a-V_b=\left(-\frac{R_4}{R_4+R_3}\times U_S\right)-\left(-\frac{R_1}{R_1+R_2}\times U_S\right)=$$
$$\left(-\frac{20}{20+20}\times 100\right)-\left(-\frac{50}{50+100}\times 100\right)=$$
$$-50-(-33.3)=-16.7(V)$$

1.15　有一台直流稳压电源，其输出的额定电压 $U_N=30\ V$，额定电流 $I_N=2\ A$，从空载到额定负载，其输出电压的变化率为 0.1%（即 $\Delta U=\frac{U_o-U_N}{U_N}\times 100\%=0.1\%$）。试计算该电源的内阻 R_S（参阅教材 1.5.1 节和 1.5.2 节及图 1.30 所示电源外特性坐标图）。

解　由题意画出直流稳压电源的等效电路如题图 1.15 所示。

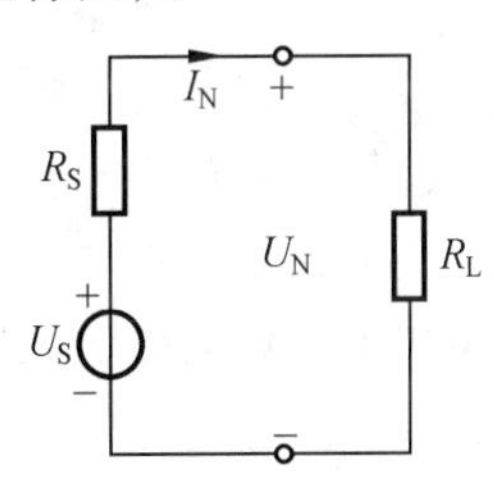

题图 1.15

由题意可知

$$\Delta U=\frac{U_o-U_N}{U_N}\times 100\%=0.1\%=0.001$$

由此式求出空载电压为

$$U_o=U_N+0.001U_N=$$
$$30+0.001\times 30=30+0.03=$$
$$30.03(V)$$

空载电压 U_o 就是等效电源的电压 U_S，即 $U_S=30.03\ V$。由等效电路可知

$$U_S=U_N+I_NR_S$$

则电源内阻为

$$R_S=\frac{U_S-U_N}{I_N}=\frac{30.03-30}{2}=\frac{0.03}{2}=0.015(\Omega)$$

第 2 章　电路的基本分析方法

2.1　内容提要

本章主要介绍电路的基本分析方法，这些方法在电路分析中常用，所以要熟练掌握。

1. KCL 和 KVL 的独立方程数

对于具有 n 个节点、b 条支路的电路，列写的独立 KCL 方程数为 $n-1$ 个，列写的独立 KVL 方程数为网孔数。

2. 支路电流法

以支路电流作为未知量的分析方法称为支路电流法。对于具有 n 个节点、b 条支路的电路，支路电流法的分析步骤是：

(1) 标出各支路电流及参考方向。

(2) 根据 KCL，列写出 $n-1$ 个独立电流方程。

(3) 设回路绕行方向，根据 KVL 列写出独立电压方程，独立电压方程数为网孔数。

(4) 联立独立电流方程和独立电压方程，解方程组求出各支路电流。

3. 电压源与电流源的等效变换

(1) 实际电源的等效变换。

实际电源存在内阻，其电路模型如图 2.1(a)、(b) 所示。若它们对外电路作用相同，即两电路端口处的电压 U、电流 I 相等，则称这两种电源对外电路是等效的。在电路分析中，这两种电源模型之间可以等效互换。

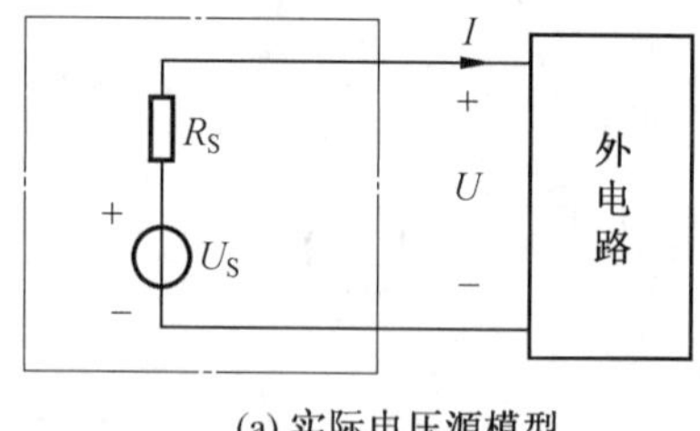

(a) 实际电压源模型

(b) 实际电流源模型

图 2.1　两种电路模型的等效变换

在实际应用中，实际电源可用理想电压源串联电阻和理想电流源并联电阻来表示，不仅限于电源内阻。

(2) 电源等效变换公式。

电压源等效为电流源时

$$I_S = \frac{U_S}{R}$$

电流源等效为电压源时

$$U_S = I_S R$$

注意:等效是对外电路等效,对电源内部不等效。

4. 节点电压法

以独立节点作为未知量求解各支路电流或电压的分析方法称为节点电压法。对于具有 2 个节点(有一个为参考点)的电路,节点电压公式为

$$u_{n1} = \frac{\sum \frac{U_{Si}}{R_i}}{\sum \frac{1}{R_i}} \quad 或 \quad u_{n1} = \frac{\sum I_{Si}}{\sum \frac{1}{R_i}}$$

其中,U_S 的参考方向离开节点为正号,指向节点为负号;I_S 的参考方向流入节点取正号,流出节点取负号。

节点电压求出后,再用欧姆定律可求出各支路电流。

此公式称为两个节点电压公式,需熟记。

5. 叠加定理

叠加定理是将复杂电路化为简单电路,然后再求出各支路电流或电压的分析方法。

叠加定理的内容是:在多个电源作用的线性电路中,某条支路上的电流或电压等于每个独立电源各自单独作用时,在该支路上所产生的电流或电压的代数和。

对于多个电源作用的线性电路,叠加定理的分析步骤如下:

(1) 独立电源置零的处理。某个独立电源单独作用时,其他独立电源置零,即理想电压源用短路代替,理想电流源用开路代替。除此之外,电路的其他结构和参数都保持不变。

(2) 若电路中含有两个独立电源,先画出两个独立电源单独作用的电路图,标出未知电流分量或电压分量符号及其参考方向。

(3) 由电路的基本定律求出各支路的电流分量或电压分量。

(4) 将电流分量或电压分量叠加,求出两个独立电源共同作用所产生的电流或电压。

需要注意的是,当电流分量或电压分量的参考方向与原电路中的电流或电压的参考方向相同时,电流分量或电压分量前取“+”号;反之取“-”号。

(5) 若电路中含有三个或三个以上的独立电源,可将独立电源分成两组,然后再用叠加定理求解。

(6) 受控电源不能置零,要保留在电路中。

6. 戴维宁定理和诺顿定理

戴维宁定理和诺顿定理均是将含源一端口线性电路等效成电压源和电流源的分析方法。

戴维宁定理的内容是:任何一个含源的一端口线性电路,对外电路(要求解的一个支路)来说,可以用一个理想电压源和一个电阻串联的等效电压源来代替。其中,理想电压源的电压 U_S 等于含源一端口线性电路的开路电压 U_o(U_{ab}),电阻等于从含源一端口 a、b 两端看进去所有独立电源置零、受控源保留时的等效电阻 R_{ab}。

对于含源的一端口线性电路，使用戴维宁定理的分析步骤如下：

(1) 先将要求解的支路断开，求解断开处即含源一端口电路的开路电压 U_o(U_{ab})。

(2) 求解断开处即含源一端口电路的等效电阻 R_{ab}。

(3) 画出等效电压源的电路图，然后在一端口处接上要求解的支路。

(4) 用基本定律求出该支路的电流或电压。

诺顿定理的内容是：任何一个含源的一端口线性电路，对外电路(要求解的一个支路)来说，可以用一个理想电流源和一个电阻并联的等效电流源来代替。其中，理想电流源的电流 I_S 等于含源一端口线性电路的一端口处短接时的短路电流 I_{sc}(I_{ab})，电阻等于从含源一端口 a、b 端看进去所有独立电源置零、受控源保留时的等效电阻 R_{ab}。

对于含源的一端口线性电路，诺顿定理的分析步骤与戴维宁定理相同。

7. 最大功率传输定理

若可变负载电阻 R_L 接在任何一个含源一端口线性电路上，且含源一端口的戴维宁等效电路的参数 U_o 和 R_S 已经确定，当负载电阻 R_L 满足最大功率匹配条件，即 $R_L = R_S$ 时，负载电阻 R_L 可获得最大功率，其最大功率 $P_{max} = \dfrac{U_o^2}{4R_S}$。

8. 含有受控电源的电路

受控电源提供的电压或电流受电路中其他元件(或支路)的电压或电流的控制，与独立电源不同。受控电源有四种类型，即电压控制电压源(VCVS)、电流控制电压源(CCVS)、电压控制电流源(VCCS)和电流控制电流源(CCCS)。四种受控电源模型如图 2.2 所示。其中，受控源的系数 μ 和 β 是无量纲，g 的量纲是西门子(S)，γ 的量纲是欧姆(Ω)。

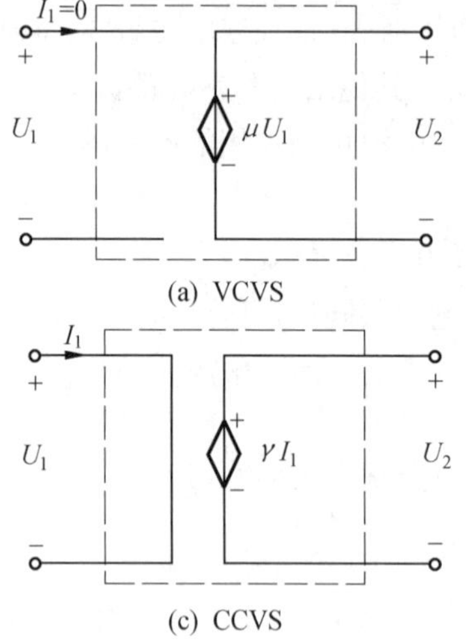

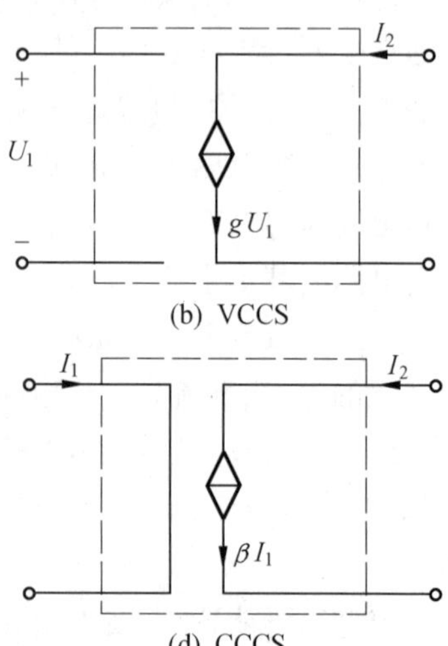

图 2.2　四种受控电源模型

与独立电源的等效变换相似，一个受控电压源与电阻的串联支路，也可等效变换为一个受控电流源与电阻的并联支路。

注意：受控电源是由实际的电路元件如晶体管、场效应管、运算放大电路等抽象而成。

2.2　重点与难点

2.2.1　重点

1. 等效变换的概念

(1) 必须深刻理解等效变换的概念及等效的目的。

(2) 要理解等效变换电路是要满足一定条件的。

2. 实际电源的等效变换

在应用电源的等效变换化简电路时,要注意以下几点:

(1) 电压源的电压极性与电流源的电流方向要一致,即 I_S 电流从 U_S 电压的正极性一端流出,以保证对外部电路的作用结果相同。

(2) 等效变换仅保证对电源输出端的外电路功率相同,对于电源内部并不等效。

(3) 等效变换时,与电压源串联和与电流源并联的电阻不仅限于电源的内阻。

(4) 理想电压源与理想电流源不能等效变换。

3. 节点电压法

(1) 牢记两个节点电压公式。

(2) 参考点要设置在电路的底部或电压源的负极。

(3) 与电流源串联的电阻在列方程时不考虑,将其短路。

4. 叠加定理

(1) 叠加定理只适用于线性电路,不适用于非线性电路。

(2) 叠加定理仅能叠加电流和电压,不能叠加功率。

(3) 电流分量或电压分量的参考方向与原电路中的参考方向相同,在叠加时,该分量取正号;反之取负号。

(4) 当受控电源的控制量是未知量时,受控电源不能置零,要保留在电路中。

5. 戴维宁定理

(1) 求解一端口电路的开路电压时,首选方法是电位法和 KVL。

(2) 求解一端口电路的等效电阻时,如果电路中含有受控源,则用外加电源法或开路短路法求等效电阻。开路短路法求等效电阻的公式为 $R_{ab}=\dfrac{U_o}{I_{sc}}$。

6. 最大功率传输定理

(1) 牢记负载获得最大功率的匹配条件和最大功率的公式。

(2) 若要求解负载获得最大功率,必须将负载以外的含源一端口电路用戴维宁定理等效成电压源,求出其电源的参数。

2.2.2　难点

(1) 含有受控电源的复杂电路求解。

(2) 含有受控电源的一端口电路等效电阻的求解。

2.3 例题分析

【例2.1】 在图2.3中,已知$I_S=2$ A,$U_S=12$ V,$R_1=5\ \Omega$,$R_2=3\ \Omega$,$R_3=6\ \Omega$,$R_4=8\ \Omega$,求电流I_4。

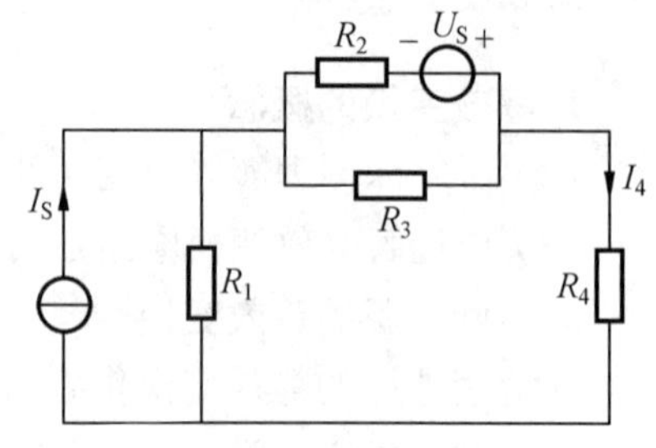

图2.3 例2.1图

解 **[方法一]** 采用电压源与电流源等效变换法求解。首先将原题左边电流源电路变换为等效电压源,如图2.4(a)所示。接着将原题上面电压源电路变换为等效电流源,如图2.4(b)所示。再将图2.4(b)中电流源处的并联电路变换为等效电压源,如图2.4(c)所示。最后由图2.4(c)可得

$$I_4=\frac{10+8}{5+2+8}=1.2(\text{A})$$

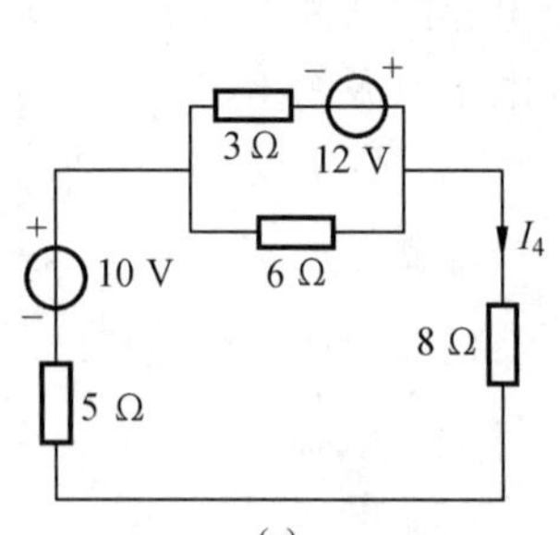

(a)

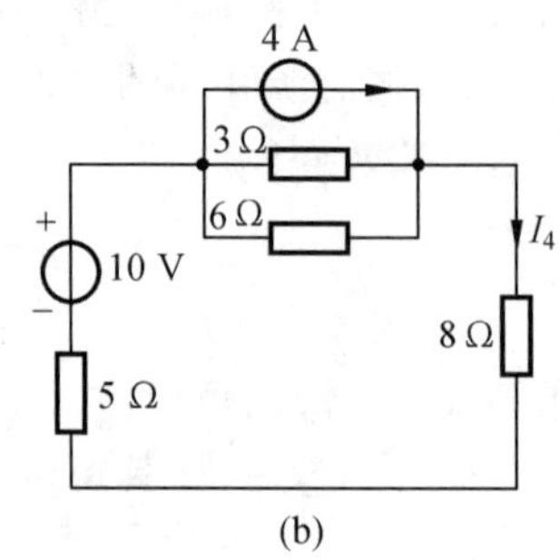

(b)

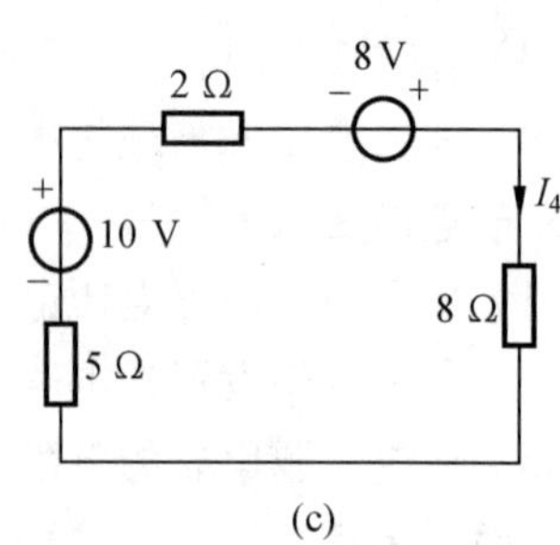

(c)

图2.4 例2.1的等效变换图

[方法二] 采用叠加定理求解。由图2.3可知,两个独立电源单独作用时的电路如图2.5(a)、(b)所示。

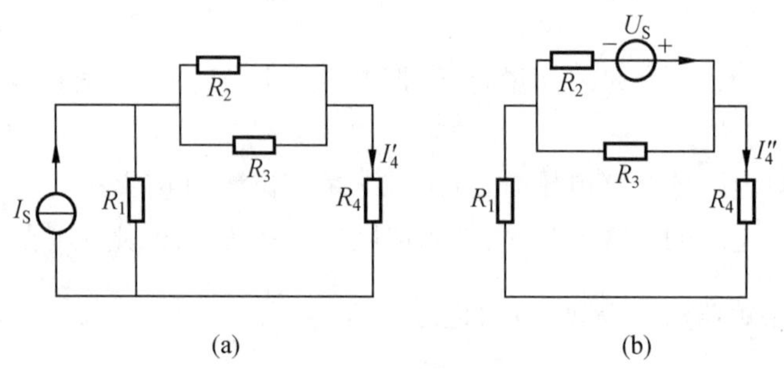

图2.5 例2.1的化简电路图

在图2.5(a)中,当电流源单独作用时,由分流公式得

$$I_4'=\frac{R_1}{R_1+[(R_2 /\!/ R_3)+R_4]}I_S=\frac{5}{5+[(3 /\!/ 6)+8]}\times 2=\frac{10}{15}=0.67(\text{A})$$

在图2.5(b)中,当电压源单独作用时,由欧姆定律和分流公式得

$$I=\frac{U_S}{R_2+[(R_1+R_4) /\!/ R_3]}=\frac{12}{3+[(5+8) /\!/ 6]}=\frac{12}{3+4.11}=1.69(\text{A})$$

$$I_4''=\frac{R_3}{R_1+R_3+R_4}I=\frac{6}{5+6+8}\times 1.69=\frac{10.14}{19}=0.53(\text{A})$$

两个电源共同作用时,总电流为

$$I=I_4'+I_4''=0.67+0.53=1.2(\text{A})$$

［方法三］　采用戴维宁定理求解。首先将原题所求支路 R_4 暂时移开,得一有源一端口网络,如图2.6(a)所示。然后由图2.6(b)、(c)、(d)完成以下计算。

(1)由图2.6(b)求开路电压 U_o。可以看出,图中有两个独立小回路,电压 U_1 和 U_2 分别为

$$U_1=\frac{12}{3+6}\times 6=8(\text{V}),\quad U_2=2\times 5=10(\text{V})$$

$$U_o=U_1+U_2=8+10=18(\text{V})$$

(2)由图2.6(c)求等效电阻 R_{ab}(图中已将恒压源短路,恒流源开路):

$$R_{ab}=\frac{3\times 6}{3+6}+5=7(\Omega)$$

(3)将 R_4 移回与等效电压源组成回路,其中 $U_S'=U_o=18\ \text{V}$,$R_S=R_{ab}=7\ \Omega$,如图2.6(d)所示。所求电流

$$I_4=\frac{U_S'}{R_S+R_4}=\frac{18}{7+8}=1.2(\text{A})$$

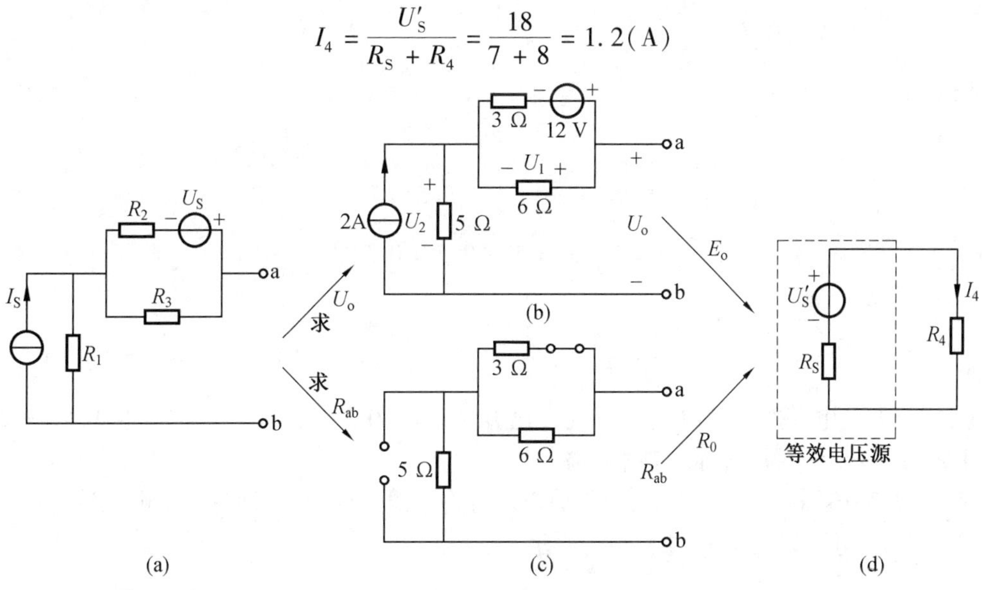

图2.6　例题2.1的戴维宁等效电路图

【例2.2】　已知电路如图2.7所示。求各支路电流。

解　**［方法一］**　采用支路电流法求解。

由图2.7可知,电路中有一个独立电流源和一个受控电压源。由于电流源支路的电流是已知的,所以,此电路只需要列出一个电流方程和一个回路电压方程。设所选的回路绕行方向如图2.8所示,用支路电流法列出的方程为

$$\begin{cases}I_1+I_2=1\\4I_2+4I_1=8I_1\end{cases}$$

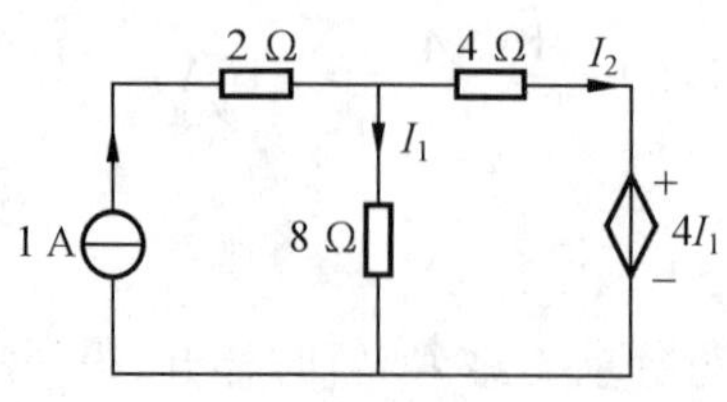

图 2.7　例 2.2 图

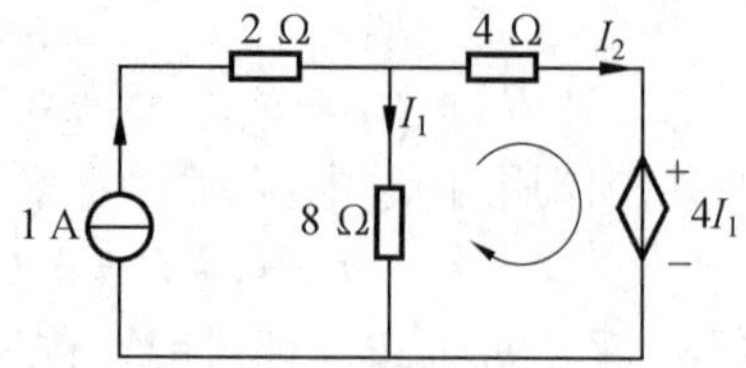

图 2.8　用支路电流法求支路电流

解方程组，得

$$I_1 = 0.5\ \text{A}$$

$$I_2 = 1 - I_1 = 1 - 0.5 = 0.5(\text{A})$$

［**方法二**］　采用节点电压法求解。

由于图 2.7 中只有两个节点，设一个节点为参考点，电路如图 2.9 所示。列出两个节点电压方程为

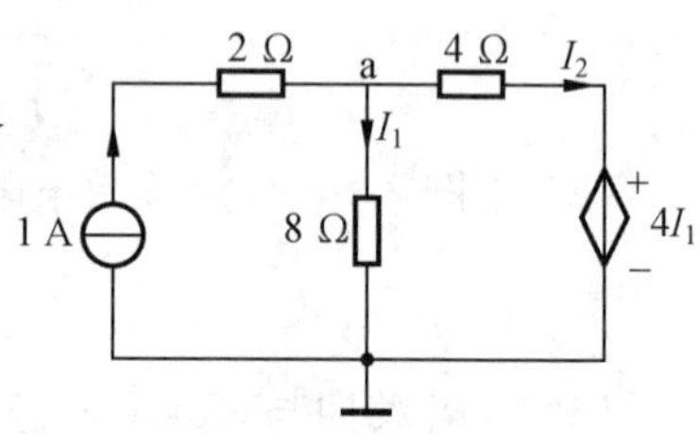

图 2.9　用节点电压法求支路电流

$$\begin{cases} V_a = \dfrac{1 + \dfrac{4I_1}{4}}{\dfrac{1}{8} + \dfrac{1}{4}} \\ I_1 = \dfrac{V_a}{8} \end{cases}$$

解方程组，得

$$V_a = 4\ \text{V}$$

$$I_1 = \frac{V_a}{8} = \frac{4}{8} = 0.5(\text{A})$$

$$I_2 = 1 - I_1 = 1 - 0.5 = 0.5(\text{A})$$

或

$$I_2 = \frac{V_a - 4I_1}{4} = \frac{4 - 4 \times 0.5}{4} = 0.5(\text{A})$$

【**例 2.3**】　电路如图 2.10(a) 所示，已知 $U_{S1} = 10\ \text{V}$，$U_{S2} = 5\ \text{V}$，$I_S = 1\ \text{A}$，$R_1 = 2\ \Omega$，$R_2 = 1\ \Omega$，$R_3 = 2\ \Omega$。用叠加定理求电流 I。

解　图 2.10(a) 有三个电源，用叠加定理时将电源分成两组，即将两个电压源分成一组，还是叠加两次，电路如图 2.10(b)、(c) 所示。

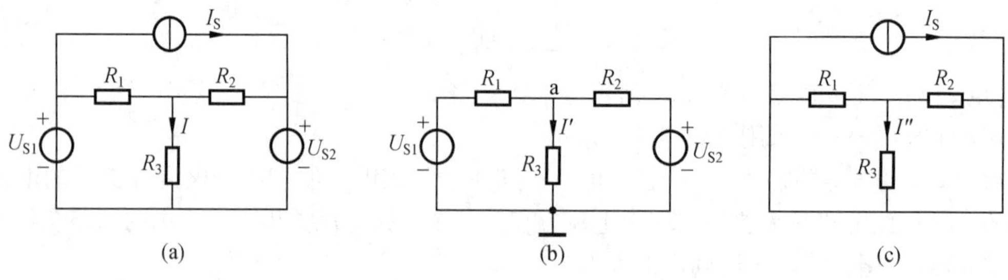

图 2.10　例 2.3 的电路图

在图 2.10(b) 中，当两个电压源单独作用时，由节点电压公式得

$$V_a=\frac{\dfrac{U_{S1}}{R_1}+\dfrac{U_{S2}}{R_2}}{\dfrac{1}{R_1}+\dfrac{1}{R_2}+\dfrac{1}{R_3}}=\frac{\dfrac{10}{2}+\dfrac{5}{1}}{\dfrac{1}{2}+1+\dfrac{1}{2}}=\frac{10}{2}=5(\mathrm{A})$$

则所求的电流为

$$I'=\frac{V_a}{R_3}=\frac{5}{2}=2.5(\mathrm{A})$$

在图 2.10(c) 中,当电流源单独作用时,电阻 R_3 被短路,则 $I''=0$。

三个电源共同作用时,总电流为

$$I=I'+I''=2.5+0=2.5(\mathrm{A})$$

2.4　思考题分析

2.1　(1) 电路如图 2.11(a) 所示,恒压源并联了一个电阻 R,如果将 R 除去(R 开路),对负载电阻 R_L 上的电压和电流有无影响? 为什么?

(2) 电路如图 2.11(b) 所示,恒流源串联了一个电阻 R,如果将 R 除去(R 短路),对负载电阻 R_L 上的电压和电流有无影响? 为什么?

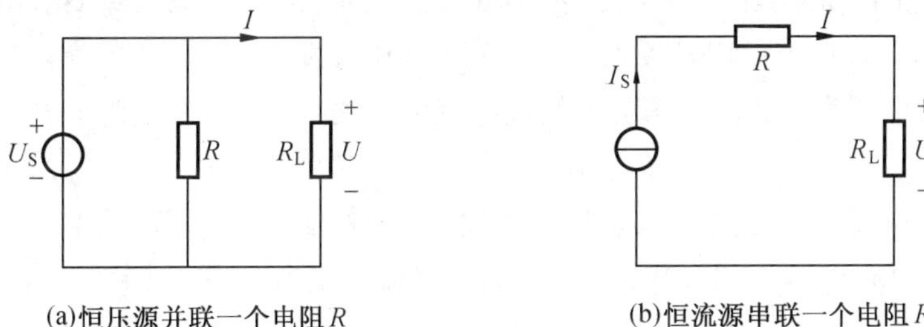

(a)恒压源并联一个电阻 R　　(b)恒流源串联一个电阻 R

图 2.11　思考题 2.1 的电路

解　(1) 由于负载 R_L 与恒压源并联,负载 R_L 的端电压就等于恒压源的电压。所以,当电阻 R 值改变或开路时,对负载 R_L 的端电压和流过的电流无影响。

(2) 由于负载 R_L 与恒流源串联,负载 R_L 中的电流就等于恒流源的电流。所以,当电阻 R 值改变或短路时,对负载 R_L 的端电压和流过的电流无影响。

2.2　(1) 电路如图 2.12(a) 所示,恒流源(10 A) 和恒压源(10 V) 并联,负载电阻为 5 Ω。试分析:① 负载电阻的电压与电流各为多少? ② 恒流源和恒压源是发出功率还是吸收功率? ③ 功率是否平衡?

(2) 电路如图 2.12(b) 所示,恒流源(10 A) 和恒压源(10 V) 串联,负载电阻为 5 Ω。试分析:① 负载电阻的电压与电流各为多少? ② 恒流源和恒压源是发出功率还是吸收功率? ③ 功率是否平衡?

解　(1)① 由图(a) 可见,负载电阻与 10 V 恒压源并联,其端电压和电流为

$$U=10\ \mathrm{V},\quad I=\frac{U}{R}=\frac{10}{5}=2(\mathrm{A})$$

② 由于恒流源的电流实际方向与其端电压的实际方向相反,则恒流源发出功率。

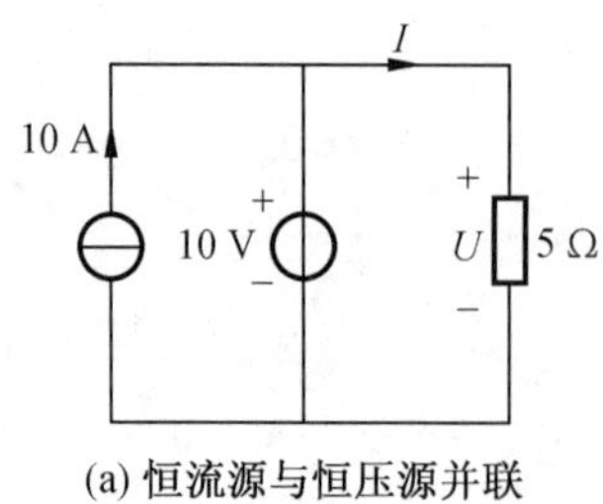

(a) 恒流源与恒压源并联

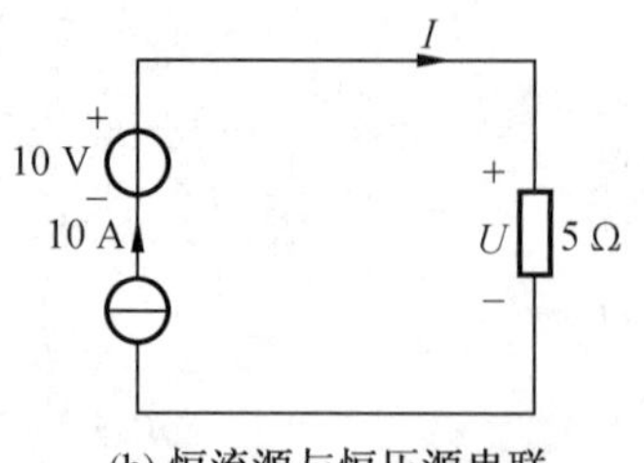

(b) 恒流源与恒压源串联

图 2.12　思考题 2.2 的电路

或者，$P_{I_S}=-10\times10=-100(\mathrm{W})$，$P_{I_S}<0$，则恒流源发出功率。

设恒压源中的电流为 I_U，其参考方向与其电压为关联参考方向，则

$$I_U=10-I=10-2=8(\mathrm{A})$$

由于恒压源的电流实际方向与其端电压的实际方向相同，则恒压源吸收功率。或者，$P_{U_S}=10\times8=80(\mathrm{W})$，$P_{U_S}>0$，则恒压源吸收功率。

③$P_{I_S}=-100\ \mathrm{W}$，$P_{U_S}+P_R=80+10\times2=100(\mathrm{W})$，功率平衡。

（2）① 由图（b）可见，负载电阻与 10 A 恒流源串联，其流过的电流和端电压为

$$I=10\ \mathrm{A},\quad U=10\times5=50(\mathrm{V})$$

② 由于恒压源的电流实际方向与其端电压的实际方向相反，则恒压源发出功率。

或者，$P_{U_S}=-10\times10=-100(\mathrm{W})$，$P_{U_S}<0$，则恒压源发出功率。

设恒流源两端电压为 U_{I_S}，其参考方向与其电流为非关联参考方向，则

$$U_{I_S}=U-10=50-10=40(\mathrm{V})$$

由于恒流源的电流实际方向与其端电压的实际方向相反，则恒流源发出功率。

或者，$P_{I_S}=-10\times40=-400(\mathrm{W})$，$P_{I_S}<0$，则恒流源发出功率。

③$P_{U_S}+P_{I_S}=-100+(-400)=-500(\mathrm{W})$，$P_R=I^2R=10^2\times5=100\times5=500(\mathrm{W})$，功率平衡。

2.3　分析线性电路时，叠加定理为什么只适用于计算电压和电流，而不适用于计算功率？

解　因为线性电路中的电压、电流之间是线性关系，而功率与电流或电压的平方成正比，不是线性关系。所以，不能用叠加定理计算功率。

2.4　当电压或电流各分量进行叠加计算时，怎样注意其参考方向和正负号？电源不起作用应如何处理？

解　（1）当电压或电流各分量进行叠加计算时，若电压或电流的分量参考方向和原图（电源共同作用）的电压或电流（总量）参考方向相同，则所求解的总电压或电流的表达式中的分量前为正号，否则为负号。

（2）电压源不起作用时短路处理，电流源不起作用时开路处理。

2.5　电压源的开路电压 U_o 和短路电流 I_S 如图 2.13（a）、（b）所示，试证明电压源的内阻 $R_S=\dfrac{U_o}{I_S}$。推而广之，有源二端网络的等效电阻是否也可按此式计算？

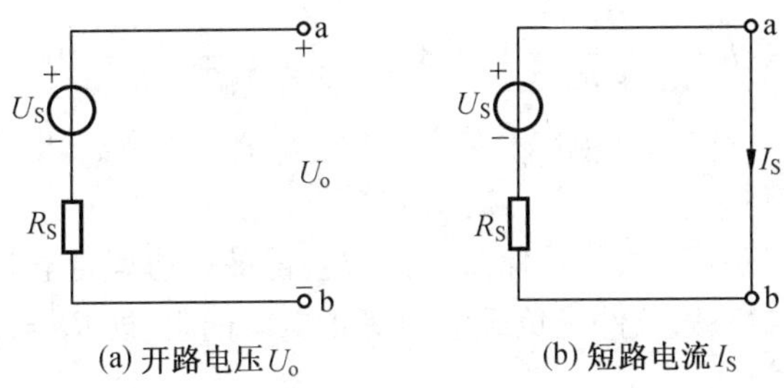

图 2.13　思考题 2.5 的电路

解　由图 2.13(a)、(b) 确定电源的参数 U_S 和 R_S。在图(a) 中，负载开路时，其 $U_S = U_o$；在图(b) 中，负载短路时，其 $R_S = \dfrac{U_S}{I_S}$。因为 $U_S = U_o$，所以 $R_S = \dfrac{U_o}{I_S}$。此方法称为开路短路法，可以推广应用到有源一端口网络允许开路和短路时，求解有源一端口网络的等效电阻。

2.6　在图 2.14 中，(1) 图(a) 是一个电压源，求其开路电压 U_o；如果带上 $R = 1\ \Omega$ 的负载，电源输出电压 U_{ab} 为多少？两者是否相等？哪个较小？(2) 图(b) 是一个有源二端网络，求其开路电压 U_o；如果带上 $R = 6\ \Omega$ 的负载，有源二端网络输出电压 U_{ab} 为多少？两者是否相等？哪个较小？

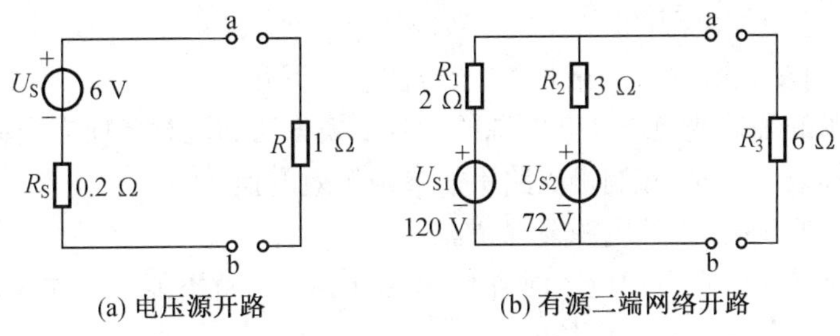

图 2.14　思考题 2.6 的电路

解　(1) 在图(a) 中，开路电压 $U_o = 6$ V。带上负载之后，电源输出的电压为 $U_{ab} = U_o - R_S I = U_o - R_S \times \dfrac{U_o}{R_S + R} = 6 - 0.2 \times \dfrac{6}{0.2 + 1} = 6 - 1 = 5(\text{V})$

可见 $U_o \neq U_{ab}$，$U_{ab} < U_o$。

(2) 在图(b) 中，设闭合电路中流过的电流为 I，其参考方向与 U_{S1} 的参考方向相反，则开路电压为

$$U_o = IR_2 + U_{S2} = \frac{U_{S1} - U_{S2}}{R_1 + R_2}R_2 + U_{S2} = \frac{120 - 72}{2 + 3} \times 3 + 72 = 28.8 + 72 = 100.8(\text{V})$$

带上负载后，有源二端网络输出电压为

$$U_{ab} = \frac{\dfrac{U_{S1}}{R_1} + \dfrac{U_{S2}}{R_2}}{\dfrac{1}{R_1} + \dfrac{1}{R_2} + \dfrac{1}{R_3}} = \frac{\dfrac{120}{2} + \dfrac{72}{3}}{\dfrac{1}{2} + \dfrac{1}{3} + \dfrac{1}{6}} = \frac{60 + 24}{1} = 84(\text{V})$$

或者，将图(b) 用戴维宁定理等效，求出等效电阻 R_{ab}，即

$$R_{ab} = R_S = R_1 \mathbin{/\!/} R_2 = 2 \mathbin{/\!/} 3 = 1.2(\Omega)$$

利用戴维宁定理等效电路的电压方程求出有源二端网络的输出电压，即

$$U_{ab} = U_o - R_S I = U_o - R_S \frac{U_o}{R_S + R_3} = 100.8 - 1.2 \times \frac{100.8}{1.2 + 6} = 100.8 - 16.8 = 84(\text{V})$$

可见 $U_o \neq U_{ab}$，$U_{ab} < U_o$，说明实际电源有内阻，当电源带上负载后，电源输出的电压随着负载的增大而下降。

2.7　负载获得最大功率的条件是什么？负载获得最大功率时电源传输效率是多少？

解　负载获得最大功率的条件是负载电阻等于电源内阻，即 $R_L = R_S$。负载获得最大功率时，电源传输的效率是50%。

2.8　什么是独立电源和受控电源？两者的主要区别是什么？

解　独立电源是向电路提供能量（电压或电流）的设备，独立电压源提供的电压与外接电路无关，独立电流源提供的电流与外接电路无关。

受控电源提供的电压或电流受电路中某条支路的电压或电流的控制。

两者的主要区别是，独立电源的能量是由发电机产生的，其值与负载电路无关。受控电源实际上是电路中某些器件（晶体管、场效应管）、电路（放大电路、运算放大器）的等效模型。因为这些器件、电路必须要有输入信号时才能工作，才能输出电压或电流，输出电压或电流受输入信号的控制，它们有电源的工作特性。所以，这些器件或电路在电路分析中用受控电源的模型来表示。

2.9　计算含有受控电源的电路时，一般应注意些什么？

解　计算含有受控电源的电路时，一般应注意以下几点：

（1）受控电源的等效变换与独立电源的等效变换方法和注意事项完全相同。

（2）在进行等效变换时，控制量支路不能参与等效变换。

（3）应用叠加原理时，受控电源要保留。

（4）应用戴维宁定理求等效电阻时，由于有受控电源，就不能用除源法求等效电阻，要应用开路短路法求等效电阻，即 $R_S = \frac{U_o}{I_S}$。

2.5　习题分析

2.1　在题图2.1所示电路中，已知 $U_{S1} = 130$ V，$U_{S2} = 120$ V，$R_1 = R_2 = 2\ \Omega$，$R_3 = 4\ \Omega$。试用支路电流法计算各支路电流。

解　（1）按节点与回路列电流和电压方程组

$$\begin{cases} I_1 + I_2 = I_3 \\ I_1 R_1 + I_3 R_3 = U_{S1} \\ I_2 R_2 + I_3 R_3 = U_{S2} \end{cases}$$

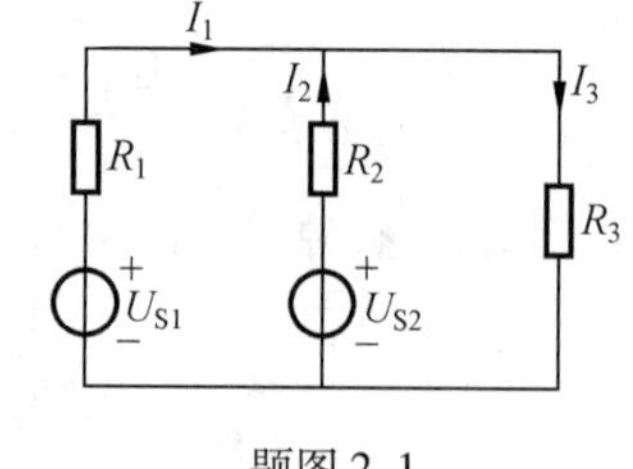

题图2.1

$$\begin{cases} I_1 + I_2 = I_3 & ① \\ 2I_1 + 4I_3 = 130 & ② \\ 2I_2 + 4I_3 = 120 & ③ \end{cases}$$

（2）解方程。② + ③ 得

$$2(I_1 + I_2) + 8I_3 = 250 \qquad ④$$

将式 ① 代入式 ④,得

$$2I_3 + 8I_3 = 250$$
$$I_3 = 25\ \text{A}$$

将 I_3 值代入式 ③,得

$$I_2 = \frac{120 - 4 \times 25}{2} = 10(\text{A})$$

将 I_2、I_3 值代入式 ①,得

$$I_1 = I_3 - I_2 = 25 - 10 = 15(\text{A})$$

即

$$I_1 = 15\ \text{A},\quad I_2 = 10\ \text{A},\quad I_3 = 25\ \text{A}$$

2.2　在题图 2.2(a) 所示电路中,已知 $U_S = 6$ V,$I_S = 2$ A,$R_1 = 3\ \Omega$,$R_2 = 6\ \Omega$,$R_3 = 5\ \Omega$,$R_4 = 7\ \Omega$。试用电压源与电流源等效变换法计算电阻 R_4 中的电流 I_4。

解　将题图 2.2(a) 用电压源和电流源等效变换的方法进行等效变换的过程如题图 2.2(b)、(c) 所示。

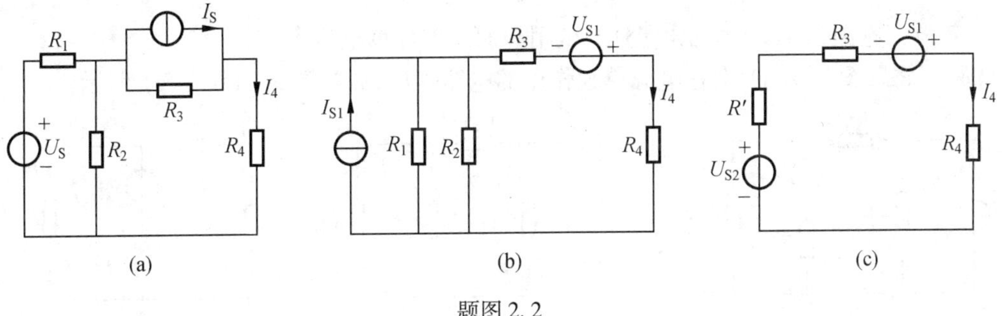

题图 2.2

其中,在题图 2.2(b) 中

$$I_{S1} = \frac{U_S}{R_1} = \frac{6}{3} = 2(\text{A})$$
$$U_{S1} = I_S R_3 = 2 \times 5 = 10(\text{V})$$

在题图 2.2(c) 中

$$U_{S2} = I_{S1}R' = I_{S1}(R_1 /\!/ R_2) = 2 \times (3 /\!/ 6) = 4(\text{V})$$

最后,由题图 2.2(c) 得

$$I_4 = \frac{U_{S1} + U_{S2}}{R' + R_3 + R_4} = \frac{10 + 4}{2 + 5 + 7} = 1(\text{A})$$

2.3　在题图 2.3(a) 所示电路中,试用叠加定理计算 4 Ω 电阻中的电流。

解　对 4 Ω 电阻来说,与恒流源串联的电阻(2 Ω) 可以除去(短接);与恒压源并联的电阻(5 Ω) 可以除去(断开)。这样,可以简化计算,简化后的电路如题图 2.3(b) 所示。

由题图 2.3(c) 可知

$$I_4' = \frac{1}{1 + 4} \times 10 = 2(\text{A})$$

由题图 2.3(d) 可知

$$I_4'' = \frac{10}{1 + 4} = 2(\text{A})$$

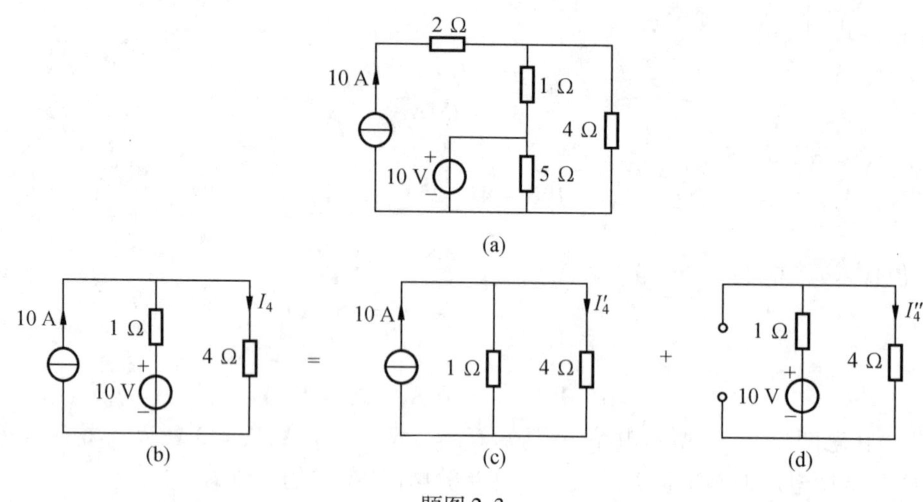

题图 2.3

由题图 2.3(b) 可知,4 Ω 电阻中的电流为

$$I_4 = I_4' + I_4'' = 2 + 2 = 4(\text{A})$$

2.4　在题图 2.4(a) 所示电路中,试用叠加定理计算电流 I。

解　将题图 2.4(a) 中各电源单独作用的电路画出,如题图 2.4(b)、(c) 所示。

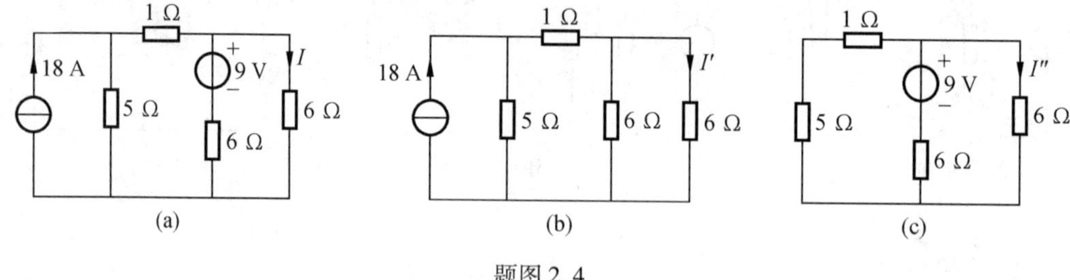

题图 2.4

在题图 2.4(b) 中,当电流源单独作用时,应用分流公式,得

$$I' = \frac{5}{5 + 1 + (6 /\!/ 6)} \times 18 \times \frac{1}{2} = \frac{90}{9} \times \frac{1}{2} = 5(\text{A})$$

在题图 2.4(c) 中,当电压源单独作用时,应用欧姆定律,得

$$I'' = \frac{9}{6 + (6 /\!/ 6)} \times \frac{1}{2} = \frac{9}{9} \times \frac{1}{2} = 0.5(\text{A})$$

则

$$I = I' + I'' = 5 + 0.5 = 5.5(\text{A})$$

2.5　试求题图 2.5(a)、(b)、(c) 所示有源二端网络的等效电压源。

解　在题图2.5(a) 所示电路中,将电流源变换为电压源,如图2.5(d) 所示。在图(d) 中

$$I = \frac{6 - (-10)}{4} = \frac{16}{4} = 4(\text{A})$$

则对 a、b 端的等效电压源如图(e) 所示,其中等效电压源的电压 $U_S = U_{ab} = 4 \times 2 - 10 = -2(\text{V})$,内阻 $R_S = 2 /\!/ 2 = 1(\Omega)$。

在图(b) 所示电路中,将电流源变换为电压源,如图(f) 所示。在图(f) 中,2 Ω 电阻中无电流,则对 a、b 端的等效电压源如图(g) 所示,其中等效电压源的电压 $U_S = U_{ab} = -4 + 6 =$

2(V),内阻 $R_S = 2\ \Omega$。

在图(c) 所示电路中,2 Ω 电阻中流过的电流为电流源的电流,则对 a、b 端的等效电压源如图(h) 所示,其中等效电压源的电压 $U_S = U_{ab} = 2 \times 2 + 10 = 14(\text{V})$,内阻 $R_S = 2\ \Omega$。

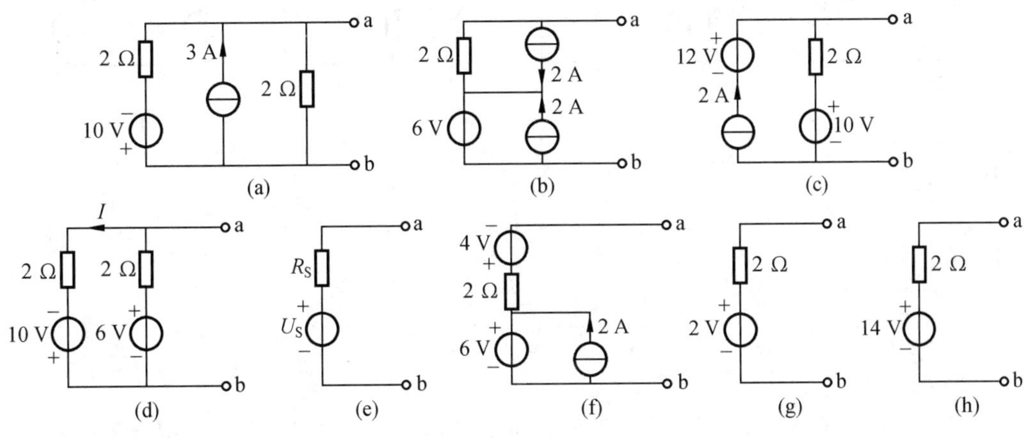

题图 2.5

2.6　在题图 2.6(a) 中,试用电压源与电流源等效变换法和节点电压法计算电流 I。

解　(1) 用电压源与电流源等效变换法求电流 I。

将图(a) 的电路用电源的等效变换法依次变换为图(b)、(c) 所示。

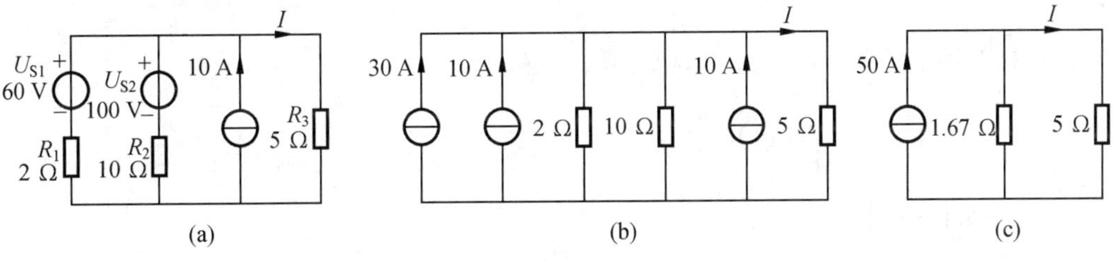

题图 2.6

在图(c) 中,应用分流公式,得

$$I = \frac{1.67}{1.67 + 5} \times 50 = 12.5(\text{A})$$

(2) 用节点电压法求电流 I。

将图(a) 中的下边节点作为参考点,应用两个节点电压公式,得

$$U_{R_3} = \frac{\frac{U_{S1}}{R_1} + \frac{U_{S2}}{R_2} + I_S}{\frac{1}{R_1} + \frac{1}{R_2} + \frac{1}{R_3}} = \frac{\frac{60}{2} + \frac{100}{10} + 10}{\frac{1}{2} + \frac{1}{10} + \frac{1}{5}} = \frac{50}{\frac{4}{5}} = 62.5(\text{V})$$

则

$$I = \frac{U_{R_3}}{R_3} = \frac{62.5}{5} = 12.5(\text{A})$$

2.7　在题图 2.7(a) 中,已知 $I_S = 1$ A,$U_{S1} = 9$ V,$U_{S2} = 2$ V,$R_1 = 1\ \Omega$,$R_2 = 3\ \Omega$,$R_3 = 4\ \Omega$,$R_4 = 8\ \Omega$。试用电压源与电流源等效变换法计算电流 I_4。

解　电压源与电流源等效变换过程如图(b)、(c)、(d) 所示。

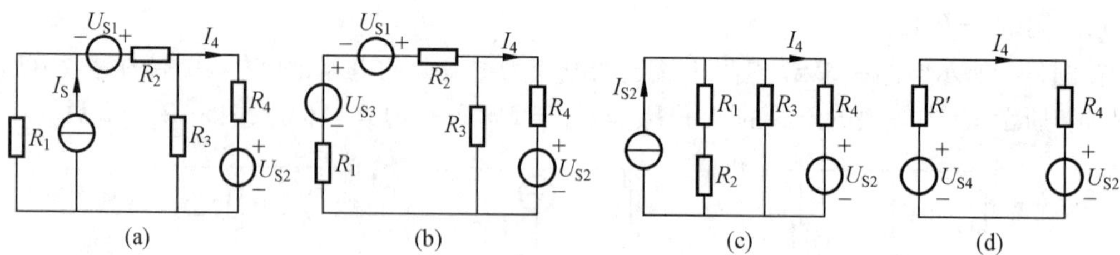

题图 2.7

其中,在图(b)中

$$U_{S3} = I_S R_1 = 1 \times 1 = 1(\text{V})$$

在图(c)中

$$I_{S2} = \frac{U_{S1} + U_{S3}}{R_1 + R_2} = \frac{9 + 1}{1 + 3} = 2.5(\text{A})$$

在图(d)中

$$U_{S4} = I_{S2}[(R_1 + R_2) /\!/ R_3] = 2.5 \times (4 /\!/ 4) = 2.5 \times 2 = 5(\text{V}), \quad R' = 2\ \Omega$$

由图(d)得

$$I_4 = \frac{U_{S4} - U_{S2}}{R' + R_4} = \frac{5 - 2}{2 + 8} = 0.3(\text{A})$$

2.8 试用电压源与电流源等效变换法和戴维宁定理计算题图 2.8(a)所示电路中的电流 I。

解 (1)用电压源与电流源等效变换法求解。

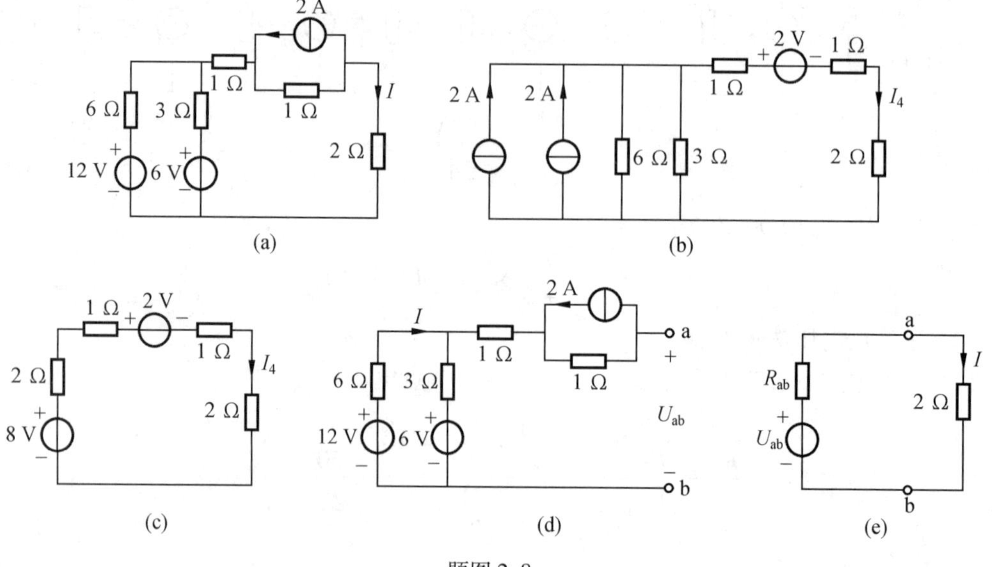

题图 2.8

题图 2.8(a)所示电路依次变换后的电路如图(b)、(c)所示。由图(c)得

$$I = \frac{8 - 2}{2 + 1 + 1 + 2} = 1(\text{A})$$

(2)用戴维宁定理求解。

将题图 2.8(a)中 2 Ω 支路断开,求开路电压 U_{ab},电路如图(d)所示。由图(d)得

$$I = \frac{12-6}{6+3} = \frac{6}{9} = \frac{2}{3}(\mathrm{A})$$

则开路电压为

$$U_{ab} = -2 + 3 \times \frac{2}{3} + 6 = 6(\mathrm{V})$$

将图(d) 中的电压源短路、电流源开路,则等效电阻为

$$R_{ab} = (6 /\!/ 3) + 1 + 1 = 4(\Omega)$$

由戴维宁等效电路图(e) 求出

$$I = \frac{U_{ab}}{R_{ab}+2} = \frac{6}{4+2} = 1(\mathrm{A})$$

2.9　在题图 2.9 所示电路中,试写出输出电压 U_o 与各电压源之间的关系。

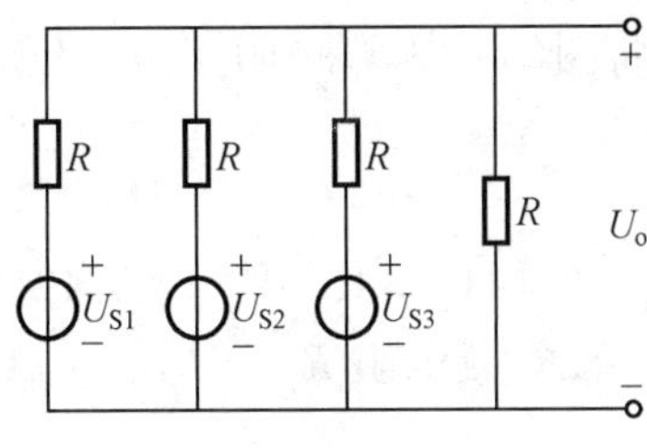

题图 2.9

解

$$U_o = \frac{\frac{U_{S1}}{R}+\frac{U_{S2}}{R}+\frac{U_{S3}}{R}}{\frac{1}{R}+\frac{1}{R}+\frac{1}{R}+\frac{1}{R}} = \frac{\frac{1}{R}(U_{S1}+U_{S2}+U_{S3})}{\frac{4}{R}} = \frac{1}{4}(U_{S1}+U_{S2}+U_{S3})$$

2.10　在题图 2.10(a) 所示电路中,试求电流表的读数(设电流表内阻为零)。

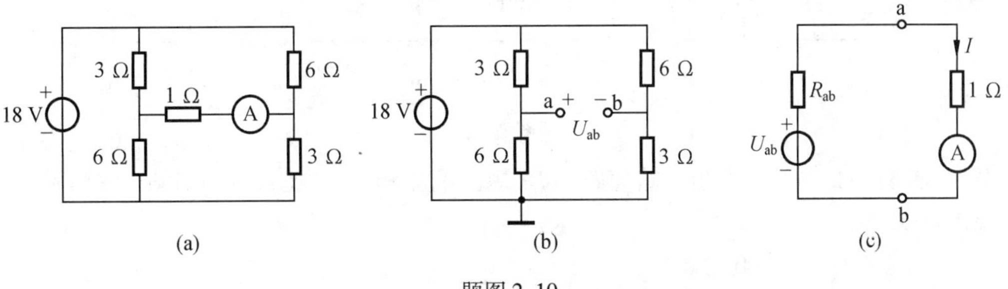

题图 2.10

解　用戴维宁定理求解。将图(a) 中 1 Ω 电阻支路断开,求其开路电压和等效电阻,电路如图(b) 所示。

在图(b) 中

$$U_{ab} = V_a - V_b = \frac{6}{6+3} \times 18 - \frac{3}{3+6} \times 18 = 12 - 6 = 6(\mathrm{V})$$

当电压源短路后,等效电阻

$$R_{ab} = (3 /\!/ 6) + (6 /\!/ 3) = 4(\Omega)$$

由图(c) 戴维宁定理等效电路,得

$$I=\frac{U_{ab}}{R_{ab}+1}=\frac{6}{4+1}=1.2(\mathrm{A})$$

2.11　在题图 2.11(a) 所示电路中,试计算电阻 R_3 中的电流 I_3。

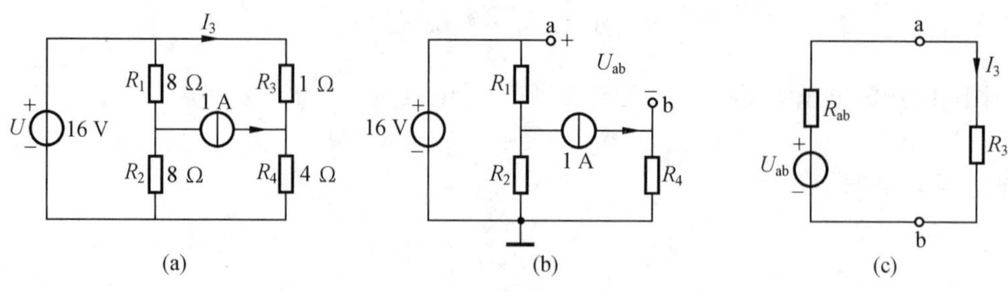

题图 2.11

解　用戴维宁定理求解。将图(a) 中 R_3 电阻支路断开,求其开路电压和等效电阻,电路如图(b) 所示。

在图(b) 中

$$U_{ab}=V_a-V_b=16-1\times 4=12(\mathrm{V})$$

当电压源短路、电流源开路后,等效电阻 $R_{ab}=R_4=4\ \Omega$。由图(c) 戴维宁定理等效电路,得

$$I_3=\frac{U_{ab}}{R_{ab}+R_3}=\frac{12}{4+1}=2.4(\mathrm{A})$$

2.12　试用诺顿定理计算题图 2.12(a) 所示电路中的电流 I。

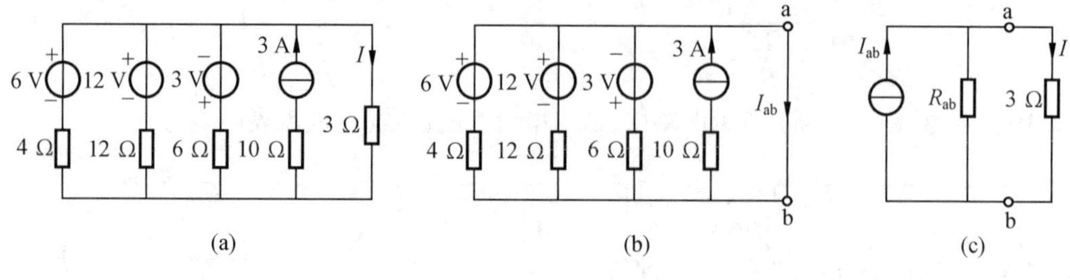

题图 2.12

解　将图(a) 中 3 Ω 电阻支路短路,求其短路电流和等效电阻,电路如图(b) 所示。

在图(b) 中

$$I_{ab}=\frac{6}{4}+\frac{12}{12}-\frac{3}{6}+3=1.5+1-0.5+3=5(\mathrm{A})$$

当电压源短路、电流源开路后,其等效电阻为

$$R_{ab}=4\ /\!/\ 12\ /\!/\ 6=2(\Omega)$$

由图(c) 诺顿定理等效电路,得

$$I=\frac{R_{ab}}{R_{ab}+3}I_{ab}=\frac{2}{2+3}\times 5=2(\mathrm{A})$$

2.13　在题图 2.13(a) 中,已知 $R_1=R_2=R_4=R_5=6\ \Omega, R_3=1\ \Omega, U_S=10\ \mathrm{V}, I_S=2.5\mathrm{A}$。试用戴维宁定理计算电流 I。

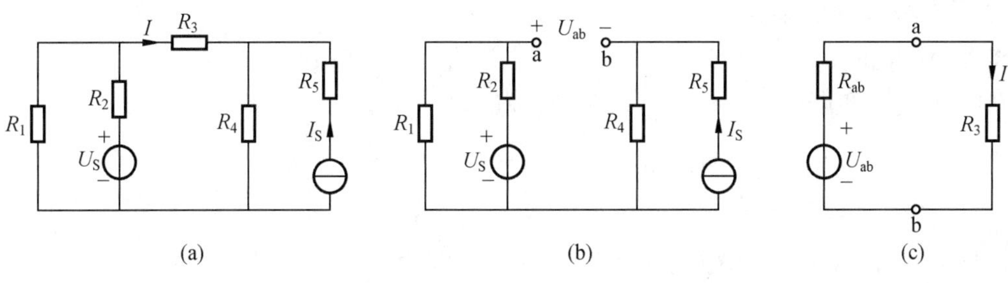

(a) (b) (c)

题图 2.13

解 将图(a) 中 R_3 电阻支路断开,求其开路电压和等效电阻,电路如图(b) 所示。

在图(b) 中

$$U_{ab}=V_a-V_b=\frac{1}{2}U_S-I_SR_4=\frac{10}{2}-2.5\times 6=-10(\mathrm{V})$$

当电压源短路、电流源开路后,等效电阻为

$$R_{ab}=(R_1 /\!/ R_2)+R_4=(6 /\!/ 6)+6=9(\Omega)$$

由图(c) 戴维宁定理等效电路,得

$$I=\frac{U_{ab}}{R_{ab}+R_3}=\frac{-10}{9+1}=-1(\mathrm{A})$$

2.14 在题图 2.14(a) 中,试用戴维宁定理和诺顿定理计算电流 I。

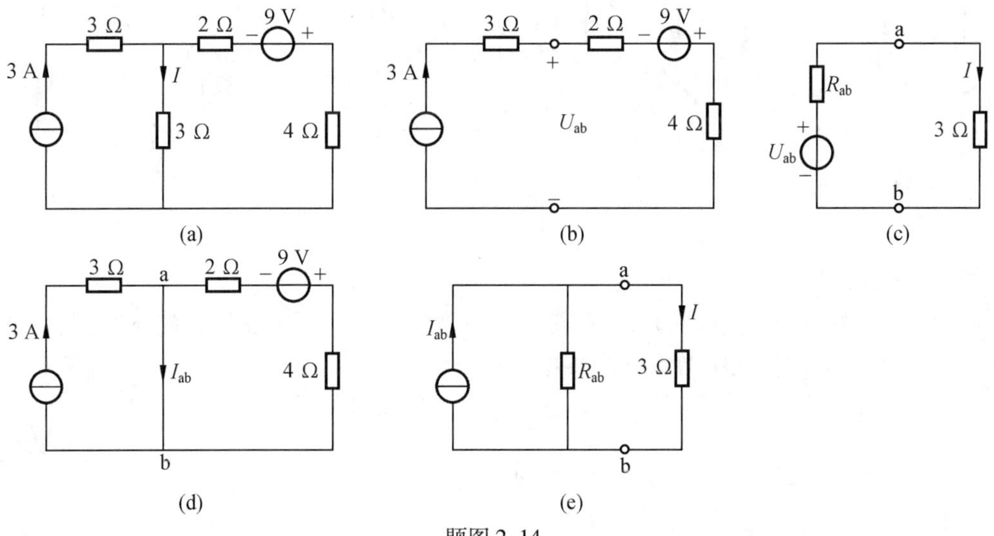

(a) (b) (c)

(d) (e)

题图 2.14

解 (1) 用戴维宁定理求解。

将图(a) 中的 3 Ω 电阻支路断开,求开路电压 U_{ab},电路如图(b) 所示。在图(b) 中,开路电压 U_{ab} 和等效电阻 R_{ab} 为

$$U_{ab}=3\times(2+4)-9=18-9=9(\mathrm{V})$$

$$R_{ab}=2+4=6(\Omega)$$

戴维宁定理等效电路如图(c) 所示。在图(c) 中,由欧姆定理,得

$$I=\frac{U_{ab}}{R_{ab}+3}=\frac{9}{6+3}=1(\mathrm{A})$$

(2) 用诺顿定理求解。

将图(a) 中的 3 Ω 电阻支路短路,求短路电流 I_{ab},电路如图(d) 所示。

在图(d) 中,短路电流 I_{ab} 和等效电阻 R_{ab} 为

$$I_{ab} = 3 - \frac{9}{6} = 3 - 1.5 = 1.5(A)$$

$$R_{ab} = 2 + 4 = 6(\Omega)$$

诺顿定理的等效电路如图(e) 所示。在图(e) 中,由分流公式,得

$$I = \frac{R_{ab}}{R_{ab} + 3} \times I_{ab} = \frac{6 \times 1.5}{6 + 3} = 1(A)$$

2.15　试用戴维宁定理和诺顿定理计算题图 2.15(a) 所示电路的电流 I。

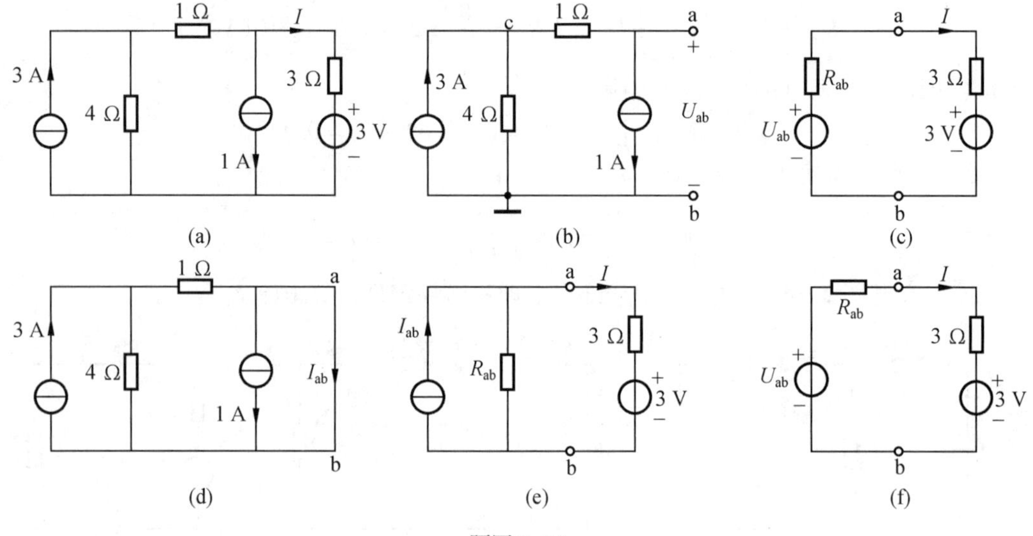

题图 2.15

解　(1) 用戴维宁定理求解。

将图(a) 中的电流 I 支路断开,求开路电压和等效电阻。求开路电压 U_{ab} 的电路如图(b) 所示。在图(b) 中,应用两个节点电压公式求 V_c,得

$$V_c = \frac{3 - 1}{\frac{1}{4}} = 8(V)$$

则开路电压 U_{ab} 为

$$U_{ab} = V_c - 1 \times 1 = 8 - 1 = 7(V)$$

将图(b) 中的电流源开路,其等效电阻 $R_{ab} = 4 + 1 = 5(\Omega)$。由图(c) 的戴维宁等效电路求出电流 I,即

$$I = \frac{U_{ab} - 3}{R_{ab} + 3} = \frac{7 - 3}{5 + 3} = \frac{4}{8} = 0.5(A)$$

(2) 用诺顿定理求解。

将图(a) 中的电流 I 支路短路,求短路电流和等效电阻。求短路电流 I_{ab} 的电路如图(d) 所示。在图(d) 中,由分流公式,得

$$I_{ab} = \frac{4}{4+1} \times 3 - 1 = 1.4(\text{A})$$

等效电阻不变，$R_{ab} = 4 + 1 = 5(\Omega)$。画出诺顿定理等效电路如图(e)所示。用电源的等效变换法将图(e)变换为图(f)。由图(e)得

$$U_{ab} = I_{ab}R_{ab} = 1.4 \times 5 = 7(\text{V})$$

由图(f)得

$$I = \frac{U_{ab} - 3}{R_{ab} + 3} = \frac{7-3}{5+3} = 0.5(\text{A})$$

2.16　试用戴维宁定理计算题图 2.16(a)所示电桥电路 R_1 中的电流 I_1。已知 $R_1 = 9\ \Omega$，$R_2 = 4\ \Omega$，$R_3 = 6\ \Omega$，$R_4 = 2\ \Omega$，$U_S = 10\ \text{V}$，$I_S = 2\ \text{A}$。

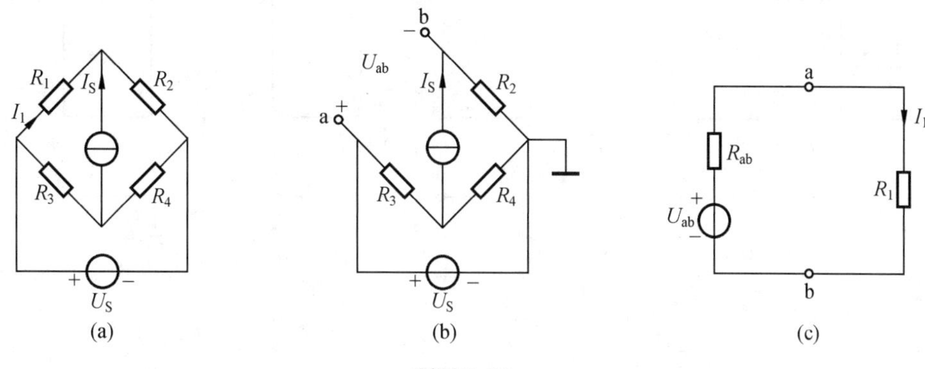

题图 2.16

解　将图(a)中 R_1 电阻支路断开，求其开路电压和等效电阻，电路如图(b)所示。

在图(b)中

$$U_{ab} = V_a - V_b = U_S - I_S R_2 = 10 - 2 \times 4 = 2(\text{V})$$

当电压源短路、电流源开路后，等效电阻 $R_{ab} = R_2 = 4\ \Omega$。

由图(c)戴维宁定理等效电路，得

$$I = \frac{U_{ab}}{R_{ab} + R_1} = \frac{2}{4+9} = 0.154(\text{A})$$

2.17　在题图 2.17(a)所示电路中，$I_S = 2\ \text{A}$，$U_S = 6\ \text{V}$，$R_1 = 1\ \Omega$，$R_2 = 2\ \Omega$。实验中发现：

(1) 当 I_S 的方向如图所示时，电流 $I = 0$。

(2) 当 I_S 的方向与图示相反时，电流 $I = 1\ \text{A}$。

试计算图中有源二端网络的戴维宁等效电路。

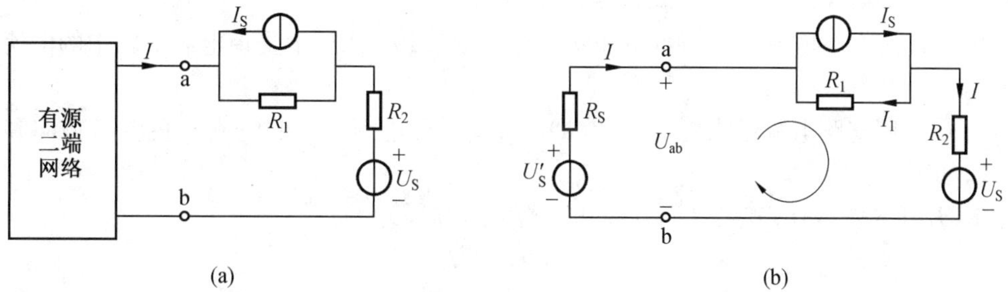

题图 2.17

解　(1) 设图(a)左边电路的等效电压源为 U'_S，其值由右边电路求出，即

$$U'_S = U_{ab} = U_S + I_S R_1 = 6 + 2 \times 1 = 8(\text{V})$$

(2) 当电流 $I = 1$ A 时，其电路如图(b)所示。在图(b)中，由右边电路求出

$$U_{ab} = IR_2 + U_S - I_1 R_1 = 2 \times 1 + 6 - 1 \times 1 = 7(\text{V})$$

再由左边电路求出 R_S，即

$$R_S = \frac{U'_S - U_{ab}}{I} = \frac{8-7}{1} = 1(\Omega)$$

2.18　两个相同的有源二端网络 N 与 N′，当连接如题图 2.18(a)时，测得 $U_1 = 10$ V；当连接如题图 2.18(b)时，测得 $I_1 = 2$ A。试问：当连接如题图 2.18(c)时，电流 I 是多少？

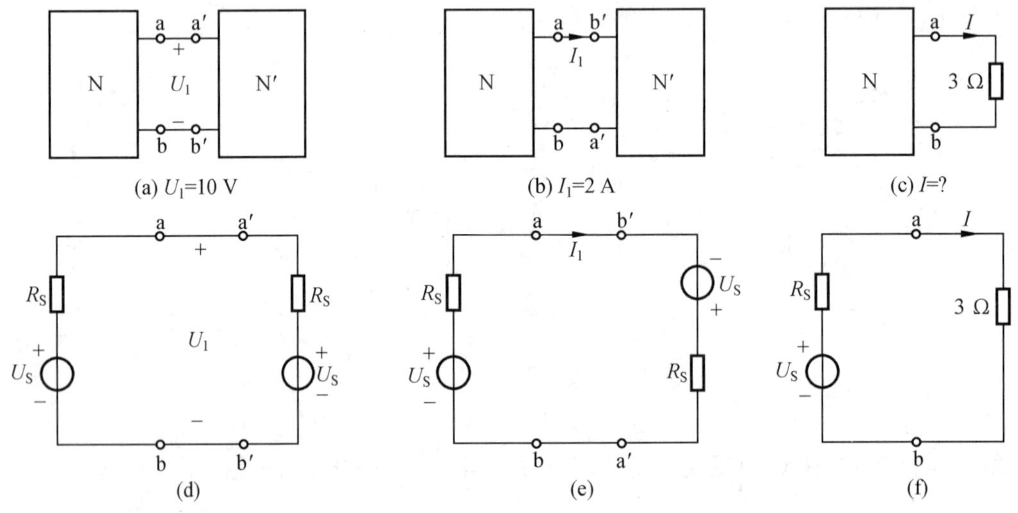

题图 2.18

解　(1) 利用图(a)求出 N 网络的等效电压源的电压。由于 N = N′，a 连接 a′，b 连接 b′，则画出的等效电路如图(d)所示。在图(d)中，$I = 0$，则 $U_S = U_1 = 10$ V。

(2) 利用图(b)求出 N 网络的等效电压源的内阻。在图(b)中，由于 a 连接 b′，b 连接 a′，则画出的等效电路如图(e)所示。在图(e)中，$2I_1R_S = 2U_S$，所以

$$R_S = \frac{U_S}{I_1} = \frac{10}{2} = 5(\Omega)$$

(3) 图(c)中的有源网络 N 的等效电路如图(f)所示。由图(f)得

$$I = \frac{U_S}{R_S + 3} = \frac{10}{5+3} = 1.25(\text{A})$$

2.19　试用支路电流法和节点电压法计算题图 2.19(a)所示受控电源电路中的电流 I_1 和电压 U。

解　(1) 用支路电流法求解。在图(a)中，设 3 Ω 电阻支路的电流 I_2 的参考方向和回路绕行方向如图(b)所示。

用 KCL 和 KVL 列出节点电流方程和回路电压方程为

$$I_1 = I_2 + 2I_1$$
$$5I_1 + 3I_2 = 6$$

解之，得 $I_1 = 3$ A，则

$$U = 2I_1 \times 3 = 2 \times 3 \times 3 = 18(\text{V})$$

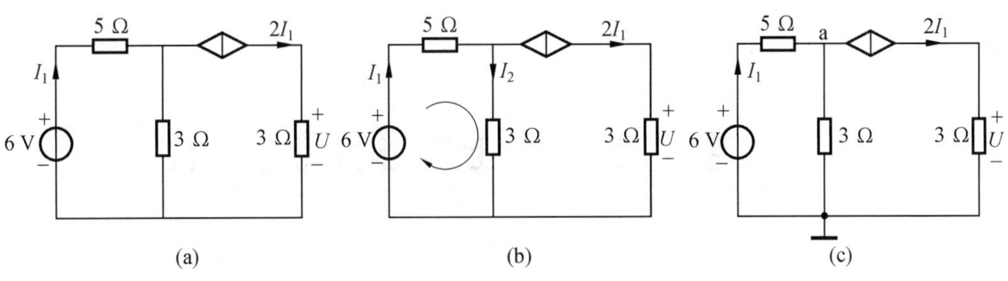

题图 2.19

（2）用节点电压法求解。用节点电压法求解的电路如图（c）所示。在图（c）中，应用两个节点电压公式求出 V_a，即

$$V_a = \frac{\frac{6}{5} - 2I_1}{\frac{1}{5} + \frac{1}{3}}, \quad I_1 = \frac{6 - V_a}{5}$$

整理，得

$$8V_a = 15 \times (1.2 - 2I_1) = 15 \times \left(1.2 - 2 \times \frac{6 - V_a}{5}\right)$$

解之，得 $V_a = -9$ V，则

$$I_1 = \frac{6 - V_a}{5} = \frac{6 - (-9)}{5} = 3(\text{A}), \quad U = 2I_1 \times 3 = 2 \times 3 \times 3 = 18(\text{V})$$

2.20　试用叠加定理计算题图 2.20（a）所示受控电源电路中的电流 I_1。

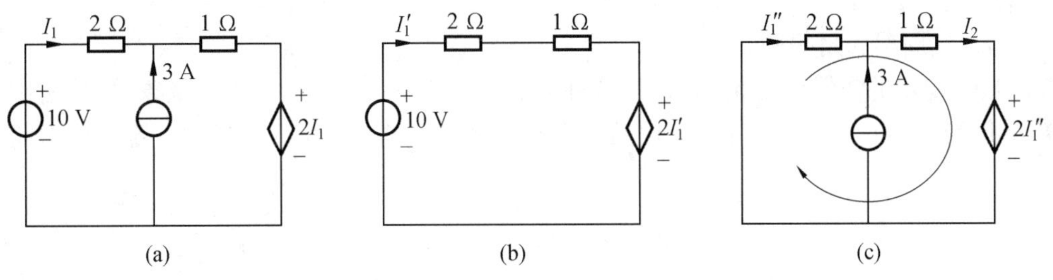

题图 2.20

解　（1）独立电压源单独作用时的电路如图（b）所示。在图（b）中，按着电流 I_1' 的参考方向绕一周，用 KVL 列方程为

$$3I_1' + 2I_1' = 10$$

则

$$I_1' = 2 \text{ A}$$

（2）独立电流源单独作用时的电路如图（c）所示。在图（c）中，用 KCL 和 KVL 列出节点电流方程和回路电压方程为

$$I_1'' + 3 = I_2$$

$$2I_1'' + 1 \times I_2 + 2I_1'' = 0$$

解之，得

$$I_1'' = -0.6 \text{ A}$$

则两个独立电源共同作用时

$$I_1 = I_1' + I_1'' = 2 - 0.6 = 1.4(\text{A})$$

第3章　正弦交流电路

3.1　内容提要

本章主要介绍正弦交流电的基本概念、相量分析法、电感和电容元件的工作特性、交流电路的功率及计算。

1. 正弦量的三要素

(1) 正弦量。

在电路中,按正弦规律变化的电压和电流称为正弦量。某正弦电流波形如图3.1所示,其数学表达式为

$$i = I_m \sin(\omega t + \phi_i) = \sqrt{2} I \sin(\omega t + \phi_i)$$

式中,I_m 为正弦量的幅值;I 为正弦量的有效值;ω 为正弦量的角频率;ϕ_i 为正弦量的初相位。其中,I、ω、ϕ_i 为正弦量的三要素。

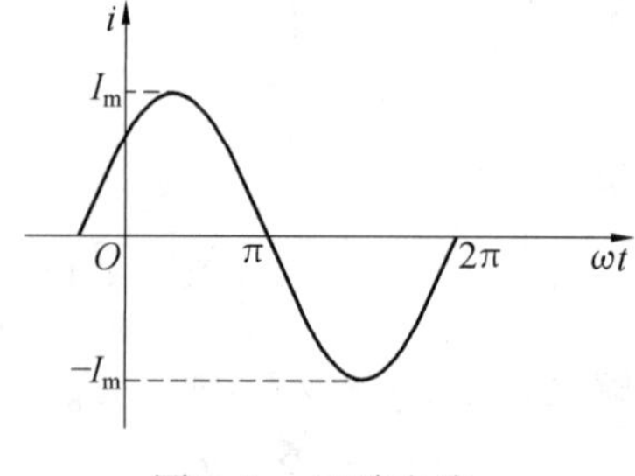

图3.1　正弦电流

(2) 三要素的定义。

① 频率、周期和角频率。

正弦量变化的快慢可用频率、周期和角频率表示。正弦量变化一周所需要的时间称为周期 T,单位为秒(s)。正弦量每秒变化的次数称为频率 f,单位为赫兹(Hz)。频率是周期的倒数,即

$$f = \frac{1}{T}$$

正弦量的角度随时间变化的速度称为角频率,单位为rad/s(弧度/秒)。正弦量一个周期内角度变化2π rad(弧度),即 $\omega T = 2\pi$。所以,正弦量的周期、频率、角频率三者之间的关系为

$$\omega = \frac{2\pi}{T} = 2\pi f$$

我国电网供电的正弦交流电压的频率为50 Hz,该频率称为工频。美国、日本电网供电的频率为60 Hz,欧洲绝大多数国家的供电频率为50 Hz。

② 幅值和有效值。

正弦量的大小可用幅值和有效值表示。

在工程应用中,常用有效值表示一个正弦量在电路中实际电压、电流的大小。正弦量的有效值是按照电流的热效应相等定义的,即在一个周期内,两个阻值相同的电阻分别通过正弦电流 i 和直流电流 I,如果两个电阻消耗的热量相等,则可用直流电流 I 表示该正弦电流 i 的大小。此直流电流 I 称为正弦电流 i 的有效值。周期性电流有效值 I 的计算公式为

$$I = \sqrt{\frac{1}{T}\int_0^T i^2 \mathrm{d}t}$$

即电流 i 的平方在一个周期内积分的平均值再取平方根，此值也称为方均根值。

正弦电流的有效值和幅值之间的关系为

$$I = \frac{I_m}{\sqrt{2}} = 0.707 I_m \quad 或 \quad I_m = \sqrt{2} I$$

同理

$$U = \frac{U_m}{\sqrt{2}} = 0.707 U_m \quad 或 \quad U_m = \sqrt{2} U$$

工程应用中所使用的交流电压表、交流电流表的读数都是有效值。我国民用电网的供电电压的有效值为 220 V。

③ 相位和初相位。

相位：正弦量随时间变化的角度 $\omega t + \phi_i$ 称为正弦量的相位，或称相角。

初相位：$t = 0$ 时所对应的相位 ϕ_i 称为正弦量的初相位，或称初相角。初相位有正、有负。计时坐标在正弦量由负变正的零点右边的初相位为正角，即 $\phi_i > 0$；计时坐标在正弦量由负变正的零点左边的初相位为负角，即 $\phi'_i < 0$，如图 3.2(a)、(b) 所示。初相位的取值范围为 $|\phi_i| \leqslant 180°$。

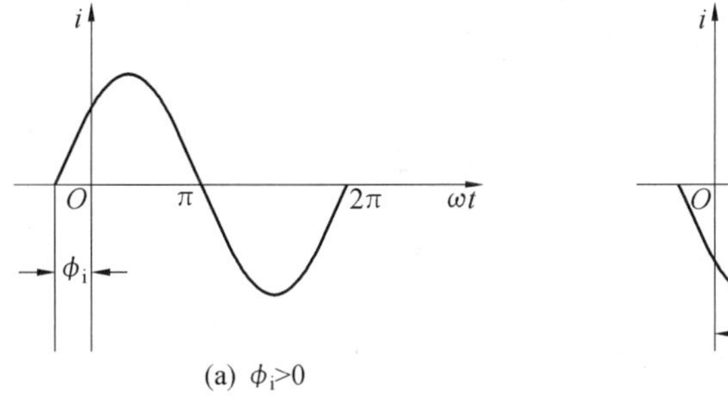

(a) $\phi_i > 0$

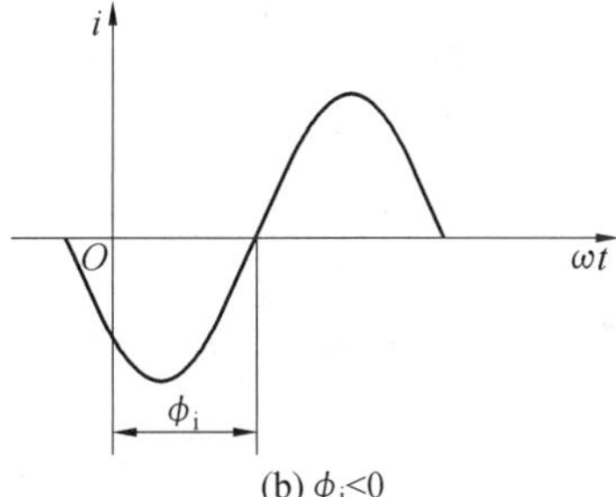

(b) $\phi_i < 0$

图 3.2　正弦量的初相位

对于同一频率的正弦量，如果计时零点不同，其初相位也不同。

相位差：两个同频率正弦量的初相位之差称为相位差。假设两个正弦电流分别为

$$i_1 = \sqrt{2} I_1 \sin(\omega t + \phi_1)$$

$$i_2 = \sqrt{2} I_2 \sin(\omega t + \phi_2)$$

其相位差为

$$\Delta\varphi = (\omega t + \phi_1) - (\omega t + \phi_2) = \phi_1 - \phi_2$$

相位差的取值范围为 $|\varphi| \leqslant 180°$。

两正弦量之间的相位关系有同相、反相、超前和滞后三种情况。若两正弦量的相位差 $\Delta\varphi = 0$，即 $\phi_1 = \phi_2$，称两正弦量同相位；若 $\Delta\varphi = \pm\pi$，称两正弦量反相；若 $\Delta\varphi > 0$，即 $\phi_1 > \phi_2$，称 i_1 超前 i_2；若 $\Delta\varphi < 0$，即 $\phi_1 < \phi_2$，称 i_1 滞后 i_2。

结论：对于两个同频率的正弦量，当计时零点变化时，其初相位随之改变，但是两正弦量之间的相位差是不变的。

2. 正弦量的相量表示法

用正弦量的数学表达式和波形分析正弦稳态电路很烦琐,而用相量法分析正弦稳态电路简单、方便。相量法就是将正弦量用复数表示,然后用复数的计算公式、相量图分析、计算正弦稳态电路。

(1) 复数的定义及公式。

复数可用复平面上的有向线段 F 表示,如图 3.3(a) 所示。其中,有向线段 F 的长度为复数的模,有向线段 F 和横轴的夹角为复数的辐角 ϕ。有向线段又称为相量。

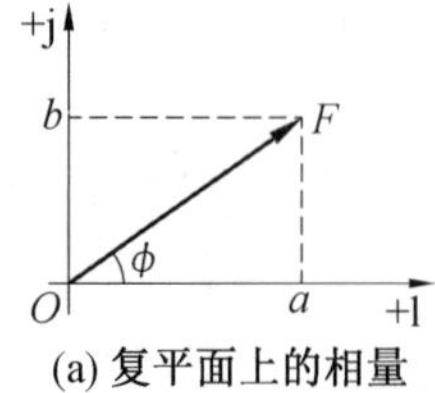

(a) 复平面上的相量

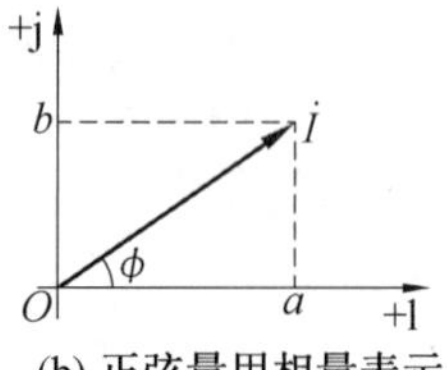

(b) 正弦量用相量表示

图 3.3　复数和正弦量的相量表示

在图 3.3(a) 中,根据复数的定义可知,一个相量可以表示成实部和虚部之和,即

$$F = a + \mathrm{j}b$$

式中

$$\begin{cases} a = U\cos\phi & (\text{实部}) \\ b = U\sin\phi & (\text{虚部}) \end{cases}$$

相量也可用三角函数式、指数式和极坐标形式表示,即

$$\begin{aligned} F = a + \mathrm{j}b = & \quad \text{代数式} \\ |F|(\cos\phi + \mathrm{j}\sin\phi) = & \quad \text{三角函数式} \\ |F|\mathrm{e}^{\mathrm{j}\phi} = & \quad \text{指数式} \\ |F|\angle\phi & \quad \text{极坐标式} \end{aligned}$$

其中

$$|F| = \sqrt{a^2 + b^2}, \quad \phi = \arctan\frac{b}{a}$$

(2) 正弦量的相量表示。

由图 3.3(a) 可知,相量 F 的特征与正弦量的特征变化规律相同,则 F 的长度可以代表正弦量的幅值(或有效值),F 的辐角 ϕ 代表正弦量的初相位。所以,正弦量可以用复数表示,如图 3.3(b) 所示。其中,正弦电流 i 的相量常用有效值相量 $\dot{I}$ 表示。

根据正弦量的相量和复数 F 之间的一一对应关系,正弦量的相量表示公式为

$$\begin{aligned} \dot{I} = a + \mathrm{j}b = & \quad \text{代数式} \\ I(\cos\phi + \mathrm{j}\sin\phi) = & \quad \text{三角函数式} \\ I\mathrm{e}^{\mathrm{j}\phi} = & \quad \text{指数式} \\ I\angle\phi & \quad \text{极坐标式} \end{aligned}$$

其中

$$I = \sqrt{a^2 + b^2}, \quad \phi = \arctan\frac{b}{a}$$

I 为相量的有效值,ϕ 为相量的初相位。

(3) 相量图。

将同频率的正弦电压、电流相量画在复平面上,形成的图形称为相量图。相量图能直观地

反映各正弦量的大小及相位关系，所以在分析正弦稳态电路中常用。对于简单的串联、并联及混联电路，可用相量图直接求出未知的正弦量；对于复杂电路，相量图可作为辅助分析。

3. 电路元件的伏安关系及相量表示形式

(1) 单一元件 R、L、C 的伏安关系见表 3.1。

表 3.1　单一元件 R、L、C 的伏安关系

元件	瞬时值关系	有效值关系	相位关系	相量式
电阻	$u = Ri$	$U = RI$	$\dot{I}$ $\dot{U}$ $\varphi=0°$	$\dot{U} = R\dot{I}$
电感	$u = L\frac{\mathrm{d}i}{\mathrm{d}t}$	$U = \omega LI$	$\dot{U}$ φ O $\dot{I}$	$\dot{U} = \mathrm{j}\omega L\dot{I}$
电容	$i = C\frac{\mathrm{d}u}{\mathrm{d}t}$	$U = \frac{1}{\omega C}I$	$\dot{I}$ φ O $\dot{U}$	$\dot{U} = -\mathrm{j}\frac{1}{\omega C}\dot{I} = \frac{1}{\mathrm{j}\omega C}\dot{I}$

(2) 单一元件 R、L、C 的能量转换关系见表 3.2。

表 3.2　单一元件 R、L、C 的能量转换关系

元件	能量转换关系	功率计算公式	工作性质
电阻	$W = \int_0^T p\mathrm{d}t$	$P = UI = RI^2 = \frac{U^2}{R}$ （有功功率）	消耗能量，$P > 0$
电感	$W_L(t) = \frac{1}{2}Li^2(t)$	$Q_L = UI = \frac{U^2}{X_L} = I^2X_L$（无功功率）	储存能量，$P = 0$
电容	$W_C(t) = \frac{1}{2}Cu^2(t)$	$Q_C = UI = \frac{U^2}{X_C} = I^2X_C$ （无功功率）	储存能量，$P = 0$

其中，$X_L = \omega L, X_C = \frac{1}{\omega C}$。

(3) 电路定律的相量形式。

KCL 与 KVL 的相量表示形式为

$$\sum \dot{I} = 0 , \quad \sum \dot{U} = 0$$

欧姆定律的相量表示形式为

$$\dot{U} = Z\dot{I}$$

其中，Z 为电路的复阻抗。

4. 阻抗及其串并联

(1) 阻抗的定义。

不含独立电源的一端口网络 N_0 的端电压相量 $\dot{U}$ 与端电流相量 $\dot{I}$ 的比值定义为一端口 N_0 的复阻抗 Z，简称阻抗，即

$$Z = \frac{\dot{U}}{\dot{I}} = \frac{U}{I}\angle(\phi_u - \phi_i) = |Z| \angle\varphi_Z$$

其中，$|Z|$ 为阻抗的模；φ_Z 为阻抗角，即电压的初相位与电流的初相位之差。

(2) 阻抗串、并联公式见表 3.3。

表 3.3　阻抗串、并联公式

阻抗串联	n 个阻抗串联，等效阻抗为各阻抗之和	n 个串联阻抗的分压公式	Z_1、Z_2 串联	两串联阻抗的分压公式
阻抗串联	$Z=\sum_{k=1}^{n}Z_k$	$\dot{U}_k=\frac{Z_k}{Z}\dot{U}$	$Z=Z_1+Z_2$	$\dot{U}_1=\frac{Z_1}{Z_1+Z_2}\dot{U},\dot{U}_2=\frac{Z_2}{Z_1+Z_2}\dot{U}$
阻抗并联	n 个阻抗并联，等效阻抗为各阻抗倒数之和		Z_1、Z_2 并联	两并联阻抗的分流公式
阻抗并联	$\frac{1}{Z}=\sum_{k=1}^{n}\frac{1}{Z_k}$		$Z=\frac{Z_1Z_2}{Z_1+Z_2}$	$\dot{I}_1=\frac{Z_2}{Z_1+Z_2}\dot{I},\dot{I}_2=\frac{Z_1}{Z_1+Z_2}\dot{I}$

(3) 电压三角形、阻抗三角形。

在 RLC 串联电路中，设 $X_L>X_C$，则电路的相量方程式为

$$\dot{U}=\dot{U}_R+\dot{U}_L+\dot{U}_C=R\dot{I}+\mathrm{j}X_L\dot{I}-\mathrm{j}X_C\dot{I}=\dot{I}[R+\mathrm{j}(X_L-X_C)]=Z\dot{I}$$

其中，阻抗为

$$Z=R+\mathrm{j}(X_L-X_C)=R+\mathrm{j}X=\sqrt{R^2+X^2}\angle\arctan\frac{X}{R}=|Z|\angle\varphi_Z$$

RLC 串联电路的电压三角形和阻抗三角形如图 3.4(a)、(b) 所示。

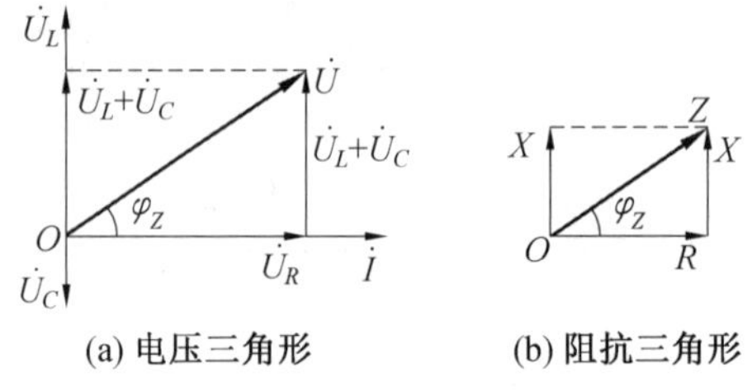

图 3.4　RLC 串联电路的相量

5. 阻抗的性质

(1) $X_L>X_C$，$\varphi_Z>0$，即电压超前电流，阻抗 Z 为感性；

(2) $X_L<X_C$，$\varphi_Z<0$，即电压滞后电流，阻抗 Z 为容性；

(3) $X_L=X_C$，$\varphi_Z=0$，即电压与电流同相位，阻抗 Z 为阻性。

6. 正弦稳态电路的分析

正弦稳态电路的分析采用相量法。其分析步骤为：

(1) 画出电路的相量模型。

(2) 选择适当的分析方法，列写相量形式的电路方程。

(3) 根据相量形式的电路方程求出未知相量。

(4) 由相量形式的解写出电压、电流的瞬时值表达式。

7. 正弦稳态电路的功率

由于实际应用电路中的负载大多数含有储能元件，所以电源既向负载提供有功功率，又提

供无功功率。电源和负载的功率关系为：

（1）有功功率。

有功功率是电阻负载消耗的功率，其计算公式为

$$P = UI\cos\varphi \quad (\mathrm{W})$$

当负载为纯电阻时

$$P = UI = RI^2 = \frac{U^2}{R}$$

（2）无功功率。

无功功率是电感、电容负载与电源进行能量交换的功率，其计算公式为

$$Q = UI\sin\varphi \quad (\mathrm{var})$$

当负载为纯电感、纯电容时

$$Q_L = UI = \frac{U^2}{X_L} = I^2X_L, \quad Q_C = UI = \frac{U^2}{X_C} = I^2X_C$$

当电路中同时含有电感、电容时，Q_L 取正号，Q_C 取负号。

（3）视在功率。

视在功率是电源输出的功率，其计算公式为

$$S = UI = \sqrt{P^2 + Q^2} \quad (\mathrm{V \cdot A})$$

P、Q、S 三者之间的关系构成了功率三角形。

8. 功率因数的提高

由 $P = UI\cos\varphi$ 可知，当正弦电源带感性负载时，电路的功率因数 $\cos\varphi = \cos\varphi_L < 1$。当 $\cos\varphi_L$ 较低时，说明感性负载需要电源提供的无功功率较大，这样就加重了电源的负担，使电源发出的有功功率减少，导致电源的带载能力下降。为了解决这个问题，在保证负载不变的情况下，在感性负载两端（实际上是电源侧）并联合适的电容，利用电容代替电源向感性负载提供无功功率，这样，电源就能多发有功功率，使带载能力提高。这种方法实际上提高了电路的功率因数，即电路的功率因数 $\cos\varphi > \cos\varphi_L$。

通过感性负载并联电容电路的相量图，得到并联电容的计算公式为

$$C = \frac{P}{\omega U^2}(\tan\varphi_L - \tan\varphi)$$

电容补偿的无功功率为

$$Q_C = -P(\tan\varphi_L - \tan\varphi)$$

9. 串联谐振与并联谐振

（1）串联谐振。

对于 RLC 串联电路，当电压和电流同相位时，说明电路发生了串联谐振，串联谐振的条件为 $\omega L = \frac{1}{\omega C}$，谐振频率 $f_0 = \frac{1}{2\pi\sqrt{LC}}$。

串联谐振的特征为：

① 电路的阻抗最小，即 $Z_0 = R$，电路呈现电阻性。

② 电路中的电流最大，即 $I_0 = \frac{U_S}{R}$。

③ 电感和电容两端产生高压，即 $U_L = U_C \gg U_S$。

④ 电路的有功功率最大，即 $P_0 = I_0^2 R = \dfrac{U_S^2}{R}$。

⑤ 品质因数 $Q = \dfrac{\omega_0 L}{R} = \dfrac{1}{\omega_0 RC} = \dfrac{1}{R}\sqrt{\dfrac{L}{C}}$。

(2) 并联谐振。

对于含有电阻 R 的电感线圈和电容并联时，当电压与电流同相位时，表示电路发生了并联谐振。并联谐振的条件为 $\omega L = \dfrac{1}{\omega C}$。谐振频率 $f_0 = \dfrac{1}{2\pi\sqrt{LC}}$，与串联谐振相同。

并联谐振的特征为：

① 电路的阻抗最大，即 $Z_0 = \dfrac{L}{RC}$，电路呈现电阻性。

② 电路中的端电压最大，即 $\dot{U}_0 = Z_0 \dot{I}$。

③ 电感和电容支路中的电流最大，即 $I_L = I_C \gg I$。

④ 品质因数 $Q = R'\omega_0 C_L = \dfrac{R'}{\omega_0 L_L} = R'\sqrt{\dfrac{C}{L}}$。

其中，R' 是电感线圈和电容并联电路的等效电阻。

3.2 重点与难点

3.2.1 重点

1. 三要素的概念及其定义

(1) 熟记频率、角频率的定义及单位，熟记 $\omega = 2\pi f$ 关系式。

(2) 熟记 $I = \dfrac{I_m}{\sqrt{2}}$，$U = \dfrac{U_m}{\sqrt{2}}$ 的关系式。

(3) 熟记初相位、相位差的定义，初相位的正负表示，正弦量的超前、滞后等概念。

2. 正弦量的相量表示法

(1) 正弦量用相量表示的概念。

(2) 熟记相量计算公式及相量公式之间的转换。

(3) 要熟练掌握相量图的画法。画相量图时，若是串联电路，要以电流为参考相量；若是并联电路，要以电压为参考相量；若是混联电路，要以并联支路上的电压为参考相量。

(4) 要熟记单一元件的相量模型及其伏安的相量关系式。

3. 阻抗

(1) 熟记阻抗的定义及 $Z = \dfrac{\dot{U}}{\dot{I}}$ 公式。

(2) 熟记两个阻抗的串联、并联的分压公式和分流公式。

4. 正弦稳态电路的计算

(1) 熟记 RLC 串联电路的电压、电流的大小及相位关系、阻抗关系，熟记电压三角形和阻抗三角形。

(2) 熟记电路的性质与阻抗角的关系。

(3) 熟记正弦稳态电路中的功率关系、功率三角形及计算公式。

(4) 在分析计算电路时要首先设参考相量。简单电路用相量图求解;复杂电路主要用相量公式求解,相量图作为辅助分析。

5. 功率因数的提高

(1) 理解电路功率因数提高的意义。

(2) 熟记并联电容的计算公式。

6. 串联谐振与并联谐振

(1) 理解串联谐振、并联谐振的谐振特征及实际应用意义。

(2) 熟记发生谐振的条件、谐振频率的公式。

3.2.2　难点

(1) 对电感和电容工作状态的理解。

(2) 用相量图分析 RLC 电路。

(3) RLC 并联电路的分析与计算。

3.3　例题分析

【例 3.1】 RLC 串联电路如图 3.5 所示。已知 $R = 30\ \Omega$,$L = 191\ \text{mH}$,$C = 159.2\ \mu\text{F}$,电源电压 $u = 220\sqrt{2}\sin(314t + 10°)\ \text{V}$。试求:

(1) 感抗 X_L、容抗 X_C 和阻抗模 $|Z|$。

(2) 电流 I 和各元件电压 U_R、U_L、U_C。

(3) 功率因数 $\cos\varphi$ 和功率 P、Q、S。

(4) 说明为什么 $U_R + U_L + U_C \neq U$。

(5) 画出电压三角形、阻抗三角形和功率三角形,并说明它们的关系。

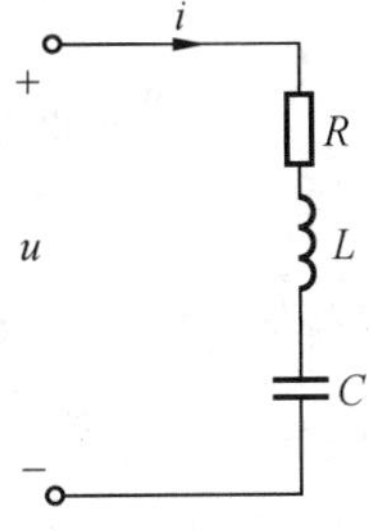

图 3.5　例 3.1 图 1

解　本题是最典型的正弦交流电路。

(1) X_L、X_C 和 $|Z|$ 为

$$X_L = \omega L = 314 \times 191 \times 10^{-3} = 59.97 \approx 60(\Omega)$$

$$X_C = \frac{1}{\omega C} = \frac{1}{314 \times 159.2 \times 10^{-6}} \approx 20(\Omega)$$

$$|Z| = \sqrt{R^2 + (X_L - X_C)^2} = \sqrt{30^2 + (60 - 20)^2} = 50(\Omega)$$

(2) I 和 U_R、U_L、U_C 为

$$I = \frac{U}{|Z|} = \frac{220}{50} = 4.4(\text{A})$$

$$U_R = IR = 4.4 \times 30 = 132(\text{V})$$

$$U_L = IX_L = 4.4 \times 60 = 264(\text{V})$$

$$U_C = IX_C = 4.4 \times 20 = 88(\text{V})$$

(3) $\cos\varphi$ 和 P、Q、S 为

$$\varphi = \arctan\frac{X_L - X_C}{R} = \arctan\frac{60-20}{30} = 53.1°(\text{电感性})$$

$$\cos\varphi = \cos 53.1° = 0.6$$

$$\sin\varphi = \sin 53.1° = 0.8$$

$$P = UI\cos\varphi = 220 \times 4.4 \times 0.6 = 580.8(\text{W})$$

$$Q = UI\sin\varphi = 220 \times 4.4 \times 0.8 = 774.1(\text{var})$$

$$S = UI = 220 \times 4.4 = 968(\text{V}\cdot\text{A})$$

(4) $U_R + U_L + U_C \neq U$。在正弦交流电路中,各电压不仅有一定的大小,而且还有不同的相位。因此,本题中只有把各元件电压和电源电压均表示成相量形式,$\dot{U}_R + \dot{U}_L + \dot{U}_C = \dot{U}$ 才成立,而 $U_R + U_L + U_C$ 不等于 U。

(5) 电压三角形、阻抗三角形和功率三角形,这三个直角三角形是相似三角形,如图 3.6 所示,三个 φ 角相等,分别称为相位差角、阻抗角和功率因数角,三个边对应成比例。以阻抗三角形为例,它的斜边 $|Z|$ 乘以电流 I,即 $I|Z|$,就是电压三角形的斜边 U;电压三角形的斜边 U 乘以电流 I,即 IU,就是功率三角形的斜边 S。

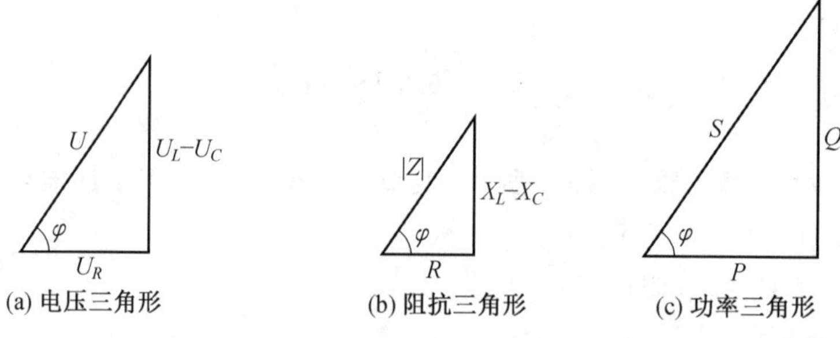

图 3.6　例 3.1 图 2

【例 3.2】　图 3.7(a) 所示为并联交流电路,已知 $\dot{I}_S = 10\angle 0°$ A,$R = 1\ \Omega$,$R_1 = R_2 = 2\ \Omega$,$X_L = X_C = 2\ \Omega$。试求:

(1) 电流 $\dot{I}_1$ 和 $\dot{I}_2$。

(2) 恒流源的端电压 $\dot{U}_S$。

(3) 恒流源发出的有功功率 P_S。

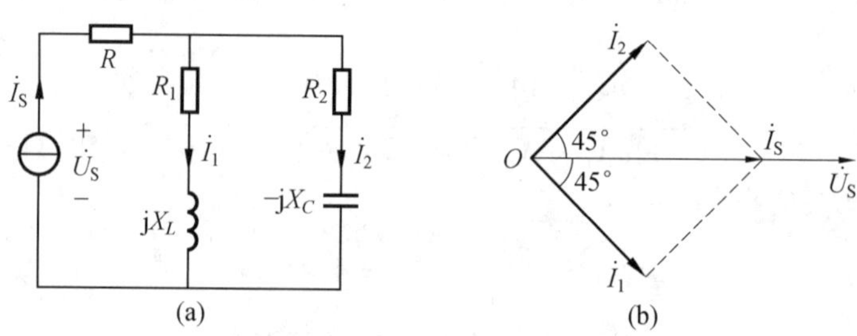

图 3.7　例 3.2 图

解　在本电路中,$\dot{I}_S = 10\angle 0^\circ$ A,是复数形式的恒流源。如果将电路中的感抗、容抗和阻抗也用复数形式表示出来,就可以用复数形式(即相量形式)的分流公式求解 $\dot{I}_1$ 和 $\dot{I}_2$。

(1) 复阻抗为

$$Z_1 = R_1 + jX_L = (2 + j2)\ \Omega$$
$$Z_2 = R_2 - jX_C = (2 - j2)\ \Omega$$

应用分流公式,则

$$\dot{I}_1 = \frac{Z_2}{Z_1 + Z_2}\dot{I}_S = \frac{2 - j2}{2 + j2 + 2 - j2} \times 10\angle 0^\circ =$$
$$\frac{2\sqrt{2}\angle -45^\circ}{4} \times 10\angle 0^\circ = 5\sqrt{2}\angle -45^\circ\ (\mathrm{A})$$
$$\dot{I}_2 = \frac{Z_1}{Z_1 + Z_2}\dot{I}_S = \frac{2 + j2}{2 + j2 + 2 - j2} \times 10\angle 0^\circ =$$
$$\frac{2\sqrt{2}\angle 45^\circ}{4} \times 10\angle 0^\circ = 5\sqrt{2}\angle 45^\circ\ (\mathrm{A})$$

(2) 恒流源的电流是恒定的,但它的端电压则由外部负载决定。在图3.7(a)中,电路的并联部分的复阻抗为

$$Z = \frac{Z_1 Z_2}{Z_1 + Z_2} = \frac{(2 + j2)(2 - j2)}{2 + j2 + 2 - j2} = \frac{2\sqrt{2}\angle 45^\circ \times 2\sqrt{2}\angle -45^\circ}{4} = 2\angle 0^\circ\ (\Omega)$$

恒流源的端电压为

$$\dot{U}_S = \dot{I}_S R + \dot{I}_S Z = 10\angle 0^\circ \times 1 + 10\angle 0^\circ \times 2\angle 0^\circ = 30\angle 0^\circ\ (\mathrm{V})$$

因为恒流源的外部负载为纯电阻性,所以 $\dot{U}_S$ 与 $\dot{I}_S$ 同相,相量图如图3.7(b)所示。

(3) 恒流源发出的有功功率等于其端电压 U_S 与电流 I_S 的乘积(因 $\dot{U}_S$ 与 $\dot{I}_S$ 同相),即

$$P_S = U_S I_S = 30 \times 10 = 300(\mathrm{W})$$

也可以换个角度计算 P_S:恒流源发出的有功功率等于负载各电阻消耗功率的总和,即

$$P_S = I_S^2 R + I_1^2 R_1 + I_2^2 R_2 =$$
$$10^2 \times 1 + (5\sqrt{2})^2 \times 2 + (5\sqrt{2})^2 \times 2 =$$
$$100 + 100 + 100 = 300(\mathrm{W})$$

【例3.3】　在图3.8(a)所示电路中,试分析各电流表的读数为多少?

解　(1) 电流表 A_1、A_2 和 A_3 的读数很容易看出。在同一电源作用下,三个并联支路的电流分别为10 A、10 A和20 A。

(2) 由图3.8(b)所示相量图可知,取相量和 $\dot{I}_4 = \dot{I}_2 + \dot{I}_3$,因为 $\dot{I}_2$ 和 $\dot{I}_3$ 相位相反,所以电流表 A_4 的读数应为10 A。

(3) 取相量和 $\dot{I}_5 = \dot{I}_1 + \dot{I}_4$,由图3.8(b)可知

$$I_5 = \sqrt{I_1^2 + I_4^2} = \sqrt{10^2 + 10^2} = 10\sqrt{2}(\mathrm{A})$$

即电流表 A_5 的读数为 $10\sqrt{2}$ A。

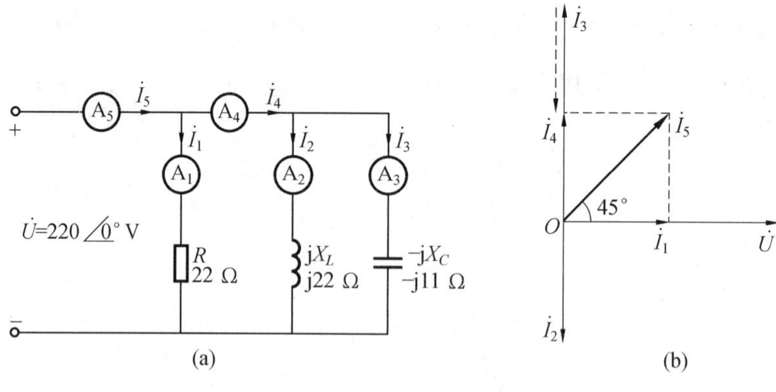

图 3.8　例 3.3 图

【例 3.4】　在电感和电容串联的电路中，已知电感线圈的电阻 $R = 1\ \Omega$，$L = 0.01$ H，$C = 1\ \mu$F，电源电压的有效值 $U_S = 10$ mV。试求：

（1）电路的谐振频率和谐振电流。

（2）谐振时，电容上的电压和电路的品质因数。

（3）谐振时，电源输出的有功功率和无功功率。

解　（1）谐振频率为

$$f_0 = \frac{1}{2\pi\sqrt{LC}} = \frac{1}{2 \times 3.14 \times \sqrt{0.01 \times 1 \times 10^{-6}}} = 1\ 592.3(\text{Hz})$$

谐振电流为

$$I_0 = \frac{U_S}{R} = \frac{10 \times 10^{-3}}{1} = 10(\text{mA})$$

（2）

$$X_C = \frac{1}{\omega_0 C} = \frac{1}{2 \times 3.14 \times 1\ 592.3 \times 1 \times 10^{-6}} = 100(\Omega)$$

电容电压为

$$U_C = I_0 X_C = 10 \times 10^{-3} \times 100 = 1(\text{V})$$

品质因数为

$$Q = \frac{U_C}{U_S} = \frac{1}{10 \times 10^{-3}} = 100$$

（3）电源输出的有功功率为

$$P_0 = I_0^2 R = (10 \times 10^{-3})^2 \times 1 = 0.1(\text{mW})$$

无功功率为 $Q = 0$。

3.4　思考题分析

3.1　正弦量的三要素是什么？它们的相关量又是什么？

解　正弦量的三要素是周期、幅值和初相位。相关量是频率、角频率，有效值和相位、相位差。

3.2　交流电的有效值是怎样规定的？有效值是否随着时间的变化而变化？它与频率和相位有无关系？

解　交流电的有效值是按照在相同的时间内，在两个相同的电阻中分别流过交流电流、直流电流，产生的热效应相等而规定的。有效值不随时间变化，有效值与频率和相位无关。

3.3　写出下列正弦量对应的相量指数式，并作出它们的相量图。

(1) $i_1 = 3\sin(\omega t + 60°)$ A。

(2) $i_2 = \sqrt{2}\sin(\omega t - 45°)$ A。

(3) $i_3 = -10\sin(\omega t + 120°)$ A。

解　(1) $\dot{I}_1 = \dfrac{3}{\sqrt{2}}e^{j60°} = 2.12e^{j60°}$ A。

(2) $\dot{I}_2 = e^{-j45°}$ A。

(3) $\dot{I}_3 = -\dfrac{10}{\sqrt{2}}e^{j120°} = 7.07e^{-j60°}$ A。

相量图如图 3.9 所示。

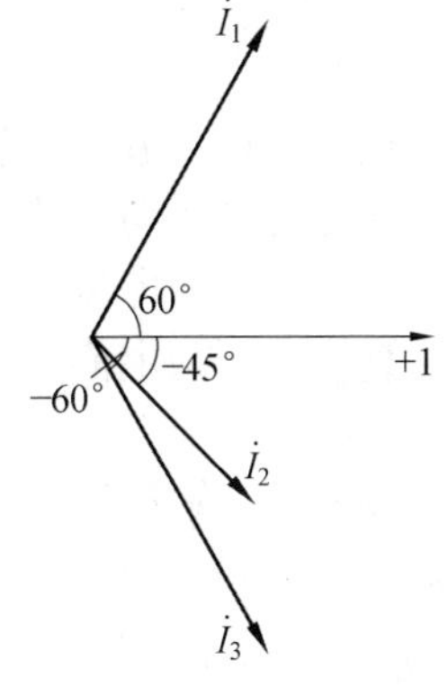

图 3.9　思考题 3.3 的相量图

3.4　指出下列各式的错误。

(1) $i = 3\sin(\omega t + 30°) = 3e^{j30°}$ A　(2) $I = 10\sin\omega t$ A　(3) $I = 5e^{j45°}$ A

(4) $\dot{I} = \dot{I}_m\sin(\omega t + \psi)$ A　(5) $\dot{I} = 20e^{j60°}$　(6) $I = 10\underline{/30°}$ A。

解　(1) 有错，$i \neq \dot{I}_m$。

(2) 有错，$I \neq i$。

(3) 有错，$I \neq \dot{I}$。

(4) 有错，$\dot{I} \neq \dot{I}_m\sin(\omega t + \psi)$ A。

(5) 有错，没有电流单位。

(6) 有错，$I \neq \dot{I}$。

3.5　在 R、L、C 三种单一元件交流电路中，试比较：在以下诸多关系中，有何相同？有何不同？

(1) 电压与电流的有效值关系。

(2) 电压与电流的相位关系。

(3) 功率与能量的转换关系。

解　R、L、C 的电压、电流有效值关系、相位关系和功率与能量转换关系见表 3.4。

表 3.4　三个元件的电压、电流有效值关系、相位关系和功率与能量转换关系

元件	有效值关系	相位关系	功率与能量转换关系
电阻	$U = RI$	$\dot{I}$　$\dot{U}$　$\varphi=0°$	$P = I^2R = \dfrac{U_R^2}{R} = U_RI$
电感	$U = \omega LI$	$\dot{U}$　φ　O　$\dot{I}$	$Q = I^2X_L = \dfrac{U_L^2}{X_L} = U_LI$
电容	$U = \dfrac{1}{\omega C}I$	$\dot{I}$　φ　O　$\dot{U}$	$Q = I^2X_C = \dfrac{U_C^2}{X_C} = U_CI$

3.6　下面公式是 R、L、C 三种单一元件电路的电压与电流的基本关系式：

$$u = Ri,\quad u = L\frac{\mathrm{d}i}{\mathrm{d}t},\quad i = C\frac{\mathrm{d}u}{\mathrm{d}t}$$

它们是否适用于以下几种情况？

(1) 变化的电压与电流。

(2) 正弦电压与电流。

(3) 直流电压与电流。

解　它们适用于第(1) 种情况和第(2) 种情况。

3.7　RLC 串联交流电路的总电压与各部分电压之间的关系如果写成如下几种形式，试说明哪个对，哪个错？为什么？

(1) $U = U_R + U_L + U_C$　　(2) $U = \sqrt{{U_R}^2 + {U_L}^2 + {U_C}^2}$

(3) $\dot{U} = \dot{U}_R + \dot{U}_L + \dot{U}_C$　　(4) $u = u_R + u_L + u_C$

解　第(1) 公式错。因为在 RLC 串联电路中，电感、电容的电压和电流不是同相位，所以，三个元件的电压有效值不能直接相加。第(2) 公式错，因为电感和电容上的电压在相位上是相反的，所以，电感电压和电容电压的有效值是相减的。第(3) 公式和第(4) 公式是对的。

3.8　在 RLC 交流串联电路中，总的无功功率 $Q = Q_L - Q_C$，为什么 Q_L 与 Q_C 两者符号相反？

解　因为电感和电容上的电压在相位上是相反的，说明电感储存能量时，电容就释放能量，它们在相同的时间内工作状态是相反的。所以有 $Q = Q_L - Q_C$。

3.9　在例3.14 中，如果采用以下几种关系式，试判别哪些正确？哪些不正确？

(1) $I = \dfrac{U}{|Z|}$　(2) $i = \dfrac{u}{|Z|}$　(3) $\dot{I} = \dfrac{\dot{U}}{|Z|}$　(4) $\dot{I} = \dfrac{\dot{U}}{Z}$

解　第(1) 公式对；第(2) 公式错；第(3) 公式错；第(4) 公式对。

3.10　直流电路的各种分析方法和计算公式能否直接应用于正弦交流电路？怎样做才可以？

解　直流电路的分析方法不能直接分析正弦交流电路，必须要将电路的各种分析方法用相量表示后，才能分析正弦交流电路。

3.11　从交流电的角度，如何解释在直流电路中电感元件短路、电容元件断路等诸多现象？

解　(1) 首先从电感、电容元件的伏安关系说明：

对于电感元件，其电压与电流之间的关系可用 $u_L = L\dfrac{\mathrm{d}i}{\mathrm{d}t}$ 表示，由此式可知，当电感中的电流为直流时，$u_L = 0$，可见，电感在直流电路中相当于短路。

对于电容元件，其电压与电流之间的关系可用 $i_C = C\dfrac{\mathrm{d}u_C}{\mathrm{d}t}$ 表示，由此式可知，当电容两端的电压为直流时，$i_C = 0$，可见，电容在直流电路中相当于断路。

(2) 从感抗、容抗的关系式说明：

对于电感元件，$X_L = \omega L = 2\pi fL$。在直流电路中，电源的频率 $f = 0$，则 $X_L = 0$，说明电感在直流电路中相当于短路。

对于电容元件，$X_C = \dfrac{1}{\omega C} = \dfrac{1}{2\pi fC}$。在直流电路中，电源的频率 $f = 0$，则 $X_C = \infty$，说明电容在

直流电路中相当于断路。

3.12　电感性负载并联电容器后,何处的功率因数提高了?电感性负载本身的功率因数是否改变?

解　电感性负载并联电容器后,电网的功率因数提高了,电感性负载本身的功率因数不变。

3.13　电路的功率因数提高后,电源输出的有功功率是否改变?电源的输出电流、无功功率和视在功率如何改变?

解　电路的功率因数提高后,当负载不变的情况下,电源输出的有功功率不变,电源输出的电流减小,电源输出的无功功率减小,电源输出的视在功率减小。

3.14　发生串联谐振的条件是什么?为什么串联谐振时会产生过电压?电阻 R 上能否产生过电压?

解　电路发生串联谐振的条件是 $\omega L = \dfrac{1}{\omega C}$。电路发生串联谐振时,电路中的电流最大,就会在电感和电容上产生高压。电路发生串联谐振时,电阻 R 上的电压等于输入电压,所以不会产生过电压。

3.15　在图 3.34(a) 所示并联电路中,若 $R = 0.5\ \Omega$,$L = 5\ \text{mH}$,$C = 100\ \text{pF}$,电路的谐振频率 f_0 与谐振阻抗 $|Z_0|$ 各是多少?

解

$$f_0 = \frac{1}{2\pi\sqrt{LC}} = \frac{1}{2\pi\sqrt{5\times10^{-3}\times100\times10^{-12}}} = 225.2(\text{kHz})$$

$$Z_0 = \frac{L}{RC} = \frac{5\times10^{-3}}{0.5\times100\times10^{-12}} = \frac{5\times10^{9}}{50} = 100(\text{M}\Omega)$$

3.5　习题分析

3.1　已知一正弦电流的有效值 $I = 5\ \text{A}$,频率 $f = 50\ \text{Hz}$,初相位 $\phi = \dfrac{\pi}{3}$。试写出其瞬时值表达式,并画出波形图。

解　$i = 5\sqrt{2}\sin(314t + 60°)\ \text{A}$,波形如题图 3.1 所示。

3.2　电路实验中,在双踪示波器的屏幕上显示出两个同频率正弦电压 u_1 和 u_2 的波形,屏幕坐标和刻度比例如题图 3.2 所示。

(1) 求电压 u_1 与 u_2 的幅值、有效值、周期和频率。

(2) 若时间起点($t = 0$)选在图示位置,试写出 u_1 与 u_2 的三角函数式。它们的相位差是多少?

解　(1) 由题图 3.2 可知,u_1 的幅值为 4 V,有效值为 2.83 V;u_2 的幅值为 2 V,有效值为 1.41 V。u_1 和 u_2 的周期 $T = 1.25\times8 = 10(\text{ms})$,频率 $f = \dfrac{1}{T} = 100\ \text{Hz}$。

(2) 由题图 3.2 可知

$$u_1 = 4\sin(\omega t + 45°)\ \text{V} = 2.83\sqrt{2}\sin(628t + 45°)\ \text{V}$$

$$u_2 = 2\sin\omega t = 1.41\sqrt{2}\sin 628t\ \text{V}$$

相位差 $\varphi = 45°$。

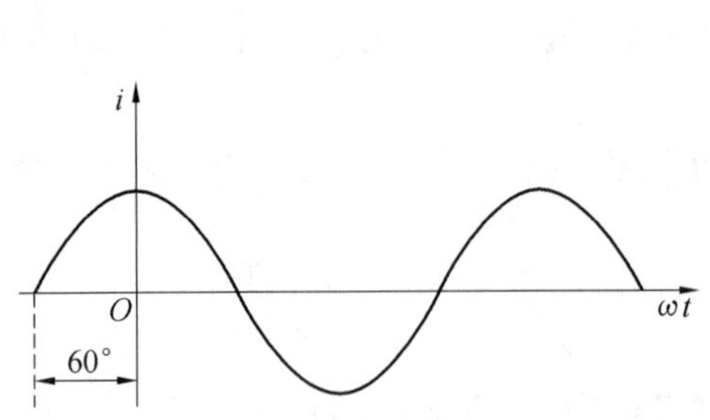

题图 3.1

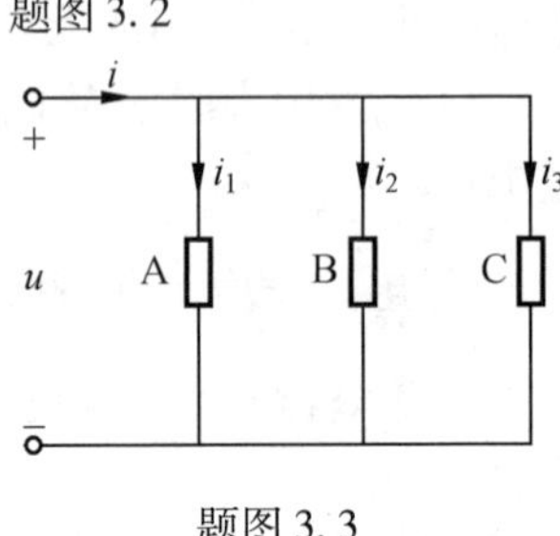

题图 3.2

3.3 在题图 3.3 所示电路中，已知 $i_1 = I_{m1}\sin(\omega t - 60°)$ A，$i_2 = I_{m2}\sin(\omega t + 120°)$ A，$i_3 = I_{m3}\sin(\omega t + 30°)$ A，$u = U_m\sin(\omega t + 30°)$ V。试判别各支路是什么元件？

题图 3.3

解 i_1 电流和电压 u 之间的相位差为90°，且 u 超前 i_1，则 A 为电感元件。

i_2 电流和电压 u 之间的相位差也相差90°，且 i_2 超前 u，则 B 为电容元件。

i_3 电流和电压 u 同相位，则 C 为电阻元件。

3.4 在题图 3.4(a)、(b) 所示电路中，电压表 V_3 的读数为多少？为什么？在题图 3.4(c)、(d) 所示电路中，电流表 A 的读数为多少？为什么？

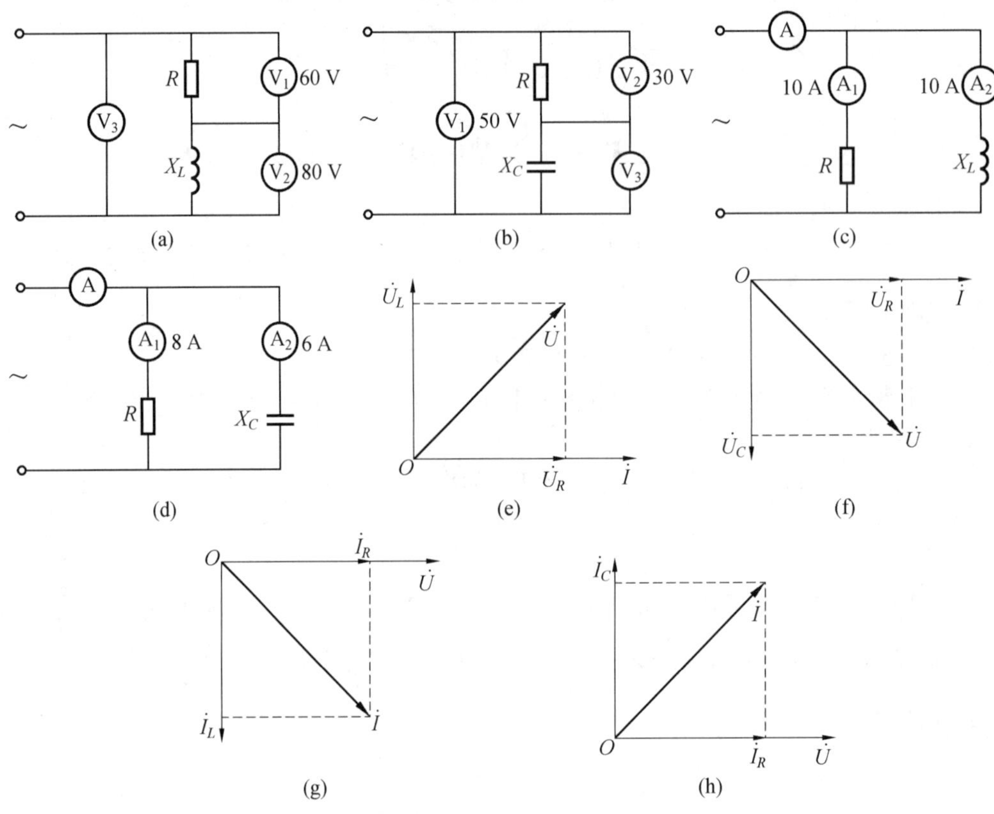

题图 3.4

解　此题用相量图求解。

图(a)、(b) 所示是串联电路，以电流为参考相量，画出的相量图如题图 3.4(e)、(f) 所示。图(c)、(d) 所示是并联电路，以并联元件两端的电压为参考相量，画出的相量图如题图 3.4(g)、(h) 所示。

由图(e)、(f) 所示相量图中求出电压表 V_3 的读数分别是

$$U_3=\sqrt{60^2+80^2}=100(\mathrm{V}),\quad U_3=\sqrt{50^2-30^2}=40(\mathrm{V})$$

由图(g)、(h) 所示相量图中求出电流表 A 的读数分别是

$$I=\sqrt{10^2+10^2}=10\sqrt{2}(\mathrm{A}),\quad I=\sqrt{8^2+6^2}=10(\mathrm{A})$$

3.5　在题图 3.5 所示 R、X_L 和 X_C 串联电路中，各电压表的读数为多少？为什么？

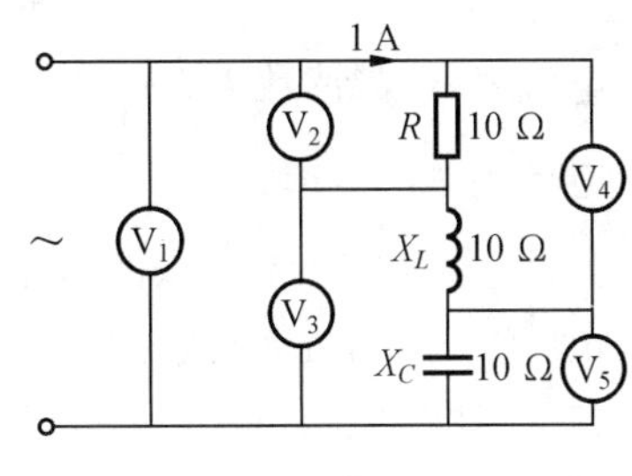

题图 3.5

解　由题意可知此电路发生了串联谐振，则各电压表的读数为

$$U_1=U_2=U_R=1\times10=10(\mathrm{V})$$

$$U_3=1\times10-1\times10=0$$

$$U_4=\sqrt{(1\times10)^2+(1\times10)^2}=10\sqrt{2}(\mathrm{V})$$

$$U_5=1\times10=10(\mathrm{V})$$

3.6　在题图 3.6(a) 所示 R、X_L 和 X_C 并联电路中，各电流表的读数为多少？为什么？如果容抗 X_C 改变为 5 Ω，各电流表的读数又为多少？

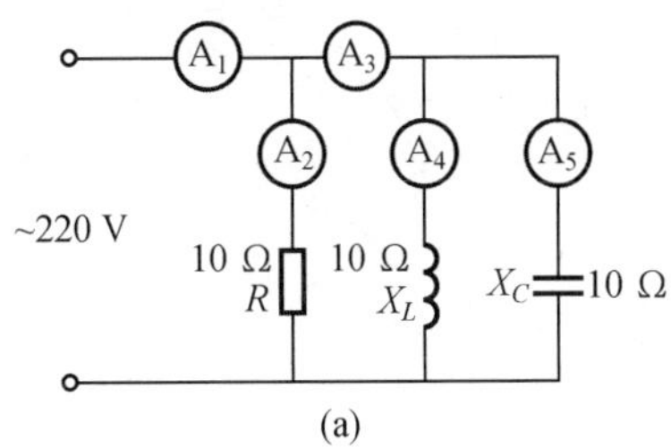

(a)

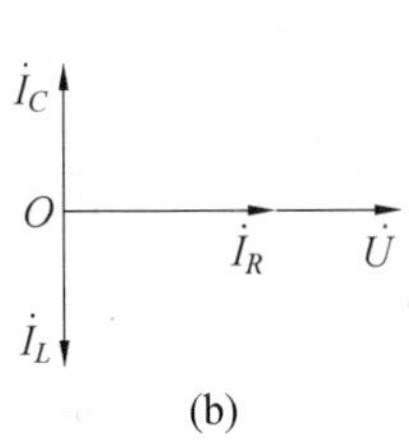

(b)

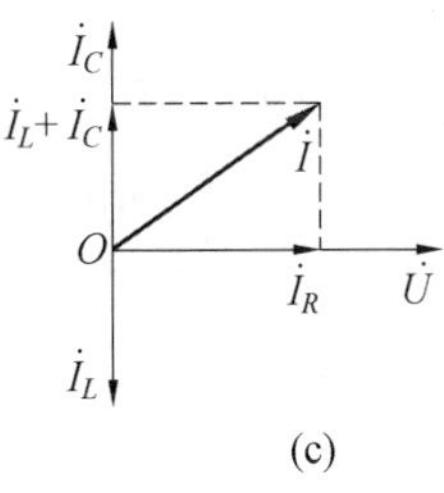

(c)

题图 3.6

解　**[解法一]**　相量图求解。设 220 V 交流电压为参考相量，即 $\dot U=220\angle 0^\circ$ V，画出的相量图如图 3.6(b) 所示。由图(b) 可知

$$A_2=A_4=A_5=22\ \mathrm{A},\quad A_3=0,\quad A_1=A_2=22\ \mathrm{A}$$

当 $X_C=5\ \Omega$ 时，画出的相量图如图 3.6(c) 所示。由图(c) 可知，$A_2=A_4=22$ A 不变，$A_5=44$ A，$A_3=44-22=22$ (A)，$A_1=\sqrt{22^2+22^2}=31$ (A)。

[解法二]　相量式求解。设 $\dot U=220\angle 0^\circ$ V，由图 3.6(a) 得

$$\dot I_R=\frac{\dot U}{R}=\frac{220\angle 0^\circ}{10}=22\angle 0^\circ\ (\mathrm{A})$$

则 $A_2=22$ A；

$$\dot I_L=\frac{\dot U}{\mathrm{j}X_L}=\frac{220\angle 0^\circ}{\mathrm{j}10}=22\angle -90^\circ\ (\mathrm{A})$$

则 $A_4 = 22$ A；

$$\dot{I}_C = \frac{\dot{U}}{-jX_C} = \frac{220\angle 0^\circ}{-j10} = 22\angle 90^\circ\ (\text{A})$$

则 $A_5 = 22$ A；

电流表 A_3 的读数为 $\dot{I}_L + \dot{I}_C = -j22 + j22 = 0$，则 $A_3 = 0$；

电流表 A_1 的读数为 $\dot{I}_R + \dot{I}_L + \dot{I}_C = 22 - j22 + j22 = 22(\text{A})$，则 $A_1 = 22$ A；

当 $X_C = 5\ \Omega$ 时，则 $\dot{I}_C = \dfrac{\dot{U}}{-jX_C} = \dfrac{220\angle 0^\circ}{-j5} = j44(\text{A})$，则 $A_5 = 44$ A；

电流表 A_3 的读数为 $\dot{I}_L + \dot{I}_C = -j22 + j44 = j22(\text{A})$，则 $A_3 = 22$ A；

电流表 A_1 的读数为 $\dot{I}_R + \dot{I}_L + \dot{I}_C = 22 - j22 + j44 = 22 + j22 = 31\angle 45^\circ\ (\text{A})$，则 $A_1 = 31$ A。

3.7　在题图 3.7 所示的 R、L、C 串联电路中，已知 $u = 220\sqrt{2}\sin 314\,t$ V，$R = 30\ \Omega$，$L = 191$ mH，$C = 31.8\ \mu\text{F}$。试求：

(1) 感抗 X_L、容抗 X_C、阻抗模 $|Z|$ 和阻抗角 φ。

(2) 电流有效值 I 和功率因数 $\cos\varphi$。

(3) 功率 P、Q 和 S。

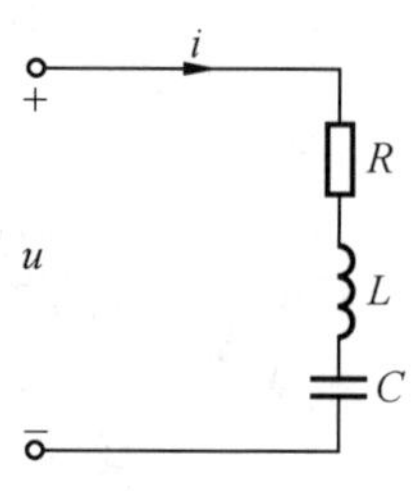

题图 3.7

解　(1) $X_L = \omega L = 314 \times 191 \times 10^{-3} = 60(\Omega)$

$$X_C = \frac{1}{\omega C} = \frac{1}{314 \times 31.8 \times 10^{-6}} = 100(\Omega)$$

$$|Z| = \sqrt{R^2 + (X_L - X_C)^2} = \sqrt{30^2 + (60 - 100)^2} = \sqrt{30^2 + 40^2} = 50(\Omega)$$

$$\varphi = \arctan\frac{X_L - X_C}{R} = \arctan\frac{60 - 100}{30} = -53.1^\circ$$

(2)
$$I = \frac{U}{|Z|} = \frac{220}{50} = 4.4(\text{A})$$

$$\cos\varphi = \cos(-53.1^\circ) = 0.6$$

(3)
$$P = UI\cos\varphi = 220 \times 4.4 \times 0.6 = 580.8(\text{W})$$

$$Q = UI\sin\varphi = 220 \times 4.4 \times \sin(-53.1^\circ) = -220 \times 4.4 \times 0.8 = -774.4(\text{var})$$

$$S = UI = 220 \times 4.4 = 968(\text{V}\cdot\text{A})$$

3.8　一个由 R、L、C 元件组成的无源二端网络，如题图 3.8(a) 所示。已知它的输入端电压和电流分别为 $u = 220\sqrt{2}\sin(314t + 15^\circ)$ V，$i = 5.5\sqrt{2}\sin(314t - 38^\circ)$ A。试求：

(1) 二端网络的串联等效电路。

(2) 二端网络的功率因数。

(3) 二端网络的有功功率和无功功率。

解　(1) $Z = \dfrac{\dot{U}}{\dot{I}} = \dfrac{220\angle 15^\circ}{5.5\angle -38^\circ} = 40\angle 53^\circ(\Omega) = (24 + j32)(\Omega)$

等效电路如图(b) 所示。

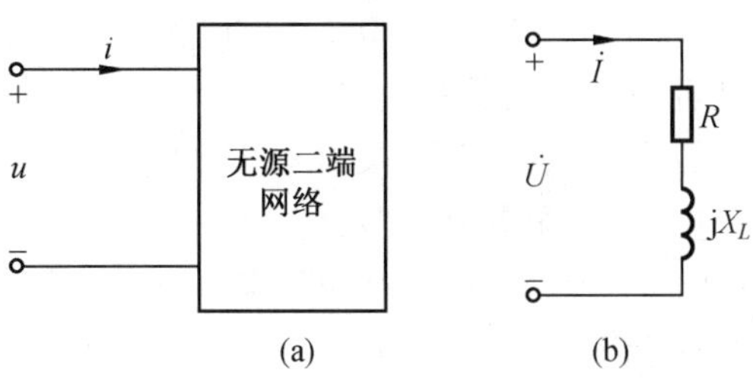

题图 3.8

(2)
$$\cos\varphi=\cos 53^\circ=0.6$$

(3)
$$P=UI\cos\varphi=220\times5.5\times0.6=726(\text{W})$$
$$Q=UI\sin\varphi=220\times5.5\times0.8=968(\text{var})$$

3.9　某 RLC 串联电路，已知 $R=10\ \Omega$，$L=0.1\ \text{H}$，$C=10\ \mu\text{F}$。试通过计算说明：

(1) 当 $f=50$ Hz 时，整个电路呈电感性还是电容性？

(2) 当 $f=200$ Hz 时，整个电路呈电感性还是电容性？

(3) 若使电路呈电阻性（谐振），频率 f_0 应为多少？

解　(1)
$$\omega L=2\pi fL=2\times3.14\times50\times0.1=31.4(\Omega)$$
$$\frac{1}{\omega C}=\frac{1}{2\pi fC}=\frac{1}{314\times10\times10^{-6}}=318.5(\Omega)$$

可见，$X_C>X_L$，电路呈电容性。

(2)
$$\omega L=2\pi fL=6.28\times200\times0.1=125.6(\Omega)$$
$$\frac{1}{\omega C}=\frac{1}{2\pi fC}=\frac{1}{6.28\times200\times10\times10^{-6}}=80(\Omega)$$

可见，$X_L>X_C$，电路呈电感性。

(3)
$$f_0=\frac{1}{2\pi\sqrt{LC}}=\frac{1}{6.28\times\sqrt{0.1\times10\times10^{-6}}}=\frac{1}{6.28\times10^{-3}}=159(\text{Hz})$$

3.10　有一电感性负载接在电压为 $U=220$ V 的工频电源上，吸取的功率 $P=10$ kW，功率因数 $\cos\varphi_1=0.65$。试求：

(1) 若将功率因数提高到 $\cos\varphi=0.95$，需要并联的电容值。

(2) 功率因数提高前后电源输出的电流值。

解　(1)
$$C=\frac{P}{\omega U^2}(\tan\varphi_1-\tan\varphi)=\frac{10\times10^3}{314\times220^2}(\tan 49.5^\circ-\tan 18.2^\circ)=553(\mu\text{F})$$
$$\cos\varphi_1=0.65,\quad \varphi_1=49.5^\circ,\quad \cos\varphi=0.95,\quad \varphi=18.2^\circ$$

(2) 并联电容前，电源输出的电流为
$$I=I_L=\frac{P}{U\cos\varphi_1}=\frac{10\times10^3}{220\times0.65}=69.9(\text{A})$$

并联电容后，电源输出的电流为
$$I=\frac{P}{U\cos\varphi}=\frac{10\times10^3}{220\times0.95}=47.8(\text{A})$$

3.11　某变压器向电感性负载供电，变压器的额定容量为 10 kV · A，额定电压为 220 V，

频率为 50 Hz。负载功率为 8 kW,功率因数为 0.6。试问:

(1) 电路的工作电流是否超过变压器的额定电流?

(2) 欲将电路的功率因数提高到 0.95,需要并联多大电容?

(3) 功率因数提高后,电路的工作电流是多少?

(4) 并联电容器后,变压器还能提供多少有功功率?

解 (1) 变压器的额定电流为

$$I_{\mathrm{N}} = \frac{S}{U} = \frac{10 \times 10^3}{220} = 45.5(\mathrm{A})$$

电路的工作电流为

$$I = \frac{P}{U\cos\varphi} = \frac{8 \times 10^3}{220 \times 0.6} = 60.6(\mathrm{A})$$

超过 I_{N}。

(2) 负载的功率因数 $\cos\varphi_{\mathrm{L}} = 0.6, \varphi_{\mathrm{L}} = 53.1°$。

电路的功率因数 $\cos\varphi = 0.95, \varphi = 18.2°$。

$$C = \frac{P}{\omega U^2}(\tan\varphi_{\mathrm{L}} - \tan\varphi) = \frac{8 \times 10^3}{314 \times 220^2}(\tan 53.1° - \tan 18.2°) = 526(\mu\mathrm{F})$$

(3) 功率因数提高后,电路的工作电流为

$$I = \frac{P}{U\cos\varphi} = \frac{8 \times 10^3}{220 \times 0.95} = \frac{8\ 000}{209} = 38.28(\mathrm{A})$$

(4) 提高电路的功率因数后,电源输出的电流小于额定电流,即 $I < I_{\mathrm{N}}$,其差值电流为

$$I' = I_{\mathrm{N}} - I = 45.5 - 38.28 = 7.27(\mathrm{A})$$

则变压器还能提供的有功功率为

$$P = UI'\cos\varphi = 220 \times 7.27 \times 0.95 = 1.52(\mathrm{kW})$$

3.12 电路如题图 3.9 所示,已知 $u = 20\sqrt{2}\sin 5t$ V, $i = 10\sqrt{2}\sin 5t$ A, $R = 0.5\ \Omega$, $L = 2$ H。试计算无源二端网络串联等效电路的元件参数。

解 由题图 3.9 所示端口 1、2 看进去的等效阻抗为

$$Z = \frac{\dot{U}}{\dot{I}} = \frac{20\angle 0°}{10\angle 0°} = 2\ \Omega$$

可见,由于电路中发生了串联谐振,则有 $\omega L = \frac{1}{\omega C}$,无源二端网络中为一电阻 R' 与一电容 C 串联。其中,电容 C 为

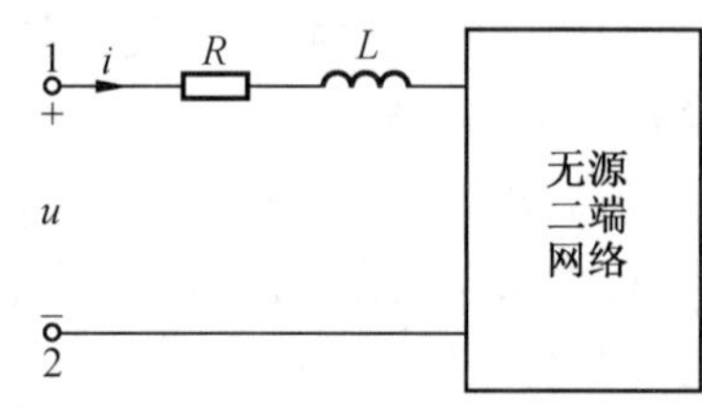

题图 3.9

$$C = \frac{1}{10\omega} = \frac{1}{10 \times 5} = 0.02(\mathrm{F})$$

电阻 R' 为

$$R' = Z - R = 2 - 0.5 = 1.5(\Omega)$$

3.13 在题图 3.10(a) 所示电路中,已知 $\dot{U} = 5\angle 0°$ V, $R = 1\ \Omega$, $X_L = 1\ \Omega$。试求:

(1) 等效复阻抗 Z_{ab}。

(2) 复电流 $\dot{I}$、$\dot{I}_1$ 和 $\dot{I}_2$。

(3) 画出电压和电流的相量图。

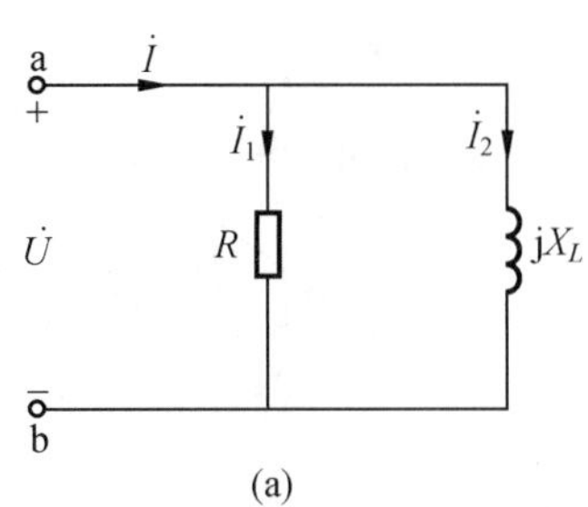

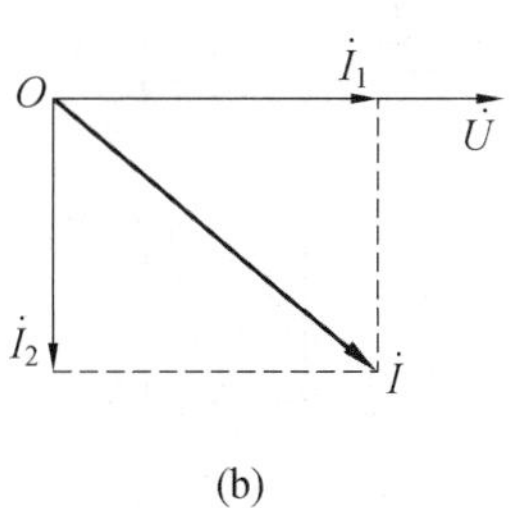

题图 3.10

解　(1) $Z_{ab} = \dfrac{R \cdot jX_L}{R + jX_L} = \dfrac{j1 \times 1}{1 + j \times 1} = \dfrac{j}{\sqrt{2}\angle 45^\circ} = 0.707\angle 45^\circ\ (\Omega)$

(2)
$$\dot{I} = \frac{\dot{U}}{Z_{ab}} = \frac{5\angle 0^\circ}{0.707\angle 45^\circ} = 7.07\angle -45^\circ\ (\mathrm{A})$$

$$\dot{I}_1 = \frac{\dot{U}}{R} = \frac{5\angle 0^\circ}{1} = 5\angle 0^\circ\ (\mathrm{A})$$

$$\dot{I}_2 = \frac{\dot{U}}{jX_L} = \frac{5\angle 0^\circ}{j1} = -j5\ (\mathrm{A})$$

(3) 画出的相量图如题图 3.10(b) 所示。

3.14　试用相量式的分流公式计算题图 3.11(a)、(b) 所示两电路中的电流 $\dot{I}$。

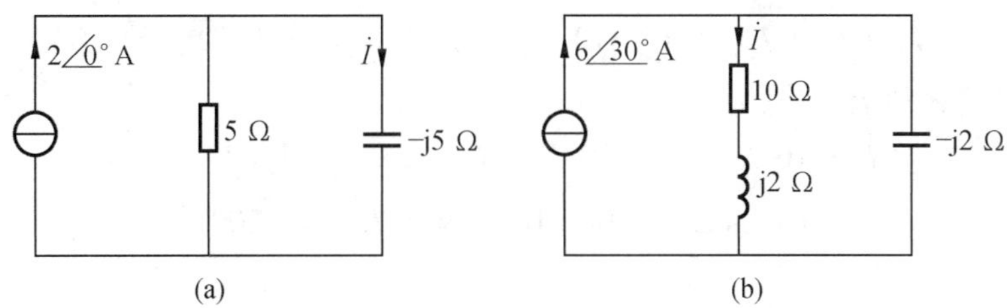

题图 3.11

解　图(a) 中

$$\dot{I} = \frac{5}{5 - j5} \times 2\angle 0^\circ = \frac{10}{7.07\angle -45^\circ} = 1.41\angle 45^\circ\ (\mathrm{A})$$

图(b) 中

$$\dot{I} = \frac{-j2}{10 + j2 - j2} \times 6\angle 30^\circ = \frac{12\angle -60^\circ}{10} = 1.2\angle -60^\circ\ (\mathrm{A})$$

3.15　在题图 3.12(a) 中,已知电源电压 $U = 220$ V,$R = X_L = 22\ \Omega$,$X_C = 11\ \Omega$。试求:

(1) 电流 I_1、I_2、I_3 和 I。

(2) 电路的有功功率 P。

解　(1) 用相量图求解。设 $\dot{U} = 220\angle 0^\circ$ V,画出的相量图如题图 3.12(b) 所示。

由图(b) 可知

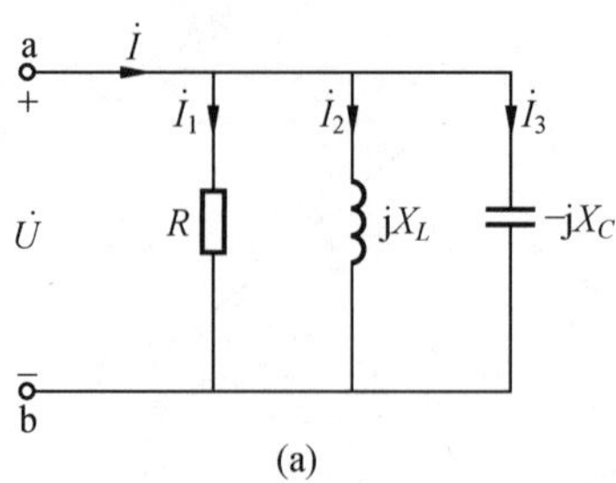

(a)

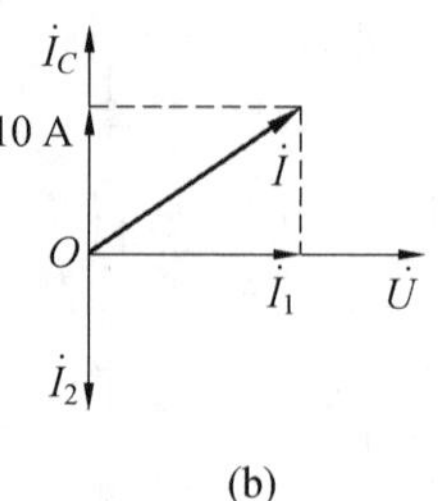

(b)

题图 3.12

$$I_1 = \frac{U}{R} = \frac{220}{22} = 10(\text{A}),\quad I_2 = I_1 = 10(\text{A}),\quad I_3 = \frac{U}{X_C} = \frac{220}{11} = 20(\text{A})$$

$$I = \sqrt{I_1 + (I_C - I_L)^2} = \sqrt{10^2 + 10^2} = 10\sqrt{2}(\text{A})$$

用相量式求解。设 $\dot{U} = 220\angle 0^\circ$ V,则

$$\dot{I}_1 = \frac{\dot{U}}{R} = \frac{220\angle 0^\circ}{22} = 10\angle 0^\circ(\text{A})$$

$$\dot{I}_2 = \frac{\dot{U}}{\text{j}X_L} = \frac{220\angle 0^\circ}{22\angle 90^\circ} = -\text{j}10(\text{A})$$

$$\dot{I}_3 = \frac{\dot{U}}{-\text{j}X_C} = \frac{220\angle 0^\circ}{11\angle -90^\circ} = \text{j}20(\text{A})$$

$$\dot{I} = \dot{I}_1 + \dot{I}_2 + \dot{I}_3 = 10 - \text{j}10 + \text{j}20 = 10 + \text{j}10 = 10\sqrt{2}\angle 45^\circ(\text{A})$$

所以,各电流的有效值为

$$I_1 = 10\ \text{A},\quad I_2 = 10\ \text{A},\quad I_3 = 20\ \text{A},\quad I = 14.1\ \text{A}$$

(2) $$P = UI\cos\varphi = 220 \times 10\sqrt{2} \times 0.707 = 2\ 200(\text{W})$$

或者

$$P = I_1R = 10^2 \times 22 = 2\ 200(\text{W})$$

3.16 在题图 3.13 所示电路中,已知 $u = 220\sqrt{2}\sin 314t$ V,$i_1 = 22\sin(314t - 45^\circ)$ A,$i_2 = 11\sqrt{2}\sin(314t + 90^\circ)$ A。试求:

(1) 各仪表的读数。

(2) 电路参数 R、L 和 C。

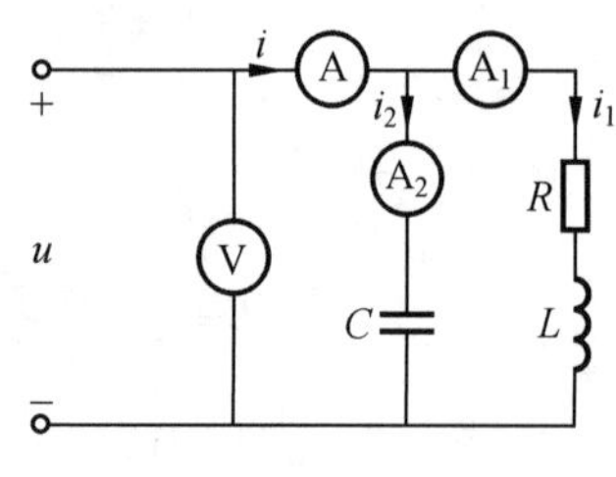

题图 3.13

解 (1) 电流表 A_1 的读数为$\frac{22}{\sqrt{2}} = 15.6$ A。

电流表 A_2 的读数为 11 A。

电流表 A 的读数为

$$\dot{I} = \dot{I}_1 + \dot{I}_2 = 15.6\angle -45^\circ + \text{j}11 = 11 - \text{j}11 + \text{j}11 = 11(\text{A})$$

电压表的读数为 220 V。

(2)
$$Z_L=\frac{\dot U}{\dot I_1}=\frac{220\angle 0^\circ}{15.6\angle -45^\circ}=14.1\angle 45^\circ=(10+\mathrm{j}10)(\Omega)$$

其中

$$R=10\ \Omega,\quad L=\frac{10}{\omega}=\frac{10}{314}=0.032(\mathrm{H})$$

$$Z_C=\frac{\dot U}{\dot I_2}=\frac{220\angle 0^\circ}{\mathrm{j}11}=-\mathrm{j}20(\Omega)$$

则

$$C=\frac{1}{20\omega}=\frac{1}{20\times 314}=1.59\times 10^{-4}\ \mathrm{F}=159(\mu\mathrm{F})$$

3.17　电路如题图 3.14 所示，已知 $U=10$ V，$f=50$ Hz，$R=R_1=R_2=10\ \Omega$，$L=31.8$ mH，$C=318\ \mu$F。试计算：

(1) 电路中并联部分的电压 U_{ab}。

(2) 电路的功率因数 $\cos\varphi$。

(3) 电路的功率 P、Q 和 S。

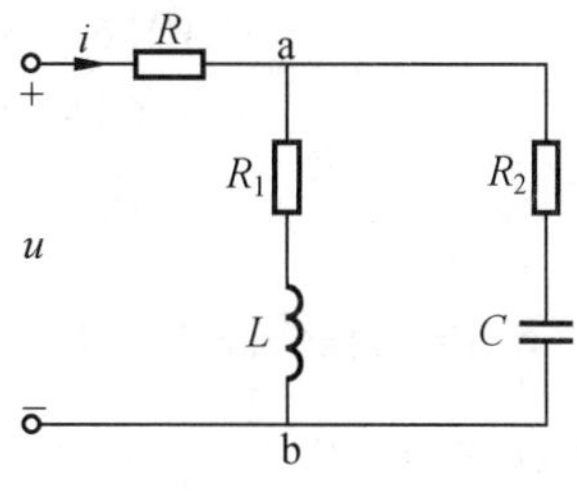

题图 3.14

解　(1) $\omega L=314\times 31.8\times 10^{-3}=10(\Omega)$

$$\frac{1}{\omega C}=\frac{1}{314\times 318\times 10^{-6}}=10(\Omega)$$

$$Z_{ab}=\frac{(R_1+\mathrm{j}\omega L)\left(R_2+\frac{1}{\mathrm{j}\omega C}\right)}{R_1+\mathrm{j}\omega L+R_2+\frac{1}{\mathrm{j}\omega C}}=\frac{(10+\mathrm{j}10)(10-\mathrm{j}10)}{10+\mathrm{j}10+10-\mathrm{j}10}=$$

$$\frac{10\sqrt{2}\angle 45^\circ\times 10\sqrt{2}\angle -45^\circ}{20}=\frac{200}{20}=10(\Omega)$$

则

$$U_{ab}=\frac{Z_{ab}}{R+Z_{ab}}\times U=\frac{10}{10+10}\times 10=5(\mathrm{V})$$

(2) 由于 u 与 i 同相位，则 $\cos\varphi=1$。

(3)
$$P=\frac{U^2}{R+Z_{ab}}=\frac{10^2}{10+10}=5(\mathrm{W})$$

$$Q=0$$

$$S=UI=10\times\frac{U}{R+Z_{ab}}=10\times\frac{10}{20}=10\times 0.5=5(\mathrm{V\cdot A})$$

或者

$$S=P=5\ \mathrm{V\cdot A}$$

3.18　电路如题图 3.15 所示，已知 $\dot I_S=5\angle 30^\circ$ A，$Z_1=2\ \Omega$，$Z_2=-\mathrm{j}30\ \Omega$，$Z_3=(40+\mathrm{j}30)\ \Omega$。试计算恒流源的端电压 $\dot U_S$。

解　用分流公式求出 Z_2 中的电流为

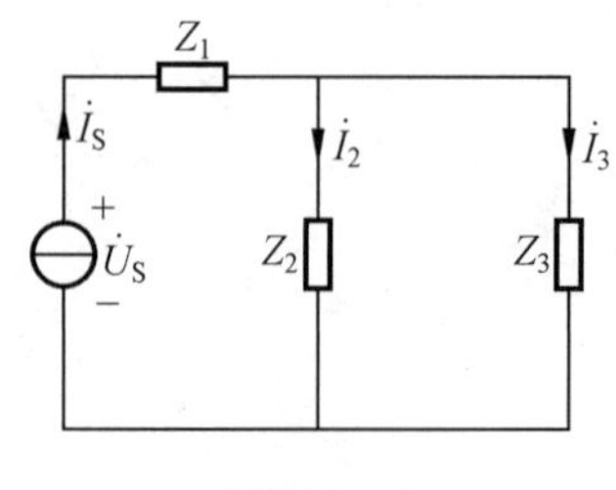

题图 3.15

$$\dot{I}_2=\frac{Z_3}{Z_2+Z_3}\cdot\dot{I}_S=\frac{40+j30}{-j30+40+j30}\times 5\angle 30^\circ=$$

$$\frac{50\angle 36.9^\circ\times 5\angle 30^\circ}{40}=\frac{250\angle 66.9^\circ}{40}=$$

$$6.25\angle 66.9^\circ\ (\text{A})$$

$$\dot{U}_{Z2}=\dot{I}_2Z_2=6.25\angle 66.9^\circ\times(-j30)=$$

$$187.5\angle -23.1^\circ\ (\text{V})$$

恒流源的端电压为

$$\dot{U}_S=\dot{I}_SZ_1+\dot{U}_{Z2}=5\angle 30^\circ\times 2+187.5\angle -23.1^\circ=$$

$$10(\cos 30^\circ+j\sin 30^\circ)+187.5(\cos 23.1^\circ-j\sin 23.1^\circ)=$$

$$8.66+j5+172.5-j73.56=$$

$$181.16-j68.56=194\angle -20.7^\circ\ (\text{V})$$

3.19　在题图3.16(a)所示电路中，已知 $\dot{U}_1=230\angle 0^\circ$ V，$\dot{U}_2=220\angle 0^\circ$ V，$Z_1=Z_2=(1.5+j2)\ \Omega$，$Z_3=(0.25+j4)\ \Omega$，试用戴维宁定理计算电流 $\dot{I}_3$。

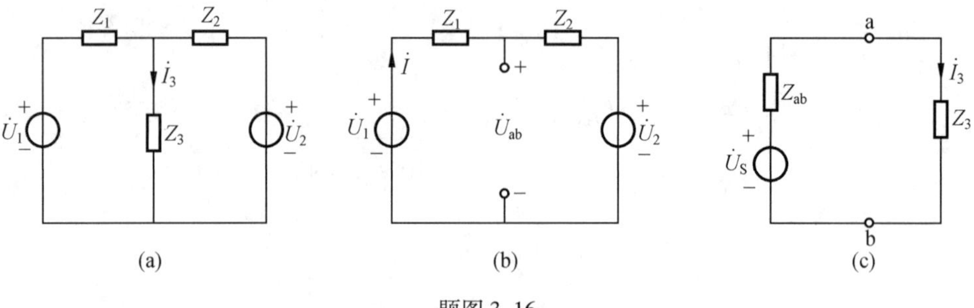

题图 3.16

解　将 Z_3 支路断开，求开路电压 $\dot{U}_{ab}$，电路如题图3.16(b)所示。其中

$$\dot{I}=\frac{\dot{U}_1-\dot{U}_2}{Z_1+Z_2}=\frac{230\angle 0^\circ-220\angle 0^\circ}{2\times(1.5+j2)}=\frac{10\angle 0^\circ}{3+j4}=\frac{10\angle 0^\circ}{5\angle 53.1^\circ}=2\angle -53.1^\circ\ (\text{A})$$

$$\dot{U}_{ab}=\dot{U}_1-\dot{I}Z_1=230-2\angle -53.1^\circ\times(1.5+j2)=$$

$$230-2\angle -53.1^\circ\times 2.5\angle 53.1^\circ=$$

$$230-5=225(\text{V})$$

$$Z_{ab}=Z_1\,/\!/\,Z_2=\frac{(1.5+j2)(1.5+j2)}{2\times(1.5+j2)}=\frac{2.5\angle 53.1^\circ}{2}=1.25\angle 53.1^\circ=(0.75+j1)(\Omega)$$

由题图3.16(c)可知

$$\dot{I}_3=\frac{\dot{U}_S}{Z_{ab}+Z_3}=\frac{225}{0.75+j1+0.25+j4}=\frac{225}{1+j5}=\frac{225}{5.1\angle 78.7^\circ}=44.1\angle -78.7^\circ\ (\text{A})$$

3.20　某收音机用于选频的输入回路如题图3.17所示，已知线圈电阻 $R=3.5\ \Omega$，线圈电

感 $L = 0.3$ mH。试求：

(1) 今欲收听频率为 640 kHz 信号，应将可变电容 C 调到多大，电路才能发生谐振？

(2) 此时若线圈已感应出电压 $U = 2$ μV（U 的大小与接收到的广播信号强弱有关），那么谐振电流 I_0 和电容电压 U_C 的数值各为多少？

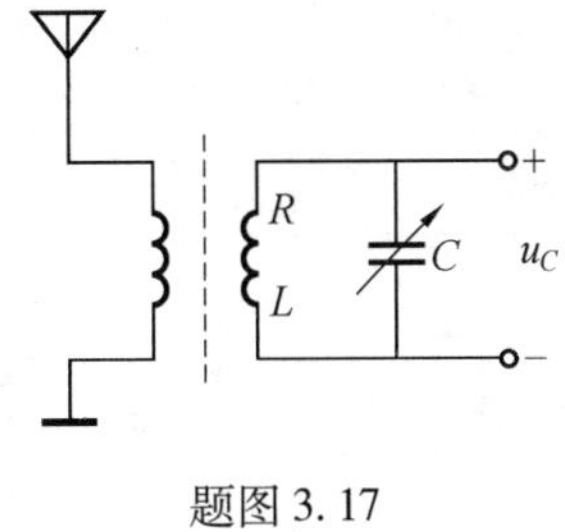

题图 3.17

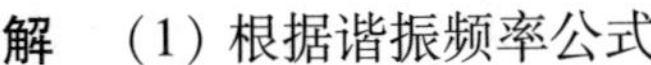

解　(1) 根据谐振频率公式

$$f_0 = \frac{1}{2\pi\sqrt{LC}}$$

$$640 \times 10^3 = \frac{1}{6.28\sqrt{0.3 \times 10^{-3} \times C}}$$

可得

$$C = \frac{1}{f_0^2 \times (2\pi)^2 \times L} = \frac{1}{(640 \times 10^3)^2 \times (6.28)^2 \times 0.3 \times 10^{-3}} =$$

$$\frac{1}{4.846 \times 10^9} = 0.206 \times 10^{-9}\ \text{F} = 206(\text{pF})$$

(2)
$$I_0 = \frac{U}{R} = \frac{2 \times 10^{-6}}{3.5} = 0.57(\mu\text{A})$$

$$X_C = \omega L = 2\pi \times 640 \times 10^3 \times 0.3 \times 10^{-3} = 1\ 205.8(\Omega)$$

$$U_C = I_0 X_C = 0.57 \times 10^{-6} \times 1\ 205.8 = 687.6 \times 10^{-6}\ \text{V} = 687.3(\mu\text{V})$$

第4章　三相电路

4.1　内容提要

1. 三相对称电压及其表示

三相对称电压是大小相等、频率相同、相位差为120°的三相电压。三相对称电压可用三角函数式、波形图、相量式和相量图表示，即

（1）三角函数式、相量式为

$$u_A = \sqrt{2}U\sin\omega t,\qquad \dot{U}_A = U\angle 0°$$

$$u_B = \sqrt{2}U\sin(\omega t - 120°),\qquad \dot{U}_B = U\angle -120°$$

$$u_C = \sqrt{2}U\sin(\omega t + 120°),\qquad \dot{U}_C = U\angle 120°$$

（2）波形图、相量图如图4.1所示。

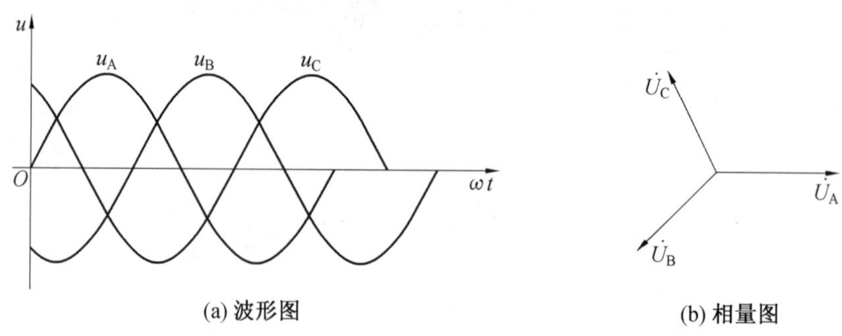

(a) 波形图　　(b) 相量图

图4.1　波形图和相量图

2. 线电压、相电压的大小及相位关系

三相电源向负载提供两种电压，即线电压和相电压。相线之间的电压称为线电压，用u_{AB}、u_{BC}、u_{CA}或u_l表示；相线与中线之间的电压称为相电压，用u_A、u_B、u_C或u_p表示。线电压和相电压的大小及相位的关系为

$$u_{AB} = u_A - u_B,\qquad \dot{U}_{AB} = \dot{U}_A - \dot{U}_B = \sqrt{3}\dot{U}_A\angle 30°$$

$$u_{BC} = u_B - u_C,\qquad \dot{U}_{BC} = \dot{U}_B - \dot{U}_C = \sqrt{3}\dot{U}_B\angle 30°$$

$$u_{CA} = u_C - u_A,\qquad \dot{U}_{CA} = \dot{U}_C - \dot{U}_A = \sqrt{3}\dot{U}_C\angle 30°$$

线电压在大小上是相电压的$\sqrt{3}$倍，即$U_l = \sqrt{3}U_p$；在相位上线电压超前相电压30°。

3. 三相电源的供电方式

三相电源的供电方式有两种，一种是三相三线制，一种是三相四线制。三相三线制供电是

从三相电源的三根相线引出；三相四线制供电是从三相电源引出三根相线和一根中线。

4. 负载的连接形式

(1) 负载的星形连接(有中线)。

① 单相负载对称，即 $Z_A = Z_B = Z_C$，负载的相电压、相电流对称，中线电流为零。

② 单相负载不对称，即 $Z_A \neq Z_B \neq Z_C$，负载的相电压对称、相电流不对称，中线有电流，即

$$\dot{I}_N = \dot{I}_A + \dot{I}_B + \dot{I}_C$$

③ 负载星形连接，负载的相电流等于线电流，即 $I_p = I_l$。

④ 负载星形连接，中线的作用是使不对称负载的相电压对称。

负载星形连接，且为三相对称负载，使用三相三线制供电；负载星形连接，且为单相负载，使用三相四线制供电。

(2) 负载的三角形连接。

① 负载三角形连接，负载的相电压等于电源的线电压，即 $U_p = U_l$。

② 负载三角形连接，负载的相电流与线电流之间的关系为

$$\dot{I}_A = \dot{I}_{AB} - \dot{I}_{BC}$$

$$\dot{I}_B = \dot{I}_{BC} - \dot{I}_{CA}$$

$$\dot{I}_C = \dot{I}_{CA} - \dot{I}_{AB}$$

③ 负载对称，线电流在数值上是相电流的$\sqrt{3}$ 倍，即 $I_l = \sqrt{3} I_p$；在相位上线电流滞后相电流 30°。即

$$\dot{I}_A = \dot{I}_{AB} - \dot{I}_{BC} = \sqrt{3}\dot{I}_{AB} \angle -30^\circ$$

$$\dot{I}_B = \dot{I}_{BC} - \dot{I}_{CA} = \sqrt{3}\dot{I}_{BC} \angle -30^\circ$$

$$\dot{I}_C = \dot{I}_{CA} - \dot{I}_{AB} = \sqrt{3} I_{CA} \angle -30^\circ$$

5. 三相交流电路的计算

(1) 负载对称，只需计算一相即可，其余各相电压、电流则按相位对称关系写出，计算方法可用相量法。

(2) 参考相量一般设 $\dot{U}_A = U_A \angle 0^\circ$。

6. 三相电路功率的计算

(1) 负载对称，无论负载接成星形还是三角形，功率可用以下几式计算，即

$$P = \sqrt{3} U_l I_l \cos\varphi = 3U_p I_p \cos\varphi = 3I_A^2 R_A$$

$$Q = \sqrt{3} U_l I_l \sin\varphi = 3U_p I_p \sin\varphi$$

$$S = \sqrt{3} U_l I_l = 3U_p I_p$$

式中，φ 为负载上的相电压与对应相电流的相位差。

(2) 负载不对称，分别计算各相功率，三相功率等于各相功率之和，即

$$P = P_A + P_B + P_C$$

$$Q = Q_A + Q_B + Q_C$$

$$S = \sqrt{P^2 + Q^2}$$

4.2 重点与难点

4.2.1 重点

1. 线电压与相电压的大小和相位关系

(1) 在学习三相电路时,需熟记电源向负载提供的线电压与相电压的大小和相位关系。

(2) 在分析、计算和画相量图时,负载星形连接时,要以 $\dot{U}_A$ 为参考相量;负载三角形连接时,要以 $\dot{U}_{AB}$ 为参考相量。

2. 负载的连接方式

(1) 负载星形连接,单相负载使用三相四线制供电,中线不允许断开;理解中线的作用。

(2) 负载星形连接,负载对称,中线电流为零;负载不对称,中线电流不等于零,要用相量式计算中线电流,即

$$\dot{I}_N = \dot{I}_A + \dot{I}_B + \dot{I}_C$$

也可以用相量图求解中线电流。

(3) 负载星形连接,负载的相电流等于对应相线的线电流,即 $I_p = I_l$。

(4) 负载三角形连接,负载的相电压等于电源的线电压,即 $U_p = U_l$。

3. 三相电路的计算

(1) 负载对称,只需计算一相即可,其余各相电压、电流则按相位对称关系写出。

(2) 重点掌握负载不对称的计算方法。

4.2.2 难点

(1) 负载不对称时,三相电路的分析与计算。

(2) 不对称负载的相量图的画法。

4.3 例题分析

【例 4.1】 在如图 4.2 所示的三相电路中,已知电源的线电压为 380 V,频率为 50 Hz。$Z_A = Z_B = Z_C = (60 + j80)\ \Omega$,负载的额定电压为 220 V。试求:

(1) 负载的相电压 $\dot{U}_A$、$\dot{U}_B$、$\dot{U}_C$。

(2) $\dot{I}_A$、$\dot{I}_B$、$\dot{I}_C$ 和中线电流 $\dot{I}_N$。

(3) P、Q、S。

解 (1) 由于负载对称,且有中线,负载的相电压是对称的,并且等于电源的相电压,即

$$\dot{U}_A = 220\angle 0^\circ\ \text{V}$$

$$\dot{U}_B = 220\angle -120^\circ\ \text{V}$$

$$\dot{U}_C = 220\angle 120^\circ\ \text{V}$$

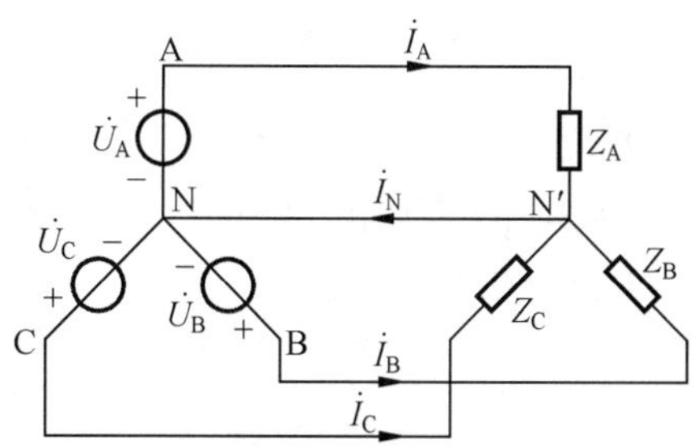

图4.2　例4.1图

(2) 由于负载对称，化成单相计算。

$$\dot{I}_A=\frac{\dot{U}_A}{Z_A}=\frac{220\angle 0^\circ}{60+j80}=\frac{220\angle 0^\circ}{100\angle 53.13^\circ}=2.2\angle -53.13^\circ\ (\mathrm{A})$$

则

$$\dot{I}_B=\dot{I}_A\angle -120^\circ=2.2\angle -53.13^\circ-120^\circ=2.2\angle -173.13^\circ\ (\mathrm{A})$$

$$\dot{I}_C=\dot{I}_A\angle 120^\circ=2.2\angle -53.13^\circ+120^\circ=2.2\angle 66.87^\circ\ (\mathrm{A})$$

由于负载对称，中线无电流，即

$$\dot{I}_N=\dot{I}_A+\dot{I}_B+\dot{I}_C=0$$

(3) 由于负载对称，则利用公式计算 P、Q、S，即

$$P=3I_A^2R_A=3\times 2.2^2\times 60=871.2(\mathrm{W})$$

或者

$$P=3U_AI_A\cos\varphi=3\times 220\times 2.2\times 0.6=871.2(\mathrm{W})$$

$$Q=3I_A^2X_A=3\times 2.2^2\times 80=1\ 161.6(\mathrm{var})$$

或者

$$Q=3U_AI_A\sin\varphi=3\times 220\times 2.2\times 0.8=1\ 161.6(\mathrm{var})$$

$$S=3U_AI_A=3\times 220\times 2.2=1\ 452(\mathrm{V\cdot A})$$

【例4.2】　在例4.1中，在电源电压和阻抗参数不变的情况下，当A相负载断路时，试求：

(1) 负载的相电压 $\dot{U}_A$、$\dot{U}_B$、$\dot{U}_C$。

(2) $\dot{I}_A$、$\dot{I}_B$、$\dot{I}_C$ 和中线电流 $\dot{I}_N$。

解　(1) 虽然A相负载断路后，三相负载不对称了，但是由于有中线，负载的相电压还是对称的，并且等于电源的相电压，即

$$\dot{U}_A=220\angle 0^\circ\ \mathrm{V},\quad \dot{U}_B=220\angle -120^\circ\ \mathrm{V},\quad \dot{U}_C=0$$

(2) A相负载断路后，由于中线的作用，其他两相负载正常工作，即

$$\dot{I}_A=\frac{\dot{U}_A}{Z_A}=\frac{220\angle 0^\circ}{60+j80}=\frac{220\angle 0^\circ}{100\angle 53.13^\circ}=2.2\angle -53.13^\circ\ (\mathrm{A})$$

$$\dot{I}_B=\dot{I}_A\angle -120^\circ=2.2\angle -53.13^\circ-120^\circ=2.2\angle -173.13^\circ\ (\mathrm{A})$$

$$\dot{I}_C=0$$

由于负载不对称，中线有电流，即

$$\dot{I}_N = \dot{I}_A + \dot{I}_B = 2.2\angle -53.13^\circ + 2.2\angle -173.1^\circ = 1.32 - j1.76 - 2.18 - j0.264 =$$

$$-0.86 - j2 = 2.18\angle 180^\circ + 66.73^\circ = 2.18\angle -113.13^\circ \text{(A)}$$

【例 4.3】 在如图 4.3(a) 所示的三相电路中，已知电源的线电压为 380 V，频率为 50 Hz。$R_A = 22\ \Omega$，$R_B = R_C = 11\ \Omega$。试求：

(1) 三相负载是否对称？

(2) 计算负载的相电流 $\dot{I}_A$、$\dot{I}_B$、$\dot{I}_C$。

(3) 用相量图求中线电流 $\dot{I}_N$。

(4) 计算 P、Q、S。

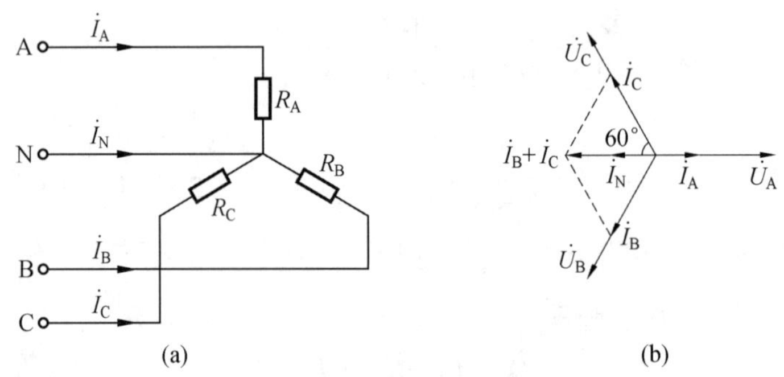

图 4.3　例 4.3 图

解　(1) 因为 $R_A \neq R_B \neq R_C$，三相负载是不对称的。

(2) 虽然三相负载不对称，但中线的作用使负载上的相电压对称，等于电源的相电压。设 $\dot{U}_A = 220\angle 0^\circ$ V，则

$$\dot{I}_A = \frac{\dot{U}_A}{R_A} = \frac{220\angle 0^\circ}{22} = 10\angle 0^\circ \text{(A)}$$

$$\dot{I}_B = \frac{\dot{U}_B}{R_B} = \frac{220\angle -120^\circ}{11} = 20\angle -120^\circ \text{(A)}$$

$$\dot{I}_C = \frac{\dot{U}_C}{R_C} = \frac{220\angle 120^\circ}{11} = 20\angle 120^\circ \text{(A)}$$

(3) 画出负载上的相量图如图 4.3(b) 所示。在相量图中可见

$$I_B + I_C = 2I_C\cos 60^\circ = 2 \times 20 \times 0.5 = 20\text{(A)}$$

$$I_N = I_A - (I_B + I_C) = 10 - 20 = -10\text{(A)}$$

则相位与 A 相电流相反，即

$$\dot{I}_N = 10\angle 180^\circ \text{(A)}$$

(4) 由于负载不对称，则

$$P = I_A^2 R_A + I_B^2 R_B + I_C^2 R_C = 10^2 \times 22 + 2 \times 20^2 \times 11 = 2\,200 + 8\,800 = 11\text{(kW)}$$

$$Q = 0$$

$$S = \sqrt{P^2 + Q^2} = P = 11\text{(kV·A)}$$

4.4　思考题分析

4.1　三相对称电动势为什么幅值相等，频率相同，相位差互为120°？

解　因为三相交流发电机定子上的三个绕组是对称三相绕组，即它们的尺寸相同、匝数相同、在空间放置的位置互相差120°。当发电机的转子转动时，就会在定子的三相绕组上产生幅值相等、频率相同、相位差互为120°的三相对称电动势。

4.2　星形连接的三相电源，已知 $\dot{U}_{AB}=380\angle 0°$ V，试写出 $\dot{U}_A$、$\dot{U}_B$ 和 $\dot{U}_C$ 的表达式（设相序为A、B、C）。

解

$$\dot{U}_A=220\angle -30° \ (\text{V})$$

$$\dot{U}_B=220\angle(-30°-120°)=220\angle 150° \ (\text{V})$$

$$\dot{U}_C=220\angle(-30°+120°)=220\angle 90° \ (\text{V})$$

4.3　三相负载对称的含义是什么？

解　三相负载对称的含义是，有效值相等，相位差相等，即 $Z_A=Z_B=Z_C=R+jX$。

4.4　为什么三相电动机负载可用三相三线制电源，而三相照明负载必须用三相四线制电源？

解　因为三相电动机负载是对称负载，所以用三相三线制电源供电；三相照明负载是单相负载，一般工作时是不对称的，所以，必须用三相四线制电源供电。

4.5　为什么规定中线不允许装开关和不允许接熔断器？

解　因为，使用三相四线制电源供电的负载是单相负载，单相负载在工作时一般都是不对称的，若中线断开，则负载上的相电压就不对称了，这样就会造成负载上的相电压高于或低于负载的额定电压，其结果使负载烧坏或不能正常工作。所以中线不能断开，不能装开关和熔断器。

4.5　习题分析

4.1　三相对称负载星形连接如题图4.1所示。每相负载的等效电阻 $R=8\ \Omega$，等效感抗 $X_L=6\ \Omega$，电源线电压 $U_l=380$ V。试求：

（1）三相负载的相电压 U_p。

（2）三相负载的相电流 I_p 和火线电流 I_l。

解　（1）

$$U_p=\frac{U_l}{\sqrt{3}}=\frac{380}{\sqrt{3}}=220(\text{V})$$

（2）

$$I_p=\frac{U_p}{|Z|}=\frac{U_p}{\sqrt{R^2+X_L^2}}=\frac{220}{\sqrt{8^2+6^2}}=22(\text{A})$$

$$I_l=I_p=22\ \text{A}$$

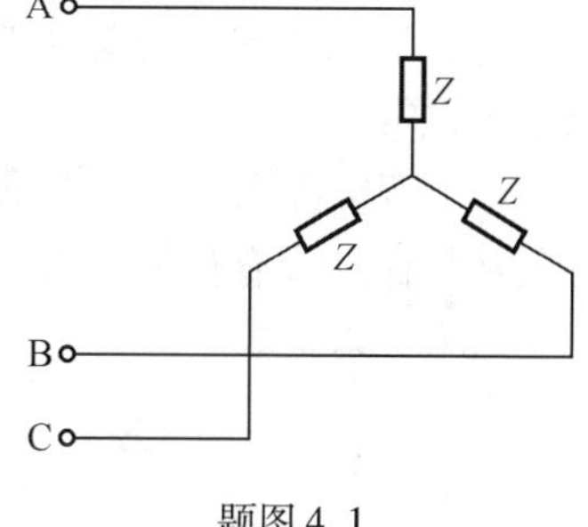

题图4.1

4.2　星形连接的三相对称负载如题图4.2(a)所示。每相负载的电阻为8 Ω，感抗为6 Ω。电源电压 $u_{AB}=380\sqrt{2}\sin(\omega t+60°)$ V。

（1）画出电压电流的相量图。

（2）求各相负载的电流有效值。

(3) 写出各相负载电流的三角函数式。

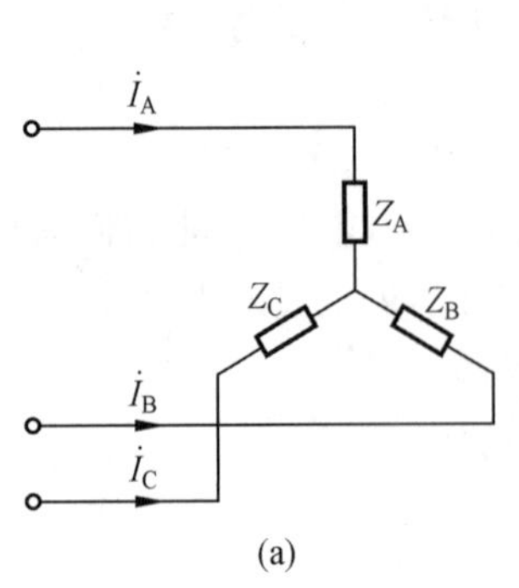

(a)

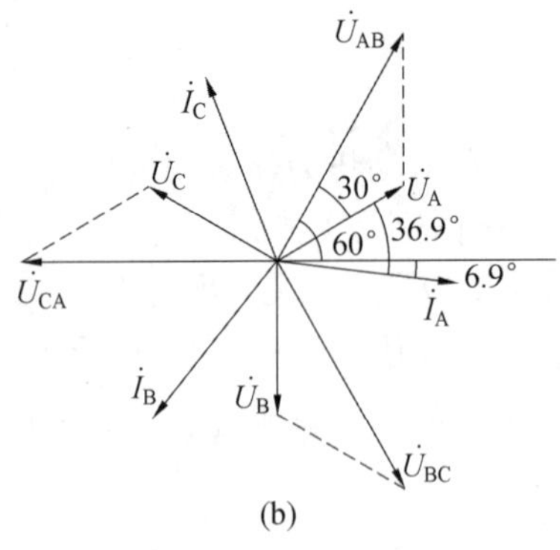

(b)

题图 4.2

解 (1) 由于负载对称,因此负载上的相电压、相电流对称。由已知条件可知,负载上的相电压等于电源的相电压 $\dot{U}_A$,且 $\dot{U}_A$ 在相位上滞后 $\dot{U}_{AB}$30°。相电流 $\dot{I}_A$ 与相电压 $\dot{U}_A$ 的相位差为

$$\varphi = \arctan\frac{X_L}{R} = \arctan\frac{6}{8} = 36.9°$$

从以上条件入手,画出的负载上电压、电流的相量图如题图 4.2(b) 所示。

(2) 相电流有效值为

$$I_A = I_B = I_C = I_p = \frac{U_p}{|Z|} = \frac{\frac{U_l}{\sqrt{3}}}{\sqrt{R^2 + X_L^2}} = \frac{\frac{380}{\sqrt{3}}}{\sqrt{8^2 + 6^2}} = 22(\text{A})$$

(3) 由相量图可以看出,A 相电流 i_A 的初相位 $\phi = -6.9°$,所以

$$i_A = I_m\sin(\omega t + \phi) = 22\sqrt{2}\sin(\omega t - 6.9°)(\text{A})$$

$$i_B = 22\sqrt{2}\sin(\omega t - 6.9° - 120°) = 22\sqrt{2}\sin(\omega t - 126.9°)(\text{A})$$

$$i_C = 22\sqrt{2}\sin(\omega t - 6.9° + 120°) = 22\sqrt{2}\sin(\omega t + 113.1°)(\text{A})$$

4.3 在三相四线制供电线路上接入三相照明负载,如题图4.3(a) 所示。已知 $R_A = 5\ \Omega$,$R_B = 10\ \Omega$,$R_C = 10\ \Omega$,电源线电压 $U_l = 380$ V,照明负载的额定电压为 220 V。试求:

(1) 求各相电流 I_A、I_B、I_C,并用相量图计算中线电流 I_N。

(2) 若 C 线发生断线故障,计算各相负载的相电压、相电流以及中线电流。A 相和 B 相负载能否正常工作?

(3) 若电源无中线,C 线断线后,各相负载的相电压和相电流是多少? A 相和 B 相负载能否正常工作? 会有什么结果?

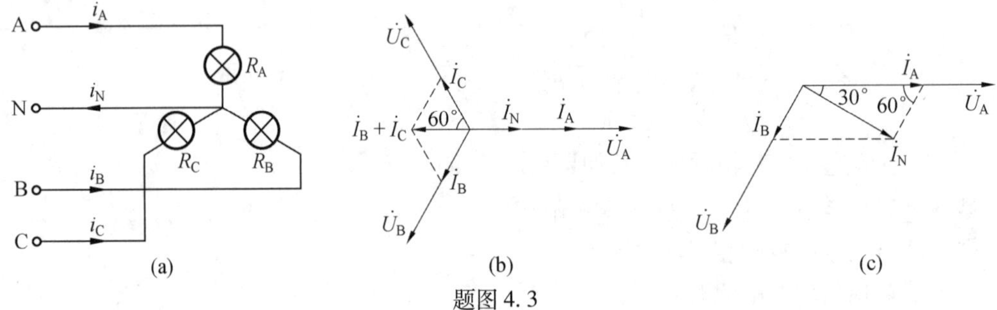

题图 4.3

解　(1) 负载上的相电压等于电源的相电压,则各相电流为

$$I_A = \frac{U_p}{R_A} = \frac{\frac{U_l}{\sqrt{3}}}{R_A} = \frac{220}{5} = 44(\text{A})$$

$$I_B = \frac{U_p}{R_B} = \frac{220}{10} = 22(\text{A})$$

$$I_C = \frac{U_p}{R_C} = \frac{220}{10} = 22(\text{A})$$

中线电流的相量式为 $\dot{I}_N = \dot{I}_A + \dot{I}_B + \dot{I}_C$,设 $\dot{U}_A = 220\angle 0^\circ$ V,画出的相量图如题图 4.2(b)所示。在相量图(b) 中可以看出

$$\dot{I}_A = 44\angle 0^\circ \text{ A},\quad \dot{I}_B + \dot{I}_C = -22\angle 0^\circ \text{ A}$$

所以 $\dot{I}_N$ 为

$$\dot{I}_N = \dot{I}_A + \dot{I}_B + \dot{I}_C = 44\angle 0^\circ + (-22\angle 0^\circ) = 22\angle 0^\circ \text{ A}$$

即 $I_N = 22$ A。

(2)C 线电路发生断线后,A 相和 B 相不受影响,相电压、相电流都不变,即

$$U_A = U_B = U_p = 220 \text{ V}$$

$$I_A = 44 \text{ A},\quad I_B = 22 \text{ A},\quad U_C = 0,\quad I_C = 0$$

中线电流 $\dot{I}_N = \dot{I}_A + \dot{I}_B$,设 $\dot{U}_A = 220\angle 0^\circ$ V,画出负载上电压、电流的相量图如题图 4.3(c)所示。由相量图(c) 中可以看出

$$I_N = I_B \tan 60^\circ = 22\tan 60^\circ = 38.1(\text{A})$$

或者用相量式求中线电流,即

$$\dot{I}_N = \dot{I}_A + \dot{I}_B = 44 + 22\angle -120^\circ = 38.1\angle -30^\circ \text{ A}$$

(3) 若电源的中线断开,C 线断路后,C 相负载上无电压,无电流,不能工作。A 相负载和 B 相负载变为串联,其两端电压为线电压 380 V。此时两相负载都不能正常工作,其每相负载的相电压为

$$U_A = \frac{R_A}{R_A + R_B} U_l = \frac{5}{5+10} \times 380 = 126.7(\text{V})$$

$$U_B = \frac{R_B}{R_A + R_B} U_l = \frac{10}{5+10} \times 380 = 253.3(\text{V})$$

两相负载的相电流为

$$I_A = I_B = \frac{U_l}{R_A + R_B} = \frac{380}{5+10} = 25.3(\text{A})$$

由以上 A 相负载和 B 相负载上的相电压数值可见,A 相负载上的相电压低于额定相电压,电灯亮度变暗;B 相负载上的相电压超过额定相电压,电灯烧坏。可见,当负载不对称时,中线断开,照明负载不能正常工作。所以,当单相负载接成星形连接时,必须要有中线,中线不允许断开。

4.4　在题图 4.4(a) 所示电路中,电源线电压 $U_l = 380$ V,$R = X_L = X_C = 10\ \Omega$。

(1) 三相负载是否对称？

(2) 试求各相电流，并用相量图计算中线电流。

(3) 试求三相平均功率 P。

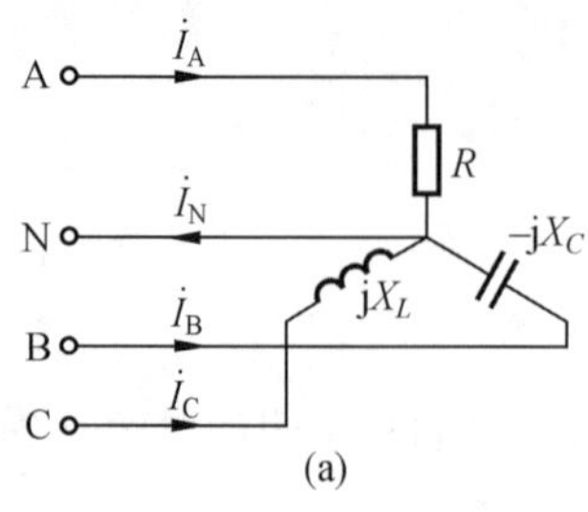

(a)

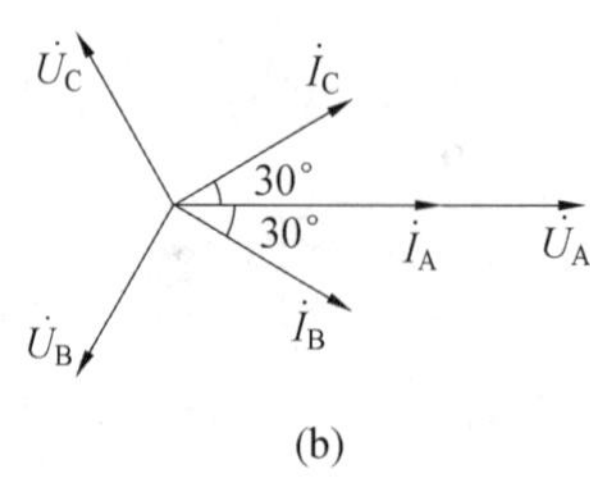

(b)

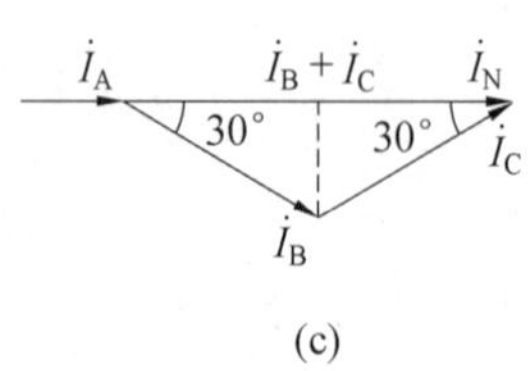

(c)

题图 4.4

解 (1) 不对称。因为各相负载虽然阻抗模相等，但 $Z_1 = R = 10\ \Omega, Z_2 = -jX_C = -j10\ \Omega$，$Z_3 = jX_L = j10\ \Omega$，所以复阻抗不相等。

(2) 因为有中线，相电压对称，即

$$U_A = U_B = U_C = U_p = \frac{U_l}{\sqrt{3}} = \frac{380}{\sqrt{3}} = 220(\mathrm{V})$$

相电流为

$$I_A = \frac{U_p}{R} = \frac{220}{10} = 22(\mathrm{A})$$

$$I_B = \frac{U_p}{X_C} = \frac{220}{10} = 22(\mathrm{A})$$

$$I_C = \frac{U_p}{X_L} = \frac{220}{10} = 22(\mathrm{A})$$

为求中线电流，作出相量图如题图 4.4(b)、(c) 所示。由图(c) 可知

$$I_N = I_A + 2I_B\cos 30^\circ = 22 + 2 \times 22 \times 0.866 = 60.1(\mathrm{A})$$

(3) 由于电感元件和电容元件不消耗平均功率，所以本电路总的平均功率为

$$P = I_A^2 R = 22^2 \times 10 = 4\ 840(\mathrm{W})$$

4.5 三相对称负载三角形连接如题图 4.5 所示。每相负载的等效电阻 $R = 8\ \Omega$，等效感抗 $X_L = 6\ \Omega$，电源线电压 $U_l = 380$ V。试求：

(1) 三相负载的相电压 U_p。

(2) 三相负载的相电流 I_p。

(3) 火线电流 I_l。

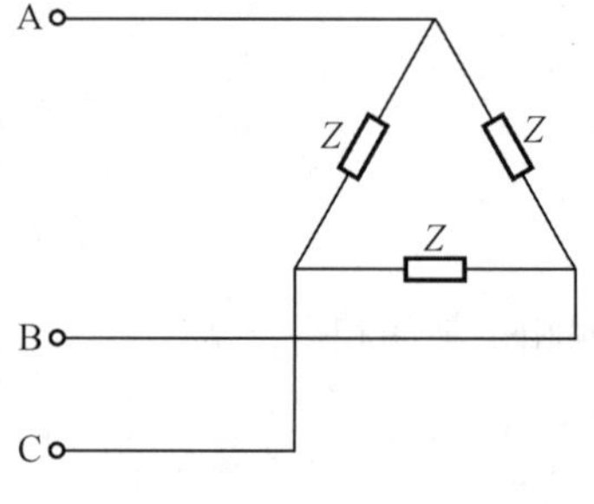

题图 4.5

解 (1) 负载为三角形连接时，负载上的相电压就等于电源的线电压，即 $U_p = U_l = 380$ V。

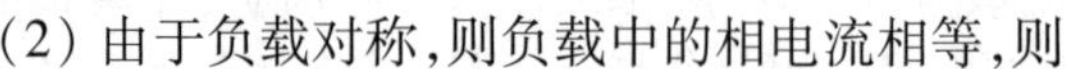
(2) 由于负载对称，则负载中的相电流相等，则

$$I_p = \frac{U_p}{|Z|} = \frac{380}{\sqrt{8^2 + 6^2}} = 38(\mathrm{A})$$

(3) 由于负载对称，则线电流是相电流的$\sqrt{3}$ 倍，即

$$I_1 = \sqrt{3} I_p = 1.732 \times 38 = 65.82(\text{A})$$

4.6　题图 4.6 所示为一三角形连接的三相照明负载。已知 $R_{AB} = 10\ \Omega$、$R_{BC} = 10\ \Omega$、$R_{CA} = 5\ \Omega$，电源线电压为 220 V，照明负载的额定电压为 220 V。

(1) 求各相电流的有效值和电路的有功功率。

(2) 若 C 线因故障断线，计算各相负载的相电压和相电流的有效值，并说明 BC 相和 CA 相的照明负载能否正常工作。

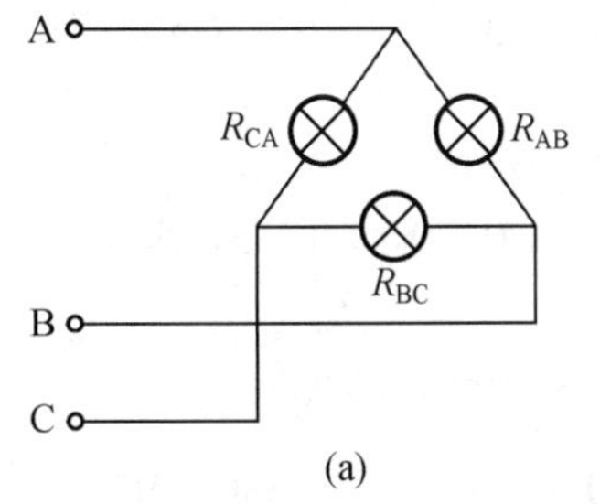

(a)

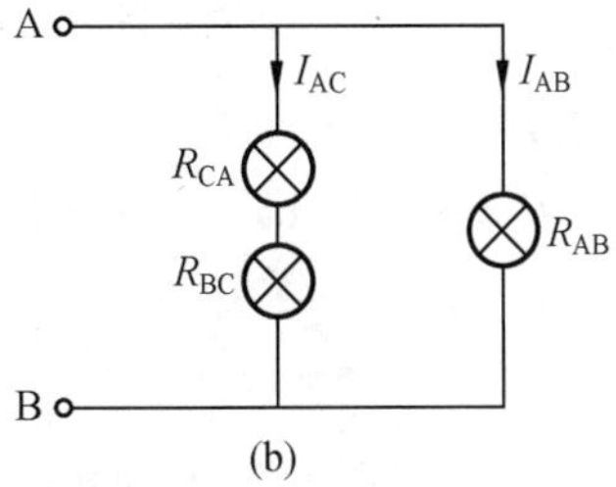

(b)

题图 4.6

解　(1) 因为是三角形连接，所以

$$U_p = U_1 = 220\ \text{V}$$

各相电流为

$$I_{AB} = \frac{U_p}{R_{AB}} = \frac{220}{10} = 22(\text{A})$$

$$I_{BC} = \frac{U_p}{R_{BC}} = \frac{220}{10} = 22(\text{A})$$

$$I_{CA} = \frac{U_p}{R_{CA}} = \frac{220}{5} = 44(\text{A})$$

三相电路的有功功率为

$$P = P_{AB} + P_{BC} + P_{CA} = I_{AB}^2 R_{AB} + I_{BC}^2 R_{BC} + I_{CA}^2 R_{CA} =$$
$$22^2 \times 10 + 22^2 \times 10 + 44^2 \times 5 = 19.36(\text{kW})$$

(2) C 线断线时，电路如题图 4.6(b) 所示。

①C 线断线时，对负载 R_{AB} 无影响，相电压 U_{AB} 仍为 220 V，相电流 I_{AB} 仍为 $\frac{220}{10} = 22(\text{A})$。

②C 线断线时，对负载 R_{BC} 和 R_{CA} 有影响，它们的相电压分别为

$$U_{BC} = \frac{R_{BC}}{R_{BC} + R_{CA}} U_1 = \frac{10}{10 + 5} \times 220 = 146.7(\text{V})$$

$$U_{CA} = \frac{R_{CA}}{R_{BC} + R_{CA}} U_1 = \frac{5}{10 + 5} \times 220 = 73.3(\text{V})$$

它们的相电流为

$$I_{AC} = I_{CB} = \frac{U_{AB}}{R_{AC} + R_{CB}} = \frac{220}{5 + 10} = 14.67(\text{A})$$

所以

$$I_{CA} = I_{BC} = -14.67\ \text{A}$$

BC 相和 CA 相负载不能正常工作。

4.7　某三相对称负载,每相复阻抗为 $Z=(5+\mathrm{j}5)\ \Omega$,电源线电压 $U_l=380$ V。试计算:

(1) 三相对称负载接成星形电路时的有功功率。

(2) 三相对称负载接成三角形电路时的有功功率。

解　(1) 负载星形连接时,设 $\dot{U}_A=220\angle 0^\circ$ V,由于负载对称,化成单相电路计算

$$\dot{I}_A=\frac{\dot{U}_A}{Z}=\frac{220\angle 0^\circ}{5+\mathrm{j}5}=\frac{220\angle 0^\circ}{7.07\angle 45^\circ}=31.1\angle -45^\circ\ (\mathrm{A})$$

则电路的有功功率为

$$P=3U_AI_A\cos\varphi=3\times 220\times 31.1\times 0.707=14.5(\mathrm{kW})$$

或者

$$P=3I_A^2R_A=3\times 31.1^2\times 5=14.5(\mathrm{kW})$$

(2) 负载三角形接法时,负载上的相电压为 380 V。设 $\dot{U}_{AB}=380\angle 0^\circ$,则

$$\dot{I}_{AB}=\frac{\dot{U}_{AB}}{Z}=\frac{380\angle 0^\circ}{5+\mathrm{j}5}=\frac{380\angle 0^\circ}{7.07\angle 45^\circ}=53.75\angle -45^\circ\ (\mathrm{A})$$

则电路的有功功率为

$$P=3U_{AB}I_{AB}\cos\varphi=3\times 380\times 53.75\times 0.707=43.3(\mathrm{kW})$$

或者

$$P=3I_{AB}^2R_{AB}=3\times 53.75^2\times 5=43.3(\mathrm{kW})$$

4.8　在题图 4.7 所示的电路中,两组对称三相负载,已知 $Z=(60+\mathrm{j}60)\ \Omega$,$R=10\ \Omega$,电源相电压 $\dot{U}_A=220\ \angle 0^\circ$ V。试计算电源的输出电流 $\dot{I}_A$。

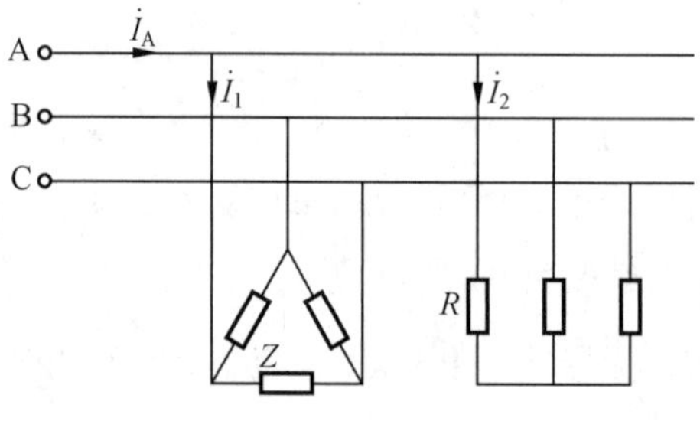

题图 4.7

解　(1) 求 $\dot{I}_1$。由于阻抗 Z 为三角形连接,负载上的相电压为电源的线电压,即 $\dot{U}_{AB}=380\angle 30^\circ$ V,负载上的相电流为

$$\dot{I}_p=\frac{\dot{U}_{AB}}{Z}=\frac{380\angle 30^\circ}{60+\mathrm{j}60}=\frac{380\angle 30^\circ}{84.85\angle 45^\circ}=4.48\angle -15^\circ\ (\mathrm{A})$$

$$\dot{I}_1=\sqrt{3}\dot{I}_p\angle -30^\circ=1.732\times 4.48\angle -30^\circ-15^\circ=7.76\angle -45^\circ\ (\mathrm{A})$$

(2) 求 $\dot{I}_2$。由于电阻 R 为星形连接,负载上的相电压等于电源的相电压,则

$$\dot{I}_2=\frac{\dot{U}_A}{R}=\frac{220\angle 0^\circ}{10}=22\angle 0^\circ\ (A)$$

(3) 求 $\dot{I}_A$。由 KCL 得

$$\dot{I}_A=\dot{I}_1+\dot{I}_2=7.76\angle -45^\circ+22=7.76(\cos 45^\circ-j\sin 45^\circ)+22=$$

$$5.48-j5.48+22=28\angle -11.3^\circ\ (A)$$

4.9　电路如题图 4.8 所示，已知电源线电压 $U_l=380$ V，两组三相负载对称，$Z_1=22\angle -60^\circ\ \Omega$，$Z_2=11\angle 0^\circ\ \Omega$。试求：

(1) 三只电流表的读数各为多少？

(2) 电压表的读数为多少？

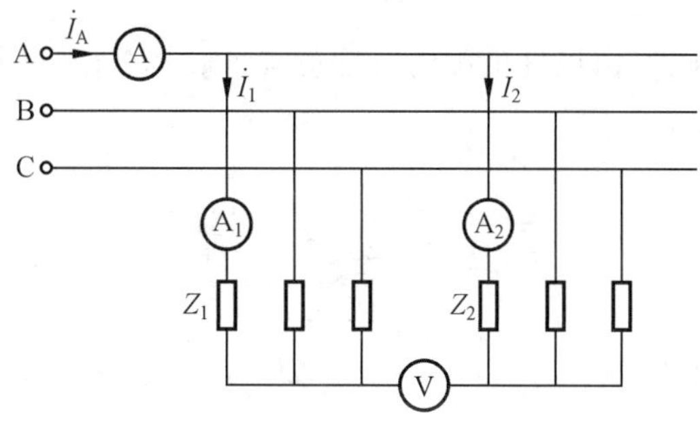

题图 4.8

(提示：设 $\dot{U}_A$ 为参考复数电压，并计算复数电流。)

解　(1) 由题图 4.8 可知，两组对称负载都为星形连接，则每组负载上的相电压等于电源的相电压。每组的相电流为

$$\dot{I}_1=\frac{\dot{U}_A}{Z_1}=\frac{220\angle 0^\circ}{22\angle -60^\circ}=10\angle 60^\circ\ (A)$$

$$\dot{I}_2=\frac{\dot{U}_A}{Z_2}=\frac{220\angle 0^\circ}{11\angle 0^\circ}=20\angle 0^\circ\ (A)$$

总电流为

$$\dot{I}_A=\dot{I}_1+\dot{I}_2=10\angle 60^\circ+20=10(\cos 60^\circ+j\sin 60^\circ)+20=$$

$$5+j8.66+20=26.45\angle 19.1^\circ\ (A)$$

故电流表的读数分别为 10 A、20 A、26.45 A。

(2) 由于负载对称，电压表读数为 0 V。

4.10　在线电压为 380 V 的三相四线制电源上接有对称星形连接的白炽灯，其消耗的总功率为 300 W。此外，在 C 相上接有功率为 60 W、功率因数 $\cos\varphi=0.5$ 的日光灯一只，电路如题图 4.9(a) 所示。

(1) 试求开关 S 打开时，$\dot{I}_A$、$\dot{I}_B$、$\dot{I}_C$ 及 $\dot{I}_N$。

(2) 试求开关 S 闭合后，$\dot{I}_A$、$\dot{I}_B$、$\dot{I}_C$ 及 $\dot{I}_N$。

(3) 画出开关 S 闭合后,负载上的电压与电流的相量图。

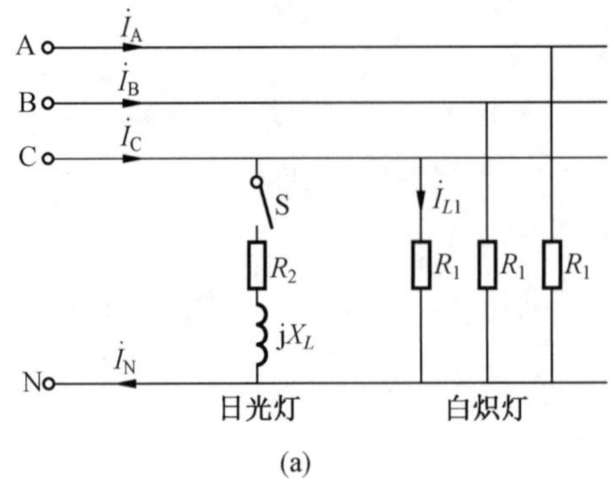

(a)

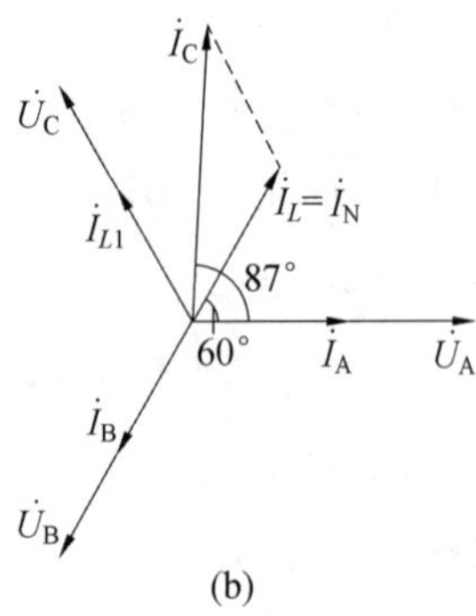

(b)

题图 4.9

解 (1) 开关 S 打开时,白炽灯负载为对称负载,则只需计算一相负载的相电流即可,设 $\dot U_A = 220\angle 0°$ V。

$$I_A = \frac{P_A}{U_A} = \frac{300/3}{220} = 0.45(\text{A})$$

则

$$\dot I_A = 0.45\angle 0°\ \text{A},\quad \dot I_B = 0.45\angle -120°\ \text{A},\quad \dot I_C = 0.45\angle 120°\ \text{A}$$

由于负载对称,中线无电流,即 $\dot I_N = 0$。

(2) 开关 S 闭合后,总负载不对称了,中线有电流。设日光灯负载中的电流为 $\dot I_L$,其参考方向为 C 到 N。设 $\dot U_A = 220\angle 0°$ V。

$$I_L = \frac{P_L}{U_C\cos\varphi} = \frac{60}{220\times 0.5} = 0.55(\text{A})$$

由于 $\cos\varphi = 0.5$,则 $\varphi = 60°$,由于 $\dot I_L$ 在相位上滞后 $\dot U_C 60°$,当以 $\dot U_A$ 为参考相量时,$\dot I_L$ 就超前 $\dot U_A$ 60°,即 $\dot I_L = 0.55\angle 60°$ A。

开关 S 闭合后,各相电流为

$$\dot I_A = 0.45\angle 0°\ (\text{A})$$

$$\dot I_B = 0.45\angle -120°\ (\text{A})$$

$$\dot I_C = \dot I_L + \dot I_{L1} = 0.55\angle 60° + 0.45\angle 120° = 0.86\angle 87°\ (\text{A})$$

中线电流为

$$\dot I_N = \dot I_L = 0.55\angle 60°\ (\text{A})$$

(3) 画出的负载上电压、电流的相量图如题图 4.9(b) 所示。

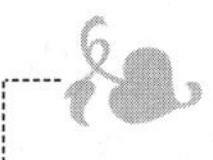

第5章　线性电路的暂态过程

5.1　内容提要

1. 电路的暂态过程

由于电路中有电感和电容的存在，在换路时，电感、电容的能量存储和释放不能瞬间完成，而是要经过一段时间才能完成，这段时间称为暂态过程或过渡过程。

2. 换路定则

设 $t=0$ 为换路时刻，$t=0_-$ 为换路前的末了瞬间，$t=0_+$ 为换路后的初始瞬间，$t=0_-$ 到 0_+ 为换路瞬间。

在换路瞬间（0_- 到 0_+），电容上的电压不能越变，电感中的电流不能越变。即

$$\begin{cases} u_C(0_+)=u_C(0_-) \\ i_L(0_+)=i_L(0_-) \end{cases}$$

其中，$u_C(0_+)$、$i_L(0_+)$ 均为初始值。所谓初始值是指换路后初始瞬间的电压、电流值，即 $t=0_+$ 时的电压、电流值。

3. 一阶线性电路的响应

一阶线性电路可以用一阶线性微分方程来描述。当电路中只含有一个储能元件（电容或电感）时，或经过变换可等效为一个储能元件，且储能元件以外的线性电阻电路可用戴维宁定理等效为电压源和电阻的串联，对于这样的电路，称为一阶线性电路，所建立的电路方程为一阶线性微分方程。一阶线性电路的响应有三种情况，即零输入响应、零状态响应和全响应。

（1）零输入响应，是指换路前储能元件已经储能，换路后的电路中无独立电源，仅由储能元件释放能量在电路中产生的响应。

（2）零状态响应，是指换路前储能元件未储能，换路后仅由独立电源作用在电路中产生的响应。

（3）全响应，是指换路前储能元件已经储能，换路后由储能元件和独立电源共同作用在电路中产生的响应。

4. *RC* 一阶电路的响应

（1）*RC* 一阶电路的零输入响应。

RC 一阶电路的零输入响应实际上是电容的放电过程。电容两端的电压 u_C 随时间变化的表达式为

$$u_C=u_C(0_+)\mathrm{e}^{-\frac{t}{\tau}}=u_C(0_+)\mathrm{e}^{-\frac{t}{R_{\mathrm{eq}}C}},\quad t>0$$

电路换路后，电容通过电阻释放能量，最终能量全部消耗在电阻上。

(2)RC 一阶电路的零状态响应。

RC 一阶电路的零状态响应实际上是电容的充电过程。电容两端电压 u_C 随时间变化的表达式为

$$u_C = u_C(\infty) - u_C(\infty)\mathrm{e}^{-\frac{t}{\tau}} = u_C(\infty)(1-\mathrm{e}^{-\frac{t}{\tau}}) = u_C(\infty)(1-\mathrm{e}^{-\frac{t}{R_{eq}C}}),\quad t>0$$

在电容充电过程中,电源提供的能量一部分转换为电场能量储存在电容中,一部分被电阻转换为热能消耗掉。

5. *RL* 一阶电路的响应

(1)RL 一阶电路的零输入响应。

RL 一阶电路的零输入响应实际上是电感释放能量的过程。流经电感的电流 i_L 随时间变化的表达式为

$$i_L = i_L(0_+)\mathrm{e}^{-\frac{t}{\tau}} = i_L(0_+)\mathrm{e}^{-\frac{R_{eq}}{L}t},\quad t>0$$

换路后,电感通过电阻释放磁场能量,最终磁场能量全部被电阻吸收转换成热能消耗掉。

(2)RL 一阶电路的零状态响应。

RL 一阶电路的零状态响应实际上是电感的能量储存过程。流经电感的电流 i_L 随时间变化的表达式为

$$i_L = i_L(\infty) - i_L(\infty)\mathrm{e}^{-\frac{t}{\tau}} = i_L(\infty)(1-\mathrm{e}^{-\frac{t}{\tau}}) = i_L(\infty)(1-\mathrm{e}^{-\frac{R_{eq}}{L}t}),\quad t>0$$

电感量 L 越大,自感电压 u_L 阻碍电流变化的作用就越强,能量储存时间就越长。

6. 一阶电路的全响应及其三要素法

全响应是零输入响应与零状态响应之和。

求解直流电源激励的一阶电路的最简单方法是三要素分析法,只要求出电路的初始值、稳态值和时间常数,就可方便地求出电路的零输入响应、零状态响应和全响应。三要素法求解一阶线性电路响应的通式为

$$f(t) = f(\infty) + [f(0_+) - f(\infty)]\mathrm{e}^{-\frac{t}{\tau}},\quad t>0$$

式中,① 初始值 $f(0_+)$,用换路定则和 $t=0_+$ 的等效电路求。

② 稳态值 $f(\infty)$,用 $t\to\infty$(新稳态)时的等效电路求解,新稳态下电容相当于开路,电感相当于短路。

③ 时间常数 τ,RC 一阶电路 $\tau = R_{eq}C$;RL 一阶电路 $\tau = \frac{L}{R_{eq}}$。其中,等效电阻 R_{eq} 是从储能元件两端看进去的所有独立电源不起作用,受控电源保留的等效电阻。

(1)RC 一阶电路的全响应。

电容两端的电压 u_C 随时间变化的表达式为

$$u_C = u_C(\infty) + [u_C(0_+) - u_C(\infty)]\mathrm{e}^{-\frac{t}{\tau}},\quad t>0$$

(2)RL 一阶电路的全响应。

流经电感的电流 i_L 随时间变化的表达式为

$$i_L = i_L(\infty) + [i_L(0_+) - i_L(\infty)]\mathrm{e}^{\frac{t}{\tau}},\quad t>0$$

当电路的输入信号是方波脉冲信号时,可将输入信号按持续时间和消失时间分段,用三要素公式逐段求解其电路的响应。

5.2　重点与难点

5.2.1　重点

1. 电流、电压初始值的确定

电路的初始值分为两种，$u_C(0_+)$ 和 $i_L(0_+)$ 是不能越变的初始值，其他的初始值 $i_C(0_+)$、$u_L(0_+)$、$i(0_+)$ 和 $u(0_+)$ 都是越变的。求解初始值的具体步骤如下：

(1) 先求 $u_C(0_+)$ 和 $i_L(0_+)$。$u_C(0_+)$ 和 $i_L(0_+)$ 根据换路定则求解。$t=0_-$ 时电路为原稳态电路，在原稳态电路中，电容相当于开路，电感相当于短路。

(2) 再求其他初始值 $u(0_+)$ 和 $i(0_+)$。$u(0_+)$ 和 $i(0_+)$ 根据 $t=0_+$ 时的等效电路求解。画出 $t=0_+$ 时的等效电路，根据 $u_C(0_+)$ 和 $i_L(0_+)$ 的数值将电容和电感进行等效替代。对于电容，当 $u_C(0_+)=0$ 时，电容相当于短路；当 $u_C(0_+)=U_0$ 时，电容相当于是一个电压值为 U_0 的电压源。对于电感，当 $i_L(0_+)=0$ 时，电感相当于断路；当 $i_L(0_+)=I_0$ 时，电感相当于是一个电流值为 I_0 的电流源。

2. 一阶电路的时间常数

时间常数 τ 的大小决定电路暂态过程时间的长短，暂态过程持续的时间一般取 $3\tau \sim 5\tau$。τ 的大小反映了电路中的电压或电流的衰减快慢，τ 越大，衰减越慢；τ 越小，衰减越快。一阶 RC 电路的时间常数为 $\tau=R_{eq}C$，一阶 RL 电路的时间常数 $\tau=\dfrac{L}{R_{eq}}$。

求解换路后的时间常数 τ，关键是求等效电阻 R_{eq}。求解等效电阻 R_{eq} 的方法与戴维宁定理求解等效电源内阻的方法相同，即是储能元件两端以外的含源一端口电路，所有独立电源不起作用(电压源短路和电流源断路)、受控电源保留时的等效电阻。

5.2.2　难点

本章的难点是：

(1) 初始值的求解。

(2) 时间常数中的等效电阻的确定。

5.3　例题分析

【例 5.1】　图 5.1(a) 所示电路已处于稳态，电感和电容元件均未储能。试求：

(1) 换路后，各电阻的电压和电流的初始值($t=0_+$)。

(2) 换路后，各电阻的电压和电流的稳态值($t=\infty$)。

解　(1) 在图 5.1(a) 所示电路中，根据换路定则可知：

换路瞬间($t=0_+$)

$$u_C(0_+)=u_C(0_-)=0 \quad \text{(此时电容元件相当于短路)}$$

$$i_L(0_+)=i_L(0_-)=0 \quad \text{(此时电感元件相当于开路)}$$

此时的电路如图 5.1(b) 所示。于是电流、电压为

$$i_1(0_+) = i_2(0_+) = \frac{U}{R_1 + R_2} = \frac{12}{1 + 2} = 4(\mathrm{A})$$

$$i_3(0_+) = 0$$

$$u_{R_1}(0_+) = i_1(0_+)R_1 = 4 \times 1 = 4(\mathrm{V})$$

$$u_{R_2}(0_+) = i_2(0_+)R_2 = 4 \times 2 = 8(\mathrm{V})$$

$$u_{R_3}(0_+) = i_3(0_+)R_3 = 0 \times 3 = 0$$

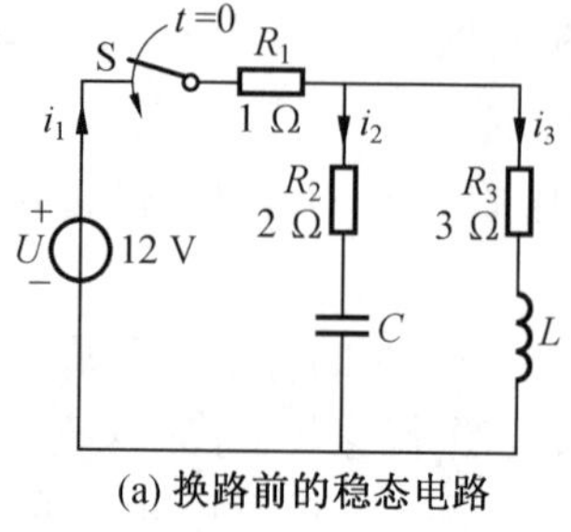

(a) 换路前的稳态电路

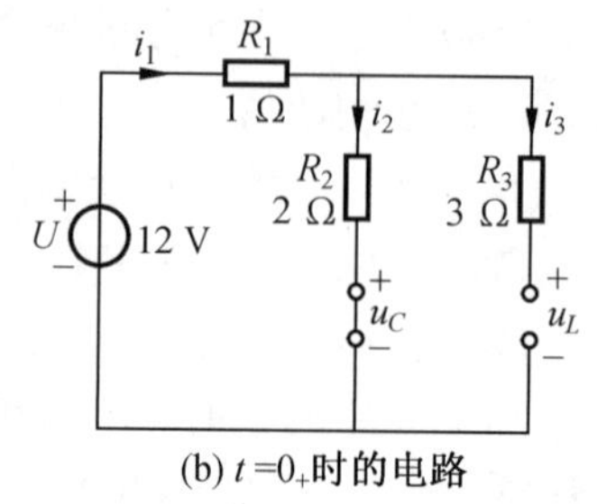

(b) $t=0_+$时的电路

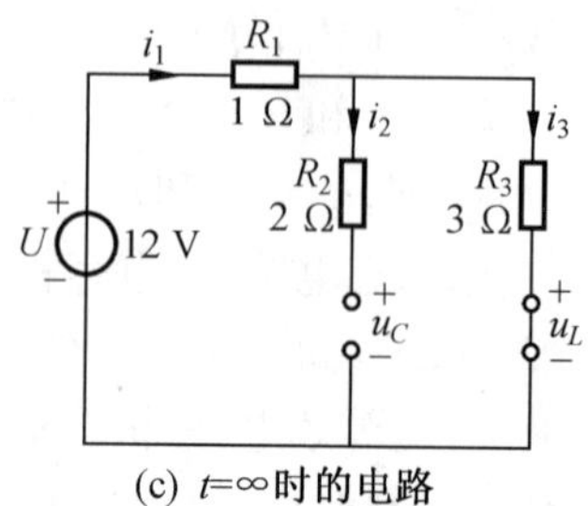

(c) $t=\infty$时的电路

图 5.1　例 5.1 图

(2) 在图5.1(a) 所示电路中,开关S闭合后,经过 $t=\infty$ 的时间,电路达到新的稳态,此时电容元件相当于开路,电感元件相当于短路,如图 5.1(c) 所示。于是电流、电压为

$$i_1(\infty) = i_3(\infty) = \frac{U}{R_1 + R_3} = \frac{12}{1 + 3} = 3(\mathrm{A})$$

$$i_2(\infty) = 0$$

$$u_{R_1}(\infty) = i_1(\infty)R_1 = 3 \times 1 = 3(\mathrm{V})$$

$$u_{R_2}(\infty) = i_2(\infty)R_2 = 0 \times 2 = 0$$

$$u_{R_3}(\infty) = i_3(\infty)R_3 = 3 \times 3 = 9(\mathrm{V})$$

【例 5.2】　图 5.2(a) 所示电路换路前已处于稳态。试分析电容器电压 u_C 的变化规律,并画出 u_C 的变化曲线。

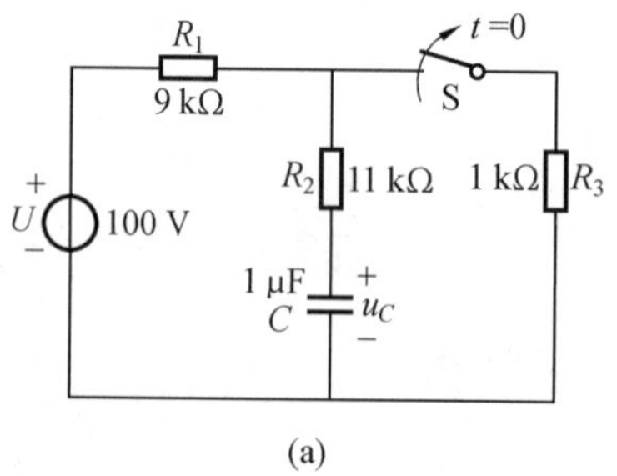

(a)

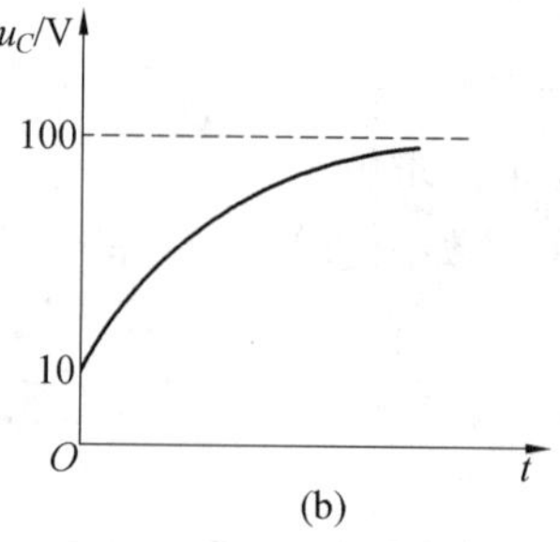

(b)

图 5.2　例 5.2 图

解　此题属于 $u_C(0_-) \neq 0$ 的问题,换路前电容 C 已充电完毕,电压 $u_C(0_-) = U_0$。U_0 的数值为

$$U_0 = U_{R_3} = \frac{R_3}{R_1 + R_3}U = \frac{1}{9 + 1} \times 100 = 10(\mathrm{V})$$

换路后的电容电压,按公式可写出

$$u_C = U + (U_0 - U)\mathrm{e}^{-\frac{t}{\tau}}$$

$$\tau=(R_1+R_2)C=(9+11)\times10^3\times1\times10^{-6}=20\times10^{-3}(\mathrm{s})$$

所以

$$u_C=100+(10-100)\mathrm{e}^{-\frac{t}{20\times10^{-3}}}=100-90\mathrm{e}^{-50t}(\mathrm{V})$$

按 $u_C=100-90\mathrm{e}^{-50t}$ V 画出 u_C 的变化曲线，如图 5.2(b) 所示。

【例 5.3】　图 5.3(a) 所示电路换路前已处于稳态。已知 $I_S=10$ mA，$R_1=12$ kΩ，$R_2=6$ kΩ，$R_3=8$ kΩ，$C=1$ μF，$t=0$ 时换路。试用三要素法分析电容电压 u_C 的变化规律，并画出 u_C 的变化曲线。

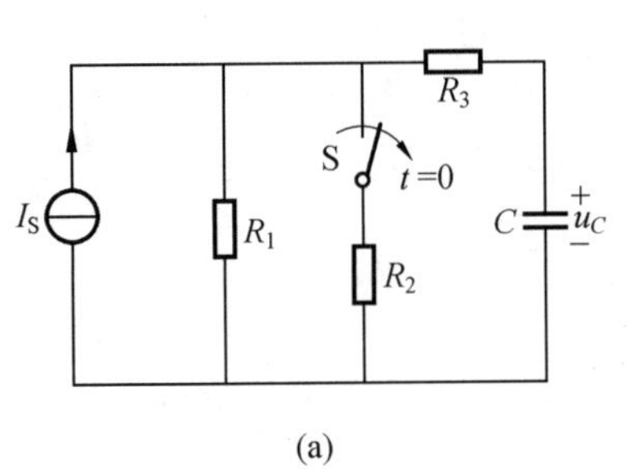

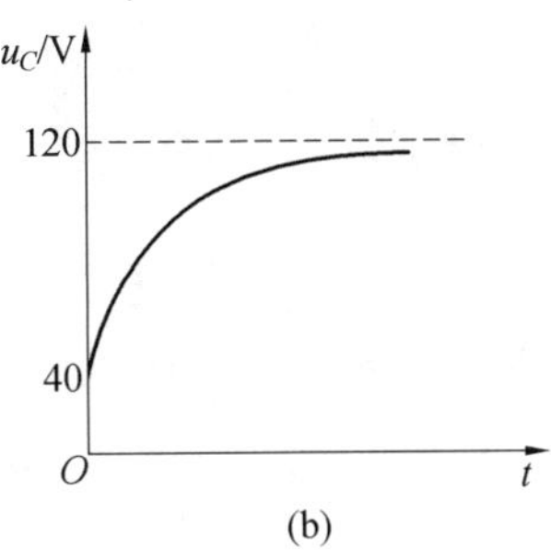

图 5.3　例 5.3 图

解　(1) 用三要素法分别计算 $u_C(0_+)$、$u_C(\infty)$ 和 τ。

$$u_C(0_+)=u_C(0_-)=I_S\frac{R_1R_2}{R_1+R_2}=10\times10^{-3}\times\frac{12\times6}{12+6}\times10^3=40\ (\mathrm{V})$$

$$u_C(\infty)=I_SR_1=10\times10^{-3}\times12\times10^3=120\ (\mathrm{V})$$

$$\tau=(R_1+R_3)C=(12+8)\times10^3\times1\times10^{-6}=20\times10^{-3}(\mathrm{s})$$

所以

$$u_C=u_C(\infty)+[u_C(0_+)-u_C(\infty)]\mathrm{e}^{-\frac{t}{\tau}}=$$
$$120+[40-120]\mathrm{e}^{-\frac{t}{20\times10^{-3}}}=$$
$$120-80\mathrm{e}^{-50t}(\mathrm{V})$$

(2) u_C 的变化曲线如图 5.3(b) 所示。

【例 5.4】　图 5.4(a) 所示电路，换路前已处于稳态。已知 $U=60$ V，$R_1=1$ Ω，$R_2=R_3=2$ Ω，$L=8$ mH，$t=0$ 时开关 S 闭合。试用三要素法求电感电流 i_L，并画出 i_L 的变化曲线。

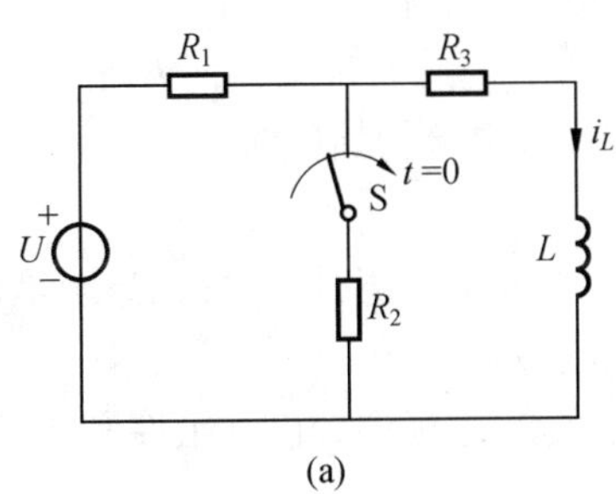

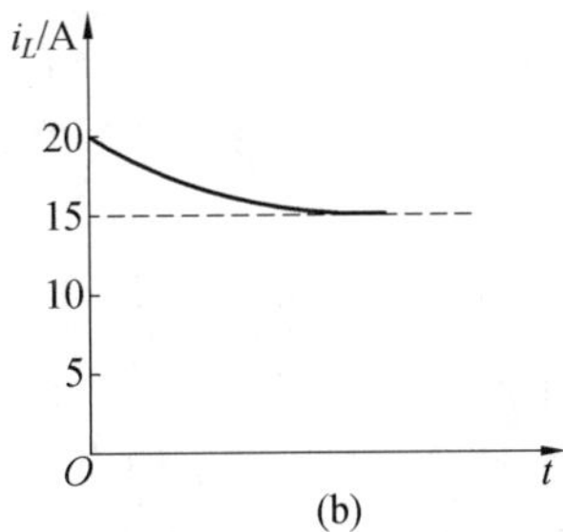

图 5.4　例 5.4 图

解　(1) 用三要素法求电流 i_L。

① 换路前(S 未闭合),电路处于稳态,R_1 和 R_3 串联。$t=0_-$ 时,电感电流的数值为

$$i_L(0_-)=\frac{U}{R_1+R_3}=\frac{60}{1+2}=20\ (\mathrm{A})$$

i_L 的初始值为

$$i_L(0_+)=i_L(0_-)=20\ \mathrm{A}$$

② 换路后(S 闭合),$t=\infty$ 时,电路处于新的稳态,R_2 和 R_3 并联,电感电流

$$i_L(\infty)=\frac{U}{R_1+\dfrac{R_2R_3}{R_2+R_3}}\cdot\frac{R_2}{R_2+R_3}=\frac{60}{1+\dfrac{2\times2}{2+2}}\times\frac{2}{2+2}=15(\mathrm{A})$$

③ 电路的时间常数

$$\tau=\frac{L}{R_{等}}$$

将恒压源的电压视为零,等效电阻

$$R_{等}=\frac{R_1R_2}{R_1+R_2}+R_3=\frac{1\times2}{1+2}+2=\frac{2}{3}+2=\frac{8}{3}(\Omega)$$

$$\tau=\frac{8\times10^{-3}}{\dfrac{8}{3}}=3\times10^{-3}(\mathrm{s})$$

所以

$$\begin{aligned}i_L&=i_L(\infty)+[i_L(0_+)-i_L(\infty)]\mathrm{e}^{-\frac{t}{\tau}}=\\&15+[20-15]\mathrm{e}^{-\frac{t}{3\times10^{-3}}}=\\&15+5\mathrm{e}^{-\frac{1}{3}\times10^3t}(\mathrm{A})\end{aligned}$$

(2) 电感电流 i_L 的变化曲线如图 5.4(b) 所示。

5.4 思考题分析

5.1 $t=0_+$ 时,初始值 $u_C(0_+)$ 和 $i_L(0_+)$ 由换路定则确定后,其他电压和电流的初始值应如何确定?

解 其他电压和电流的初始值 $u(0_+)$ 和 $i(0_+)$ 可根据 $t=0_+$ 时的等效电路求解。

5.2 若 $u_C(0_+)=0,i_L(0_+)=0$,在计算其他电压、电流初始值时,电容元件和电感元件应如何处理? 当 $u_C(0_+)=U_0,i_L(0_+)=I_0$ 时,电容元件和电感元件又如何处理?

解 若 $u_C(0_+)=0,i_L(0_+)=0$,在计算其他电压、电流初始值时,电容相当于短路,电感相当于断路。

若 $u_C(0_+)=U_0,i_L(0_+)=I_0$,在计算其他电压、电流初始值时,电容相当于是一个电压值为 U_0 的电压源,电感相当于是一个电流值为 I_0 的电流源。

5.3 稳态时(原稳态和新稳态),在电路的分析计算中,电容元件和电感元件应如何处理?

解 在原稳态和新稳态电路中,电容元件相当于断路,电感元件相当于短路。

5.4 为什么把 $\tau=RC$ 称为时间常数? 它的大小对电路的暂态过程有何影响?

解　因为τ反映了暂态过程的时间长短,所以称为时间常数。时间常数τ越大,电路中的电压或电流衰减得越慢;时间常数τ越小,电压或电流衰减得越快。

5.5　同一个RC充电电路,且$u_C(0_-)=0$,当电源电压U_S分别为100 V和1 000 V时,电容器电压u_C分别增长为63.2 V和632 V所需的时间是否相同?

解　因为时间常数与电源电压值无关。所以,电容电压分别增长到63.2 V和632 V所用的充电时间是相同的。

5.5　习题分析

5.1　题图5.1所示电路换路前已处于稳态,试计算换路后以下各项:

(1) 电流的初始值$i(0_+)$、$i_C(0_+)$、$i_L(0_+)$,电压的初始值$u_C(0_+)$、$u_L(0_+)$。

(2) 电流的稳态值$i(\infty)$、$i_C(\infty)$、$i_L(\infty)$,电压的稳态值$u_C(\infty)$、$u_L(\infty)$。

解　(1) 初始值。换路前($t=0_-$),因为R_1、C、L和R_2在开关S闭合前电路已处于稳态,C和L元件无储能,所以$u_C(0_-)=0$,$i_L(0_-)=0$。换路瞬间($t=0_+$),由换路定则可知$u_C(0_+)=u_C(0_-)=0$,电容相当于短路。于是

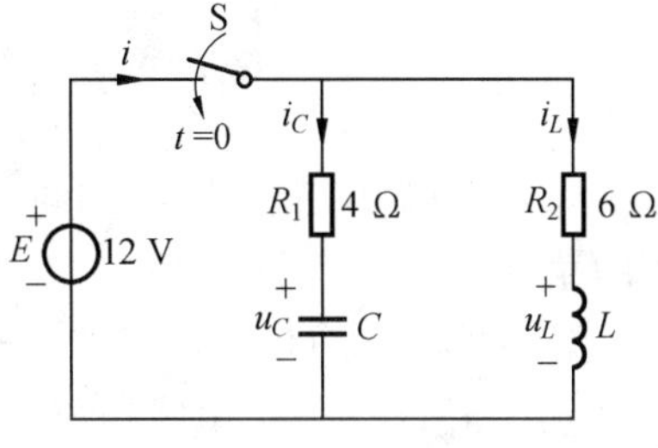

题图5.1

$$i_C(0_+)=\frac{E-u_C(0_+)}{R_1}=\frac{12-0}{4}=3(\mathrm{A})$$

由换路定则又可知$i_L(0_+)=i_L(0_-)=0$,电感线圈相当于断路。所以总电流

$$i(0_+)=i_C(0_+)+i_L(0_+)=3+0=3(\mathrm{A})$$

由于$i_L(0_+)=0$,在$t=0_+$时,电感线圈相当于断路,则$u_L(0_+)=12$ V。

(2) 稳态值。换路后经$t=\infty$时间,电路达到新的稳态。此时电容相当于断路,电感线圈相当于短路,两个电流为

$$i_C(\infty)=0$$

由于$u_L(\infty)=0$,则

$$i_L(\infty)=\frac{E}{R_2}=\frac{12}{6}=2(\mathrm{A})$$

总电流为

$$i(\infty)=i_C(\infty)+i_L(\infty)=0+2=2(\mathrm{A})$$

由于$i_C(\infty)=0$,则$u_C(\infty)=12$ V。

5.2　题图5.2所示电路换路前已处于稳态,试计算换路后以下各项:

(1) 电流的初始值$i(0_+)$、$i_L(0_+)$、$i_S(0_+)$和电压的初始值$u_L(0_+)$。

(2) 电流的稳态值$i(\infty)$、$i_L(\infty)$、$i_S(\infty)$和电压的稳态值$u_L(\infty)$。

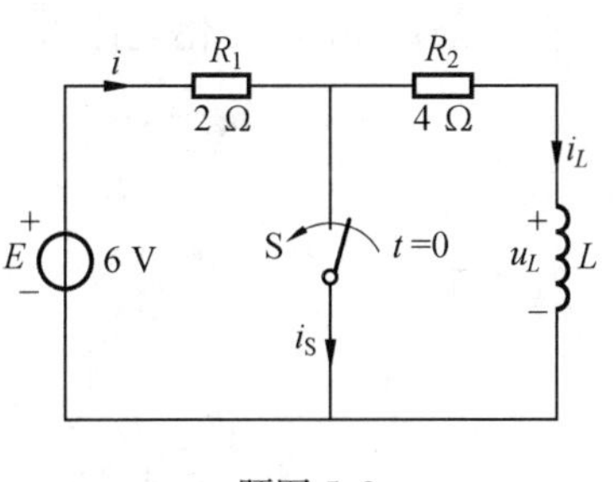

题图5.2

解　(1) 换路前($t=0_-$),电感中已有稳定的电流

$$i_L(0_-) = \frac{E}{R_1 + R_2} = \frac{6}{2+4} = 1(\text{A})$$

换路后(开关S闭合),形成左右两个独立小回路。在左边小回路中,电流

$$i(0_+) = \frac{E}{R_1} = \frac{6}{2} = 3(\text{A})$$

在右边小回路中,由换路定则可知,电感电流不能跃变,即

$$i_L(0_+) = i_L(0_-) = 1\ \text{A}$$

在中间支路中,流过开关S的电流

$$i_S(0_+) = i(0_+) - i_L(0_+) = 3 - 1 = 2(\text{A})$$

$t = 0_+$ 时,$i_L(0_+) = 1$ A,则

$$u_L(0+) = -i_L(0_+)R_2 = -1 \times 4 = -4(\text{V})$$

(2) 稳态时,电感相当于短路,则

$$i(\infty) = \frac{E}{R_1} = \frac{6}{2} = 3\ \text{A}$$

$$i_L(\infty) = 0,\quad i_S(\infty) = i(\infty) = 3\ \text{A},\quad u_L(\infty) = 0$$

5.3 在题图5.3中,换路前各储能元件均未储能。试求在开关S闭合瞬间($t = 0_+$)各元件的端电压。

解 因为 $u_{C_1}(0_-) = u_{C_2}(0_-) = 0$,电容相当于短路;$u_{L_1}(0_-) = u_{L_2}(0_-) = 0$,电感相当于开路。

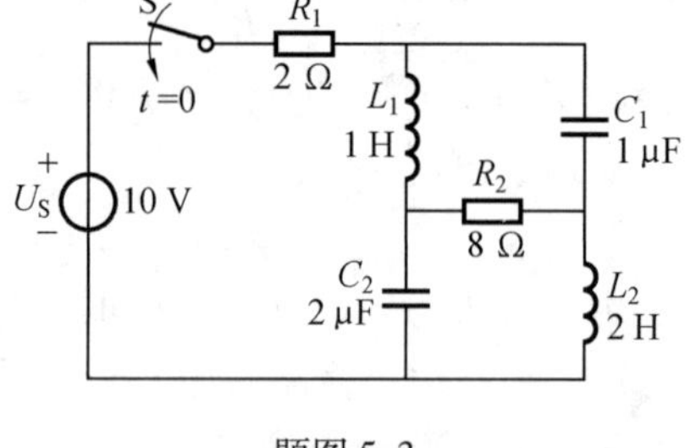

题图5.3

则

$$u_{C_1}(0_+) = u_{C_1}(0_-) = 0$$

$$u_{C_2}(0_+) = u_{C_2}(0_-) = 0$$

$$u_{R_1}(0_+) = \frac{R_1}{R_1 + R_2}U_S = \frac{2}{2+8} \times 10 = 2(\text{V})$$

$$u_{R_2}(0_+) = U_S - u_{R_1}(0_+) = 10 - 2 = 8(\text{V})$$

$$u_{L_1}(0_+) = u_{L_2}(0_+) = u_{R_2}(0_+) = 8(\text{V})$$

5.4 在题图5.4中,已知 $U_S = 6$ V,$R = 1$ kΩ,$C = 2$ μF,换路前电容器未储能。试求:

(1) 换路后,电压 u_C 的变化规律。

(2) 换路后经过4 ms时,u_C 值是多少?

(3) 电容器充电至6 V时,需要多长时间?

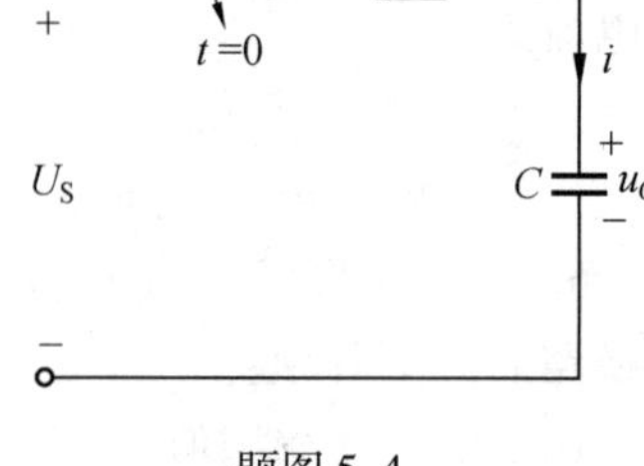

题图5.4

解 (1)u_C 的变化规律。这是一个零状态电容器的充电问题,依据公式,u_C 的变化规律为

$$u_C = U(1 - e^{-\frac{t}{\tau}})$$

式中

$$U = U_S = 6\ \text{V}$$

$$\tau = RC = 1 \times 10^3 \times 2 \times 10^{-6} = 2 \times 10^{-3}(\text{s})$$

所以

$$u_C = 6(1 - e^{-\frac{t}{2\times10^{-3}}}) = 6(1 - e^{-500t})(\text{V})$$

(2)$t = 4$ ms时,u_C 的数值

$$u_C = 6(1 - e^{-\frac{4\times10^{-3}}{2\times10^{-3}}}) = 6(1 - e^{-2}) =$$
$$6(1 - 0.135) = 5.19(\text{V})$$

(3) 电容器充电至 6 V 所需时间

$$t = (3 \sim 5)\tau = (3 \sim 5) \times 2 \times 10^{-3} = (6 \sim 10)(\text{ms})$$

5.5　在题图 5.5 中，已知 $U_S = 6$ V，$R_1 = 2$ kΩ，$R_2 = 4$ kΩ，$C = 5$ μF，换路前电路处于稳态。试求：

(1) 换路后，电压 u_C 的变化规律。

(2) 换路后经过多少时间电容器极板上基本无电荷？

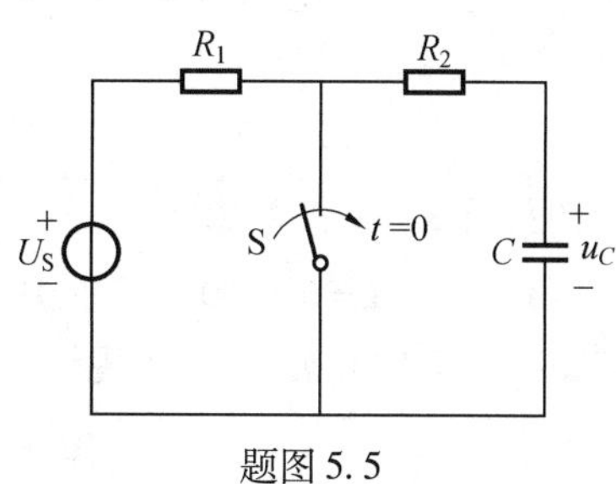

题图 5.5

解　换路前（$t=0_-$）电容器已充电完毕，电压 $u_C(0_-) = U = 6$ V。

(1) 换路后（$t \geqslant 0$）电容器通过右边小回路放电。随着电荷的逐渐减少，电容电压 u_C 的数值也逐渐减小。其变化规律为

$$u_C = Ue^{-\frac{t}{\tau}}$$

式中

$$U_S = 6 \text{ V}$$
$$\tau = R_2C = 4 \times 10^3 \times 5 \times 10^{-6} = 20 \times 10^{-3}(\text{s})$$

所以

$$u_C = 6e^{-\frac{t}{20\times10^{-3}}} = 6e^{-50t}(\text{V})$$

(2) 经过 $t = (3 \sim 5)\tau = (3 \sim 5) \times 20 \times 10^{-3} = (60 \sim 100)(\text{ms})$，电容器极板上基本无电荷。

5.6　在题图 5.6 中，已知 $E = 40$ V，$R = 5$ kΩ，$C = 100$ μF，$u_{C(0_-)} = 0$。试求：

(1) 开关 S 闭合后电路中的电流 i 及 u_C 和 u_R 的变化规律。

(2) 经过 $t = \tau$ 时的电流 i 的数值。

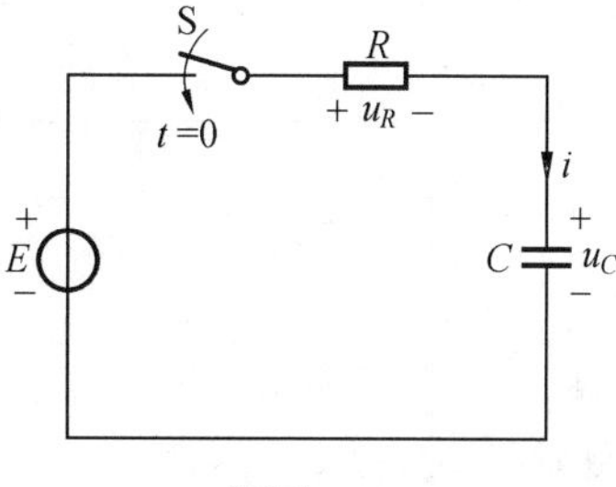

题图 5.6

解　(1)$t \geqslant 0$ 时的 i、u_C 和 u_R。本题属于零状态 RC 串联电路的充电问题。u_C 的变化规律是

$$u_C = E(1 - e^{-\frac{t}{\tau}})$$
$$\tau = RC = 5 \times 10^3 \times 100 \times 10^{-6} = 0.5(\text{s})$$
$$u_C = 40(1 - e^{-\frac{t}{0.5}}) = 40(1 - e^{-2t})(\text{V})$$
$$u_R = E - u_C = 40 - 40(1 - e^{-2t}) = 40e^{-2t}(\text{V})$$
$$i = \frac{u_R}{R} = \frac{40e^{-2t}}{5 \times 10^3} = 8e^{-2t}(\text{mA})$$

(2)$t = \tau$ 时的电流值

$$i = 8e^{-2t} = 8^{-2\times0.5} = 2.94(\text{mA})$$

5.7　在题图 5.7(a) 中，已知 $E = 20$ V，$R_1 = 12$ kΩ，$R_2 = 5$ kΩ，$C = 1$ μF，$u_{C(0_-)} = 0$。当开关 S 闭合后，试求电容器电压 u_C 的变化规律，并画出 u_C 的变化曲线。

解　采用三要素法求 u_C 的变化规律。三要素是：

①$u_C(0_+) = u_C(0_-) = 0$

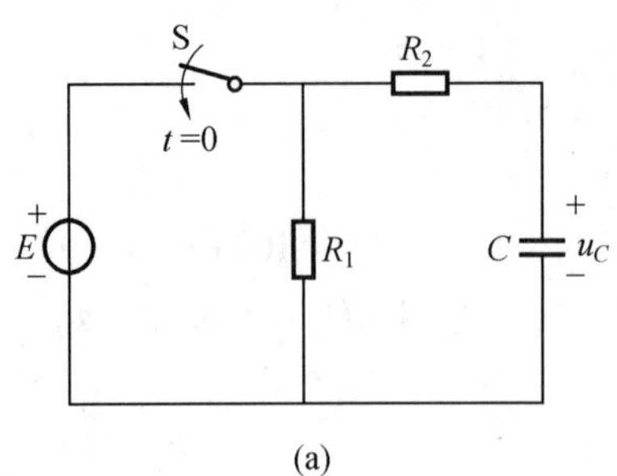

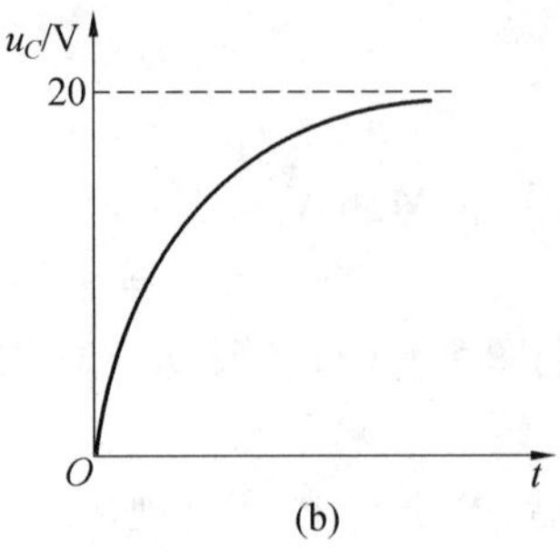

题图 5.7

②$u_C(\infty)=E=20\ \text{V}$

③$\tau=R_2C=5\times10^3\times1\times10^{-6}=5\times10^{-3}(\text{s})$。因为电阻 R_1 与恒压源并联，它不参与过渡状态。电容电压 u_C 的变化规律为

$$u_C=u_C(\infty)+[u_C(0_+)-u_C(\infty)]e^{-\frac{t}{\tau}}=$$
$$20+(0-20)e^{-\frac{t}{5\times10^{-3}}}=20-20e^{-200t}=$$
$$20(1-e^{-200t})(\text{V})$$

u_C 的变化曲线如题图 5.7(b) 所示。

5.8　在题图5.8(a)中，已知 $U_S=12\ \text{V}$，$R_1=2\ \text{k}\Omega$，$R_2=2\ \text{k}\Omega$，$C=1\ \mu\text{F}$，换路前电路处于稳态，$t=0$ 时开关 S 闭合。试用三要素法求 $t\geqslant0$ 时电压 u_C 的变化规律，并画出 u_C 的变化曲线。

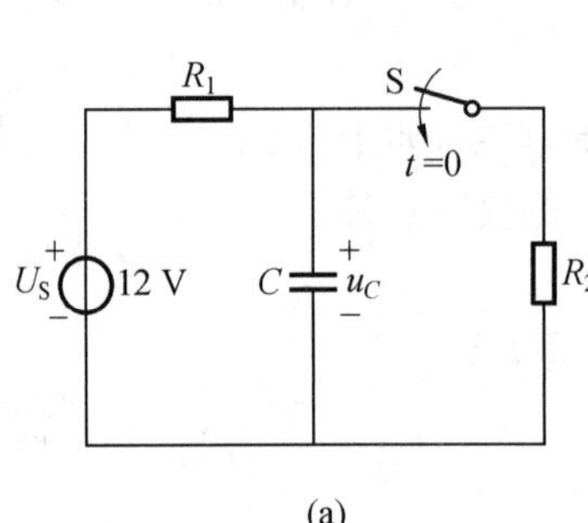

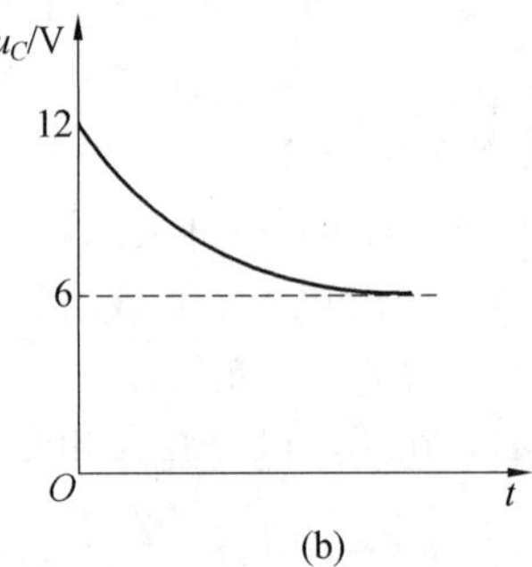

题图 5.8

解　三个要素是：

①$u_C(0_+)=U_S=12\ \text{V}$

②$u_C(\infty)=\dfrac{R_2}{R_1+R_2}U=\dfrac{2}{2+2}\times12=6(\text{V})$

③$\tau=(R_1/\!/R_2)C=1\times10^3\times1\times10^{-6}=1\times10^{-3}(\text{s})$

所以

$$u_C=u_C(\infty)+[u_C(0_+)-u_C(\infty)]e^{-\frac{t}{\tau}}=$$
$$6+(12-6)e^{-\frac{t}{1\times10^{-3}}}=(6+6e^{-1\,000t})(\text{V})$$

u_C 的变化曲线如图 5.8(b) 所示。

5.9　在题图5.9中，已知 $I_S=9\ \text{mA}$，$R_1=6\ \text{k}\Omega$，$R_2=3\ \text{k}\Omega$，$C=2\ \mu\text{F}$，开关S闭合前电路已

处于稳态。试用三要素法计算开关 S 闭合后电容器电压 u_C 的变化规律。

解　三要素是：

①$u_C(0_+) = u_C(0_-) = I_S R_1 = 9 \times 10^{-3} \times 6 \times 10^3 = 54(\text{V})$

②$u_C(\infty) = I_S \dfrac{R_1 R_2}{R_1 + R_2} = 9 \times 10^{-3} \times \dfrac{6 \times 10^3 \times 3 \times 10^3}{6 \times 10^3 + 3 \times 10^3} =$
$9 \times 10^{-3} \times 2 \times 10^3 = 18(\text{V})$

③$\tau = \dfrac{R_1 R_2}{R_1 + R_2} C = 2 \times 10^3 \times 2 \times 10^{-6} = 4 \times 10^{-3}(\text{s})$

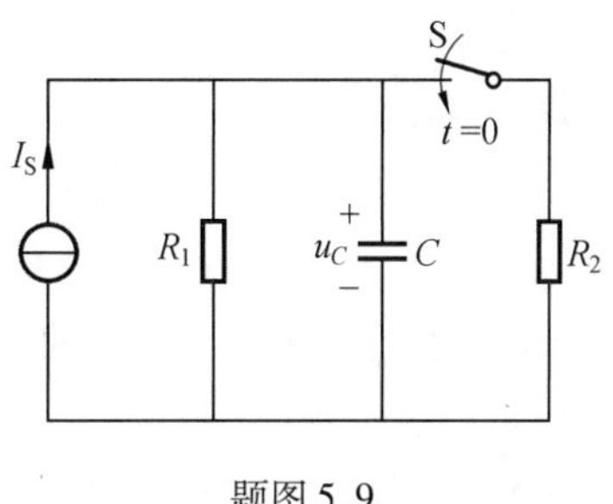

题图 5.9

所以

$$u_C = u_C(\infty) + [u_C(0_+) - u_C(\infty)]e^{-\frac{t}{\tau}} =$$
$$18 + (54 - 18)e^{-\frac{t}{4 \times 10^{-3}}} =$$
$$18 + 36e^{-250t}(\text{V})$$

5.10　在题图5.10所示电路中，已知 $E = 24$ V，$R_1 = 3\ \Omega$，$R_2 = 2\ \Omega$，$L = 20$ mH，开关S断开前电路已处于稳态。试求换路后($t \geqslant 0$) 电流 i_L 与电压 u_L 的变化规律。

解　采用三要素法求电感电流 i_L，再通过微分求电感电压 u_L。三要素是：

①$i_L(0_+) = i_L(0_-) = \dfrac{E}{R_1} = \dfrac{24}{3} = 8(\text{A})$

②$i_L(\infty) = 0$

③$\tau = \dfrac{L}{R_2} = \dfrac{20 \times 10^{-3}}{2} = 10^{-2}(\text{s})$

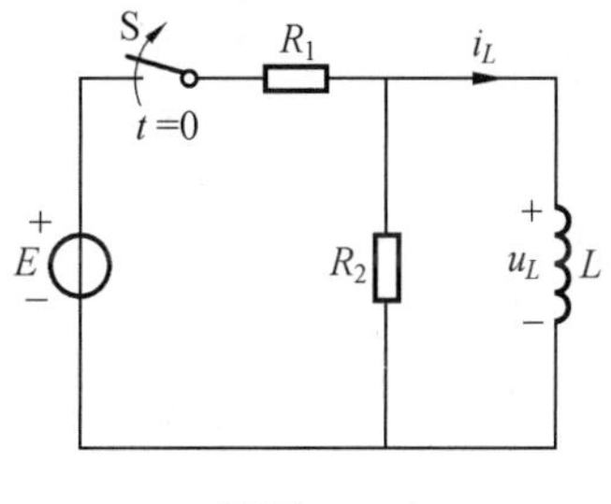

题图 5.10

所以

$$i_L = i_L(\infty) + [i_L(0_+) - i_L(\infty)]e^{-\frac{t}{\tau}} =$$
$$0 + (8 - 0)e^{-\frac{t}{10^{-2}}} = 8e^{-100t}(\text{A})$$

而
$$u_L = L\frac{di_L}{dt} = 20 \times 10^{-3}\frac{d}{dt}(8e^{-100t}) =$$
$$20 \times 10^{-3} \times (-100) \times 8e^{-100t} = -16e^{-100t}(\text{V})$$

5.11　电路如题图 5.11 所示，试用三要素法求换路后电流 i_L 的变化规律。

解　用三要素法求以下各量：

①$i_L(0_+) = i_L(0_-) = \dfrac{9}{3} = 3(\text{A})$

②$i_L(\infty) = \dfrac{12}{6} + \dfrac{9}{3} = 2 + 3 = 5(\text{A})$

③$\tau = ?$

两个电源支路并联，求等效电阻时，将两个恒压源(12 V 和 9 V) 的作用视为零，等效电阻为 $\dfrac{6 \times 3}{6 + 3} = 2(\Omega)$。所以

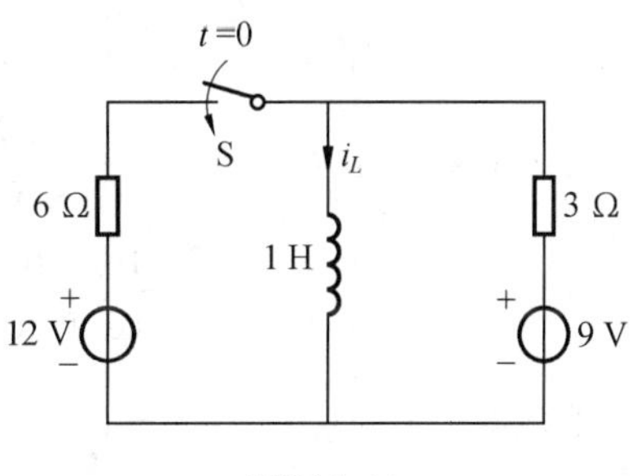

题图 5.11

$$\tau=\frac{1}{2}=0.5(\mathrm{s})$$

于是
$$i_L=i_L(\infty)+[i_L(0_+)-i_L(\infty)]\mathrm{e}^{-\frac{t}{\tau}}=$$
$$5+(3-5)\mathrm{e}^{-\frac{t}{0.5}}=5-2\mathrm{e}^{-2t}(\mathrm{A})$$

5.12　电路如题图5.12所示，已知$U_S=20\ \mathrm{V}$，$R_1=10\ \Omega$，$R_2=4\ \Omega$，$R_3=15\ \Omega$，$C=2\ \mu\mathrm{F}$，开关S长期打在“1”上。$t=0$时，开关S从“1”换到“2”。试用三要素法计算换路后u_C的变化规律和i_3的变化规律。

解　用三要素法求以下各量，先求u_C，再求i_3。

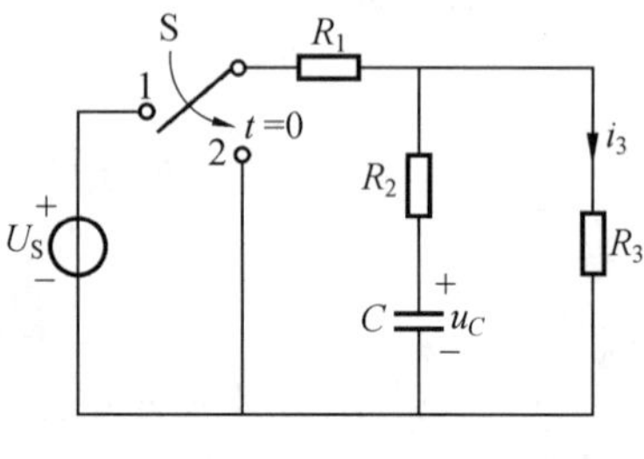

题图5.12

①$u_C(0_+)=u_C(0_-)=\frac{R_3}{R_1+R_3}U_S=\frac{15}{10+15}\times 20=12(\mathrm{V})$

②$u_C(\infty)=0$

③$\tau=R'C=[(R_1\mathbin{/\!/}R_3)+R_2]C=\left(\frac{10\times 15}{10+15}+4\right)\times$

$2\times 10^{-6}=20\times 10^{-6}(\mathrm{s})$

所以
$$u_C=u_C(\infty)+(u_C(0_+)-u_C(\infty))\mathrm{e}^{-\frac{t}{\tau}}=$$
$$0+(12-0)\mathrm{e}^{-\frac{10^6}{20}t}=12\mathrm{e}^{-5\times 10^4t}(\mathrm{V})$$

④$i_3(0_+)=\frac{u_C(0_+)}{R_2+R_1\mathbin{/\!/}R_3}\cdot\frac{R_1}{R_1+R_3}=\frac{12}{4+10\mathbin{/\!/}15}\times\frac{10}{10+15}=\frac{120}{250}=0.48(\mathrm{A})$

⑤$i_3(\infty)=0$

所以
$$i_3=i_3(\infty)+(i_3(0_+)-i_3(\infty))\mathrm{e}^{-\frac{t}{\tau}}=$$
$$0+(0.48-0)\mathrm{e}^{-5\times 10^4t}=0.48\mathrm{e}^{-5\times 10^4t}(\mathrm{A})$$

5.13　在题图5.13所示电路中，$I_S=1\ \mathrm{mA}$，$U_S=10\ \mathrm{V}$，$R_1=R_2=10\ \mathrm{k}\Omega$，$R_3=20\ \mathrm{k}\Omega$，$C=10\ \mu\mathrm{F}$，换路前电路已处于稳态。$t=0$时开关S闭合，试求$t\geqslant 0$时的$u_C$和$i_3$的变化规律。

解　用三要素法求以下各量，先求u_C，再求i_3。

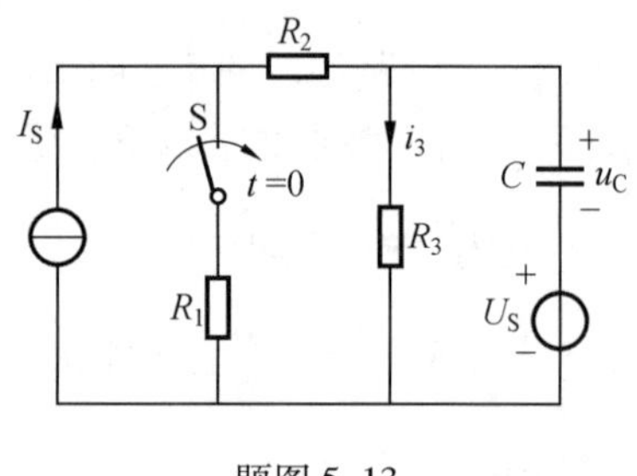

题图5.13

①$u_C(0_+)=u_C(0_-)=I_SR_3-U_S=$
$$1\times 10^{-3}\times 20\times 10^3-10=10(\mathrm{V})$$

②$u_C(\infty)=i_3R_3-U_S=\frac{R_1I_S}{R_1+R_2+R_3}R_3-U_S=$
$$\frac{10\times 10^3\times 1\times 10^{-3}\times 20\times 10^3}{(10+10+20)\times 10^3}-10=$$
$$\frac{200}{40}-10=-5(\mathrm{V})$$

③$\tau=R'C=[(R_1+R_2)\mathbin{/\!/}R_3]C=(20\mathbin{/\!/}20)\times 10^3\times 10\times 10^{-6}=100\times 10^{-3}(\mathrm{s})$

所以
$$u_C=u_C(\infty)+(u_C(0_+)-u_C(\infty))\mathrm{e}^{-\frac{t}{\tau}}=$$

$$-5+(10-(-5))e^{-\frac{10^3}{100}t}=$$
$$(-5+15e^{-10t})(V)$$

④$i_3(0_+)=\dfrac{u_C(0_+)+U_S}{R_3}=\dfrac{10+10}{20\times10^3}=1(mA)$

⑤$i_3(\infty)=\dfrac{u_C(\infty)+U_S}{R_3}=\dfrac{-5+10}{20\times10^3}=0.25(mA)$

所以

$$i_3=i_3(\infty)+(i_3(0_+)-i_3(\infty))e^{-\frac{t}{\tau}}=$$
$$(0.25+(1-0.25)e^{-10t})=$$
$$(0.25+0.75e^{-10t})(mA)$$

5.14　在题图5.14(a)中,已知$E_1=18$ V,$E_2=6$ V,$R_1=10$ kΩ,$R_2=R_3=5$ kΩ,$L=10$ H,$C=4$ μF,开关S合在"1"处已处于稳态。$t=0$时开关S从"1"换到"2",试用三要素法求电压u_C和电流i_L的变化规律,并作出它们的变化曲线。

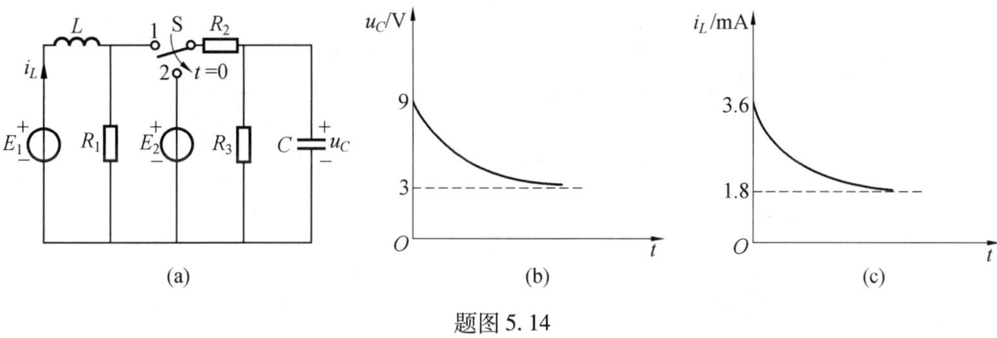

题图5.14

解　分析此题时,要注意两点:

①$t=0_-$时,电感L相当于短路,电容C相当于开路;

②$t=\infty$时,电感L仍相当于短路,电容C仍相当于开路。

(1)u_C的变化规律。

①$u_C(0_+)=u_C(0_-)=\dfrac{E_1}{R_2+R_3}R_3=\dfrac{18}{5+5}\times5=9(V)$

②$u_C(\infty)=\dfrac{E_2}{R_2+R_3}R_3=\dfrac{6}{5+5}\times5=3(V)$

③$\tau=\dfrac{R_2R_3}{R_2+R_3}C=\dfrac{5\times5}{5+5}\times10^3\times4\times10^{-6}=10\times10^{-3}(s)$

所以

$$u_C=u_C(\infty)+[u_C(0_+)-u_C(\infty)]e^{-\frac{t}{\tau}}=$$
$$3+(9-3)e^{-\frac{t}{10\times10^{-3}}}=$$
$$3+6e^{-100t}(V)$$

(2)i_L的变化规律。

①$i_L(0_+)=i_L(0_-)=\dfrac{E_1}{R_1}+\dfrac{E_1}{R_2+R_3}=\dfrac{18}{10\times10^3}+\dfrac{18}{(5+5)\times10^3}=3.6(mA)$

②$i_L(\infty)=\dfrac{E_1}{R_1}=\dfrac{18}{10\times10^3}=1.8(\text{mA})$

③$\tau=\dfrac{L}{R_1}=\dfrac{10}{10\times10^3}=1\times10^{-3}(\text{s})$

所以

$$i_L=i_L(\infty)+[i_L(0_+)-i_L(\infty)]e^{-\frac{t}{\tau}}=$$
$$1.8+(3.6-1.8)e^{-\frac{t}{1\times10^{-3}}}=$$
$$1.8+1.8e^{-1\,000t}(\text{mA})$$

(3)u_C 和 i_L 的变化曲线如题图 5.14(b)、(c) 所示。

5.15　题图 5.15 所示电路原已稳定,$t=0$ 时将开关 S 闭合。已知 $I_S=2$ mA,$U_S=5$ V,$R_1=6$ kΩ,$R_2=3$ kΩ,$R_3=4$ kΩ,$R_4=1$ kΩ,$C=1$ μF。试求开关 S 闭合后,电容上的电压 $u_C(t)$,并画出其变化曲线。

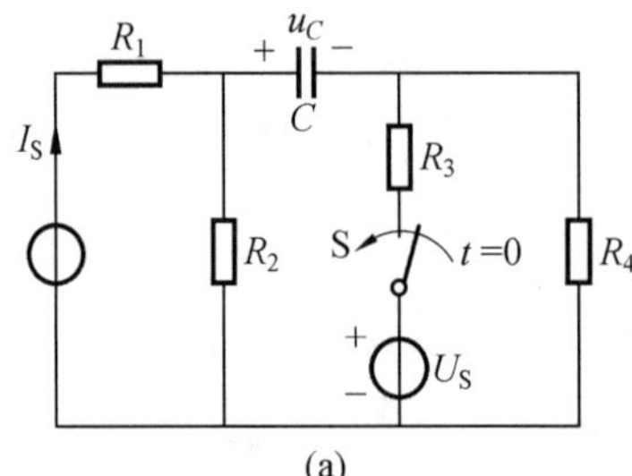

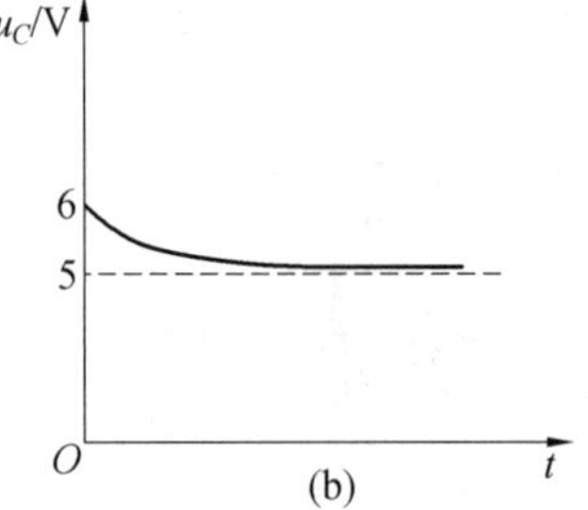

题图 5.15

解　用三要素求以下各量:

①$u_C(0_+)=u_C(0_-)=I_SR_2=2\times10^{-3}\times3\times10^3=6(\text{V})$

②$u_C(\infty)=I_SR_2-\dfrac{R_4}{R_3+R_4}U_S=6-\dfrac{1}{4+1}\times5=5(\text{V})$

③$\tau=R'C=(R_2+R_3/\!/R_4)C=\left(3\times10^3+\dfrac{4\times1}{4+1}\times10^3\right)\times1\times10^{-6}=3.8\times10^{-3}(\text{s})$

所以

$$u_C=u_C(\infty)+(u_C(0_+)-u_C(\infty))e^{-\frac{t}{\tau}}=$$
$$5+(6-5)e^{-\frac{10^3}{3.8}t}=(5+e^{-263t})(\text{V})$$

u_C 的变化曲线如题图 5.15(b) 所示。

第 6 章　变压器

6.1　内容提要

1. 变压器的主要用途

变压器是借助磁耦合实现电能传递的电气设备，其主要用途是输送电能、传送电信号等。

2. 变压器的基本结构

变压器由芯子和绕组（线圈）组成。芯子分为铁芯和铁氧体两种，绕组用铜导线绕成，分为原绕组和副绕组。

工程上常用的变压器主要是铁芯变压器和高频变压器（铁氧体磁心变压器或空心变压器）。铁芯变压器主要应用于电力系统和音频电路中，高频变压器主要应用于通信电路系统和高频开关电源技术中，铁芯变压器和高频变压器的工作原理是相同的。

3. 变压器的工作原理

（1）空载。变压器的原绕组接交流电源 u_1。当空载时，原绕组的电流 i_{10} 的作用只是用来产生主磁通 Φ。根据电磁感应原理，原、副绕组分别产生感应电动势 e_1 和 e_2，即

$$e_1 = -N_1 \frac{\mathrm{d}\Phi}{\mathrm{d}t}$$

$$e_2 = -N_2 \frac{\mathrm{d}\Phi}{\mathrm{d}t}$$

原绕组感应电动势的有效值与输入电压、主磁通最大值的关系式为

$$E_1 \approx U_1$$

$$E_1 \approx 4.44fN_1\Phi_\mathrm{m}$$

$$\Phi_\mathrm{m} \approx \frac{U_1}{4.44fN_1}$$

（2）有载。当变压器接上负载时，原绕组的电流为 i_1，副绕组有电流为 i_2。原绕组的电流 i_1 不仅用来产生主磁通 Φ，而且也间接地为负载提供电流。副绕组的电流 i_2 不仅直接为负载提供电流，也和 i_1 一起共同作用产生主磁通。

（3）变压器在正常工作时，不论是空载还是有载，都要保持主磁通的最大值 Φ_m 不变，即

$$i_1N_1 + i_2N_2 \approx i_{10}N_1$$

4. 变压器的主要功能

（1）电压变换

$$\frac{U_1}{U_2} = \frac{N_1}{N_2} = k$$

(2) 电流变换

$$\frac{I_1}{I_2}=\frac{N_2}{N_1}=\frac{1}{k}$$

(3) 阻抗变换

$$Z'_L=k^2Z_L$$

5. 变压器绕组的连接

(1) 同名端的判断。

当电流同时分别由两个互感线圈的一个端子流入(或流出)时,两电流产生的磁通互相增强,则称这两个互感线圈的对应端子为同名端。同名端在电路图中一般用"·"或"*"号标记。

判断绕组的同名端有直流法和交流法。由于直流法用起来比较简单,所以应用广泛。

(2) 绕组的连接。

绕组串联:异名端相连的作用是提高输出电压;同名端相连的作用是减小输出电压。

绕组并联:同名端相连的作用是提高输出电流。

6. 自耦变压器

自耦变压器由铁芯和绕组构成,其工作原理与普通变压器相同,不同的是,自耦变压器只有一个绕组,副绕组是原绕组的一部分,副绕组输出的电压是可调的。

6.2 重点与难点

6.2.1 重点

(1) 变压器的工作原理及电磁关系。

(2) 变压器的主要功能及变换公式。

(3) 含有变压器的电路的分析与计算。

(4) 绕组的同名端的判断。

6.2.2 难点

(1) 变压器的电磁关系分析。

(2) 绕组同名端的判断。

6.3 例题分析

【例6.1】 今有一变压器如图6.1所示。已知原绕组电压 $U_1=220$ V,匝数 $N_1=990$ 匝。副绕组有两个,要求空载电压分别为 $U_2=120$ V 和 $U_3=48$ V。试计算两个副绕组的匝数 N_2 和 N_3。

解 (1) 当副边的绕组数多于一个时,绕组匝数比的关系与只有一个时完全一样。因为铁芯中的主磁通及其频率相同,绕组的每伏匝数也相同。

(2) 原绕组的每伏匝数为

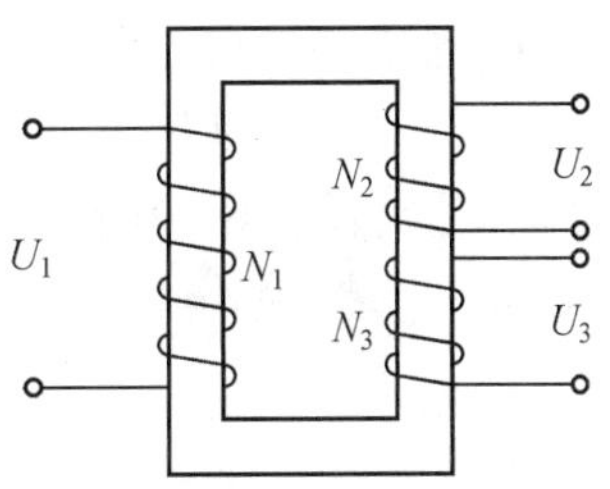

图6.1　例6.1图

$$\frac{N_1}{U_1}=\frac{990}{220}=4.5$$

所以两个副绕组的匝数分别为

$$N_2=120\times4.5=540(\text{匝})$$
$$N_3=48\times4.5=216(\text{匝})$$

【例6.2】　某三绕组变压器,原边电压 $U_1=380$ V,副边电压 $U_2=127$ V,$U_3=36$ V。各绕组的匝数为 $N_1=760$ 匝,$N_2=254$ 匝,$N_3=72$ 匝。两个副绕组电流 $I_2=2.14$ A,$I_3=3$ A,负载均为纯电阻。试求:

(1) 原边电流 I_1。

(2) 原、副边功率 P_1、P_2 和 P_3。

解　(1) 磁动势平衡方程为

$$i_1N_1+i_2N_2+i_3N_3\approx i_{10}N_1$$
$$i_1N_1+i_2N_2+i_3N_3\approx0$$

相量形式为

$$\dot{I}_1N_1+\dot{I}_2N_2+\dot{I}_3N_3\approx0$$
$$\dot{I}_1N_1\approx-(\dot{I}_2N_2+\dot{I}_3N_3)$$

电流有效值关系为

$$I_1N_1\approx I_2N_2+I_3N_3$$

所以

$$I_1\approx\frac{I_2N_2+I_3N_3}{N_1}=\frac{2.14\times254+3\times72}{760}\approx1(\text{A})$$

(2) 因为负载为电阻性,所以

$$P_1=U_1I_1=380\times1=380(\text{W})$$
$$P_2=U_2I_2=127\times2.14=271.78(\text{W})$$
$$P_3=U_3I_3=36\times3=108(\text{W})$$
$$P_2+P_3\approx P_1$$

【例6.3】　在图6.2(a)、(b)所示电路中,试标出在开关S闭合瞬间两绕组感应电动势 e_1、e_2 及两回路电流 i_1、i_2 的实际方向。

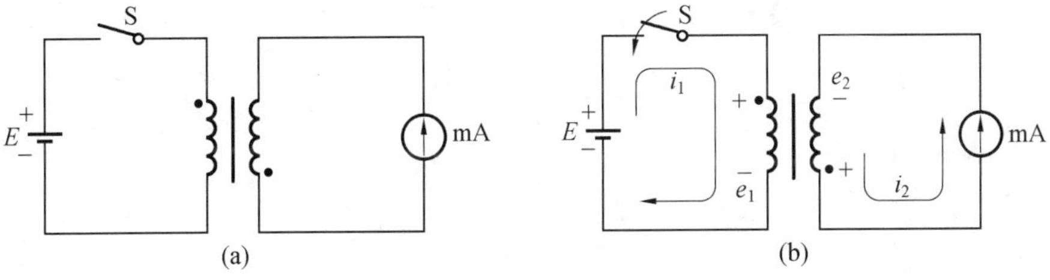

图6.2　例6.3图

解　(1) i_1 和 e_1 的实际方向。S闭合瞬间,电源 E 产生一个突然增大的变化电流 i_1,它的实际方向如图6.2(b)所示。与此同时,原绕组随即产生一个感应电动势 e_1,e_1 阻碍 i_1 的增长,其实际方向如图 6.2(b) 所示(打“+”处为高电位端)。

(2)e_2 和 i_2 的实际方向。在产生 e_1 的同时,副绕组也产生感应电动势 e_2,其实际方向可根据已知的同名端标记确定(打“+”处为高电位端),如图 6.2(b) 所示。e_2 是电源电动势,其产生的电流 i_2 是由高电位端流出,通过毫安表,表的指针偏转一下。

6.4 思考题分析

6.1 变压器的铁芯有什么用途?铁芯是用什么材料制成的?

解 变压器工作时,它的铁芯能产生很强的附加磁场,即使变压器的励磁电流很小,也能在铁芯中产生足够强的主磁场。因此,为使变压器具有良好的性能,必须选用优质的硅钢片叠制铁芯。

6.2 变压器的负载电流 I_2 增大时,原边电流 I_1 为什么也随之增大?

解 变压器原边电流 I_1 和副边电流(即负载电流)I_2 之间的关系是

$$\frac{I_1}{I_2} \approx \frac{N_2}{N_1} = \frac{1}{k} = \text{常数}$$

所以,负载电流 I_2 增大时,原边电流 I_1 也随之增大。

6.3 如果变压器副边短路,对原边有无影响?原边是否也相当于短路?为什么?

解 当变压器原边加额定电压时,如果副边短路,对原边而言也相当于短路。因为副边短路时,电流 I_2 很大,原边电流 I_1 也很大。

6.4 一台变压器的额定电压为220 /110 V,N_1 = 2 500 匝,N_2 = 1 250 匝,如果为了节省铜线将 N_1 改为 50 匝,N_2 改为 25 匝,这样做行吗?为什么?

解 由公式 $\Phi_m \approx \frac{U_1}{4.44 f N_1}$ 可知,在电源电压 U_1 和频率 f 不变的情况下,N_1 大大减少,主磁通最大值 Φ_m 将显著增加,这就引起铁损 ΔP_{Fe} 大大增加(ΔP_{Fe} 与 Φ_m^2 近似成正比),导致铁芯迅速发热,烧坏变压器。所以,为了节省铜线而减少变压器绕组的匝数是不行的。

6.5 习题分析

6.1 一台电压为3 300/220 V的单相变压器,向5 kW的电阻性负载供电。试求变压器的变压比及原、副绕组的电流。

解 (1) 变压比 k。

$$k = \frac{3\,300}{220} = 15$$

(2) 原、副绕组电流 I_1 和 I_2。

$$I_2 = \frac{5 \times 10^3}{220} = 22.73(\text{A})$$

$$I_1 = \frac{5 \times 10^3}{3\,300} = 1.52(\text{A})$$

或

$$I_1 = \frac{I_2}{k} = \frac{22.73}{15} = 1.52(\text{A})$$

6.2　测定绕组极性的电路如题图 6.1 所示。在开关 S 闭合瞬间发现电流表的指针反偏，试解释原因并标出绕组的极性。

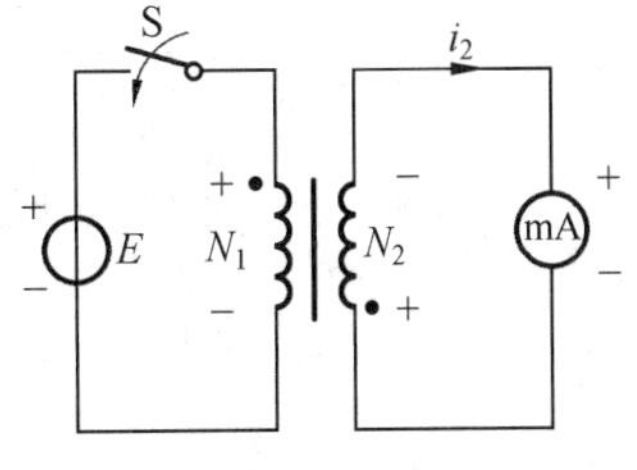

题图 6.1

解　在开关 S 闭合瞬间，电流表的指针反偏，说明电流 i_2 的实际方向与图示的参考方向相反，则两绕组的极性如题图 6.1 所示。

6.3　有一台单相照明变压器，容量为 10 kV · A，电压为 3 300/220 V。今欲在副边接上60 W、220 V 的电灯，如果变压器在额定状态下工作，这种电灯能接多少只？原、副绕组的额定电流是多少？

解　(1) 能接的电灯数 n。因为副边接的电灯是电阻负载，$\cos\varphi = 1$，消耗的总功率为

$$P_N = S_N \cos\varphi = 10 \times 10^3 \times 1 = 10 \times 10^3 (\text{W})$$

所以能接的电灯数为

$$n = \frac{10 \times 10^3}{60} = 166(\text{只})$$

(2) 原、副绕组的额定电流 I_1 和 I_2 为

$$I_1 = \frac{10 \times 10^3}{3\ 300} = 3.03(\text{A})$$

$$I_2 = \frac{10 \times 10^3}{220} = 45.45(\text{A})$$

6.4　在6.3题中，若将变压器副边接的电灯换成30 W、220 V、功率因数为0.5的日光灯，变压器仍然在额定状态下工作，这种日光灯又能接多少只？

解　每只日光灯的电流为

$$I = \frac{P}{U\cos\varphi} = \frac{30}{220 \times 0.5} = \frac{30}{110} = 0.273(\text{A})$$

则能接的日光灯数为

$$n = \frac{I_2}{I} = \frac{45.45}{0.273} = 166(\text{只})$$

6.5　在题图 6.2(a) 所示电路中，已知信号源的电动势 $e = 20\sqrt{2}\sin\omega t$ V，内阻 $R_0 = 200\ \Omega$，负载电阻 $R_L = 8\ \Omega$。试计算：

(1) 当负载电阻 R_L 直接与信号源连接时，信号源输出的功率 P 为多少毫瓦？

(2) 将负载 R_L 等效到匹配变压器的原边，并使 $R'_L = R_0$ 时，信号源将输出最大功率 P_{max}。试计算此变压器的变比 k 为多少？信号源最大输出功率 P_{max} 为多少？

解　(1) 负载直接接信号源。电路如题图 6.2(b) 所示，信号源输出的功率为

$$P = I^2 R_L = \left(\frac{E}{R_0 + R_L}\right)^2 R_L = \left(\frac{20}{200 + 8}\right)^2 \times 8 = 74(\text{mW})$$

(2) 负载经过匹配后再接信号源。电路如题图 6.2(a) 所示，匹配后的负载电阻为

$$R'_L = R_0 = 200(\Omega)$$

此时信号源输出最大功率

$$P_{max} = I_1^2 R'_L = \left(\frac{E}{R_0 + R'_L}\right)^2 R'_L =$$

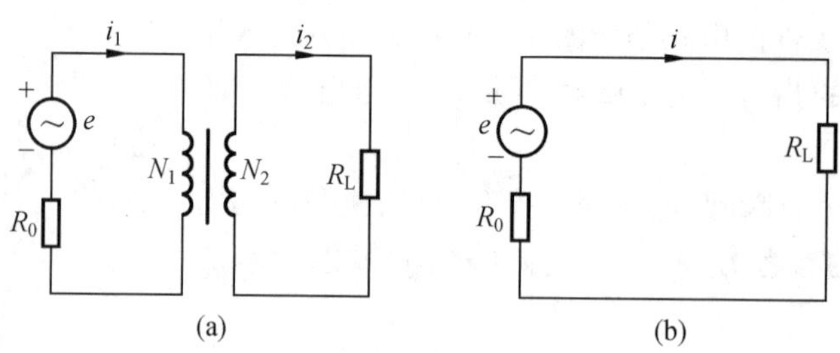

题图 6.2

$$\left(\frac{20}{200+200}\right)^2 \times 200 = 500(\mathrm{mW})$$

(3) 匹配变压器的变比。因为 $R'_L = k^2 R_L$,所以

$$k = \sqrt{\frac{R'_L}{R_L}} = \sqrt{\frac{200}{8}} = 5$$

6.6　一只 8 Ω 的扬声器接到变比为 6 的变压器的副边,试求等效到原边的等效电阻是多少?

解　由阻抗变换公式 $Z' = k^2 Z_L$ 得

$$R'_L = k^2 R_L = 6^2 \times 8 = 288(\Omega)$$

6.7　变压器空载运行时,原边电流为什么很小?有载运行时,原边电流为什么变大?空载运行和有载运行磁通 Φ_m 是否相同?为什么?

解　(1) 变压器空载时,副绕组电流为零,无功率输出,此时原绕组电流 i_{10} 的作用是励磁,产生主磁通 Φ。由于变压器铁芯是由良好的导磁材料制成,具有很强的导磁能力,磁阻很小,所以原边的励磁电流 i_{10} 数值很小。

(2) 变压器有载运行时,副绕组产生电流 I_2,副绕组磁动势 I_2N_2 对原绕组磁动势 I_1N_1 有去磁作用。原绕组因补偿副绕组的去磁作用,其电流 I_1 增大,磁动势 I_1N_1 增大,以保持磁路中主磁通最大值 Φ_m 基本不变。

(3) 变压器空载和有载时,原边电压都有如下关系式:

$$U_1 \approx E_1 = 4.44 f N_1 \Phi_m$$

$$\Phi_m \approx \frac{U_1}{4.44 f N_1}$$

可以看出,当电源电压 U_1、电源频率 f 不变时,Φ_m 是个定值。所以,变压器空载运行和有载运行时,主磁通最大值 Φ_m 相同。

6.8　某电源变压器各绕组的极性以及额定电压和额定电流如题图 6.3 所示,试问:如何获得以下各种输出?试分别画出接线图。

(1)24 V,1 A　　(2)12 V,2 A

(3)32 V,0.5 A　　(4)8 V,0.5 A

解　各接线图分别如题图 6.4(a)、(b)、(c)、(d) 所示。

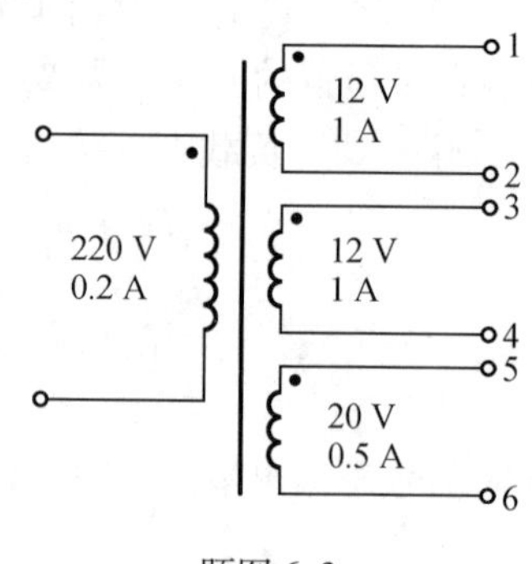

题图 6.3

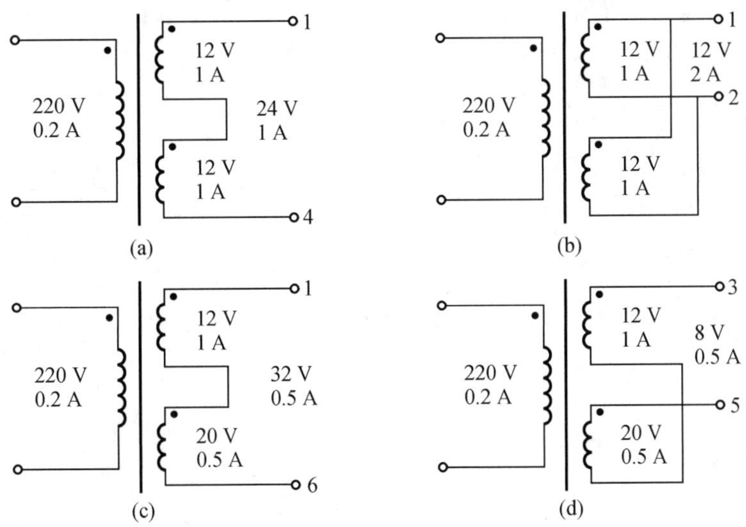

题图 6.4

6.9　某电源变压器如题图 6.5(a) 所示。试求：

(1) 由三个副绕组能得出多少种输出电压?

(2) 试分别画出能得到 2 V 和 5 V 的电路接线图。

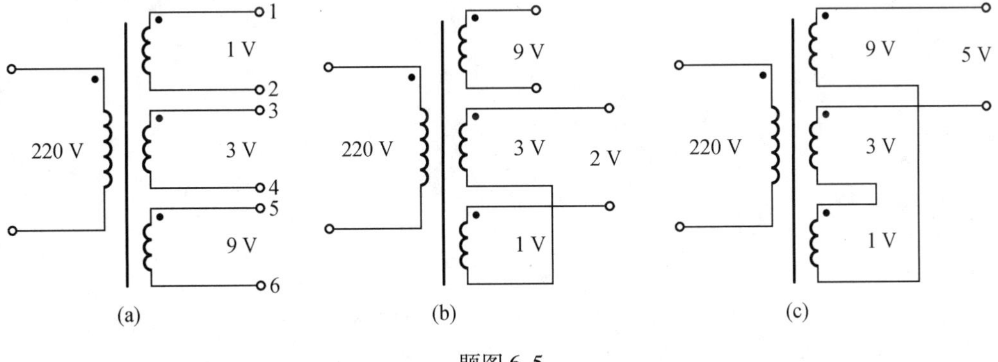

题图 6.5

解　(1) 可按以下思路分析。

① 每个副绕组单个输出：能得到三种电压(9 V、3 V、1 V)。

② 两个副绕组顺向串联输出：能得到三种电压(12 V、10 V、4 V)。

③ 两个副绕组反向串联输出：能得到三种电压(6 V、8 V、2 V)。

④ 两个副绕组顺向串联再与另一副绕组反向串联输出：能得到三种电压(11 V、7 V、5 V)。

⑤ 三个副绕组顺向串联输出：能得到一种电压(13 V)。

结论：由三个副绕组共可得到 13 种电压(1 ~ 13 V)。

(2) 输出 2 V 和 5 V 的接线图，如题 6.5(b)、(c) 所示。

6.10　在题图 6.6 电路中，变压器的变比 $k=10$，试计算 $\dot{U}_2$。

解　先求 $\dot{U}_1$，再求 $\dot{U}_2$。

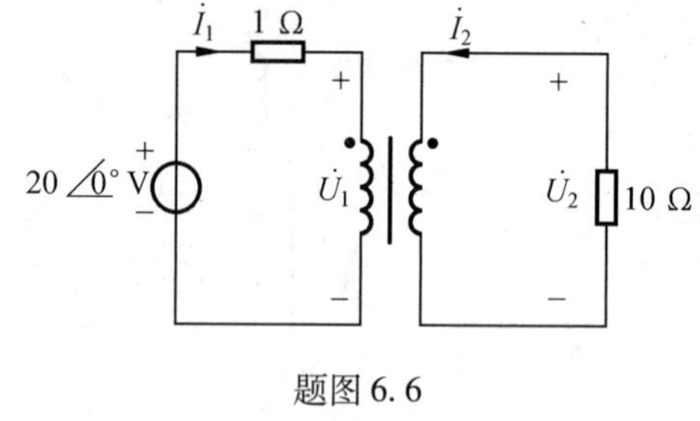

题图 6.6

变压器等效到原边的等效电阻为

$$R'_L = k^2 R_L = 10^2 \times 10 = 1\ 000(\Omega)$$

由于 $R'_L \gg 1\ \Omega$，则 $\dot{U}_1 \approx 20\angle 0°$ V。

由电压变换公式，得

$$\dot{U}_2 = \frac{\dot{U}_1}{k} = \frac{20\angle 0°}{10} = 2\angle 0°\ (\text{V})$$

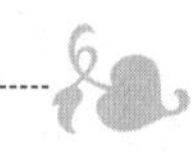

第 7 章　三相异步电动机

7.1　内容提要

1. 三相异步电动机的转动原理

三相异步电动机的转动是基于电磁感应和电磁力作用两个方面。接通三相电源后，定子绕组通入对称三相电流，三相电流产生的合成磁场是旋转磁场。旋转磁场切割转子导体，转子导体产生感应电流；感应电流又受到电磁力的作用，形成电磁转矩。转子因而转动起来并驱动机械负载。

2. 三相异步电动机的基本结构

三相异步电动机主要有定子和转子两大部分。转子有鼠笼式和绕线式两种，前者称为鼠笼式电动机，后者称为绕线式电动机。

3. 三相异步电动机的转速

定子旋转磁场的转速 n_0 称为同步转速，转子转速 n 称为异步转速，有以下公式：

$$n_0 = \frac{60f_1}{p}$$

$$n = (1 - s)n_0$$

$$s = \frac{n_0 - n}{n_0} \times 100\%$$

4. 三相异步电动机的机械特性曲线

三相异步电动机的机械特性曲线如图 7.1 所示。在机械特性曲线上可以清楚地分析电动机的运行状态。图中：① 段曲线表示轻载区；② 段曲线表示过载区；① 段曲线加 ② 段曲线表示稳定工作区；③ 段曲线表示不稳定区，T_m 处是临界点。

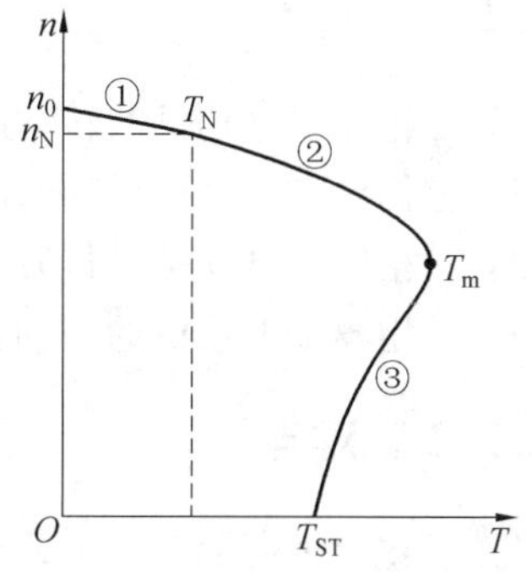

图 7.1　三相异步电动机的机械特性曲线

5. 三相异步电动机的铭牌和技术数据

三相异步电动机铭牌上标出 P_N、U_N、I_N、n_N、f_1 等数据以及型号、定子绕组接法等；另有一些数据，如 η_N、$\cos\varphi_N$、I_{ST}/I_N、T_{ST}/T_N、T_m/T_N 等可由产品手册查出。以上各项是电动机使用与分析计算的主要依据。

电动机在额定状态下运行时，电动机轴上输出的额定机械功率 P_N 与电动机的额定转速 n_N 和额定转矩 T_N 之间的计算公式为

$$T_N(\mathrm{N \cdot m}) = 9\,550\,\frac{P_N(\mathrm{kW})}{n_N(\mathrm{r/min})}$$

6. 三相异步电动机的使用

(1) 启动。

① 直接启动(小容量电动机)。

② 降压启动(大容量电动机)。主要采用 Y - △ 降压换接启动,公式为

$$I_{STY} = \frac{1}{3} I_{ST\triangle},\quad T_{STY} = \frac{1}{3} T_{ST\triangle}$$

(2) 反转。

将定子绕组三根电源线任意对调两根即可,使旋转磁场改变方向,从而达到电动机反转的目的。

(3) 调速。

① 改变电源频率 f_1 调速。

② 改变磁极对数 p 调速。

③ 改变转差率 s 调速。

(4) 制动。

① 能耗制动。

② 反接制动。

7. 单相异步电动机

因为单相异步电动机无启动转矩,故采用电容启动法和罩极启动法。

8. 直线异步电动机

直线异步电动机可视为由旋转异步电动机演化而来,其结构原理与旋转异步电动机无本质区别,只是机械运动方式不同。

7.2 重点与难点

7.2.1 重点

(1) 三相异步电动机的转动原理与基本结构。

(2) 三相异步电动机启动时的有关分析和计算。

(3) 三相异步电动机运行时(以额定状态为主)的有关分析和计算。

(4) 三相异步电动机的制动方法和原理。

7.2.2 难点

(1) 三相异步电动机转子频率和定子频率之间的关系分析。

(2) 利用三相异步电动机的机械特性分析电动机的运行性能。

7.3 例题分析

【例 7.1】 Y180L - 6 型三相异步电动机部分技术数据为:$P_N = 15$ kW,$n_N = 970$ r/min,$T_{ST}/T_N = 1.8$,$T_m/T_N = 2.0$。

(1) 定性画出该电动机的机械特性曲线。

(2) 由机械特性曲线回答以下问题:

① 电动机能否带额定负载启动?

② 电动机的启动点和额定工作点在何处?

③ 电动机的轻载区和过载区在何处? 电动机的最大过载倍数是多少?

④ 电动机的半载点在何处? 半载转矩和半载转速各为多少?

解　(1) 机械特性曲线如图 7.2 所示,图中

$$n_0 = 1\ 000\ \text{r/min},\quad n_N = 970\ \text{r/min}$$

$$T_N = 9\ 550\frac{P_N}{n_N} = 9\ 550\frac{15}{970} = 148(\text{N}\cdot\text{m})$$

$$T_{ST} = 1.8\ T_N = 1.8\times 148 = 266(\text{N}\cdot\text{m})$$

$$T_m = 2\ T_N = 2\times 148 = 296(\text{N}\cdot\text{m})$$

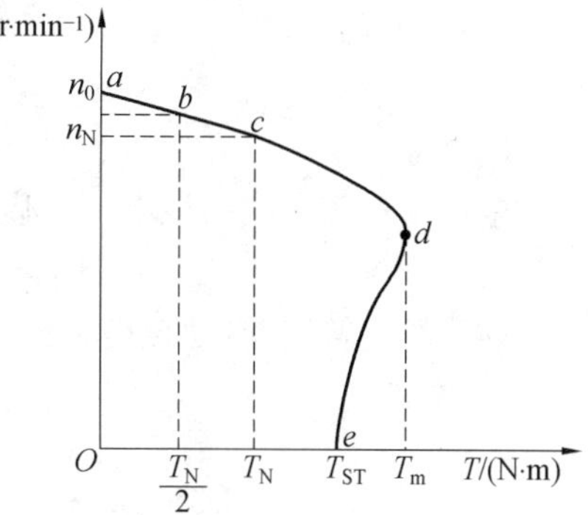

图 7.2　例 7.1 图

(2) 由机械特性曲线回答问题。

① 因为 $T_{ST} > T_N$,所以电动机可以带额定负载启动。

② 点 e 是启动点,此时

$$n = 0,\quad T_{ST} = 266\ \text{N}\cdot\text{m}$$

点 c 是额定工作点,此时

$$n_N = 970\ \text{r/min},\quad T_N = 148\ \text{N}\cdot\text{m}$$

③a—b—c 段曲线表示轻载区,此区间转矩较额定转矩小,转速较额定转速高。c—d 段曲线表示过载区,此区间转矩较额定转矩大,转速较额定转速低。最大过载倍数为$\frac{T_m}{T_N} = 2$。

④ 点 b 是电动机的半载点。半载转矩为

$$\frac{T_N}{2} = \frac{148}{2} = 74(\text{N}\cdot\text{m})$$

半载转速约为

$$n_N + \frac{n_0 - n_N}{2} = 970 + \frac{1\ 000 - 970}{2} = 985(\text{r/min})$$

【例 7.2】　Y250M - 4 型三相异步电动机,其额定数据见表 7.1。试求:

表 7.1　例 7.2 表

P_N/(kW)	n_N/(r·min^{-1})	U_N/V	η_N/%	$\cos\varphi_N$	I_{ST}/I_N	T_{ST}/T_N	T_m/T_N
55	1 480	380	92.6	0.88	7.0	2.0	2.2

(1) 电动机的磁极对数 p、同步转速 n_0 和额定转差率 s_N。

(2) 电动机定子的输入功率 P_1。

(3) 电动机的额定电流 I_N 和启动电流 I_{ST}。

(4) 电动机的额定转矩 T_N、启动转矩 T_{ST} 和最大转矩 T_m。

解　(1) 由型号 Y250M - 4 可知,该电动机是 4 个极,所以 $p = 2$。$p = 2$ 的电动机,其同步转速 $n_0 = 1\ 500$ r/min。额定转差率为

$$s_N = \frac{n_0 - n_N}{n_0} = \frac{1\ 500 - 1\ 480}{1\ 500} \times 100\% = 1.3\%$$

（2）定子输入功率为

$$P_1 = \frac{P_N}{\eta_N} = \frac{55}{92.6\%} = 59.4(\mathrm{kW})$$

（3）额定电流是指定子绕组的线电流，即

$$I_N = \frac{P_1}{\sqrt{3}U_N\cos\varphi_N} = \frac{P_N}{\sqrt{3}U_N\cos\varphi_N\eta_N} =$$

$$\frac{55 \times 10^3}{\sqrt{3} \times 380 \times 0.88 \times 92.6\%} = 102.7(\mathrm{A})$$

启动电流是指定子绕组线电流在启动时的数值，即

$$I_{ST} = 7I_N = 7 \times 102.7 = 718.9(\mathrm{A})$$

（4）额定转矩、启动转矩和最大转矩为

$$T_N = 9\ 550\frac{P_N}{n_N} = 9\ 550\frac{55}{1\ 480} = 354.9(\mathrm{N \cdot m})$$

$$T_{ST} = 2T_N = 2 \times 354.9 = 709.8(\mathrm{N \cdot m})$$

$$T_m = 2.2T_N = 2.2 \times 354.9 = 780.8(\mathrm{N \cdot m})$$

【例 7.3】 由例 7.2 电动机 Y250M－4 型，$P_N = 55$ kW，$U_N = 380$ V，已经计算出 $T_N = 354.9$ N·m，$I_{ST} = 718.9$ A，$T_{ST} = 709.8$ N·m，可否采用 Y－△ 换接降压启动？如果可以，试计算分析：

（1）启动电流 I_{STY} 和启动转矩 T_{STY}。

（2）当负载转矩分别为电动机额定转矩 T_N 的 80% 和 50% 时，电动机能否启动？

解 Y 系列 4 kW 以上电动机均为 △ 形接法，例 7.2 Y250M－4 型电动机，$P_N = 55$ kW，$U_N = 380$ V，工作时是三角形接法，所以可以采用 Y－△ 换接降压启动。

（1）在例 7.2 的计算中，其 $I_{ST} = 718.9$ A 和 $T_{ST} = 709.8$ N·m 是三角形接法时的启动电流和启动转矩，在本题中，应当表示为

$$I_{ST\triangle} = 718.9\ \mathrm{A},\quad T_{ST\triangle} = 709.8\ \mathrm{N \cdot m}$$

当采用 Y－△ 换接降压启动时，启动电流和启动转矩分别为

$$I_{STY} = \frac{1}{3}I_{ST\triangle} = \frac{1}{3} \times 718.9 = 239.7(\mathrm{A})$$

$$T_{STY} = \frac{1}{3}T_{ST\triangle} = \frac{1}{3} \times 709.8 = 236.6(\mathrm{N \cdot m})$$

（2）Y－△ 降压启动时，启动转矩 T_{STY} 下降较多，电动机能否启动，要看负载转矩和启动转矩 T_{STY} 哪个大。

① 当负载转矩为 0.8 T_N 时

$$0.8T_N = 0.8 \times 354.9 = 283.9(\mathrm{N \cdot m})$$

可见，$0.8T_N > T_{STY}$，电动机不能启动。

② 当负载转矩为 0.5 T_N 时

$$0.5T_N = 0.5 \times 354.9 = 177.5(\mathrm{N \cdot m})$$

可见，$0.5T_N < T_{STY}$，电动机可以启动。

7.4　思考题分析

7.1　在图7.3中，旋转磁极为什么能拖动笼型转子旋转？电磁力从何而来？

解　从图7.3可以看出，笼型转子与磁极N、S之间并没有机械联系，但为什么当磁极旋转时，笼型转子能跟着旋转呢？这里面存在着因果关系。

(1) 当磁极N、S旋转时，磁极与转子有相对运动，磁力线切割转子导体。也可以把磁极看成不动，是转子导体反方向切割磁力线，于是在转子导体中便产生感应电流（电流方向由右手定则确定，如图7.4所示）。

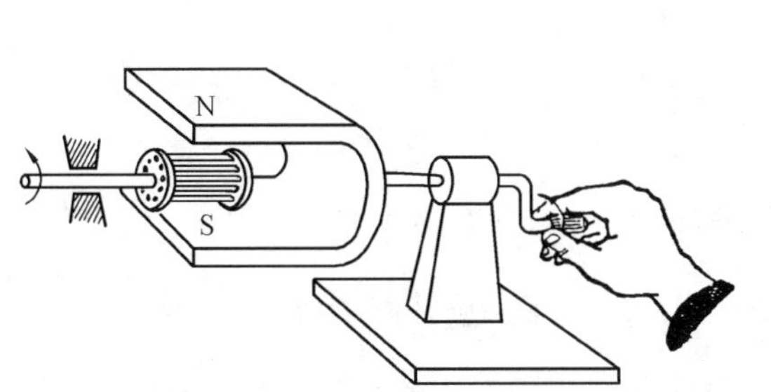

图7.3　旋转磁极拖动笼型转子旋转

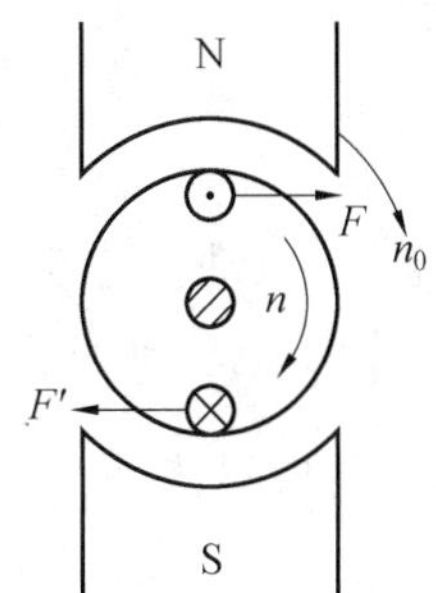

图7.4　转子转动原理图

(2) 载流的转子导体处于磁场中，由于磁场的作用，在转子导体上便产生电磁力（电磁力的方向由左手定则确定，如图7.4所示）。

这就是电磁力的由来。上面两个过程，前者是因，后者是果。在电磁力的推动下，笼型转子便转动起来。

7.2　三相异步电动机的两大部件定子和转子都是怎样构成的？它们各起什么作用？

解　(1) 定子。定子是由定子铁芯和定子三相绕组构成的。定子铁芯由硅钢片叠成；定子绕组由铜导线绕成。当定子三相绕组通入三相电流时，便在定子铁芯内膛空间产生旋转磁场。

(2) 转子。转子是由转子铁芯和转子绕组构成的。转子铁芯也是由硅钢片叠成的。转子绕组可以是笼条式（这种电动机称为笼式电动机），也可以是三相绕组式（这种电动机称为绕线式电动机）。这样，当定子旋转磁场切割转子绕组导体时，便在转子导体中产生感应电流，并受到电磁力和电磁转矩的作用，使电动机转动起来。

概括地说，定子的作用是产生旋转磁场；转子的作用是产生电磁力和电磁转矩。

7.3　怎样才能使三相异步电动机反转？

解　要使电动机反转，必须将其旋转磁场反转才可以。方法是：将电动机定子绕组的三根电源线任意对调两根即可。

7.4　定子旋转磁场的转速 n_0 的大小和方向与哪些因素有关？什么是磁极对数？磁极对数与定子三相绕组的安排有什么关系？

解　定子旋转磁场的转速 n_0 的大小与电源的频率、磁极对数有关，即 $n_0=\dfrac{60f_1}{p}$。n_0 的方向与定子绕组通入三相对称电流的相序有关。

磁极对数是定子旋转磁场的磁极对数。磁极对数与定子三相绕组的每相绕组的线圈个数有关。每相绕组的线圈个数越多,磁极对数就越大。

7.5　试说明三相异步电动机的 n_0、n、Δn、s 这几个物理量的含义,它们之间存在什么关系?转差率 s 越大,表示电动机转动得越快,还是越慢?

解　(1) n_0 是电动机定子旋转磁场的转速,又称同步转速。

(2) n 是电动机转子的转速,又称异步转速。

(3) Δn 是相对转速,又称转速差。

(4) s 是转差率,即

$$s = \frac{\Delta n}{n_0} = \frac{n_0 - n}{n_0} \times 100\%$$

它们之间的关系是

$$n = (1 - s) n_0$$

转差率 s 越大,电动机转动得越慢。

7.6　三相异步电动机为什么在启动瞬间 $f_2 = f_1$,而在运行时 $f_2 < f_1$?

解　(1) 启动瞬间,转子是静止的($n = 0$),此时定子旋转磁场以相同的转速 $n_0 = \frac{60f_1}{p}$ 切割转子绕组和定子绕组。所以,在转子绕组和定子绕组中产生的感应电动势的频率相同,即

$$f_2 = f_1 = \frac{pn_0}{60}$$

(2) 额定状态下运行时,转子转速 $n_N < n_0$,此时定子绕组仍被旋转磁场以 $n_0 = \frac{60f_1}{p}$ 的转速切割,所以频率 f_1 不变。而转子绕组却被旋转磁场以 $\Delta n = n_0 - n_N$ 的相对转速切割,所以频率

$$f_2 = \frac{p\Delta n}{60} = \frac{p(n_0 - n_N)}{60} = \frac{n_0 - n_N}{n_0} \cdot \frac{pn_0}{60} = s_N f_1$$

一般 $s_N = 1.5\% \sim 6\%$,所以电动机在额定状态下运行时,$f_2 < f_1$。

7.7　当电源电压 U_1 波动时,三相异步电动机的电磁转矩 T 怎样随之变化?

解　由式 $T = K\frac{sR^2U_1^2}{R_2^2 + (sX_{20})^2}$ 可知,T 与 U_1^2 成正比。所以,电源电压的波动对电动机转矩的影响很大。例如,当电源电压由 U_1 下降至 $U_1' = 0.8U_1$ 时,有以下关系式:

$$\frac{T'}{T} = \frac{(0.8U_1)^2}{U_1^2} = 0.64$$

所以转矩下降至 $T' = 0.64T$,电动机会因带不动负载而停转。

7.8　三相异步电动机正常工作时,负载转矩 T_L 为什么不能等于和超过电动机的最大转矩 T_m?

解　电动机的最大转矩 T_m 所处位置如图 7.5 所示。以 T_m 为界,机械特性曲线分为稳定工作区和不稳定区。

(1) 如果负载转矩 $T_L = T_m$,处于临界点上,在保证负载转矩 T_L 不变的条件下,电动机可以运行(但严重过载)。

从实际情况上看,电动机在运行过程中,负载转矩 T_L 保持完全不变是不可能的。由于各种偶然原因,负载转矩 T_L 会发生波动,增量为 ΔT_L。

① 如果 ΔT_L 为负,使负载转矩 T_L 总量减小,小于电动机的最大转矩 T_m,电动机转速则升高,并自动从临界点进入稳定工作区(见图7.5中曲线上面箭头),稳定运行。

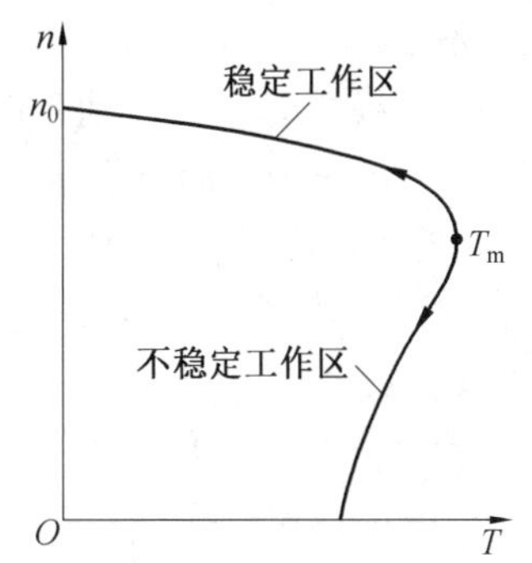

图7.5　电动机的最大转矩 T_m 所处位置

② 如果 ΔT_L 为正,使负载转矩 T_L 总量增加,大于电动机的最大转矩 T_m,电动机转速则降低,并自动从临界点滑入不稳定区(见图7.5中曲线下面箭头),电动机转矩随之减小,转速继续下降,直到电动机停止转动。

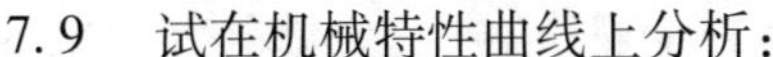

7.9　试在机械特性曲线上分析:

(1) 三相异步电动机在稳定运行的情况下,如果负载转矩 T_L 增加,电动机的转矩 T 是增加还是减少?

(2) 如果负载转矩 T_L 增加到大于电动机的最大转矩 T_m 时,电动机的转矩 T 是增加还是减少?

解　(1) 在图7.6的机械特性曲线上可知,当负载转矩 T_L 增加到 T'_L 时,电动机的转速 n 沿着 ab 段曲线下降,电动机的转矩 T 却增大,当增大到与负载转矩相等时,即 $T = T'_L$,电动机就在新的稳定状态(点 A') 下运行。

(2) 当负载转矩 $T_L > T_m$ 时,电动机因带不动负载,而沿 bc 段曲线减速,由图7.6中特性曲线可见,随着转速 n 的下降,电动机的转矩 T 急剧下降。

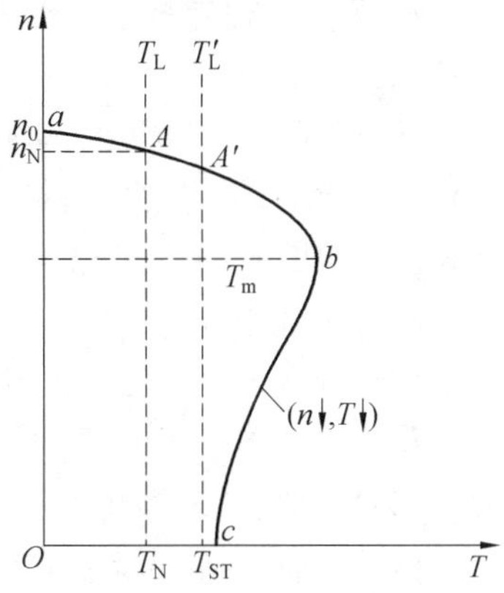

图7.6　机械特性曲线

7.10　三相异步电动机在运行过程中,如果转子突然被卡住而不能转动,这时电动机的电流有何变化?对电动机产生的后果是什么?

解　如果三相异步电动机在运行过程中转子卡住,即 $n=0$,转差率 $s=1$,电动机的转子电流 I_2 增大,电动机的定子电流增大,超过额定电流,若不及时切断电源,电动机将烧坏。

7.11　电动机的额定功率 P_N 是指轴上输出的机械功率,还是定子输入的电功率?

解　P_N 是电动机在额定情况下运行时轴上输出的额定机械功率。

7.12　电动机的额定电压 U_N 是指定子绕组的线电压,还是相电压?额定电流 I_N 是指定子绕组的线电流,还是相电流?功率因数的 φ 角,是指定子绕组相电压与相电流间的相位差,还是定子绕组线电压与线电流间的相位差?

解　U_N 是电动机在额定情况下运行时定子绕组应加的额定线电压,I_N 是定子绕组的线电流,功率因数的 φ 角是定子绕组的相电压与相电流之间的相位差。

7.13　三相异步电动机的相对转速为 $\Delta n = n_0 - n$,Δn 的数值在电动机什么工作状态时最大?

解　Δn 在三相异步电动机启动瞬间最大。

7.14　额定电压为220/380 V、△/Y接法的笼型三相异步电动机,当电源电压为380 V时,能否采用Y－△换接降压法启动?

解　不能。当电源电压为 380 V 时，三相异步电动机的定子绕组正常工作时是接成 Y 形的。而 Y－△ 换接降压法启动只适合电动机正常工作时，定子绕组接成 △ 形的电机。

7.15　三相异步电动机在运行过程中，其转子被卡住而不能转动，此时电动机的电流如何变化？如果电流增大，其数值与该电动机的启动电流 I_{ST} 相比，哪个大？

解　当电动机的转子被卡住，$n=0$ 时，此电动机的定子电流增大。其数值要比启动电流 I_{ST} 大。因为 $n=0$ 时，两个电流相等，过了启动瞬间，转速开始上升，启动电流就逐渐减小，而转子被卡住，定子电流一直都很大。

7.16　单相异步电动机的定子绕组与三相异步电动机的定子绕组有什么不同？单相异步电动机的脉动磁场能分解成两个什么样的旋转磁场？

解　单相异步电动机的定子绕组只有一相绕组。单相异步电动机的脉动磁场能分解成两个顺向和反向的旋转磁场。

7.17　单相异步电动机为什么不能自行启动？可是外力推动一下，它就转动起来，这是为什么？

解　(1) 单相异步电动机的脉动磁场可认为是由两个磁通相等、转速相同但方向相反的旋转磁场合成的。因此启动时，两个旋转磁场所产生的启动转矩 T_{ST}' 和 T_{ST}'' 必然大小相等、方向相反，合成启动转矩 $T_{ST}=T_{ST}'+T_{ST}''=0$，电动机不能自行启动。

(2) 如果外力顺着 T_{ST}' 的方向推动一下，显然 T_{ST}' 得到加强，占了优势，电动机就按照 T_{ST}' 的方向转动起来。反之，外力顺着 T_{ST}'' 的方向推动一下，电动机就按照 T_{ST}'' 的方向转动起来。

7.18　三相异步电动机启动时断了一根电源线，为什么不能启动？而工作时断了一根电源线，为什么仍能继续转动？

解　(1) 三相异步电动机断了一根电源线后（此时的三相定子绕组可等效看成是一个单相绕组），相当于一台单相异步电动机，而单相异步电动机启动转矩为零。所以，三相异步电动机断了一根电源线后，不能启动。

(2) 三相异步电动机在运行过程中断了一根电源线，相当于运行中的单相异步电动机，所以还能继续转动。

7.19　从结构和原理上看，直线异步电动机是怎样由旋转异步电动机演变而来？

解　将旋转运动的三相异步电动机沿轴线切开拉直，就演变成直线运动的异步电动机。直线异步电动机的原理是，直线异步电动机的定子（初级）三相绕组通入三相电流后，产生行波磁场，转子（次级）跟随行波磁场做直线运动。

7.20　长初级／短次级和短初级／长次级，是怎么回事？

解　为了使直线异步电动机能正常工作，初绕绕组和次级绕组的长度不能相同，所以，从直线异步电动机的结构上，就有长初级／短次级和短初级／长次级两种结构。

7.21　直线异步电动机初级和次级间的法向吸力是怎样被消除的？

解　在制造直线异步电动机时，在次级的两边都装上初级，法向吸力就可互相抵消。

7.22　直线电动机有哪些应用？列举三个应用实例。

解　直线电动机的应用实例很多，磁悬浮高速列车就是直线电动机最有价值的应用之一。把初级装在车体上，由车内柴油机带动交流变频发电机，供给初级电流，次级是固定的铁轨，车速可达 500 km/h。此外，在机械手、电动门、搬运钢材、帘幕驱动等许多方面，最适宜选用直线电动机。

7.5　习题分析

7.1　有一台三相异步电动机，定子电流频率 $f_1 = 50$ Hz，磁极对数 $p = 1$，转差率 $s = 0.015$。试求：同步转速 n_0、异步转速 n 和转子电流的频率 f_2。

解
$$n_0 = \frac{60f_1}{p} = \frac{60 \times 50}{1} = 3\ 000(\text{r/min})$$
$$n = n_0 - sn_0 = 3\ 000 - 0.015 \times 3\ 000 = 2\ 955(\text{r/min})$$
$$f_2 = sf_1 = 0.015 \times 50 = 0.75(\text{Hz})$$

7.2　某三相异步电动机接在工频电源上，满载运行的转速为 940 r/min。试求：

(1) 电动机的磁极对数。

(2) 额定转差率。

(3) 当转差率为 0.04 时的转速和转子电流的频率。

解　(1) 由于三相异步电动机的额定转速略小于同步转速，因此根据 $n_N = 940$ r/min，可判断其同步转速为 $n_0 = 1\ 000(\text{r/min})$。所以磁极对数为
$$p = \frac{60f_1}{p} = \frac{60 \times 50}{1\ 000} = 3$$

(2) $s_N = \dfrac{n_0 - n_N}{n_N} = \dfrac{1\ 000 - 940}{1\ 000} = 0.06$

(3) $n = n_0 - sn_0 = 1\ 000 - 0.04 \times 1\ 000 = 960(\text{r/min})$
$$f_2 = sf_1 = 0.04 \times 50 = 2(\text{Hz})$$

7.3　一台三相异步电动机，已知额定功率 $P_N = 30$ kW，额定转差率 $s_N = 0.02$，磁极对数 $p = 1$，电源频率 $f_1 = 50$ Hz。试求：

(1) 同步转速 n_0。

(2) 额定转速 n_N。

(3) 额定转矩 T_N。

解　(1) $n_0 = \dfrac{60f_1}{p} = \dfrac{60 \times 50}{1} = 3\ 000(\text{r/min})$

(2) $n_N = n_0 - sn_0 = 3\ 000 - 0.02 \times 3\ 000 = 2\ 940(\text{r/min})$

(3) $T_N = 9\ 500\dfrac{p_N}{n_N} = \dfrac{9\ 550 \times 30}{2\ 940} = 97.4(\text{N} \cdot \text{m})$

7.4　某三相异步电动机：$P_N = 18.5$ kW，$n_N = 2\ 930$ r/min，$T_{ST}/T_N = 2.0$，$T_m/T_N = 2.2$。试计算 T_N、T_{ST} 和 T_m。

解
$$T_N = 9\ 500\frac{p_N}{n_N} = 9\ 550 \times \frac{18.5}{2\ 930} = 60.3(\text{N} \cdot \text{m})$$
$$T_{ST} = 2T_N = 2 \times 60.3 = 120.6(\text{N} \cdot \text{m})$$
$$T_m = 2.2T_N = 2.2 \times 60.3 = 132.7(\text{N} \cdot \text{m})$$

7.5　三相异步电动机在一定负载转矩下运行（即负载转矩保持不变）时，如果电源电压降低，那么电动机的转矩、转速和电流有无变化？（提示：在机械特性曲线上分析，比较简单）

解　电源电压降低前后的三相异步电动机机械特性曲线如题图 7.1 所示。

（1）电源电压正常时，电压为 U_1，工作点为 A，电动机转速为 n，转矩为 T，与负载转矩 T_L 平衡（$T=T_L$），如曲线 ① 所示。

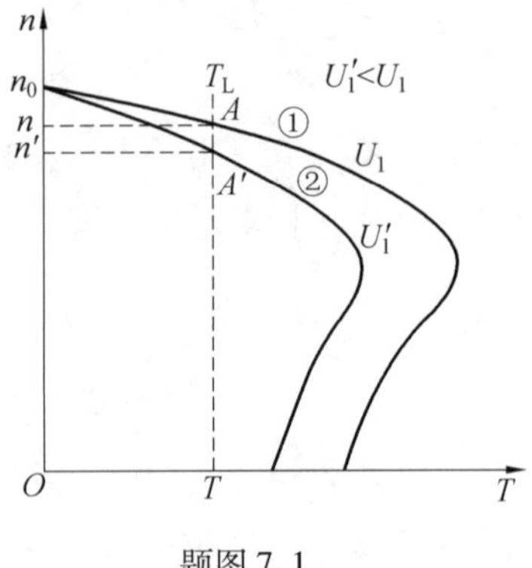

题图 7.1

（2）电源电压下降时，电压为 U_1'，曲线由 ① 变为 ②。因为负载转矩一定，工作点由 A 变为 A'。可以看出，转速由 n 变为 n'，$n' < n$。由于转速的降低，转子导体被旋转磁场切割的速度加快，转子电动势增大，转子电流增大，定子电流随之增大。

所以，三相异步电动机在一定的负载转矩下运行时，由于电源电压的降低，该电动机的转矩不变，转速降低，电流增大。

7.6　Y225M－4 型三相异步电动机：$P_N=45\ \text{kW}$，$n_N=1\ 480\ \text{r/min}$，$I_N=84.2\ \text{A}$，$I_{ST}/I_N=7$，$T_{ST}/T_N=1.9$，$T_m/T_N=2.2$。试求：

（1）电动机的 n_0、p 和 s_N。

（2）电动机的 I_{ST}。

（3）电动机的 T_N、T_{ST} 和 T_m。

解　（1）$n_0=\dfrac{60f_1}{p}=\dfrac{60\times 50}{2}=1\ 500(\text{r/min})$

由三相异步电动机的型号可知，磁极对数 $p=2$，频率 $f_1=50\ \text{Hz}$

$$s_N=\frac{n_0-n_N}{n_0}=\frac{1\ 500-1\ 480}{1\ 500}=0.013$$

（2）$I_{ST}=7I_N=7\times 84.2=589.4(\text{A})$

（3）$T_N=9\ 550\dfrac{P_N}{n_N}=9\ 550\times\dfrac{45}{1\ 480}=290.4(\text{N}\cdot\text{m})$

$T_{ST}=1.9T_N=1.9\times 290.4=551.8(\text{N}\cdot\text{m})$

$T_m=2.2T_N=2.2\times 290.4=638.9(\text{N}\cdot\text{m})$

7.7　某三相异步电动机：$P_N=10\ \text{kW}$，$n_N=1\ 460\ \text{r/min}$，$I_N=19.9\ \text{A}$，$I_{ST}/I_N=7$，$T_{ST}/T_N=1.9$，$T_m/T_N=2.2$。

（1）试求电动机的 n_0、p 和 s_N。

（2）试计算电动机的 T_N、T_{ST} 和 T_m。

（3）在供电网不允许启动电流超过 100 A 的情况下，该电动机能否直接启动？采用 Y－△ 换接降压启动是否可以？此时的启动电流 I_{STY} 为多少？

解　（1）根据 $n_N=1\ 460\ \text{r/min}$，可判断其同步转速 $n_0=1\ 500\ \text{r/min}$。所以磁极对数为

$$p=\frac{60f_1}{n_0}=\frac{60\times 50}{1\ 500}=2$$

$$s_N=\frac{n_0-n_N}{n_0}=\frac{1\ 500-1\ 460}{1\ 500}=0.026$$

（2）$T_N=9\ 550\dfrac{P_N}{n_N}=9\ 550\times\dfrac{10}{1\ 460}=65.4(\text{N}\cdot\text{m})$

$T_{ST}=1.9T_N=1.9\times65.4=124.3(N\cdot m)$

$T_m=2.2T_N=2.2\times65.4=143.9(N\cdot m)$

(3)$I_{ST}=7I_N=7\times19.9=139.3\ A>100\ A$,该电动机不能直接启动。可以采用Y－△换接降压启动,此时的启动电流为

$$I_{STY}=\frac{1}{3}I_{ST\triangle}=\frac{1}{3}\times139.3=46.4(A)$$

7.8　Y180L－4型三相异步电动机的技术数据见题表7.1。

题表7.1

功率/kW	转速/($r\cdot min^{-1}$)	电压/V	效率/%	功率因数	I_{ST}/I_N	T_{ST}/T_N	T_m/T_N
22	1 470	380	91.5	0.86	7.0	2.0	2.2

试求:(1) 额定转差率s_N。

(2) 额定电流I_N和启动电流I_{ST}。

(3) 额定转矩T_N、启动转矩T_{ST}和最大转矩T_m。

解　(1) 由电动机额定转速$n_N=1\ 470\ r/min$,其同步转速$n_0=1\ 500\ r/min$,所以

$$s_N=\frac{n_0-n_N}{n_0}=\frac{1\ 500-1\ 470}{1\ 500}\times100\%=2\%$$

(2)$I_N=\dfrac{P_N}{\sqrt{3}U_N\cos\varphi_N n_N}=\dfrac{22\times10^3}{\sqrt{3}\times380\times0.86\times91.5\%}=42.52(A)$

$$I_{ST}=7I_N=7\times42.52=297.6(A)$$

(3) $T_N=9\ 550\dfrac{P_N}{n_N}=9\ 550\times\dfrac{22}{1\ 470}=142.9(N\cdot m)$

$T_{ST}=2T_N=2\times142.9=285.8(N\cdot m)$

$T_m=2.2T_N=2.2\times142.9=314.5(N\cdot m)$

7.9　Y315S－6型电动机:额定功率$P_N=75\ kW$,额定电压$U_N=380\ V$,额定转速$n_N=980\ r/min$,额定效率$\eta_N=92\%$,额定功率因数$\cos\varphi_N=0.87$,$I_{ST}/I_N=7.0$,$T_{ST}/T_N=1.6$。试求:

(1) 电动机的额定输入功率P_{1N}。

(2) 电动机的额定电流I_N。

(3) 电动机的额定转矩T_N。

(4) 当供电网要求电动机的启动电流不大于900 A的情况下,在负载启动转矩不小于1 000 N·m的情况下,该电动机能否直接启动?

解　(1)$P_{1N}=\dfrac{P_N}{\eta}=\dfrac{75\times10^3}{0.95}=81.5(kW)$

(2)$I_N=\dfrac{P_{1N}}{\sqrt{3}U_N\cos\varphi_N}=\dfrac{81.5\times10^3}{1.732\times380\times0.87}=142.3(A)$

(3) $T_N=9\ 550\dfrac{P_N}{n_N}=9\ 550\times\dfrac{75}{980}=730.9(N\cdot m)$

(4) $I_{ST}=7I_N=7\times142.3=996.1(A)>900(A)$(不满足)

$T_{ST}=1.6T_N=1.6\times730.9=1\ 169.4(N\cdot m)>1\ 000(N\cdot m)$(满足)

不能直接启动。

7.10　Y250M－2 型三相异步电动机，已知 $P_N = 55\ kW, n_N = 2\ 970\ r/min, T_N = 176.9\ N \cdot m, U_N = 380\ V, I_N = 102.7\ A, I_{ST}/I_N = 7, T_{ST}/T_N = 2$，电机 △ 接法。

（1）试求该电动机的启动电流 I_{ST} 和启动转矩 T_{ST}（即 $I_{ST\triangle}$ 和 $T_{ST\triangle}$）。

（2）该电动机可以采用 Y－△ 换接降压启动法，试求启动电流 I_{STY} 和启动转矩 T_{STY}。

（3）如果电动机的负载转矩为额定转矩的60%，采用Y－△ 换接降压启动时，电动机能否启动？

解　（1）该电动机工作时是三角形接法，它在启动时，启动电流和启动转矩分别为

$$I_{ST} = 7I_N = 7 \times 102.7 = 718.9(A)$$

$$T_{ST} = 2T_N = 2 \times 176.9 = 353.8(N \cdot m)$$

也可以表示为

$$I_{ST\triangle} = 718.9\ A, \quad T_{ST\triangle} = 353.8\ N \cdot m$$

（2）Y－△ 换接降压启动时的 I_{STY} 和 T_{STY} 为

$$I_{STY} = \frac{1}{3} I_{ST\triangle} = \frac{1}{3} \times 718.9 = 239.6(A)$$

$$T_{STY} = \frac{1}{3} T_{ST\triangle} = \frac{1}{3} \times 353.8 = 117.9(N \cdot m)$$

（3）当负载转矩为 $0.6T_N$ 时

$$0.6T_N = 0.6 \times 176.9 = 106.14(N \cdot m) < 117.9(N \cdot m)$$

即 $0.6T_N < T_{STY}$，所以该电动机可以启动。

7.11　查阅 Y280S－8 型三相异步电动机的技术数据（见附录 4），说明和计算以下各问题。

（1）该电动机额定电压是多少？定子绕组是何种接法？

（2）计算：① 额定转差率 s_N；② 额定电流 I_N 和启动电流 I_{ST}；③ 额定转矩 T_N、启动转矩 T_{ST} 和最大转矩 T_m。

解　Y280S－8 型电动机的技术数据为：

$P_N = 37\ kW, n_N = 740\ r/min, I_N = 78.2\ A, \eta_N = 91\%, \cos\varphi_N = 0.79, I_{ST}/I_N = 6.0, T_{ST}/T_N = 1.8, T_m/T_N = 2.0, U_N = 380\ V, f_1 = 50\ Hz$，△ 形接法，IP44 封闭式。

（1）该电动机的额定电压为 380 V，定子绕组为 △ 形接法。

（2）① 由型号上看，该电动机为 8 极，$p = 4$，同步转速 $n_0 = 750\ r/min$，所以

$$s_N = \frac{n_0 - n_N}{n_0} = \frac{750 - 740}{750} \times 100\% = 1.3\%$$

② 额定电流 I_N 和启动电流 I_{ST} 为

$$I_N = 78.2(A)$$

$$I_{ST} = 6I_N = 6 \times 78.2 = 469.2(A)$$

③ 额定转矩 T_N、启动转矩 T_{ST} 和最大转矩 T_m 为

$$T_N = 9\ 550 \frac{P_N}{n_N} = 9\ 550 \frac{37}{740} = 477.5(N \cdot m)$$

$$T_{ST} = 1.8\ T_N = 1.8 \times 477.5 = 859.5(N \cdot m)$$

$$T_m = 2T_N = 2 \times 477.5 = 955(N \cdot m)$$

7.12　题图7.2是电风扇原理电路，其中的电动机是单相异步电动机。琴键开关:0位停止，1、2、3位分别为快、中、慢速。变压器原绕组全部匝数为N_1，副绕组匝数为N_2。试解释该电风扇的调速原理。

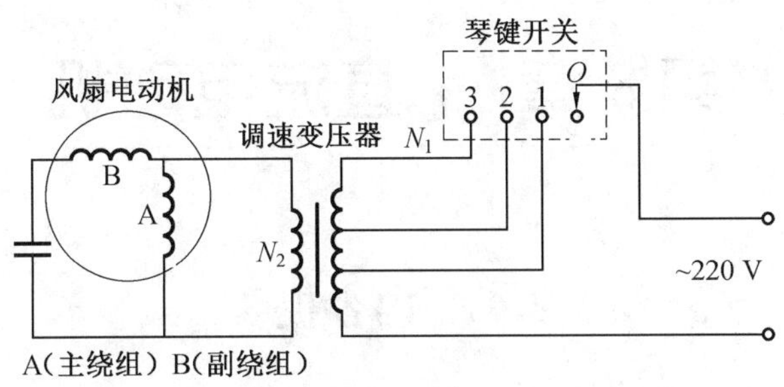

题图7.2

解　(1)该电风扇是由单相异步电动机驱动的。单相异步电动机的电压由变压器副绕组(N_2)提供。电风扇的风速通过琴键开关调节。图中变压器原、副边电压之比为

$$\frac{U_1}{U_2}=\frac{N_1}{N_2}=k$$

N_2固定不变，N_1可以分挡调节，改变变压比。

(2)变压器副边电压U_2为

$$U_2=\frac{U_1}{k}=\frac{N_2}{N_1}U_1 \qquad (U_1=220\ \text{V})$$

可以看出，若N_1匝数少，U_2大，电动机转矩大，转速高，电风扇风速快；反之，若N_1匝数多，U_2小，电动机转矩小，转速低，电风扇风速慢。所以琴键开关处于不同位置时，具有不同的风速。

0位:切断电源，电风扇不工作。

1位:N_1匝数少，电风扇为快速。

2位:N_1匝数中等，电风扇为中速。

3位:N_1匝数多，电风扇为慢速。

第 8 章　直流电动机

8.1　内容提要

1. 直流电动机的基本结构

直流电动机主要由磁极、电枢和换向器构成。磁极是产生磁场的部分，电枢是获得电磁力的部分，而换向器则是直流电动机特有的装置。

2. 直流电动机的转动原理

磁极产生磁通 Φ。电枢电流 I_a 经换向器换向，使处于 N 极下和 S 极下的电枢导体中的电流始终保持同一方向，并产生方向一致的电磁力。电磁力又产生电磁转矩，使电动机转动起来。

3. 直流电动机的分类

直流电动机常按励磁方式分类，有他励式、并励式、串励式和复励式四种。他励式和并励式最为常用。本书讨论的主要是他励式。

4. 他励式电动机的机械特性

他励式电动机的机械特性为一直线，是硬特性。分析计算时常用到以下关系式：

$$T = K_T \Phi I_a$$

$$E = K_E \Phi n \quad 或 \quad n = \frac{E}{K_E \Phi}$$

$$I_a = \frac{U - E}{R_a} \quad 或 \quad E = U - I_a R_a$$

$$n = \frac{U}{K_E \Phi} - \frac{R_a}{K_E K_T \Phi^2} T$$

5. 他励式电动机的使用

(1) 启动。在电枢电路中串联启动电阻，可降低启动电流。

(2) 反转。将电枢绕组或励磁绕组两端的接线对调位置，可实现反转。

(3) 调速。在电枢电路中串联调速电阻、改变励磁磁通或改变电枢电压，均可实现调速。

(4) 制动。常采用能耗制动和反接制动。本书只讨论了能耗制动。

8.2　重点与难点

8.2.1　重点

(1) 直流电动机的基本结构和转动原理。

（2）他励式电动机启动时的有关分析和计算。

（3）他励式电动机运行时的有关分析和计算。

8.2.2　难点

（1）直流电动机的转动原理。

（2）他励电动机的机械特性分析。

8.3　例题分析

【例 8.1】　他励电动机的启动电路如图 8.1 所示。电枢电压 $U = 220$ V，电枢电阻 $R_a = 0.15\ \Omega$，励磁电压 $U_f = 220$ V，励磁电路电阻 $R_f = 80\ \Omega$，额定电枢电流 $I_{aN} = 100$ A。R_{ST} 是启动电阻。试分析：

（1）如果直接启动该电动机，电枢的启动电流是多少？

（2）如果在电枢电路中串联启动电阻，使电枢的启动电流不超过额定电流 I_{aN} 的 2 倍，启动电阻应为多少？

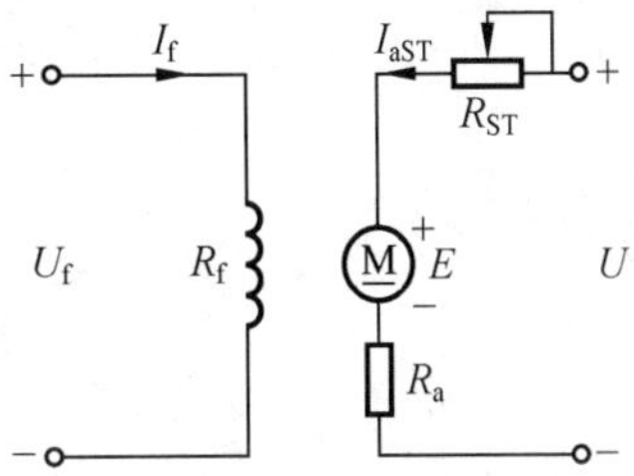

图 8.1　例 8.1 图

解　（1）直接启动的启动电流为

$$I_{aST} = \frac{U}{R_a} = \frac{220}{0.15} = 1\ 466.7(\text{A})$$

（2）按本题要求串联启动电阻所需的阻值为

$$\frac{U}{R_a + R_{ST}} \leqslant 2I_{aN}$$

$$\frac{220}{0.15 + R_{ST}} \leqslant 2 \times 100$$

所以

$$R_{ST} \geqslant 0.95\ \Omega$$

启动完成后，再将 R_{ST} 去除。

【例 8.2】　他励电动机的电路如图 8.2 所示。电枢电压 $U = 110$ V，电枢电阻 $R_a = 0.04\ \Omega$，额定电枢电流 $I_a = 263$ A，励磁电压 $U_f = 110$ V，额定转速 $n = 1\ 000$ r/min。在负载转矩不变的情况下，如果将电阻 R_f' 调大，使磁通 Φ 减小至 $\Phi' = 0.7\Phi$，此时电动机的转速 n' 被调高至多少？

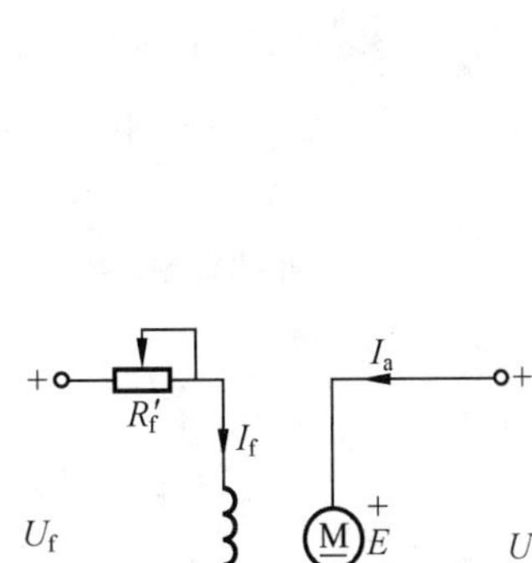

图 8.2　例 8.2 图

解　（1）磁通减小至 Φ' 时的电枢电流 I_a'。

$$\Phi' = 0.7\Phi$$

由于负载转矩不变，所以电动机转矩也不变，即

调速前　　$T = K_T \Phi I_a$

调速后　　$T' = K_T \Phi' I_a'$

$$T' = T$$

所以

$$I'_a=\frac{\Phi}{\Phi'}I_a=\frac{\Phi}{0.7\Phi}I_a=\frac{1}{0.7}\times 263=375.7(\text{A})$$

(2) 磁通减小至 Φ' 时的转速 n'。

磁通减小前

$$n=\frac{E}{K_E\Phi}$$

磁通减小后

$$n'=\frac{E'}{K_E\Phi'}$$

两式之比

$$\frac{n'}{n}=\frac{E'}{K_E\Phi'}\Big/\frac{E}{K_E\Phi}=\frac{E'}{E}\cdot\frac{\Phi}{\Phi'}$$

所以

$$n'=\frac{E'}{E}\cdot\frac{\Phi}{\Phi'}n=\frac{U-I'_aR_a}{U-I_aR_a}\cdot\frac{\Phi}{\Phi'}n=$$

$$\frac{110-375.7\times 0.04}{110-263\times 0.04}\times\frac{1}{0.7}\times 1\,000=$$

$$\frac{94.97}{99.48}\times\frac{1}{0.7}\times 1\,000=1\,364(\text{r/min})$$

【例 8.3】 他励电动机的电路如图 8.3 所示。$U_f=220$ V，$U=220$ V，$R_a=0.5\ \Omega$，$I_a=60$ A，电动机转速 $n=1\,500$ r/min。在励磁磁通和负载转矩不变的情况下，如果将电枢电压 U 降低至 $U'=120$ V，此时电动机的转速 n' 被调低至多少？

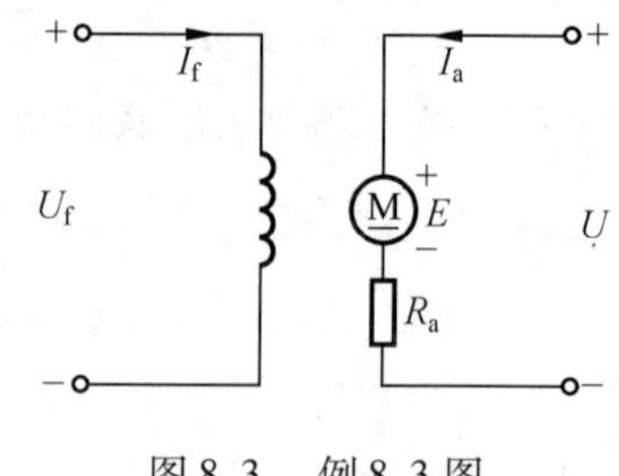

图 8.3　例 8.3 图

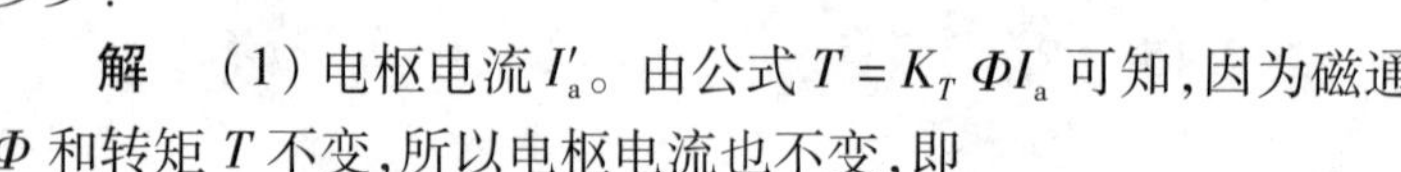

解　(1) 电枢电流 I'_a。由公式 $T=K_T\Phi I_a$ 可知，因为磁通 Φ 和转矩 T 不变，所以电枢电流也不变，即

$$I'_a=I_a=60\ \text{A}$$

(2) 电动机转速 n'。

降低电压前

$$n=\frac{E}{K_E\Phi}$$

降低电压后

$$n'=\frac{E'}{K_E\Phi}$$

两式之比

$$\frac{n'}{n}=\frac{E'}{E}$$

所以

$$n'=\frac{E'}{E}n=\frac{U'-I'_aR_a}{U-I_aR_a}n=\frac{120-60\times 0.5}{220-60\times 0.5}\times 1\,500=711(\text{r/min})$$

8.4　思考题分析

8.1　换向器在直流电动机中起何作用?

解　从电枢的外部看,电枢电流从换向器的一个电刷流入,从另一个电刷流出,电枢电流的方向是不变的。但从电枢内部看,电枢绕组的电流则是交变的。换向器的作用就是保证电枢绕组所有导体中的电流能及时变换方向(这称为换向)。只有这样,才能得到方向不变的电磁力,使电动机向一个方向旋转。

8.2　试用图 8.4 的原理图说明为什么电动机的电动势是反电动势?

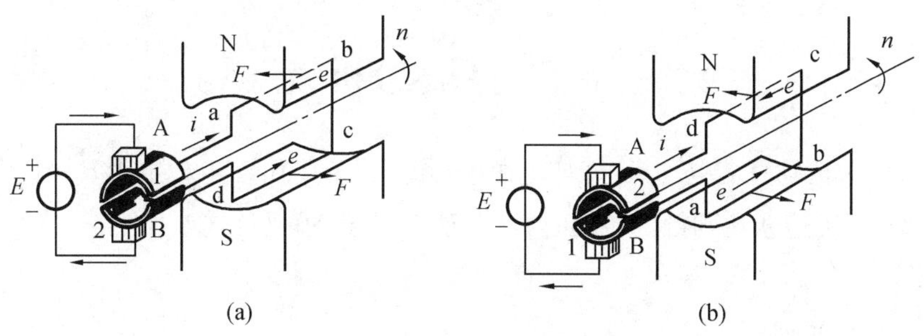

图 8.4　直流电动机的工作原理

解　在图 8.4(a)、(b) 所示电枢电路中,电源供给的电枢电流从换向器的电刷 A 流入电枢绕组,再从电刷 B 流出电枢绕组,电枢绕组电流 i 的方向如图 8.4(a)、(b) 所示。

(1) 在图8.4(a)中,电枢绕组导体ab处于N极之下,导体cd处于S极之下,根据图示转动方向,按右手定则可以判定,在导体 ab 和 cd 中产生的感应电动势 e 的方向如图所示。可以看出,e 的方向与 i 的方向相反,所以 e 是反电动势。

(2) 在图8.4(b)中,电枢绕组导体ab处于S极之下,导体cd处于N极之下,根据图示转动方向,按右手定则可以判定,在导体 ab 和 cd 中产生的感应电动势 e 的方向如图所示。可以看出,e 的方向与 i 的方向相反,所以 e 是反电动势。

8.3　当他励电动机负载转矩减小时,电动机的转速、反电动势和电枢电流有何变化?为什么?

解　他励电动机的机械特性曲线如图 8.5 所示。在图中,设点 A 是原先的工作点,负载转矩为 T_L,电动机的转速为 n。当负载转矩减少时,$T'_L < T_L$,工作点变为点 A'。此时转速升高,$n' > n$。由于 n' 升高,反电动势 $E' = K_E \Phi n'$ 升高,电枢电流 $I'_a = \dfrac{U - E'}{R_a}$ 减小。

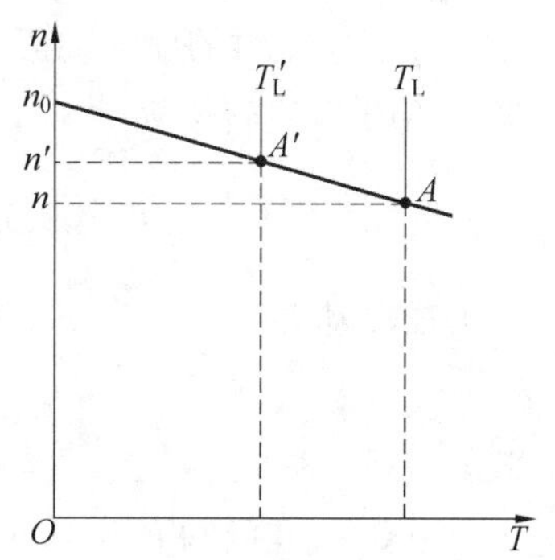

图 8.5　他励电动机的机械特性曲线

8.4　直流电动机和三相异步电动机启动电流大的原因是否相同?试比较两者启动电流大的原因。

解　直流电动机和三相异步电动机启动电流大的原因不相同。

(1) 直流电动机启动电流大的原因。电枢电流 $I_a = \dfrac{U - E}{R_a}$,启动时,转速 $n = 0$,反电动势 $E = K_E \Phi n = 0$,而电枢电阻 R_a 很小,所以启动时,电枢电流很大,是额定值的 10 ~ 20 倍。

(2) 三相异步电动机启动电流大的原因。启动时,转子转速 $n = 0$,旋转磁场以最高的相对转速 $\Delta n = n_0 - n = n_0$ 切割转子导体,转子产生很大的感应电动势,因此,转子电流和定子电流很大。定子的启动电流是额定值的 5 ~ 7 倍。

8.5 采用降低电枢电源电压的方法来降低他励电动机的启动电流是否可行?

解 一般条件下,电枢电源电压 U 是固定的,不能调节,采用此种方法不可行;如果电枢电源电压 U 是可调的(例如晶闸管整流电源),可以采用此种方法,降低启动电流。

8.5 习题分析

8.1 有一台他励直流电动机,外加电源电压 $U_f = U = 220$ V,电枢电阻 $R_a = 0.5\ \Omega$,励磁电阻 $R_f = 176\ \Omega$,当转速 n 达到额定转速时,反电动势 $E = 180$ V。试求:

(1) 额定电枢电流。

(2) 额定励磁电流。

解 电路如题图 8.1 所示,励磁电阻 $R_f = 176\ \Omega$ 中包括励磁调节电阻 R_f' 和励磁绕组本身电阻两项。

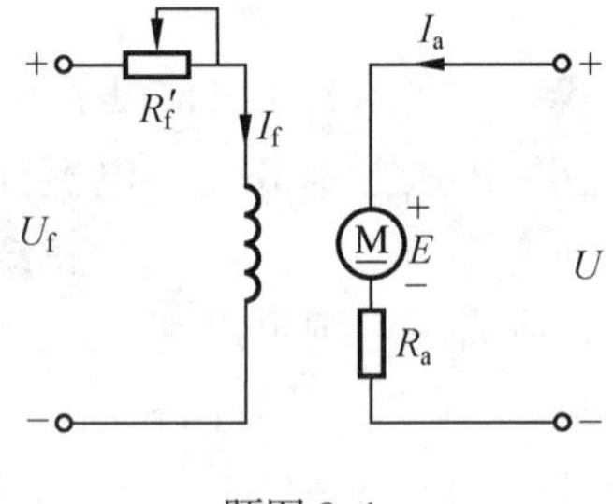

题图 8.1

(1) 额定电枢电流 I_{aN} 为

$$I_{aN} = \frac{U - E}{R_a} = \frac{220 - 180}{0.5} = 80(\text{A})$$

(2) 额定励磁电流 I_{fN} 为

$$I_{fN} = \frac{U_f}{R_f} = \frac{220}{176} = 1.25(\text{A})$$

8.2 有一台 3 kW 的他励直流电动机,外加电源电压 $U_f = U = 220$ V,电枢电阻 $R_a = 0.1\ \Omega$,额定电枢电流为 50 A,额定转速 $n_N = 1\ 500$ r/min。试求:

(1) 额定转矩。

(2) 额定电流时的反电动势。

解 (1) 额定转矩为

$$T_N = 9\ 550\frac{P_N}{n_N} = 9\ 550\ \frac{3}{1\ 500} = 19.1(\text{N}\cdot\text{m})$$

(2) 反电动势为

$$E = U - I_{aN}R_a = 220 - 50 \times 0.1 = 215(\text{V})$$

8.3 有一他励电动机,其额定数据为:$P_2 = 2.2$ kW,$U = U_f = 110$ V,$n = 1\ 500$ r/min,反电动势 $E = 100$ V,并已知 $R_a = 0.4\ \Omega$。试求:

(1) 额定电枢电流。

(2) 额定转矩。

解 (1) 额定电枢电流为

$$I_{aN}=\frac{U-E}{R_a}=\frac{110-100}{0.4}=25(\text{A})$$

（2）额定转矩为

$$T_N=9\ 550\frac{P_N}{n_N}=9\ 550\frac{2.2}{1\ 500}=14(\text{N}\cdot\text{m})$$

8.4　对上题的电动机，试求：

（1）直接启动时的启动电流。

（2）如果串联启动电阻使启动电流不超过额定电流的 2 倍，求启动电阻和启动转矩。

解　（1）直接启动时的启动电流为

$$I_{aST}=\frac{U-E}{R_a}=\frac{110-100}{0.4}=275(\text{A})$$

（2）按启动电流是额定电流的 2 倍计算，可列出如下关系式：

$$I_{aST}'=\frac{U}{R_a+R_{ST}}=2I_{aN}$$

所以，启动电阻为

$$R_{ST}=\frac{U}{2I_{aN}}-R_a=\frac{110}{2\times 25}-0.4=1.8(\Omega)$$

直流电动机的转矩与电枢电流成正比，设启动转矩为 $T_{ST}'=K_T\Phi I_{aST}'$，额定转矩为 $T_N=K_T\Phi I_{aN}$，因为是在满励磁下启动，所以磁通 Φ 不变。

$$\frac{T_{ST}'}{T_N}=\frac{K_T\Phi I_{aST}'}{K_T\Phi I_{aN}}=\frac{I_{aST}'}{I_{aN}}=\frac{2I_{aN}}{I_{aN}}=2$$

所以

$$T_{ST}'=2T_N=2\times 14=28(\text{N}\cdot\text{m})$$

8.5　一台 2.5 kW 的他励电动机，电枢绕组的电阻 $R_a=0.4\ \Omega$，外加电源电压 $U_f=U=110$ V，磁场假设是不变的。当转速 $n=0$ 时，反电动势 $E=0$；当 n 为 1/4 额定转速时，$E=25$ V；当 n 为 1/2 额定转速时，$E=50$ V；当 n 为额定转速时，$E=100$ V。试求电动机在以上四种转速情况下的电枢电流 I_a，并解释这组计算结果说明了什么？

解　（1）当 $n=0$ 时，$E=0$，$I_a=\dfrac{U-E}{R_a}=\dfrac{110-0}{0.4}=275(\text{A})$。

（2）当 $n=\dfrac{1}{4}n_N$ 时，$E=25$ V，$I_a=\dfrac{U-E}{R_a}=\dfrac{110-25}{0.4}=212.5(\text{A})$。

（3）当 $n=\dfrac{1}{2}n_N$ 时，$E=50$ V，$I_a=\dfrac{U-E}{R_a}=\dfrac{110-50}{0.4}=150(\text{A})$。

（4）当 $n=n_N$ 时，$E=100$ V，$I_a=\dfrac{U-E}{R_a}=\dfrac{110-100}{0.4}=25(\text{A})$。

在额定供电的情况下，负载越大，转速越低。若长期超载运行，由于转速较低，电枢电流过大，电机容易烧坏。

8.6　一台直流电动机的额定转速为 3 000 r/min，如果电枢电压和励磁电流均为额定值，试问该电动机是否允许在转速为 2 500 r/min 下长期运行？为什么？

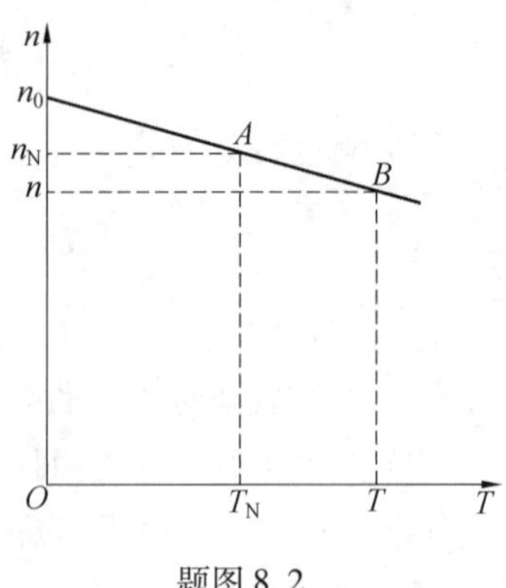

题图 8.2

解 直流电动机的机械特性曲线如题图 8.2 所示。设点 A 为额定工作点，其额定转速为 $n_N = 3\ 000$ r/min，额定转矩为 T_N。当该电动机工作在转速 $n = 2\ 500$ r/min 时，其工作点移至点 B，此时电动机的转矩为 T。由于直流电动机的机械特性曲线是硬特性，可以看出，$T > T_N$，而且 T 比 T_N 大得多，电动机明显过载，不能长期运行。

8.7 已知他励直流电动机的电枢电源电压 $U = 200$ V，电枢电流 $I_a = 50$ A，电动机的转速 $n = 1\ 500$ r/min，电枢电阻 $R_a = 1\ \Omega$。若将电枢电压降低一半，而负载转矩保持不变，则转速降低至多少？（设励磁电流保持不变）

解 励磁电流保持不变，即磁通 Φ 不变。电枢电压降低前后有如下关系式：

转矩 $$T = K_T \Phi I_a \quad 和 \quad T' = K_T \Phi I'_a$$

转速 $$n = \frac{E}{K_E \Phi} \quad 和 \quad n' = \frac{E'}{K_E \Phi}$$

n' 与 n 之比

$$\frac{n'}{n} = \frac{E'}{E} = \frac{U' - I'_a R_a}{U - I_a R_a}$$

因 $T' = T$，所以

$$I'_a = I_a = 50\ \text{A}, \quad U' = \frac{U}{2} = \frac{200}{2} = 100(\text{V})$$

所以

$$\frac{n'}{n} = \frac{100 - 50 \times 1}{200 - 50 \times 1} = \frac{1}{3}$$

调压后，转速降至

$$n' = \frac{1}{3} n = \frac{1}{3} \times 1\ 500 = 500(\text{r/min})$$

8.8 已知他励直流电动机的额定电压 $U_f = U = 110$ V，电枢额定电流 $I_a = 100$ A，电枢电阻 $R_a = 0.2\ \Omega$，额定转速 $n = 1\ 000$ r/min。若增大励磁调节电阻 R_f'，使磁通 Φ 减少 15%，而电枢电压和负载转矩保持不变，则转速提高了多少？

解 （1）磁通减少前后，转矩的关系式为

$$T = K_T \Phi I_a \quad 和 \quad T' = K_T \Phi' I'_a$$

因为磁通减少 15%，所以 $\Phi' = 0.85\Phi$，由于负载转矩不变，$T' = T$，所以

$$\Phi' I'_a = \Phi I_a$$

$$I'_a = \frac{\Phi}{\Phi'} I_a = \frac{\Phi}{0.85\Phi} I_a = \frac{1}{0.85} \times 100 = 117.6(\text{A})$$

（2）磁通减少前后，转速的关系式为

$$n = \frac{E}{K_E \Phi} = \frac{U - I_a R_a}{K_E \Phi} \quad 和 \quad n' = \frac{E'}{K_E \Phi'} = \frac{U - I'_a R_a}{K_E \Phi'}$$

n' 与 n 之比为

$$\frac{n'}{n}=\frac{\dfrac{U-I'_aR_a}{K_E\Phi'}}{\dfrac{U-I_aR_a}{K_E\Phi}}=\frac{U-I'_aR_a}{U-I_aR_a}\cdot\frac{\Phi}{\Phi'}=\frac{110-117.6\times0.2}{110-100\times0.2}\times\frac{1}{0.85}=1.13$$

(3) 调磁后的转速为

$$n'=1.13n=1.13\times1\ 000=1\ 130(\text{r/min})$$

转速提高 13%。

8.9 他励电动机在下列条件下,其转速、电枢电流及电动势是否改变?

(1) 励磁电流和负载转矩不变,电枢电压降低。

(2) 电枢电压和负载转矩不变,励磁电流减小。

(3) 电枢电压、励磁电流和负载转矩都不变,电枢串联一个适当阻值的电阻 R'_a。

解 (1) 励磁电流不变,即磁通 Φ 不变。

① 由式 $T=K_T\Phi I_a$ 可知,因为转矩 T 和磁通 Φ 不变,所以电枢电流 I_a 不变。

② 由式 $E=U-I_aR_a$ 可知,因为 I_a 不变,电枢电压 U 的降低将引起反电动势 E 的下降。

③ 由式 $n=\dfrac{E}{K_E\Phi}$ 可知,因为 E 下降而 Φ 不变,所以转速 n 下降。

(本小题结论:$n\downarrow$　I_a 不变　$E\downarrow$)

(2) 励磁电流减小,即磁通 Φ 减小。

① 由式 $T=K_T\Phi I_a$ 可知,因为转矩 T 不变和磁通 Φ 的减小,电枢电流 I_a 增大。

② 由式 $E=U-I_aR_a$ 可知,因为电枢电压 U 不变和电枢电流 I_a 的增大,反电动势 E 减小。

③ 由式 $n=\dfrac{E}{K_E\Phi}=\dfrac{U-I_aR_a}{K_E\Phi}$ 可知,因为电枢电压 U 不变,电枢电阻 R_a 数值很小,$U-I_aR_a$ 的减小不及磁通 Φ 的减小多,所以转速 n 升高。

(本小题结论:$n\uparrow$　$I_a\uparrow$　$E\downarrow$)

(3) 励磁电流不变,即磁通 Φ 不变。

① 由 $T=K_T\Phi I_a$ 可知,因为转矩 T 和磁通 Φ 均不变,所以电枢电流 I_a 不变。

② 由式 $E=U-I_a(R_a+R'_a)$ 可知,因为电枢电压 U 的不变和电阻 R'_a 的串联,反电动势 E 减小。

③ 由式 $n=\dfrac{E}{K_E\Phi}$ 可知,因为 E 减小和 Φ 不变,转速 n 下降。

(本小题结论:$n\downarrow$　I_a 不变　$E\downarrow$)

8.10 已知并励直流电动机的 $R_a=0.1\ \Omega$,$R_f=100\ \Omega$,$U=220$ V,输入功率为 10 kW,电路如题图 8.3 所示。试求:

(1) 反电动势 E。

(2) 电动机输出的机械功率 P_2。(提示:$P_2=EI_a$)

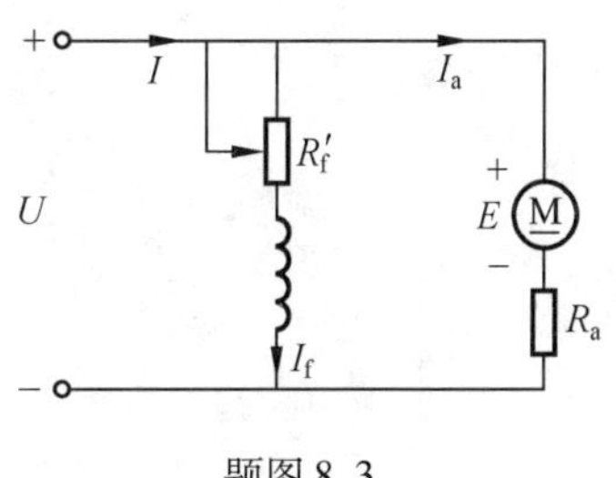

题图 8.3

解 (1) $P_1=UI$,所以

$$I=\frac{P_1}{U}=\frac{10\times10^3}{220}=45.45(\text{A})$$

$$I_f = \frac{U}{R_f} = \frac{220}{100} = 2.2(\mathrm{A})$$

$$I_a = I - I_f = 45.45 - 2.2 = 43.25(\mathrm{A})$$

$$E = U - I_a R_a = 220 - 43.25 \times 0.1 = 215.68(\mathrm{V})$$

(2)$P_2 = EI_a = 215.68 \times 43.25 = 9.33(\mathrm{kW})$

第9章 电动机的继电接触器控制

9.1 内容提要

1. 常用低压电器

(1) 闸刀开关。闸刀开关属于手动电器,由人工手动操作。在低压电路中,闸刀开关作为电源的引入开关。

(2) 自动开关。自动开关又称为自动空气断路器,属于手动、自动兼有的电器。接通电路时,需要人工合闸;当过载、短路、失压时,它能自动跳闸。在低压电路中,自动开关作为电源的引入开关。

(3) 按钮。按钮属于手动电器,由人工手动操作。它主要由常开触点和常闭触点组成。触点接在电动机的控制电路中,对电动机的启动和停车进行控制。

(4) 熔断器。熔断器属于自动电器。它接在主电路与控制电路中,起到短路保护的作用。

(5) 热继电器。热继电器属于自动电器。它主要由热元件和常闭触头组成。热元件接在主电路中,常闭触头接在控制电路中,起到过载保护的作用。

(6) 接触器。接触器属于自动电器。它由铁芯、线圈、常开触点和常闭触点组成。常开主触点接在主电路中,辅助触点(常开和常闭)接到控制电路中,起到接通和断开主电路与电源的作用,也可实现失压、欠压保护的作用。

(7) 行程开关。行程开关属于自动电器。它由常开触点和常闭触点组成。行程开关固定在运动部件行程的起点和终点,触点接到控制电路中起到限位作用。

(8) 时间继电器。时间继电器属于自动电器。它由延时、瞬时开闭触点组成。触点接在控制电路中,延时触点起到延时的作用。

2. 电动机的基本控制线路

(1) 直接启动控制线路。直接启动控制线路可以实现电动机的直接启动,并具有短路、过载、失压保护的作用。其中,自锁触点的作用是能使电动机连续运转。

(2) 正反转控制线路。正反转控制线路可以实现电动机的正反转控制,并具有短路、过载、失压保护的作用。其中,通过对调电动机定子绕组任意两根电源线来实现正反转;电气连锁保证两个接触器不能同时工作;机械连锁可实现直接正反转控制。

(3) 行程控制线路。行程控制线路可以实现运动部件的行程控制,并具有短路、过载、失压保护的作用。在正反转控制电路中接入行程开关的触点,可实现对运动部件的行程控制和限位控制。

(4) 时间控制线路。时间控制线路可以实现电动机的时间控制,并具有短路、过载、失压保护的作用。在控制电路中接入时间继电器,可以对电动机进行时间控制。

(5) 顺序控制线路。顺序控制线路可以对多台电动机实现顺序控制,并具有短路、过载、失压保护的作用。按工艺要求,合理设计顺序控制线路,可以对电动机实现顺序控制。

9.2 重点与难点

9.2.1 重点

(1) 低压电器的图形符号和文字符号的识别。
(2) 画出电动机的直接启动控制线路(含主电路和控制电路),说明控制原理。
(3) 画出电动机的正反转控制线路(含主电路和控制电路),说明控制原理。
(4) 按一定要求画出电动机的点动控制线路(分析给出的点动控制线路的控制原理)。
(5) 按一定要求画出电动机的顺序控制线路(分析给出的顺序控制线路的控制原理)。
(6) 按一定要求画出电动机的行程控制线路(分析给出的行程控制线路的控制原理)。
(7) 按一定要求画出电动机的时间控制线路(分析给出的时间控制线路的控制原理)。
(8) 在有错误的控制线路中,能发现错误,分析故障,并能改正。

9.2.2 难点

(1) 设计正转、反转控制电路。
(2) 设计顺序控制电路。
(3) 设计时间控制电路。

9.3 例题分析

【例 9.1】 图 9.1 是笼式三相异步电动机正反转控制电路。由于电路连线有错误,而不能正常工作。请指出和改正错误,并说明 FU、FR、KM_F 和 KM_R 的作用。

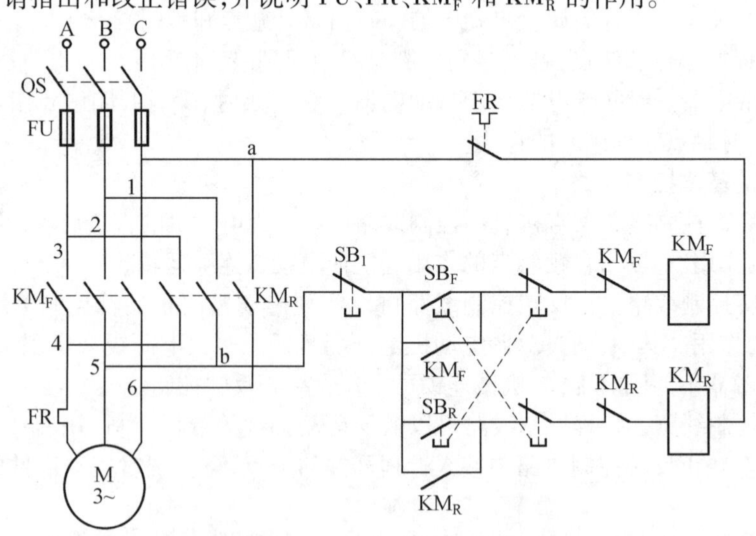

图 9.1　笼式三相异步电动机正反转控制电路

解　图9.1有4处错误：

（1）主电路中接触器 KM_R 的主触头接线有错。正确接法是将 KM_R 主触头的5、6接线端对调。

（2）主电路中热继电器FR的热元件少接一个。正确接法是在另外两根电源线B或C中再串入一个热元件。

（3）控制电路中的接线端b接错。正确接法是将b端接至2端或3端。

（4）控制电路中的常闭触头 KM_F 和 KM_R 接错。正确接法是将常闭触头 KM_F 和 KM_R 对换位置。

FU是熔断器，起短路保护作用；FR是热继电器，起过载保护作用；KM_F 和 KM_R 是交流接触器，它的作用是实现电动机的正反转控制。

【例9.2】　图9.2（a）是吊车限位控制电路。试分析其控制功能。

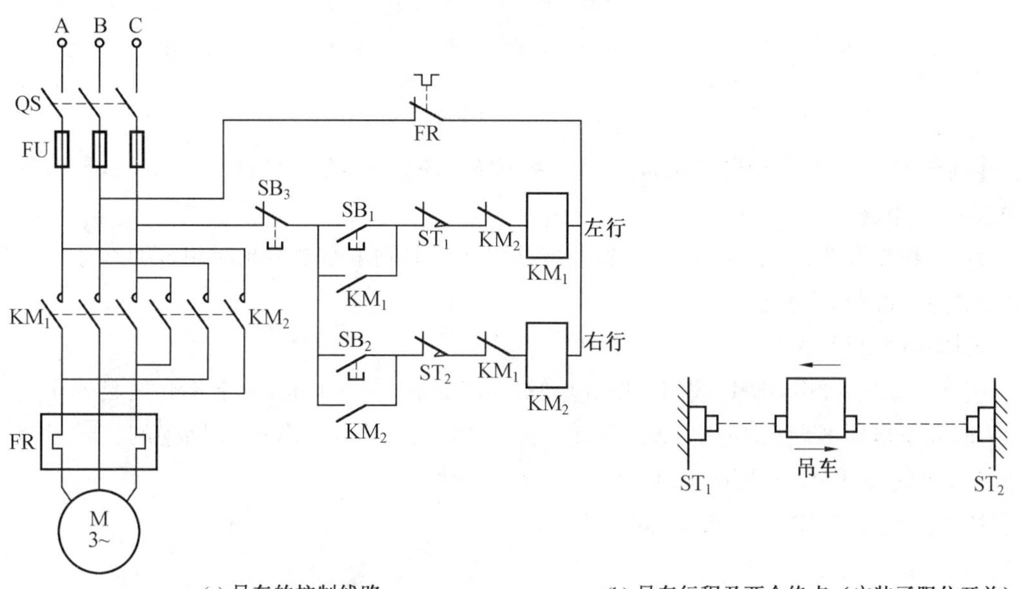

(a) 吊车的控制线路　　　　(b) 吊车行程及两个终点（安装了限位开关）

图9.2　吊车限位控制电路

解　在图9.2（b）中，在吊车行程的终端分别安装了行程开关 ST_1 和 ST_2，行程开关的常闭触头分别串联在图9.2（a）左行和右行的控制电路中，进行吊车的行程控制。

具体控制过程：

按下启动按钮 SB_1，接触器 KM_1 线圈通电，电动机正转，带动吊车左行，到达终端后，与行程开关 ST_1 相碰，使其常闭触头断开，接触器 KM_1 线圈断电，接触器主触头 KM_1 打开，电动机停转，吊车停止运动。若此时误按 SB_1，由于 ST_1 的常闭触头已经断开，KM_1 也不会通电，行程开关起到了限位作用。

按下启动按钮 SB_2，接触器 KM_2 线圈通电，电动机反转，带动吊车右行，到达终端后，与行程开关 ST_2 相碰，使其常闭触头断开，接触器 KM_2 线圈断电，接触器主触头 KM_2 打开，电动机停转，吊车停止运动。

吊车在左行和右行中，按停止按钮 SB_3，吊车立即停止运动。

【例9.3】 在例9.2题中,如要实现吊车的自动往返运动,控制电路应如何改动?

解 在图9.2(a)中,将自锁触头 KM_2 换成行程开关 ST_1 的常开触头,可实现吊车的自动右行;将自锁触头 KM_1 换成行程开关 ST_2 的常开触头,可实现吊车的自动左行。其控制电路如图9.3所示。

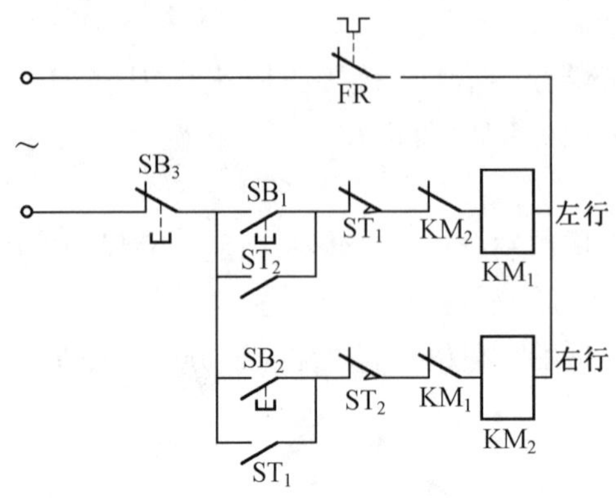

图9.3 例9.3控制电路

【例9.4】 今有两台电动机 M_1 和 M_2,要求 M_1 启动10 s后,M_2 自行启动。试画出两台电动机的控制电路。

解 根据题意,在电动机 M_2 的控制电路中接入时间继电器的延时闭合的常开触头KT,其控制电路如图9.4所示。

具体控制过程:

按下启动按钮 SB_1,KM_1 线圈通电,电动机 M_1 启动。与此同时,由于 KM_1 的自锁作用构成回路,时间继电器KT线圈通电,延时开始。经过10 s后,串联在 KM_2 支路中的延时闭合的常开触头KT闭合,KM_2 线圈通电,电动机 M_2 自行启动。

按下停止按钮 SB_2,M_1 和 M_2 同时停车。

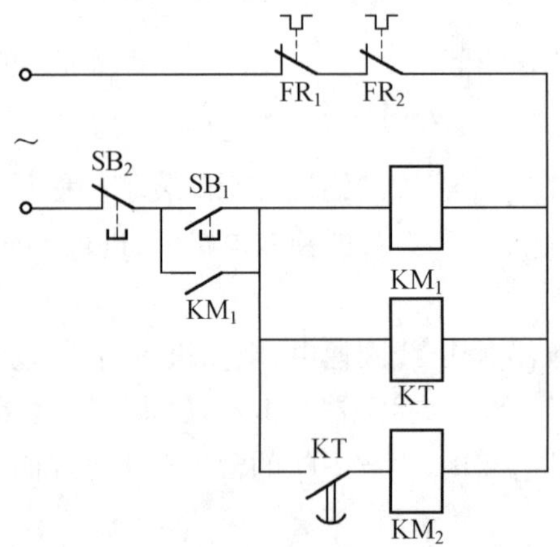

图9.4 例9.4控制电路

9.4　思考题分析

9.1　熔断器和热继电器都属于保护电器,两者的用途有何区别？为什么热继电器不能用作短路保护？

解　熔断器在电路中起短路保护,热继电器是起过载保护的电器。热继电器不能用于短路保护,因为短路事故需要立即切断电源,而热继电器由于热惯性不能立即动作。

9.2　当交流接触器的线圈通电和断电时,它的触头系统(常开触头和常闭触头)是怎样动作的？

解　当交流接触器的线圈通电时,其常开触头立即闭合,而常闭触头立即断开。

当交流接触器的线圈断电时,其常开触头立即断开,而常闭触头立即闭合,恢复原来的状态。

9.3　用于过载保护的热继电器,其发热元件的数目为什么一个不行,两个正好,三个更可靠？

解　为了可靠地保护电动机,将热继电器中的两个发热元件分别串联在任意两相电源线中。这样做用意在于,当三相中任意一相的熔断器熔断后(这种情况一般不易觉察,因为此时电动机按单相异步电动机运行,还在转动,但电流增大了),仍保证有一个或两个发热元件在起作用,电动机还可得到保护。为了更可靠地保护电动机,热继电器也有三相结构的(三个发热元件),将三个发热元件分别串联在三相电源线中。

9.4　什么是失压保护？用闸刀开关控制电动机时,有无失压保护作用？

解　失压保护就是当电源停电时,交流接触器 KM 断电,使电动机自动从电源上切除。

闸刀开关只起将电源引入电路的作用,没有失压保护作用。

9.5　在图 9.5 中,什么是自锁？没有自锁将如何？什么是联锁？没有联锁将如何？

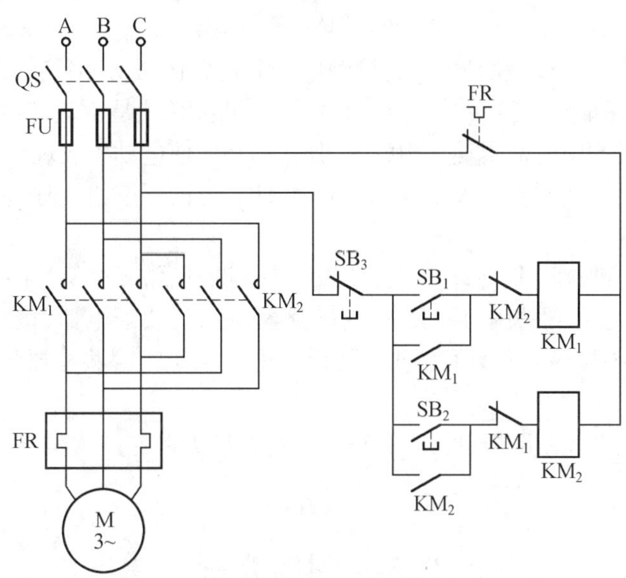

图 9.5　题 9.5 控制电路

解 在图9.5中，与启动按钮 SB_1 并联的交流接触器的常开触头 KM_1 是自锁触头，同理，与 SB_2 并联的 KM_2 也是自锁触头。自锁的作用是，当 SB_1 或 SB_2 断开时，自锁触头 KM_1 或 KM_2 已经闭合，保证控制电路继续接通，电动机连续运行。

若没有自锁，电动机只能点动工作，不能连续工作。

在图9.5中，交流接触器的常闭触头 KM_1 和 KM_2 是连锁触头。联锁的作用是保证两个交流接触器线圈不能同时通电。

若没有联锁，当电机正转（按下 SB_1）时，按下 SB_2，交流接触器 KM_2 线圈通电，则主电路中的 KM_2 常开触头闭合，造成主电路中的三相电源短路。

9.6 在图9.6中，什么是电气联锁？什么是机械联锁？各起什么作用？

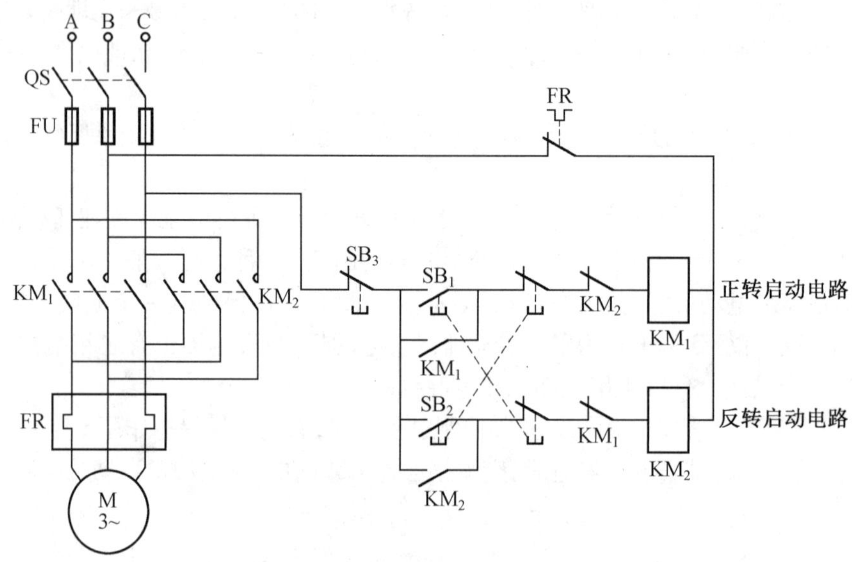

图9.6 题9.6控制电路

解 在图9.6中，电气联锁是由正转接触器 KM_1 的常闭触头和反转接触器 KM_2 的常闭触头构成的，其作用是保证两个接触器不能同时工作。机械联锁是由正转启动按钮 SB_1 的常闭触头和反转启动按钮 SB_2 的常闭触头构成的，其作用是能使电动机实现直接正反转控制。

9.7 教材图9.12中的两个复合按钮 SB_1 和 SB_2，当按下按钮帽时，它们的常闭触头和常开触头哪个先动作？

解 当按下复合按钮 SB_1 和 SB_2 时，常闭触头先断开，常开触头才闭合。

9.8 回顾本章已熟知的闸刀开关、空气断路器、按钮、热继电器、接触器、行程开关和时间继电器等，它们之中哪些电器只有触头系统而无电磁系统？哪些电器的触头系统和电磁系统兼而有之？

解 闸刀开关、空气断路器、按钮、行程开关只有触头系统；热继电器、接触器的触头系统和电磁系统兼而有之。

9.5 习题分析

9.1 在教材图9.9所示电动机启、停控制电路中，如果其控制电路被接成如题

图9.1(a)、(b)、(c)所示几种情况(主电路不变),问电动机能否正常启动和停车?电路存在什么问题?怎样改正?

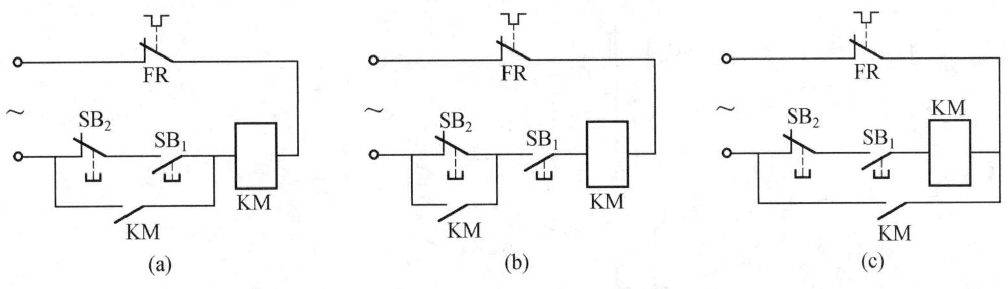

题图9.1

解　在题图9.1(a)、(b)、(c)三种情况下,电动机都不能正常启动和停车。题图9.1(a)能正常启动不能停车。改正:将自锁触头只与 SB_1 并联即可。

题图9.1(b)只能点动,不能连续工作。改正:将自锁触头改为只与 SB_1 并联即可。

题图9.1(c)中,按下 SB_1,接触器线圈就短路了。改正:将自锁触头改接只与 SB_1 并联即可。

9.2　试画出能在两处用按钮控制一台笼型电动机启动与停车的控制电路。

解　由题意可知,若完成控制要求,需要用两套启动按钮和停车按钮,电路设计如题图9.2所示。

9.3　试画出笼型电动机既能点动又能连续运行的控制电路。

解　由题意可知,若完成控制要求,需要两个启动按钮,设计电路如题图9.3所示。在题图9.3中,SB_1 是连续运行按钮,SB_2 是点动按钮。

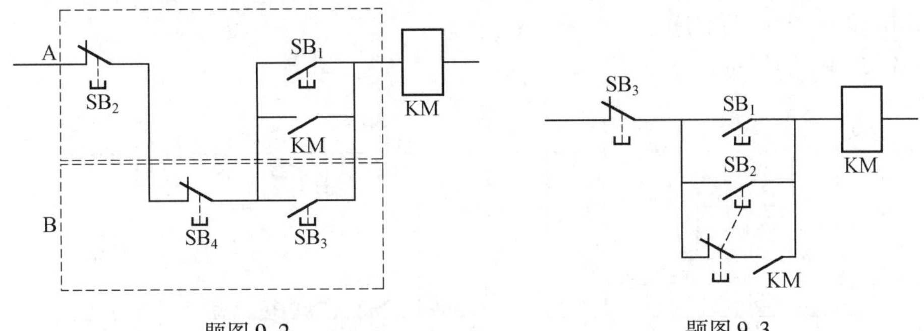

题图9.2　　题图9.3

9.4　故障分析:根据题图9.4接线做实验时,将开关QS闭合后,按下启动按钮 SB_1 出现以下现象,试分析原因并采取处理措施。

(1) 接触器KM不动作。

(2) 接触器动作,但电动机不转动。

(3) 电动机转动,但一松开启动按钮 SB_1,电动机就不转。

(4) 电动机不转动(或者转得极慢),并有“嗡嗡”声。

(5) 接触器线圈发热、冒烟甚至烧坏。

解　(1) 控制电路不通,检查控制电路各器件的接线。

(2) 主电路不通,检查主电路各器件的接线。

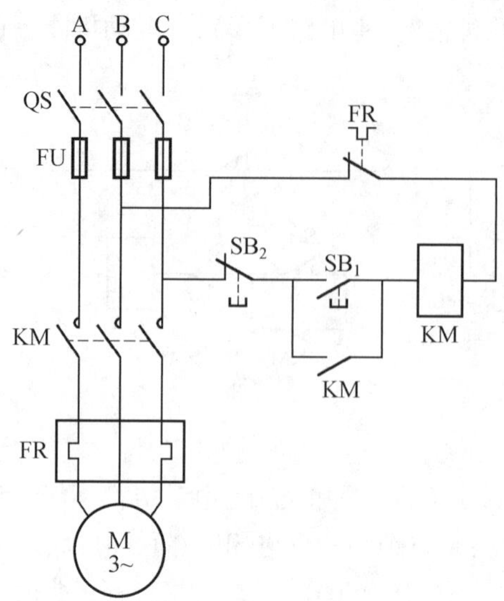

题图 9.4　笼型电动机连续运转的控制电路

(3) 自锁触头没有接好,重新连接自锁触头。

(4) 主电路三根电源线中,有一根不通,这是单相启动。检查三根火线的接线,检查三相电源的三个熔断器,是否有缺相的情况。

(5) 接触器线圈电压太高,超过其额定电压,检查接触器线圈的额定电压是否与电源的额定电压一致。

9.5　今有 M_1 和 M_2 两台电动机,它们的启动与停车控制电路如题图 9.5(a) 或图 9.5(b) 所示(主电路和教材图 9.13 相同),试分析这两个电路的如下功能是否相同?

(1) M_1 和 M_2 的启动顺序。

(2) M_1 和 M_2 的停车顺序。

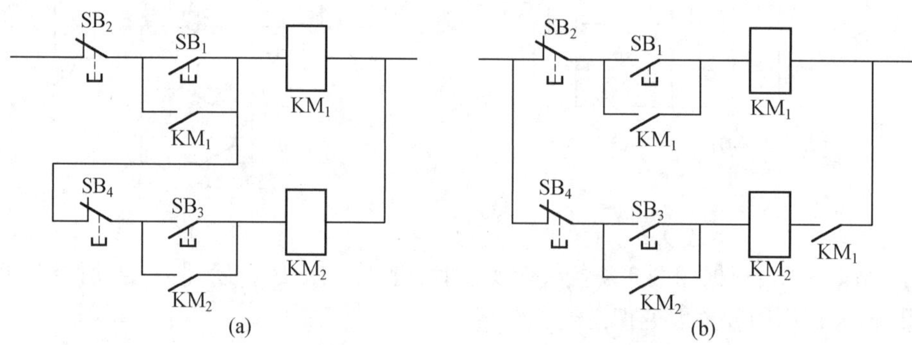

题图 9.5

解　(1) M_1 和 M_2 的启动顺序:

对于图(a),按下 SB_1,KM_1 线圈通电,M_1 启动;M_1 启动后,按下 SB_3,KM_2 线圈才通电,M_2 才能启动。

对于图(b),按下 SB_1,KM_1 线圈通电,M_1 启动;KM_1 线圈通电后,其串联在 KM_2 线圈支路中的常开触头 KM_1 才能闭合,所以,此时再按下 SB_3,KM_2 线圈才通电,M_2 才能启动。

(2) M_1 和 M_2 的停车顺序：

对于图(a)，按下 SB_4，KM_2 断电，M_2 可单独停车；按下 SB_2，M_1 和 M_2 可同时停车。

对于图(b)，按下 SB_4，KM_2 断电，M_2 可单独停车；按下 SB_2，M_1 和 M_2 可同时停车。

从上分析可见，图(a)、图(b)电路功能完全相同。

9.6　今有两台电动机 M_1 和 M_2，试按以下要求设计启、停控制电路（主电路可以不画出）。要求：M_1 启动后，M_2 才能启动；M_2 既可以单独停车，也可以与 M_1 同时停车。

解　由题意，设计出的电动机控制电路如题图9.6所示。

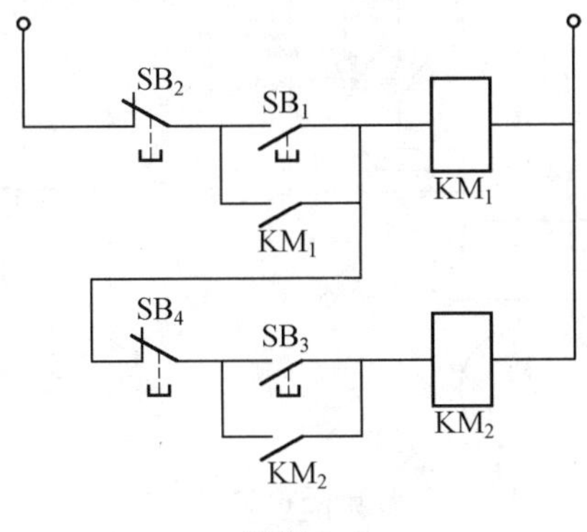

题图9.6

9.7　在题图9.7所示控制电路中（主电路未画出，与教材图9.13相同），试分析两台电动机 M_1 和 M_2 的启动和停车顺序。

解　启动顺序：M_1 启动后 M_2 才能启动；停车顺序：M_2 停车后 M_1 才能停车。

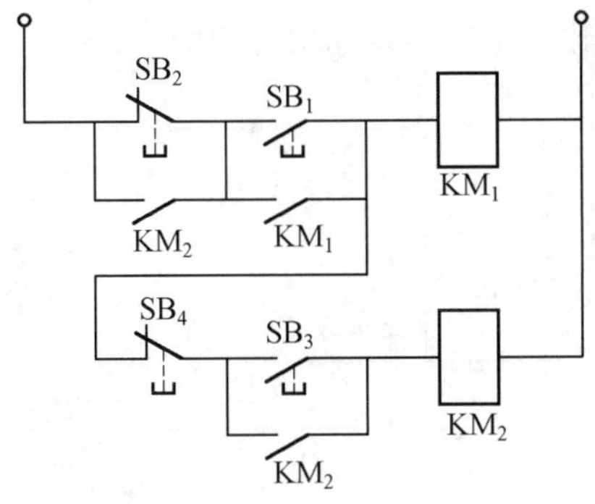

题图9.7

9.8　某车床有两台电动机，一台带动油泵，一台带动主轴。要求：

(1) 主轴电动机必须在油泵电动机启动后才能启动。

(2) 主轴电动机能正反转，并能单独停车。

(3) 有短路、过载和欠压保护。

试画出这两台电动机的控制电路。

解　设 M_1 为油泵电动机，M_2 为主轴电动机，M_1 启动后 M_2 才能启动；M_2 能正反转并可单独停车；M_1 和 M_2 可同时停车；电路含有短路、失压、过载保护。

控制电路如题图9.8所示。

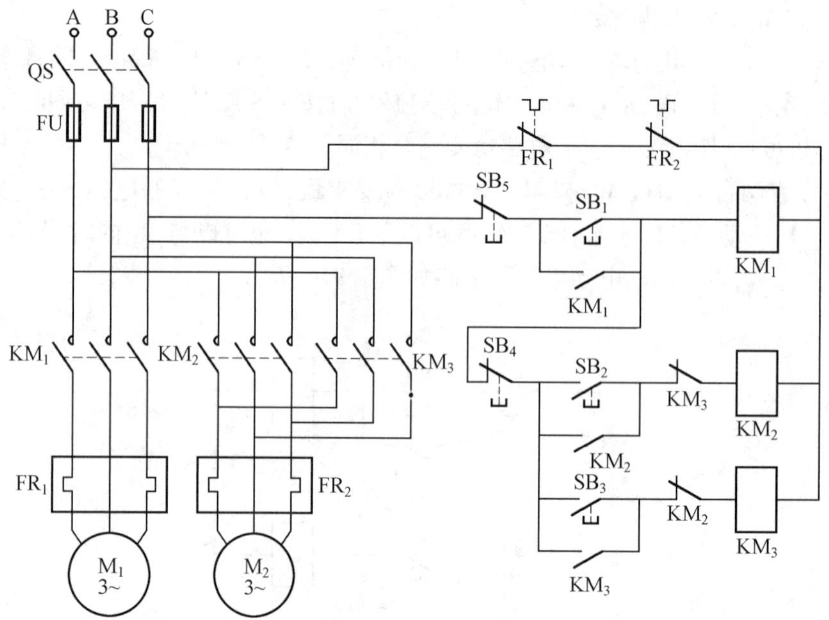

题图 9.8

9.9 题图9.9是某车床的电气控制电路图。其中 M_1 是主轴电动机，M_2 是冷却电动机，T_r 是照明变压器，其输出电压为 36 V。S 是照明灯开关。试分析以下几个问题：

(1) M_1 和 M_2 的启动顺序。

(2) M_1 和 M_2 的停车顺序。

(3) M_1 和 M_2 的过载保护和失压保护是如何设置的？

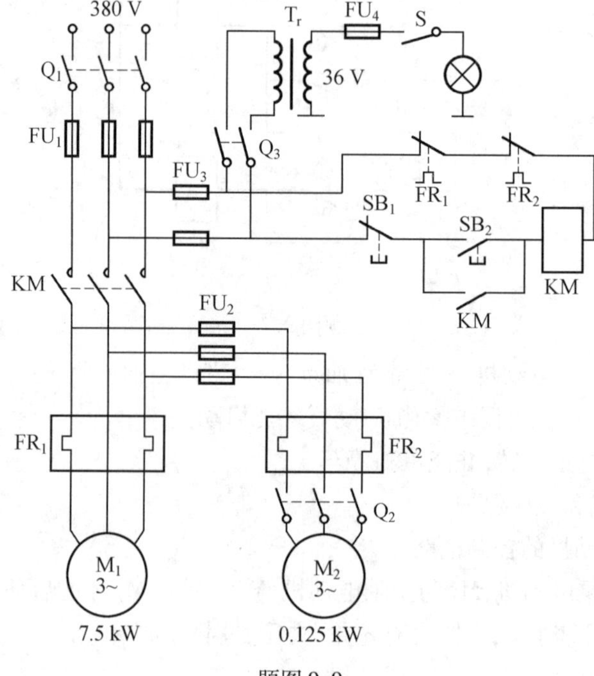

题图 9.9

（4）怎样打开照明灯？

（5）整个电路的短路保护是怎样设置的？

解　（1）M_1 启动后 M_2 才能启动，M_2 是用手动的闸刀开关 Q_2 启动。

（2）M_1 和 M_2 同时停车。

（3）M_1 和 M_2 中只要有一台电动机过载，两台电动机全都停车。失压保护是由接触器实现的。

（4）首先闭合闸刀开关 Q_3，再闭合照明灯开关 S。

（5）FU_1 是总熔断器，FU_2 是为电动机 M_2 而设置的熔断器，FU_3 是为照明系统而设置的熔断器。

9.10　题图 9.10 是用于升降和搬运货物的电动吊车控制电路。M_1 是升降控制的电动机，M_2 是前后控制的电动机，两台电动机都采用点动控制，四个按钮均为复合按钮。试分析上述控制电路的工作原理。

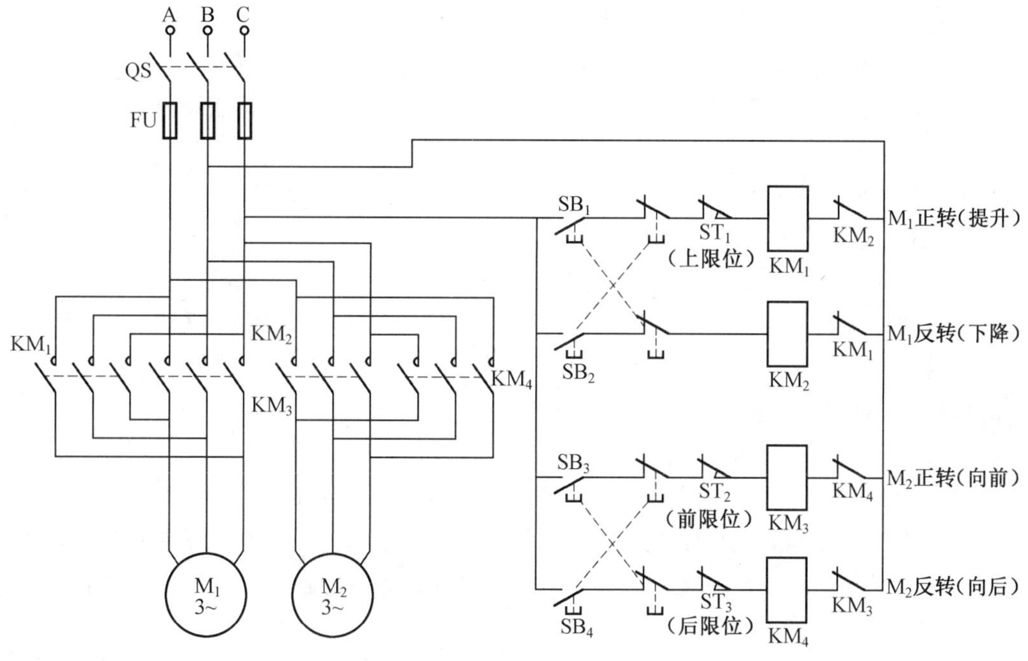

题图 9.10

解　主电路可以实现 M_1 的正反转和 M_2 的正反转。控制电路可以操作四个复合按钮：（1）按下 SB_1 不松手，电动机 M_1 正转，货物提升，在上限位置，撞开行程开关 ST_1，电动机 M_1 停车，松开按钮 SB_1；（2）按下 SB_2 不松手，电动机 M_1 反转，货物下降，至地面时松开按钮 SB_2，电动机 M_1 停转；（3）按下 SB_3 不松手，电动机 M_2 正转，货物向前移动，至前限位置，撞开行程开关 ST_2，电动机 M_2 停车，松开按钮 SB_3；（4）按下 SB_4 不松手，电动机 M_2 反转，货物向后移动，至后限位置，撞开行程开关 ST_3，电动机 M_2 停车，松开按钮 SB_4。

第 10 章　常用半导体器件

10.1　内容提要

1. 半导体的导电特性

半导体的导电能力介于导体和绝缘体之间,在一定条件下可以导电,常用的半导体材料为硅、锗、砷化镓、硼、磷等。其中硅和锗是最常用的一种半导体材料。

半导体的导电能力受温度、光照、掺杂的影响。通过实验得出,半导体的导电特点是。

(1) 当环境温度升高时,半导体的导电能力增强。人们利用这一特点制成了热敏元件,用于检测温度的变化。

(2) 当有光照射时,半导体的导电能力增强。人们利用这一特点制成了光敏元件,广泛应用于光的测量、光电转换、光控电路中。

(3) 在半导体内掺入微量的某种元素时,半导体的导电能力大大增强。其导电能力可以增加几十万倍乃至几百万倍。人们利用这一特点制成了半导体二极管、稳压管、晶体管和场效应晶体管等。

2. PN 结的单向导电性

在半导体中掺入其他的元素就可获得 N 型半导体和 P 型半导体。N 型半导体的多子是自由电子,P 型半导体的多子是空穴。N 型半导体是自由电子导电,P 型半导体是空穴导电。

虽然 N 型半导体和 P 型半导体的导电能力很强,但它们还不能直接用来制造半导体器件,必须将这两种半导体结合在一起,形成一个 PN 结,PN 结是制造各种半导体器件的基础。

(1)PN 结外加正向电压。

当 PN 结外加正向电压时,P 区的空穴和 N 区的自由电子进入空间电荷区,空间电荷区变窄,从而形成较大的正向电流,PN 结处于导通状态。 PN 结导通后,PN 结的正向电阻很小。

(2)PN 结外加反向电压。

当 PN 结外加反向电压时,电源产生的外电场方向与 PN 结的内电场方向相同。随着外电场的增强,PN 结加宽,多数载流子的扩散运动难以进行,PN 结流过的反向电流很小,PN 结处于截止状态。 PN 结截止后,PN 结的反向电阻很高。

可见,PN 结外加正向电压时导通,外加反向电压时截止。PN 结具有单向导电的特性。

3. 二极管

二极管由一个PN结组成,当二极管外加的正向电压大于死区电压时,二极管导通;当二极管外加的反向电压小于击穿电压时,二极管截止。二极管具有单向导电性。

硅管的死区电压是 0.5 V,锗管的死区电压是 0.1 V。

硅管的导通工作电压是0.6 ~ 0.7 V,锗管的导通工作电压是0.2 ~ 0.3 V。

理想情况下,二极管正向导通相当于短路,反向截止相当于断路。

4. 稳压管

稳压管是由硅材料制成的一种特殊的半导体二极管。由于它在电路中与适当的电阻串联后能起到稳定输出电压的作用,故称为稳压管。

当稳压管外加的反向电压大于等于其稳压值时,稳压管反向导通,工作在反向击穿区,稳定同它并联的负载电压。由于稳压管的反向击穿区曲线很陡,稳压管两端电压只要变化一个很小的ΔU_Z,稳压管的电流就能变化一个很大的ΔI_Z,这就是稳压管的稳压特性。

5. 晶体管

晶体管由两个PN结组成,按其工作方式可分为NPN型和PNP型。晶体管正常工作时有三种工作状态。

(1) 放大状态。

晶体管工作在放大状态时,发射结正偏,集电结反偏,即$U_{CE} > U_{BE}$。此时$I_C = \beta I_B$,I_C受I_B的控制。

(2) 饱和状态。

晶体管工作在饱和状态时,发射结正偏,集电结正偏,即$U_{CE} < U_{BE}$。此时I_C与I_B没有正比关系,$I_C \neq \beta I_B$,I_C的大小由外电路决定。晶体管饱和时,U_{CE}很小,其最大饱和压降$U_{CES} \approx 0.3$ V。

(3) 截止状态。

晶体管工作在截止状态时,发射结反偏,集电结反偏,即$U_{BE} < 0$。此时$I_B \approx 0$,$I_C \approx 0$,晶体管截止。晶体管截止时,$U_{CE} \approx V_{CC}$。

6. 场效应管

场效应管简称MOS管,按导电沟道分为N沟道和P沟道两类,按是否有原始导电沟道可分为增强型和耗尽型。MOS管和晶体管一样,在正常工作时也有三种工作状态。

(1) 恒流状态。

MOS管工作在恒流状态(对应晶体管的放大状态)时,MOS放大导通,$I_D = g_m U_{GS}$,I_D受U_{GS}的控制。此时,当MOS管是N沟道增强型管时,$U_{GS} > 0$,$U_{DS} > 0$。

(2) 可变电阻状态。

MOS管工作在可变电阻状态(对应晶体管的饱和状态)时,MOS饱和导通,$I_D \neq g_m U_{GS}$。此时,当MOS管为N沟道增强型管时,$U_{GS} > U_{DS}$。

(3) 夹断状态。

MOS管工作在夹断状态(对应晶体管的截止状态)时,MOS截止,$I_D = 0$。此时,当MOS管为N沟道增强型管时,$U_{GS} = 0$,$U_{DS} > 0$。

7. 发光二极管

发光二极管的工作特性与普通二极管相同。不同的是用砷化镓或磷化镓材料制成,正向导通时发光;正向导通工作电压降为2 ~ 3 V。

8. 光电耦合器

光电耦合器是由发光二极管和光敏二极管或晶体管组成,当发光二极管中有电流流过时,发光二极管发光，光敏二极管或晶体管接受光照而导通。

用光电耦合器传送信号，使输入电路和输出电路没有直接电的联系，提高了整个电路的抗干扰能力。

10.2 重点与难点

10.2.1 重点

(1) 含有二极管电路的输出电压计算与输出电压波形的分析。

(2) 含有稳压管电路的稳压原理分析、输出电压波形的分析。

(3) 晶体管工作在放大状态、饱和状态、截止状态的条件。

(4) 判断晶体管的类型、管脚和三种工作状态。

10.2.2 难点

(1) 晶体管的放大原理分析。

(2) 场效应管的放大原理分析。

10.3 例题分析

【例 10.1】 二极管电路如图 10.1 所示，当 $U_i=10$ V 和 $U_i=0$ V 时，试求输出电压 U_o。设二极管的正向压降忽略不计。

解 设点 b 为参考点。

当 $U_i=10$ V 时，由于二极管 D 的阳极电位比阴极电位高，所以，二极管 D 承受正向电压而导通，忽略其正向压降，二极管 D 相当于短路，$U_o=U_i=10$ V。

当 $U_i=0$ V 时，二极管的阳极电位比阴极电位低，所以，二极管 D 承受反向电压而截止，此时二极管 D 相当于开路，R 中无电流流过，所以电阻 R 相当于短路，$U_o=5$ V。

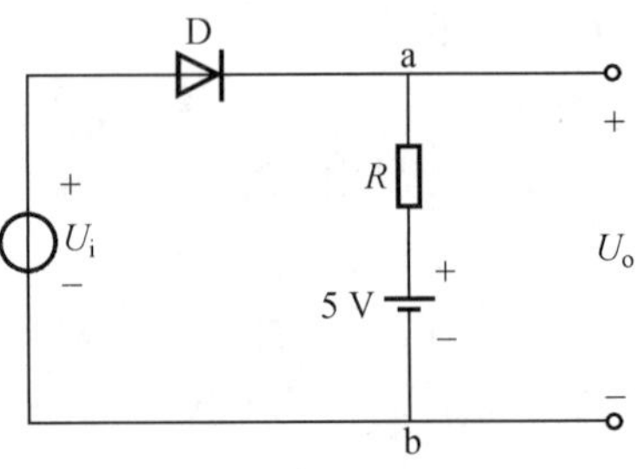

图 10.1 例 10.1 图

【例 10.2】 二极管的电路如图 10.2 所示，当 $u_i=10\sin\omega t$ V，$E=5$ V 时，试画出输出电压 u_o 的波形。

解 设点 b 为参考点。

当 $u_i<E$ 时，二极管 D 的阴极电位比阳极电位低，故二极管 D 导通，忽略其正向压降，$u_o=E=5$ V；

当 $u_i>E$ 时，二极管 D 的阴极电位比阳极电位高，故二极管 D 截止，此时二极管相当于开路，电阻 R 中无电流，所以 $u_o=u_i$。输出电压波形如图 10.3 所示。

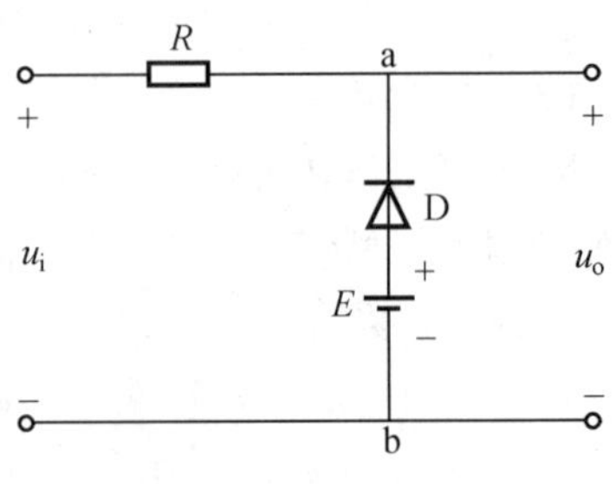

图 10.2 例 10.2 图 1

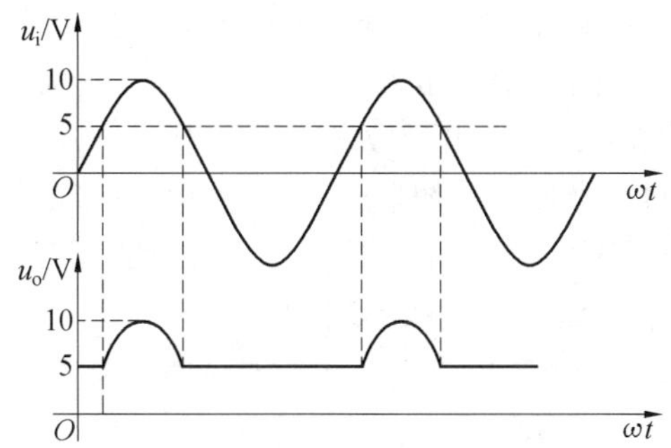

图 10.3　例 10.2 图 2

【例 10.3】　在图 10.4(a)、(b) 中,已知稳压管 D_{Z1} 的稳定电压为 6 V,D_{Z2} 的稳定电压为 9 V, 试求 U_o。设稳压管的正向压降为 0.5 V。

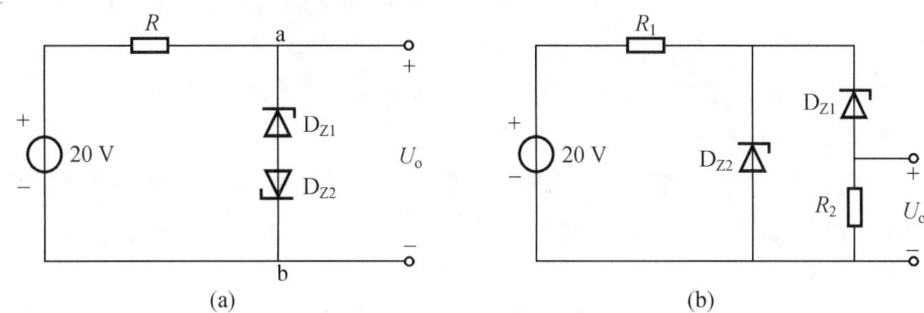

图 10.4　例 10.3 图

解　在图 10.4(a) 中,稳压管 D_{Z1} 与 D_{Z2} 串联,且 D_{Z1} 工作在反向击穿区,D_{Z2} 工作在正向特性区,即 D_{Z1} 反向导通,D_{Z2} 正向导通,其输出电压 $U_o = U_{Z1} + U_{Z2} = 6 + 0.5 = 6.5(\text{V})$。

在图 10.4(b) 中,稳压管 D_{Z1} 与 D_{Z2} 并联,均工作在反向击穿区。即 D_{Z1} 和 D_{Z2} 都反向导通,其输出电压 $U_o = U_{Z2} - U_{Z1} = 9 - 6 = 3(\text{V})$。

【例 10.4】　已知某晶体管的三个电极的电位分别是 12 V、6.7 V 和 6 V。试根据放大条件判断出基极、集电极、发射极和管子的类型。

解　根据晶体三极管的放大条件 $V_C > V_B > V_E$,可判断出 12 V 的管脚是集电极,6.7 V 的管脚是基极,6 V 的管脚是发射极。由于集电极电位最高,$U_{BE} = 6.7 - 6 = 0.7(\text{V})$,所以,此管是 NPN 型硅管。

10.4　思考题分析

10.1　半导体的导电方式与金属导体的导电方式有什么不同?

解　半导体的导电方式是自由电子和空穴导电,金属导体的导电方式是自由电子导电。

10.2　什么叫 N 型半导体? 什么叫 P 型半导体? 两种半导体中的多数载流子是怎样产生的? 少数载流子是怎样产生的?

解　在半导体中,参与导电的载流子主要是自由电子,称其为 N 型半导体;参与导电的载流子主要是空穴,称其为 P 型半导体。两种半导体中的多数载流子是掺杂产生的,少数载流子是热激发产生的。

10.3　为什么N型半导体中的自由电子多于空穴,P型半导体中的空穴多于自由电子?是否N型半导体带负电,P型半导体带正电?

解　因为N型半导体中的自由电子数等于正离子+空穴数,P型半导体中的空穴数等于负离子+自由电子数。两种半导体不加电压时,呈中性,不带电。

10.4　空穴电流是不是由自由电子递补空穴所形成的?

解　空穴电流是价电子做定向运动形成的。

10.5　空间电荷区既然是由带电的正负离子形成的,为什么它的电阻率很高?

解　因为空间电荷区中的载流子数量极少。

10.6　什么是二极管的死区电压?为什么会出现死区电压?硅管和锗管的死区电压的典型值约为多少?

解　二极管外加正向低电压时,不能导通的最大电压称为死区电压。

由于二极管是一个PN结,PN结存在内电场。当外加正向电压较低时,外电场克服不了内电场对多数载流子扩散运动的阻力,故正向电流很小,出现死区电压。

硅管的死区电压典型值约为0.5 V,锗管的死区电压典型值约为0.1 V。

10.7　怎样用万用表判断二极管的正负极以及管子的好坏?

解　用万用表的欧姆挡测二极管的电阻,将测量表笔对调,测量二极管两次,若两次电阻值一大一小,说明管子是好的,并且电阻小时,黑表笔接的是二极管的正极;电阻大时,黑表笔接的是二极管的负极。

10.8　用万用表测量二极管的正向电阻时,用R×100 Ω挡测出的电阻值小,用R×1 kΩ挡测出的电阻值大,这是为什么?

解　因为用R×100 Ω挡测量二极管的正向电阻时,流过二极管的正向电流大,故测出的电阻小;用R×1 kΩ挡时,流过二极管的正向电流小,故测出的电阻值就大。

10.9　稳压管和普通二极管在工作性能上有什么不同?稳压管正常工作时应工作在伏安特性曲线上的哪一段?

解　稳压管在电路中起稳定负载电压的作用;二极管在电路中起开关作用。稳压管在正常工作时,工作在伏安特性特曲线上的反向击穿区。

10.10　图10.5各电路中稳压管($U_Z=8$ V)是否起稳压作用?为什么?

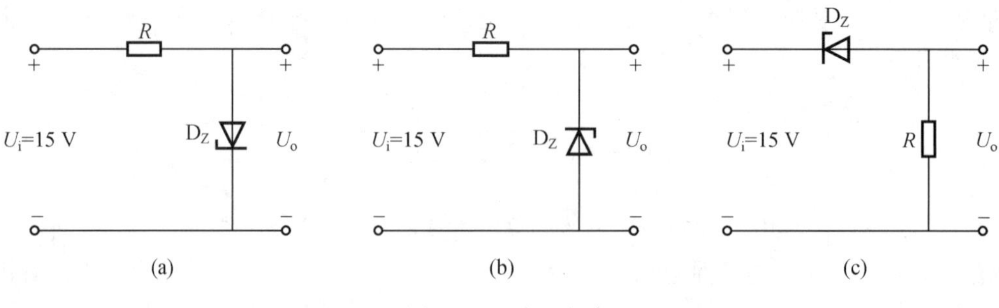

图10.5　稳压电路

解　图(a)中的稳压管正向导通,$U_o=0.5$ V,不起稳压作用。

图(b)中的稳压管反向导通,输出电压$U_o=U_Z=8$ V,起稳压作用。

图(c)中的稳压管也是反向导通,但是没有接在输出端,输出电压$U_o=U_i-U_Z=15-8=7$(V),所以,稳压管不起稳压作用。

10.11　要使晶体管工作在放大状态,发射结为什么要正偏? 集电结为什么要反偏?

解　因为发射区掺杂浓度高,其作用是要发射电子(NPN 型),所以要正偏;由于集电区要收集发射区扩散到基区的电子,使其穿过集电结,到达集电区形成较大电流,所以集电结要反偏。

10.12　增强型 MOS 管和耗尽型 MOS 管的主要区别在哪里?

解　增强型 MOS 管不存在原始导电沟道,所以要保证 $U_{GS} > 0$,管子才能导通工作;耗尽型 MOS 存在原始导电沟道,所以 $U_{GS} < 0$,$U_{GS} = 0$,$U_{GS} > 0$ 管子都能导通工作。

10.13　发光二极管与普通二极管有何不同?

解　从结构上看,发光二极管与普通二极管所用的半导体材料不同,发光二极管多数用砷化镓作材料,普通二极管多数用硅、锗作材料。从工作特性上看,发光二极管正向导通时发光,正向工作电压降约为 1.5 V。

10.14　光电耦合器在实际应用时能否用普通二极管替代?

解　不能。因为光电耦合器是利用光来传递信号的,以保证输入与输出之间没有直接电的联系。

10.5　习题分析

10.1　二极管电路如题图 10.1(a)、(b) 所示,试分析二极管 D_1 和 D_2 的工作状态并求 U_o。二极管的正向压降忽略不计。

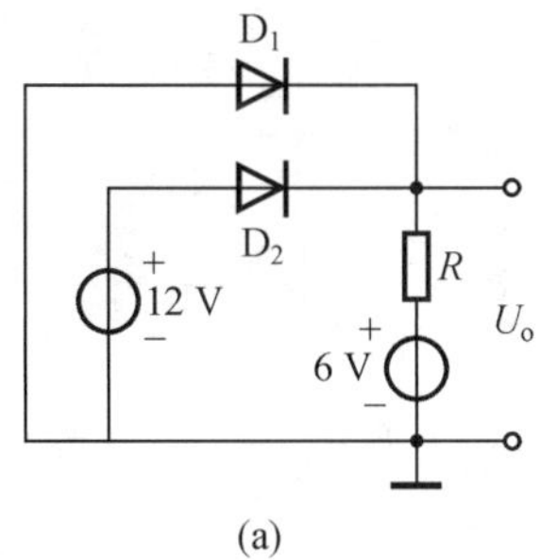

(a)

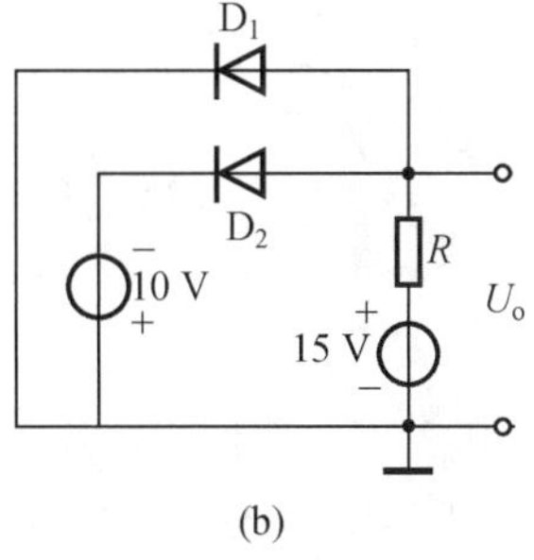

(b)

题图 10.1

解　在题图 10.1(a) 中,二极管 D_1 和 D_2 的阴极电位相同,所以哪个二极管的阳极电位高,哪个优先导通。从题图 10.1(a) 中可以看出,D_2 管的阳极电位高,所以 D_2 管优先导通,忽略其管压降,$U_o = 12$ V;D_1 管承受反向电压而截止。

在题图 10.1(b) 中,二极管 D_1 和 D_2 的阳极电位相同,所以哪个二极管的阴极电位低,哪个优先导通。从题图 10.1(b) 中可以看出,D_2 管的阴极电位低,所以 D_2 管优先导通,忽略其管压降,$U_o = -10$ V;D_1 管承受反向电压而截止。

10.2　在题图 10.2 所示两个电路中,$E = 5$ V,$u_i = 10\sin\omega t$ V,试分别画出输出电压 u_o 的波形。二极管的正向压降忽略不计。

解　(1) 在题图 10.4(a) 中,$u_i > E$ 时,D 导通,则

$$u_o = E$$

$u_i < E$ 时,D 截止,则

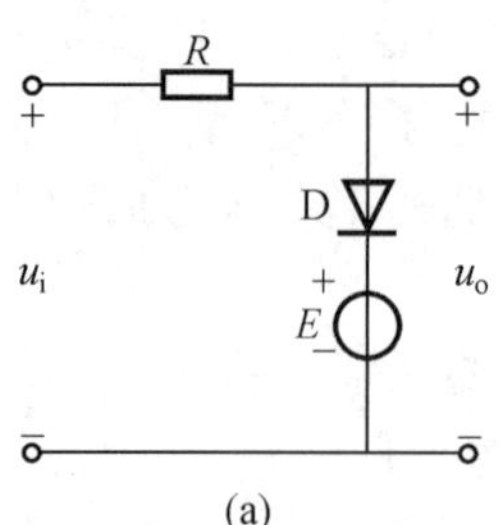

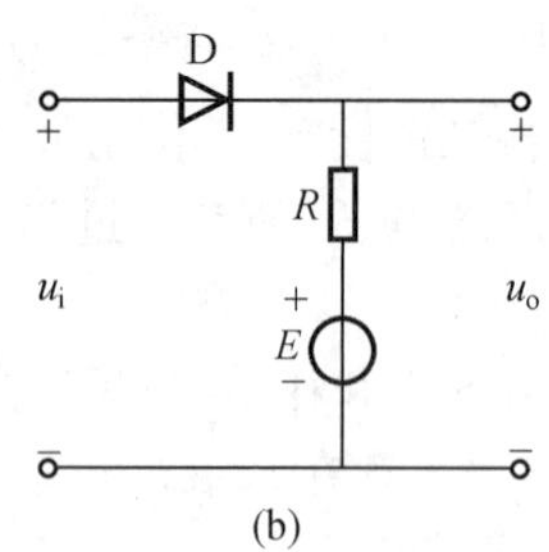

题图 10.2

$$u_o = u_i$$

(2) 在题图 10.4(b) 中,$u_i > E$ 时,D 导通,则

$$u_o = u_i$$

$u_i < E$ 时,D 截止,则

$$u_o = E$$

其波形如题图 10.3(a)、(b) 所示。

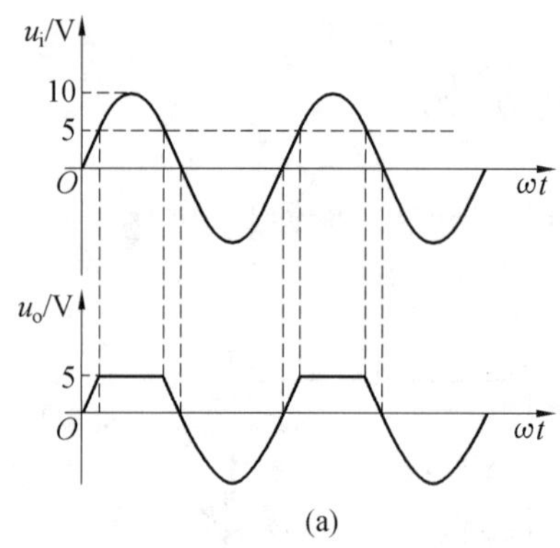

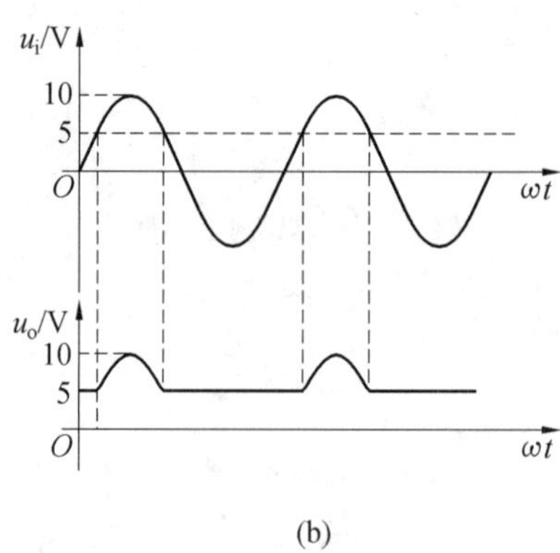

题图 10.3

10.3　在题图 10.4 中,试分别求出下列情况下输出端 F 的电位及各元件(R、D_A、D_B) 中通过的电流。(1) $V_A = V_B = 0$ V;(2) $V_A = 3$ V,$V_B = 0$ V;(3) $V_A = V_B = 3$ V。二极管的正向压降忽略不计。

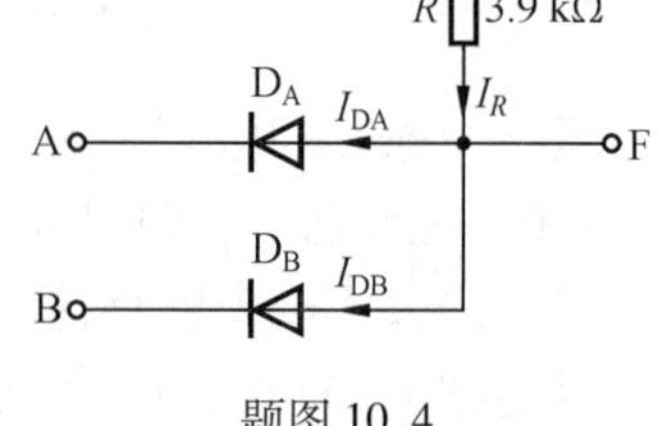

题图 10.4

解　(1) 当 $V_A = V_B = 0$ V 时,D_A 和 D_B 同时导通,则

$$V_F = 0\ \text{V}$$

$$I_R = \frac{12}{3.9} = 3.08(\text{mA})$$

$$I_{DA} = I_{DB} = \frac{1}{2}I_R = 1.54(\text{mA})$$

(2) 当 $V_A = 3$ V、$V_B = 0$ V 时,二极管 D_B 优先导通,则

$$V_F = 0\ \text{V}$$

$$I_{DB} = I_R = \frac{12}{3.9} = 3.08(\text{mA})$$

D_A 反向偏置,$I_{DA} = 0$ A。

(3) 当 $V_A = V_B = 3$ V 时,二极管 D_A 和 D_B 同时导通,则

$$V_F = 3\ \text{V}$$

$$I_R = \frac{12 - V_F}{R} = \frac{12 - 3}{3.9} = 2.3(\text{mA})$$

$$I_{DA} = I_{DB} = \frac{1}{2}I_R = 1.153(\text{mA})$$

10.4　在题图 10.5 中,通过稳压管的电流 I_Z 等于多少?限流电阻 R 的阻值是否合适?

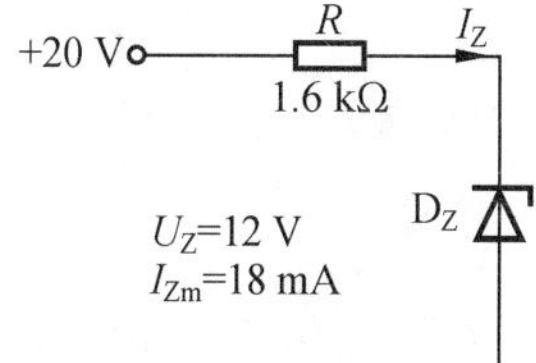

题图 10.5

解　$$I_Z = \frac{20 - U_Z}{R} = \frac{20 - 12}{1.6} = 5(\text{mA})$$

若 I_Z 大于稳压管的最小电流,则限流电阻 R 的阻值是合适的。

10.5　有两个稳压管 D_{Z1} 和 D_{Z2},其稳定电压分别为 5.5 V 和 8.5 V,正向压降都是 0.5 V。如果要得到 3 V、6 V、9 V、14 V 几种稳定电压,试画出其稳压电路。

解　各种稳压电路如题图 10.6 所示。

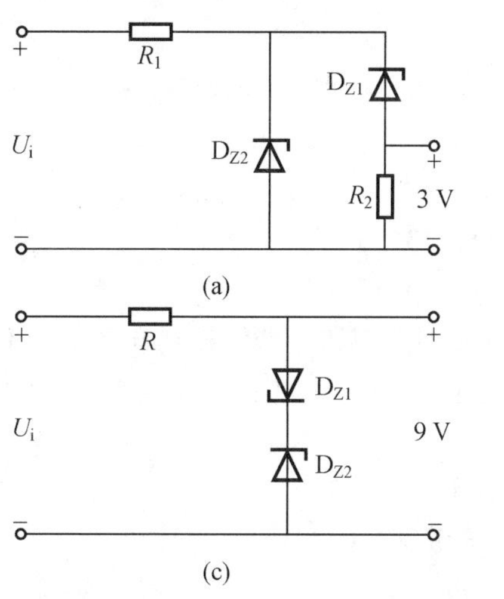

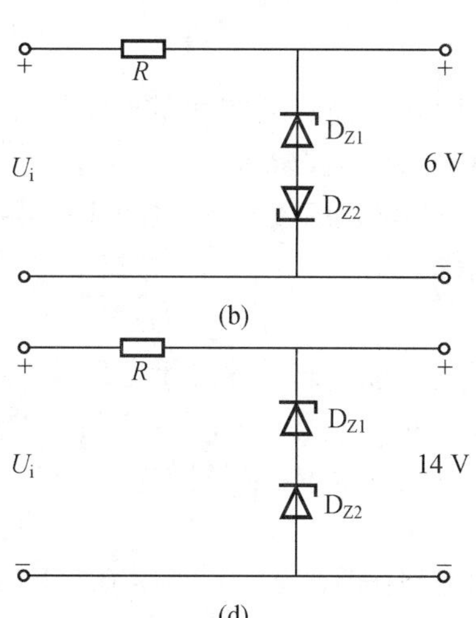

题图 10.6

10.6　在题图 10.7 中,稳压管 D_{Z1} 的稳定电压为 5 V,D_{Z2} 的稳定电压为 8 V,试求 U_o、I、I_{Z1}、I_{Z2}。

解　虽然稳压管 D_{Z1} 的稳压值小于 D_{Z2},但 D_{Z1} 与 500 Ω 电阻串联后,D_{Z1} 和 D_{Z2} 同时导通,工作在反向击穿区,故

$$U_o = 8\ \text{V}$$

$$I = \frac{20 - U_o}{1 \times 10^3} = 12(\text{mA})$$

$$I_{Z1} = \frac{U_o - U_{Z1}}{500} = \frac{8 - 5}{500} = 6(\text{mA})$$

$$I_{Z2} = I - I_{Z1} = 12 - 6 = 6(\text{mA})$$

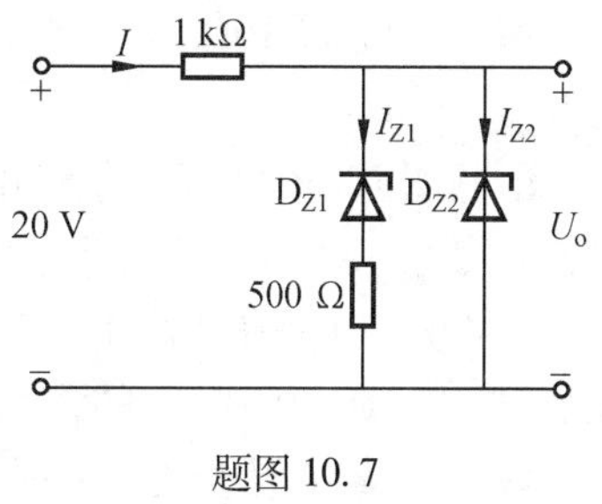

题图 10.7

10.7　已知晶体三极管 T_1、T_2 的两个电极的电流如题图 10.8 所示。试求：

(1) 另一电极的电流并标出电流的实际方向。

(2) 判断管脚 E、B、C。

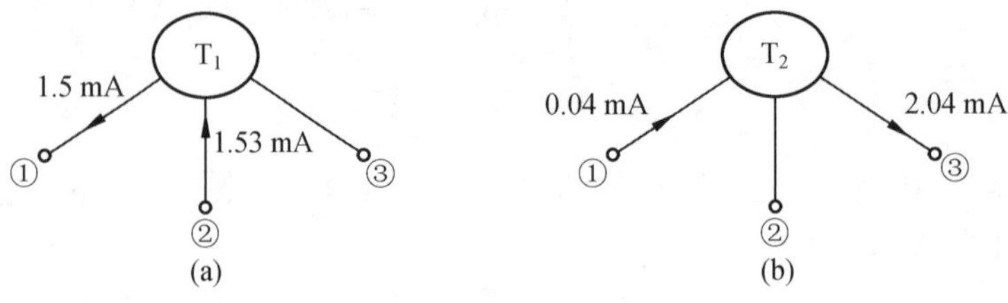

题图 10.8

解　(1) 另一电极的电流实际方向如题图 10.9(a)、(b) 所示。

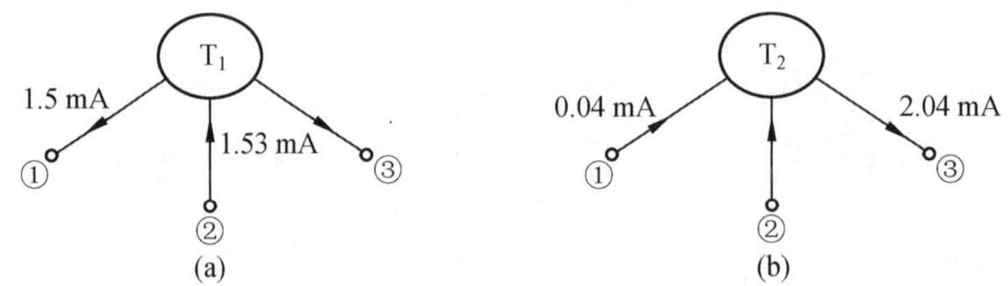

题图 10.9

在题图 10.9(a) 中,③脚的电流为 $1.53-1.5=0.03$(mA);在题图 10.9(b) 中,②脚的电流为 $2.04-0.04=2$(mA)。

(2) 根据电流的数值与实际方向,可判断出

题图(a)　　①脚—C　②脚—E　③脚—B

题图(b)　　①脚—B　②脚—C　③脚—E

10.8　某晶体三极管接于电路中,当工作在放大状态时测得三个电极的电位分别为 +9 V、+3.8 V、+3.2 V,试判断管子的类型和三个电极。

解　NPN 型晶体三极管的放大条件是

$$V_C > V_B > V_E$$

管子类型:硅管 $U_{BE}=0.6\sim0.7$ V;锗管 $U_{BE}=0.2\sim0.3$ V。

综上可知,此晶体管是 NPN 型管。9 V—集电极;3.8 V—基极;3.2 V—发射极。

10.9　题图 10.10(a)、(b) 分别为 2 只绝缘栅场效应管的输出特性。试分析这两个管的类型(N 沟道、P 沟道、增强型、耗尽型),并指出它们的开启电压 $U_{GS(th)}$ 或夹断电压 $U_{GS(off)}$ 是多少?

解　由题图 10.10(a) 中的输出特性可知,$U_{GS}>0$,则为 N 沟道增强型 MOS 管,其开启电压 $U_{GS(th)}=4$ V。

由题图 10.10(b) 中的输出特性可知,$U_{GS}<0$,$U_{GS}>0$,$U_{GS}=0$ 时,MOS 都能工作,则为 N 沟道耗尽型 MOS 管,其夹断电压 $U_{GS(off)}=-3$ V。

10.10　在题图 10.11 中,KM 为直流继电器的线圈和触点,试分析该电路的工作原理,并说明 D_1、D_2、D_3、T_1 和 T_2 的作用。

解　当输入信号为 0 V 时,D_1、D_2 截止,则 T_1 截止,T_2 截止,直流继电器线圈 KM 断电,其触点断开,负载 R_L 不能工作。

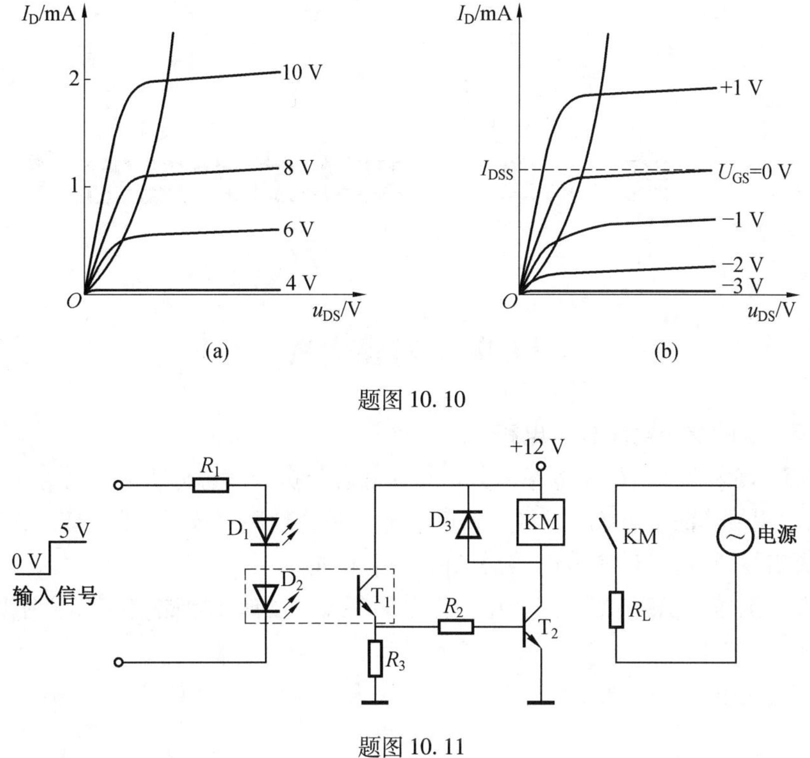

题图 10.10

题图 10.11

当输入信号为 5 V 时，D_1、D_2 导通，则 T_1 导通，T_2 导通，KM 线圈通电，其触点闭合，负载 R_L 正常工作。

D_1 是系统工作指示灯；D_2 与 T_1 构成光电耦合器，D_2 将输入电信号转换成光信号送入 T_1 管的基极，使 T_1 管导通；T_2 管放大电流，驱动 KM 线圈通电；D_3 保护 T_2 管，防止在 KM 线圈断电后，T_2 管上出现高电压。

第 11 章　基本放大电路

11.1　内容提要

1. 共射极接法的交流电压放大电路

共射极接法的交流电压放大电路的分析分为静态分析和动态分析。静态分析是合理确定静态工作点，常用估算法求解 I_B、I_C 和 U_{CE}；动态分析是合理确定放大电路的输入电阻、输出电阻和电压放大倍数，常用微变等效电路法求解 r_i、r_o 和 A_u。

为了使静态工作点稳定，常采用分压式偏置的交流电压放大电路，其中，发射极电阻 R_E 起稳定静态工作点的作用。

阻容耦合放大电路只能放大交流信号，不能放大直流信号，其计算、分析方法与单管放大电路相同。

2. 共集电极接法的交流电压放大电路

共集电极接法的交流电压放大电路（射极输出器）存在串联电压负反馈，具有输入电阻高、输出电阻低、输出电压稳定的特点，在电路中常用于放大电路的输入级、中间级和输出级。

3. 多级电压放大电路

多级电压放大电路的连接方式常采用阻容耦合和直接耦合。阻容耦合放大电路只能放大交流信号，不能放大直流信号。而直接耦合放大电路既能放大交流信号，又能放大直流信号。

（1）阻容耦合交流放大电路。

阻容耦合放大电路的静态分析和单管放大电路相同。由于放大电路中存在电容，则各级静态工作点相互独立。

阻容耦合放大电路的电压放大倍数是每级放大倍数的乘积。这里要注意，计算前级电压放大倍数时要考虑后级对前级的影响。阻容耦合放大电路的输入电阻为第一级放大电路的输入电阻，输出电阻为最后一级放大电路的输出电阻。

（2）直接耦合放大电路。

直接耦合放大电路采用差动输入方式结构，目的是抑制零点漂移。差动输入电压放大电路的输入信号方式为差模输入和比较信号输入。

4. 放大电路中的负反馈

为了提高放大电路的质量，在放大电路中引入直流和交流负反馈。直流负反馈有稳定静态工作点的作用，交流负反馈有提高放大电路的输入电阻、稳定放大倍数、稳定输出信号、改善波形传输质量等作用。

交流负反馈有串联电流负反馈、串联电压负反馈、并联电流负反馈、并联电压负反馈四种类型。

负反馈常采用瞬时极性法来判断,反馈类型常根据反馈信号的取出和送入方式来确定。

5. 功率放大电路

功率放大电路接在整个放大电路的末级,任务是将功率进行放大,带动负载工作。功率放大电路工作在甲乙类状态,采用两管组成互补对称方式进行工作。

11.2　重点与难点

11.2.1　重点

(1) 工作点稳定的交流电压放大电路的工作原理、静动态指标的分析与计算。

(2) 射极输出器的工作特点、静动态指标的分析与计算。

(3) 放大电路的微变等效电路的画法。

(4) 放大电路中负反馈的判断。

(5) 阻容耦合交流电压放大电路的分析与计算。

11.2.2　难点

(1) 工作点稳定电路的分析。

(2) 交流负反馈类型的判断。

11.3　例题分析

【例 11.1】　晶体管交流电压放大电路如图 11.1 所示。已知 $\beta = 50$,$U_{CC} = 12$ V。试求:

(1) 确定静态值 I_B、I_C、U_{CE}。

(2) 画出放大电路的微变等效电路。

(3) 计算电压放大倍数 A_u。

(4) 计算放大电路的输入电阻 r_i 和输出电阻 r_o。

解　(1) 用估算法求静态值。画出图 11.1 的直流通路如图 11.2 所示。在图 11.2 中,有

$$V_B = \frac{R_{B2}}{R_{B1} + R_{B2}} \cdot U_{CC} = \frac{10}{30 + 10} \times 12 = 3(\text{V})$$

$$V_E = V_B - U_{BE} = 3 - 0.6 = 2.4(\text{V})$$

$$I_E = \frac{V_E}{R_E} = \frac{2.4}{2} = 1.2(\text{mA})$$

$$I_C \approx I_E = 1.2(\text{mA})$$

$$I_B = \frac{I_C}{\beta} = \frac{1.2}{50} = 24(\mu\text{A})$$

$$U_{CE} = U_{CC} - I_C(R_C + R_E) = 12 - 1.2 \times 5 = 6(\text{V})$$

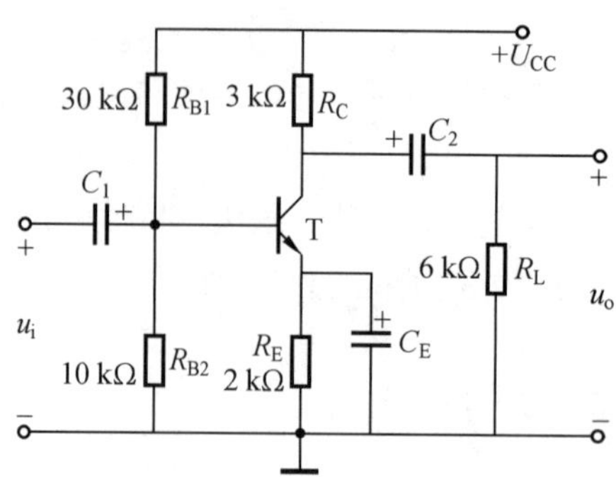

图 11.1　晶体管交流电压放大电路

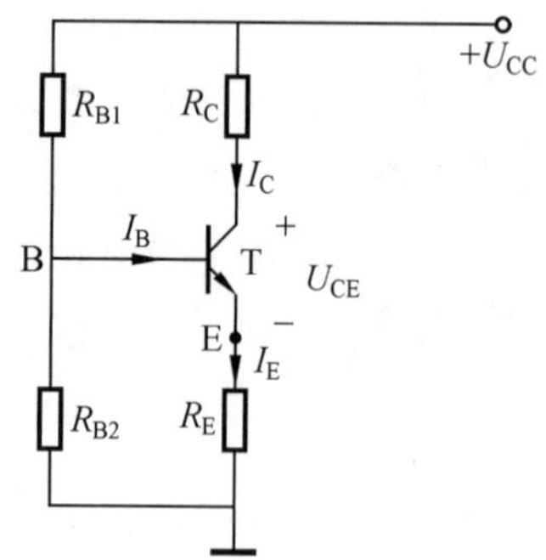

图 11.2　直流通路

（2）画出放大电路的微变等效电路如图 11.3 所示。

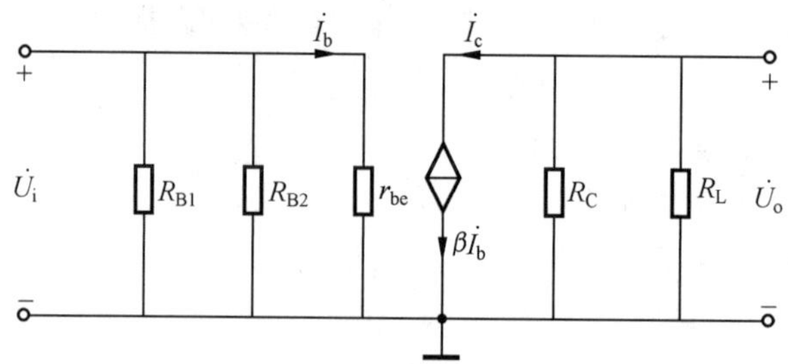

图 11.3　微变等效电路

（3）计算电压放大倍数 A_u。直接利用公式

$$A_u = -\frac{\beta R'_L}{r_{be}} = -\frac{50 \times 2}{1.3} = -77$$

其中

$$r_{be} = 200 + (1+\beta)\frac{26}{I_E} = 200 + \frac{51 \times 26}{1.2} = 1.3(\text{k}\Omega)$$

$$R'_L = R_C \,//\, R_L = 3 \,//\, 6 = 2(\text{k}\Omega)$$

（4）计算 r_i 和 r_o。由图 11.3 可得

$$r_i = R_{B1} \,//\, R_{B2} \,//\, r_{be} = 30 \,//\, 10 \,//\, 1.3 = 0.9(\text{k}\Omega)$$

$$r_o = R_C = 3\ \text{k}\Omega$$

【例 11.2】　在图 11.1 所示的放大电路中串入电阻 R'_E，如图 11.4 所示。再求例 11.1 中的各项。

解　（1）求静态值。画出图 11.4 的直流通路如图 11.5 所示。在图 11.5 中，有

$$V_B = \frac{R_{B2}}{R_{B1}+R_{B2}} \cdot U_{CC} = \frac{10}{30+10} \times 12 = 3(\text{V})$$

$$V_E = V_B - U_{BE} = 3 - 0.6 = 2.4(\text{V})$$

$$I_E = \frac{V_E}{R_E + R'_E} = \frac{2.4}{2.2} = 1(\text{mA})$$

$$I_C \approx I_E = 1\ \text{mA}$$

$$I_B = \frac{I_C}{\beta} = \frac{1}{50} = 20(\mu\text{A})$$

$$U_{CE} = U_{CC} - I_C(R_C + R'_E + R_E) = 12 - 1 \times 5.2 = 6.8(\text{V})$$

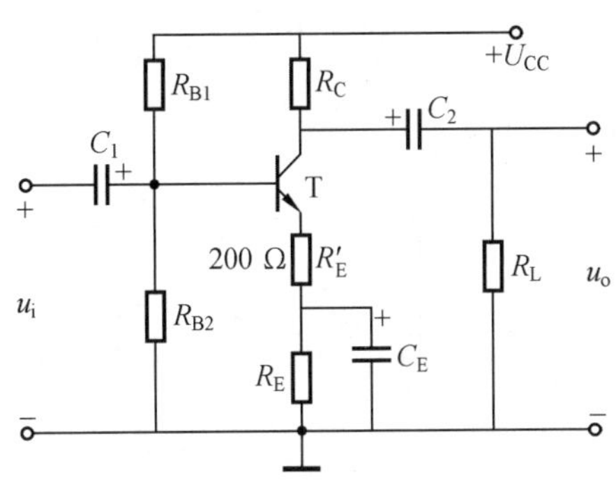

图 11.4　例 11.2 图 1

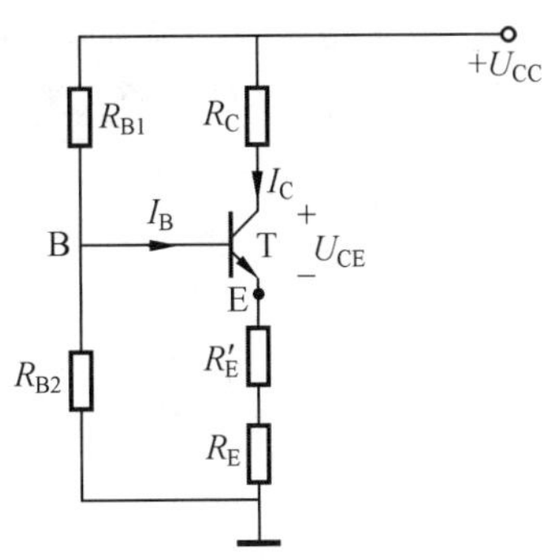

图 11.5　例 11.2 图 2

(2) 画出微变等效电路如图 11.6 所示。

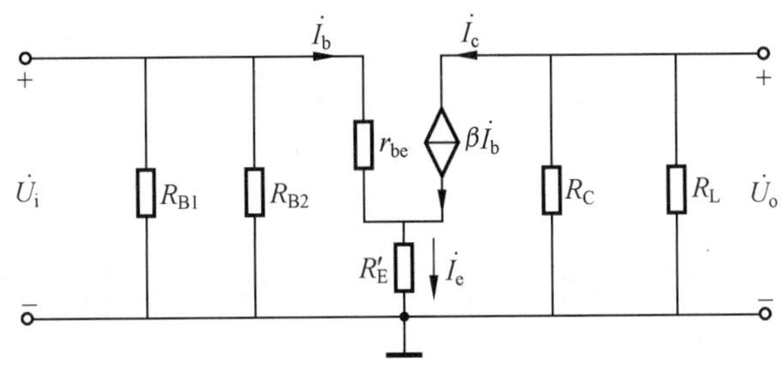

图 11.6　例 11.2 图 3

(3) 计算电压放大倍数 A_u。由图 11.6 的微变等效电路得

$$\dot{U}_i=\dot{I}_b r_{be}+\dot{I}_e R'_E=\dot{I}_b r_{be}+(1+\beta)\dot{I}_b R'_E=\dot{I}_b[r_{be}+(1+\beta)R'_E]$$

$$\dot{U}_o=-\dot{I}_c R'_L=-\beta\dot{I}_b R'_L$$

所以

$$A_u=\frac{\dot{U}_o}{\dot{U}_i}=-\frac{\beta\dot{I}_b R'_L}{\dot{I}_b[r_{be}+(1+\beta)R'_E]}=-\frac{\beta R'_L}{r_{be}+(1+\beta)R'_E}=$$

$$\frac{-50\times 2}{1.5+51\times 0.2}=\frac{-100}{11.7}=-8.5$$

其中
$$r_{be}=200+(1+\beta)\frac{26}{I_E}=200+\frac{51\times 26}{1}=1.5(\mathrm{k\Omega})$$

(4) 计算输入电阻 r_i 和输出电阻 r_o。由图 11.6 可得

$$r_i=R_{B1}\,/\!/\,R_{B2}\,/\!/\,[r_{be}+(1+\beta)R'_E]=$$

$$30\,/\!/\,10\,/\!/\,11.7=4.6(\mathrm{k\Omega})$$

$$r_o=R_C=3\ \mathrm{k\Omega}$$

从以上结果可以看出:有发射极电阻 R'_E时,对静态工作点影响不大,但对电压放大倍数和输入电阻影响很大,使 $A_u\downarrow$,$r_i\uparrow$。即 R'_E起交流负反馈作用。

【例 11.3】　在图 11.7 中,已知 R_f 和 C_f 是反馈支路,试分析:

(1) 当反馈支路的“1”端与放大电路的“4”端连接,反馈支路的“2”端与放大电路的“6”端连接时,整个放大电路存在什么类型的交流负反馈?

（2）当反馈支路的“1”端与放大电路的“3”端连接，反馈支路的“2”端与放大电路的“5”端连接时，整个放大电路存在什么类型的交流负反馈？

（3）每一级放大电路存在什么类型的交流负反馈？

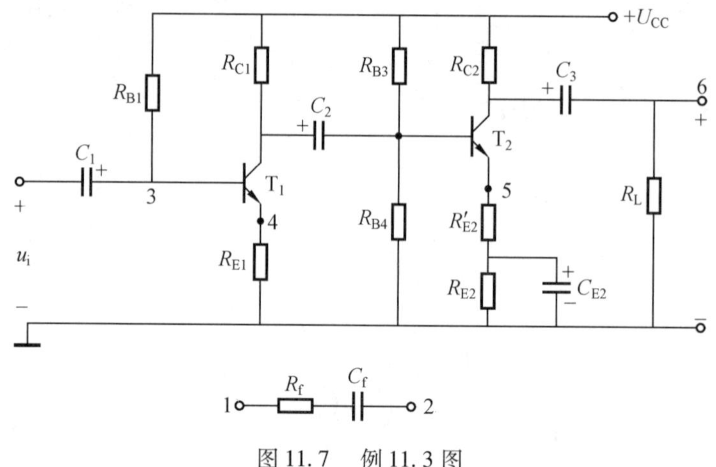

图 11.7　例 11.3 图

解　（1）反馈网络的“1”端与“4”连接，“2”端与“6”端连接，是串联电压负反馈；

分析如下：从电路的结构来看，反馈信号取自输出电压，反馈信号是以电压的形式即 $U_f = U_{R_{E1}}$ 出现在输入端，所以，此电路是串联电压负反馈。

（2）反馈网络的“1”端与“3”连接，“2”端与“5”端连接，是并联电流负反馈；

分析如下：从电路的结构来看，反馈信号取自 $U_{R'_{E2}} = I_{C2}R'_{E2}$ 上的电压，不是取自输出电压，而是取自输出电流 I_{C2}，反馈信号是以电流的形式即 $I_f = \dfrac{U_{b1} - U_{R'_{E2}}}{R_f}$ 出现在输入端，所以，此电路是并联电流负反馈。

（3）第一级和第二级都存在串联电流负反馈。

11.4　思考题分析

11.1　晶体管具有放大能力，是否只要使晶体管工作在放大状态就可以保证放大电路对输入信号起到放大作用？

解　不一定。还要保证输入为小信号，输入信号的变化范围都在晶体管输入特性的线性段，才能保证输入信号不失真地被放大。

11.2　在图 11.8 所示的放大电路中，晶体管 T 能直接放大输入电压信号 u_i 吗？集电极电阻 R_C 如何配合晶体管将电流放大作用转化为电压放大作用？被放大的电压信号 u_o 由晶体管的何处输出？

解　晶体管只能放大电流信号，不能直接放大电压信号，若要将集电极电流信号转换为电压信号，则要在晶体管的集电极串上一个电阻 R_C，取 R_C 两端的电压，通过电容隔直，此电压即为输出电压 u_o，即 u_o 是从晶体管 T 的集电极和发射极之间取出的。

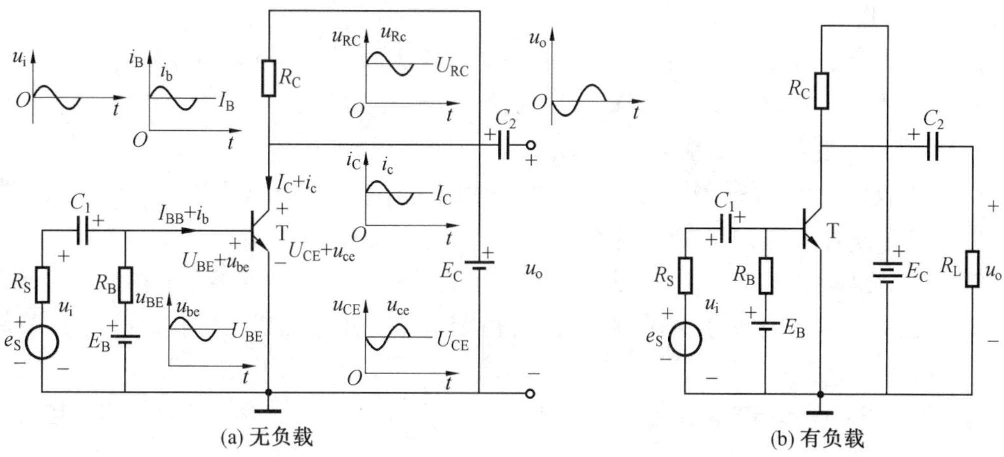

(a) 无负载　　　　(b) 有负载

图 11.8　题 11.2 图

11.3　在图 11.9 所示的放大电路中，耦合电容 C_1、C_2 极性为"+"的一端为何要如此连接？

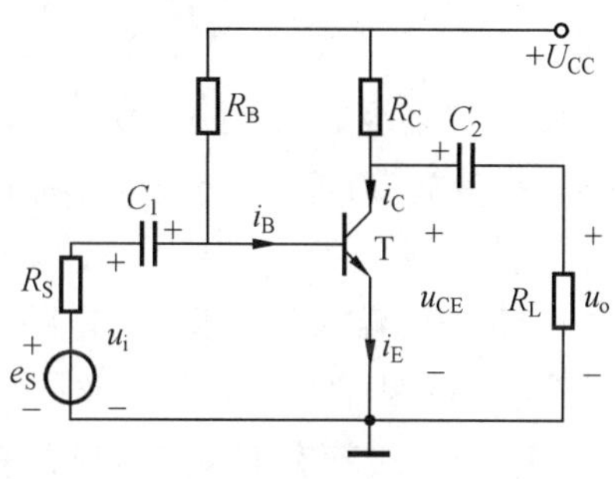

图 11.9　题 11.3 图

解　因为晶体管 T 是 NPN 型，当晶体管 T 工作在放大状态时，$U_{BE}>0$，$U_{CE}>0$。也就是说，在静态时，电容 C_1 和 C_2 是与晶体管的发射结和集射之间是并联的。且晶体管的基极电位、集电极电位都高于发射极电位，所以，电容 C_1 和 C_2 的"+"的一端要与基极、集电极连接。

11.4　放大电路的静态工作点应如何设置？其位置与放大电路哪些参数有关？如发现放大电路产生饱和失真，应调节哪个电阻？如何调节？

解　放大电路的静态工作点应设在负载线的中间位置，放大倍数才能达到最大。静态工作点的位置与放大电路的基极电阻 R_B 有关。放大电路若产生饱和失真，应调节基极电阻 R_B。将 R_B 的阻值调大，即可消除饱和失真。

11.5　晶体管为什么需要线性化？线性化的条件是什么？

解　由于晶体管是非线性元件，在电路分析中就得用非线性电路的分析方法来分析，这样电路分析就很麻烦。所以，当晶体管在小信号的情况下，就可以等效为线性元件。然后就用线性电路的分析方法来计算动态指标。

11.6　r_{be}、r_{ce}、r_i、r_o 是交流电阻还是直流电阻？r_i 中是否包括信号源内阻 R_S？r_o 中是否包括负载电阻 R_L？

解　r_{be}、r_{ce}、r_i、r_o 是交流电阻。r_i 中不包含信号源内阻 R_S，r_o 中不包含负载电阻 R_L。

11.7　在电压放大电路中，晶体管的 β 值越大，电压放大倍数是否就越高？要想提高电压放大倍数，应如何考虑？

解　由 $A_u=-\dfrac{\beta R_c}{r_{be}}$ 可知，β 值增大，r_{be} 也增大，A_u 增加不多。要想提高电压放大倍数，应合

理设置静态工作点。

11.8　为什么通常希望电压放大电路的输入电阻大些而输出电阻小些?

解　因为放大电路的输入电阻大,可提高放大电路的抗干扰能力;放大电路的输出电阻小,可以提高放大电路的带载能力。

11.9　放大电路静态工作点不稳定的主要原因是什么?分压式偏置交流电压放大电路是怎样稳定静态工作点的?条件是什么?

解　放大电路的静态工作点不稳定的原因是温度变化对晶体管参数的影响。分压式偏置交流电压放大电路是靠引入直流负反馈稳定静态工作点的。工作点稳定的条件是 $I_2 \gg I_B$, $V_B \gg V_{BE}$。

11.10　在分压式偏置交流电压放大电路中,电容 C_E 起什么作用?为什么将此电容称为旁路电容器?

解　电容 C_E 起旁路作用。当放大交流信号时,电容 C_E 将电阻 R_E 短路,使电压放大倍数不下降。

11.11　多级放大电路为什么有时用阻容耦合,有时用直接耦合?

解　若放大直流或交流信号可用直接耦合放大电路,若只放大交流信号,可采用阻容耦合。

11.12　阻容耦合电压放大电路的静态值如何计算?放大电路的 A_u、r_i、r_o 如何计算?

解　阻容耦合电压放大电路的静态值的计算与单管交流电压放大电路相同,由于电容的隔直作用,每一级静态工作点是独立的。

电压放大倍数 A_u 是各级放大倍数的乘积。先算出每一级放大电路的电压放大倍数,然后再相乘,即 $A_u = A_{u_1} \cdot A_{u_2} \cdot A_{u_3} \cdot \cdots \cdot A_{u_n}$。

放大电路的输入电阻 $r_i = r_{i1}$,输出电阻 $r_o = r_{on}$。

11.13　差动放大电路是怎样抑制零漂的?

解　差动放大电路是靠引入负反馈抑制零点漂移的。负反馈电阻 R_E 抑制了每个管的零漂,不论是单端输出还是双端输出,零漂都不存在了。

11.14　如果需要稳定输出电压,并提高输入电阻,应当引入何种类型的负反馈?

解　引入串联电压负反馈。

11.15　射极输出器的主要特点是什么?有哪些主要应用?

解　射极输出器的主要特点是,输入电阻高、输出电阻低、输入输出同相位,电压放大倍数小于等于1,存在串联电压负反馈。

射极输出器的主要应用是,接在放大电路的首级,用以提高整个放大电路的输入电阻;接在放大电路的末级,用以减小整个放大电路的输出电阻;接在电压放大电路的中间,用以提高前级电压放大倍数,起到阻抗匹配的作用。

11.16　对功率放大电路的基本要求是什么?功率放大电路的乙类和甲乙类工作状态有何特点?

解　对功率放大电路的基本要求是:(1) 向负载提供足够大的输出功率;(2) 输出效率要足够高;(3) 非线性失真要小。

功率放大电路工作在乙类时，静态时 $I_C = 0$，晶体管的静态功耗最小；工作在甲乙类时，有一定的静态值 $I_C \neq 0$，但也比较小，晶体管有一定的静态功耗。

11.17　在图 11.10 中，电容 C_2 起什么作用？

解　C_2 的作用是给 T_2 提供工作电压。当 T_1 导通时，电容 C_2 被充电，其上的电压为$\frac{1}{2}U_{CC}$；当 T_1 截止、T_2 导通时，C_2 作为 T_2 的电源，向 T_2 提供能量。这里要注意，T_2 导通时，C_2 要放电，其上的电压要下降，为了维持 C_2 上的电压基本不变，电容 C_2 的容量要足够大。

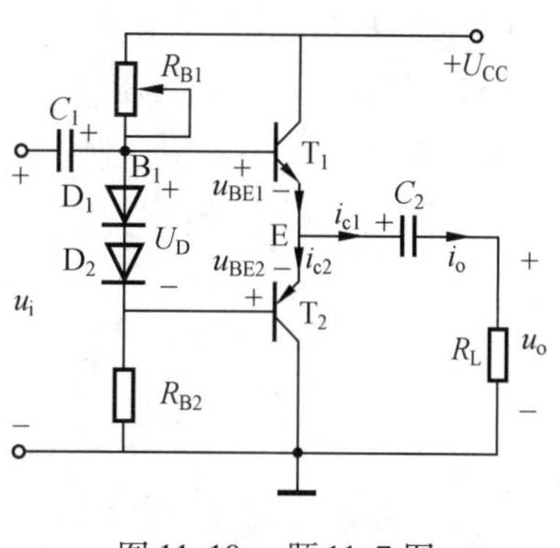

图 11.10　题 11.7 图

11.5　习题分析

11.1　试判断题图 11.1 所示电路能否放大交流信号？为什么？

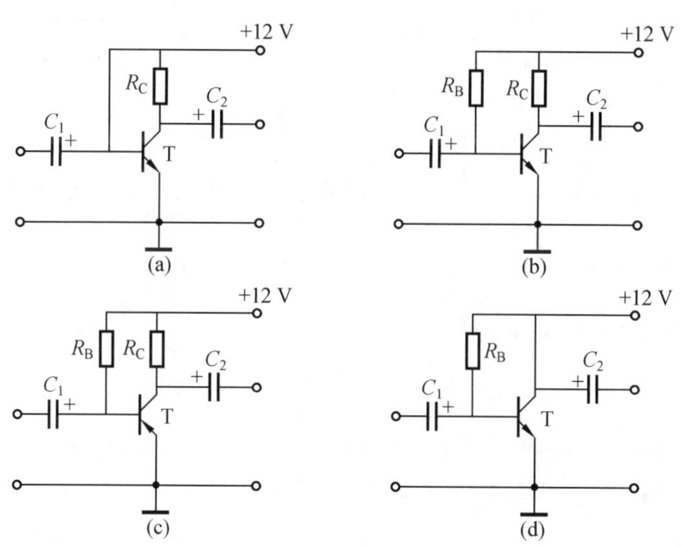

题图 11.1

解　题图 11.1(a) 电路中没有基极电阻 R_B，晶体管 T 饱和，在交流通路中，基极对地短路，信号无法输入，因此不能放大交流信号。

题图 11.1(b) 电路可以放大交流信号。

题图 11.1(c) 电路中的晶体管 T 是 PNP 型管，而直流电源极性加反，电容 C_1 和 C_2 极性加反，所以不能放大交流信号。

题图 11.1(d) 电路中没有集电极电阻 R_C，晶体管的集电极电位为 +12 V，在交流通路中，集电极对地短路，无输出电压信号，所以不能放大交流信号。

11.2　晶体管放大电路如题图 11.2 所示，已知 $U_{CC} = 12$ V，$R_C = 3$ kΩ，$R_B = 240$ kΩ，晶体管的 β 值为 40，$R_L = 6$ kΩ。试求：

(1) 估算静态值 I_B、I_C、U_{CE}。

(2) 计算电压放大倍数 A_u。

(3) 如果不带负载,再求 A_u。

解 (1) 估算静态值。画出题图 11.2 的直流通路如题图 11.3 所示。由图可得

$$I_B = \frac{U_{CC} - U_{BE}}{R_B} \approx \frac{U_{CC}}{R_B} = \frac{12}{240 \times 10^3} = 0.05(\text{mA}) = 50(\mu\text{A})$$

$$I_C = \beta I_B = 40 \times 0.05 = 2(\text{mA})$$

$$U_{CE} = U_{CC} - I_C R_C = 12 - 2 \times 10^{-3} \times 3 \times 10^3 = 6(\text{V})$$

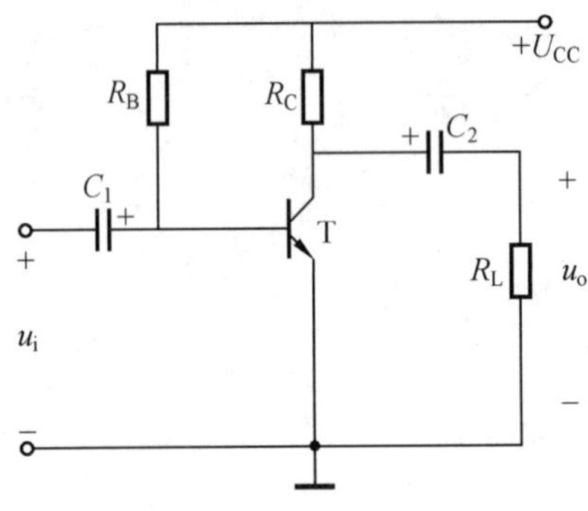

题图 11.2

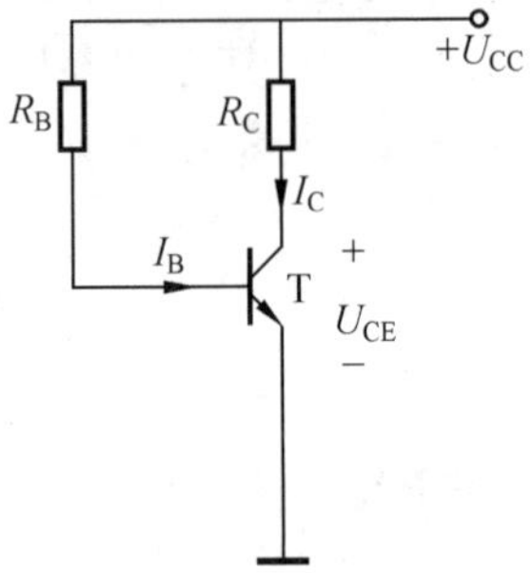

题图 11.3

(2) 计算电压放大倍数 A_u。

$$R'_L = R_C \,/\!/\, R_L = 3 \,/\!/\, 6 = 2(\text{k}\Omega)$$

$$r_{be} = 200 + (1 + \beta)\frac{26}{I_E} = 200 + \frac{41 \times 26}{2} = 733(\Omega) \approx 0.73(\text{k}\Omega)$$

$$A_u = \frac{-\beta R'_L}{r_{be}} = -\frac{40 \times 2}{0.73} \approx -109.6$$

(3) 计算不带负载时的电压放大倍数

$$A_u = -\frac{\beta R_C}{r_{be}} = -\frac{40 \times 3}{0.73} \approx -164.4$$

11.3 题图 11.4 为一分压式偏置放大电路。已知 $R_{B1} = 60\ \text{k}\Omega$,$R_{B2} = 20\ \text{k}\Omega$,$R_C = 3\ \text{k}\Omega$,$R_E = 2\ \text{k}\Omega$,$R_L = 6\ \text{k}\Omega$,$U_{CC} = 12\ \text{V}$,$\beta = 60$,试求:

(1) I_B、I_C、U_{CE}。

(2) 画出微变等效电路。

(3) A_u。

(4) r_i 和 r_o。

解 (1) 画出题图 11.4 的直流通路如题图 11.5 所示。在题图 11.5 中,有

$$V_B = \frac{20}{60 + 20} \times 12 = 3(\text{V})$$

$$V_E = V_B - U_{BE} = 3 - 0.7 = 2.3(\text{V})$$

$$I_E = \frac{V_E}{R_E} = \frac{2.3}{2} = 1.2(\text{mA})$$

$$I_C \approx I_E = 1.2\ \text{mA}$$

$$I_B = \frac{I_C}{\beta} = \frac{1.2}{60} = 20(\mu\text{A})$$

$$U_{CE}=U_{CC}-I_C(R_C+R_E)=12-1.2\times5=6(\mathrm{V})$$

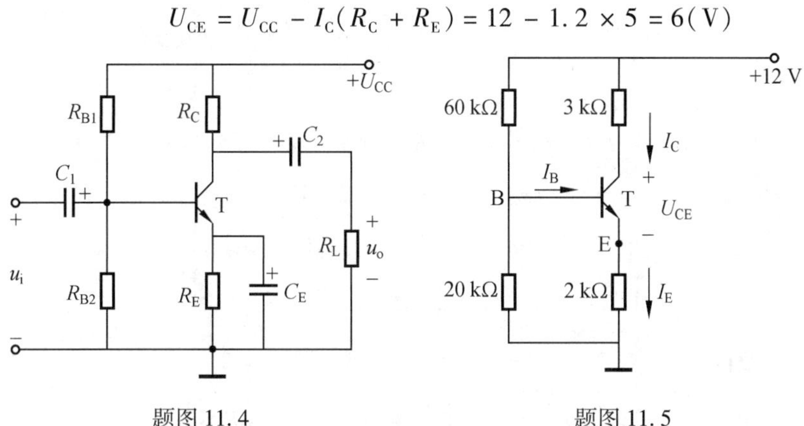

题图 11.4　　　　题图 11.5

(2) 画出题图 11.4 的微变等效电路如题图 11.6 所示。

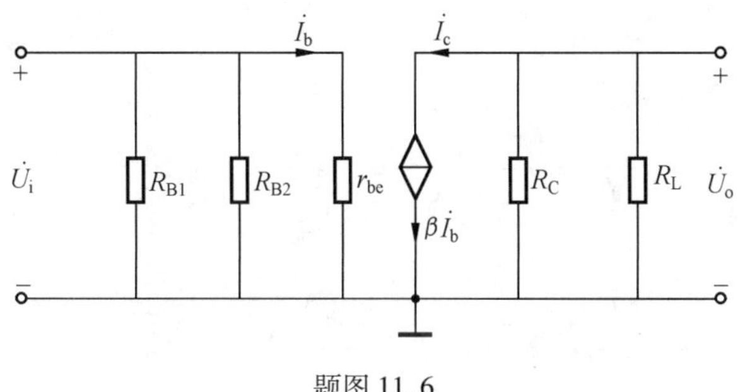

题图 11.6

(3) 计算 A_u。直接利用公式

$$A_u=-\frac{\beta R'_L}{r_{be}}=-\frac{60\times3\ /\!/\ 6}{1.52}=-78.9$$

其中
$$r_{be}=200+(1+\beta)\frac{26}{I_E}=200+\frac{61\times26}{1.2}=1.52(\mathrm{k\Omega})$$

(4) 计算 r_i 和 r_o。由题图 11.6 可得

$$r_i=R_{B1}\ /\!/\ R_{B2}\ /\!/\ r_{be}=60\ /\!/\ 20\ /\!/\ 1.52=1.38(\mathrm{k\Omega})$$

$$r_o=R_C=3\ \mathrm{k\Omega}$$

11.4　比较题图 11.2 和题图 11.4 两个放大电路的优缺点,具体说明题图 11.4 电路中 R_{B2}、R_E 及 C_E 的作用。

解　题图 11.2 是基本的交流电压放大电路,其优点是电路结构简单;其缺点是静态工作点不稳定,受温度变化的影响。

题图 11.4 是分压式偏置交流电压放大电路,其电路的优点是静态工作点稳定。其中,R_{B2} 起分压作用,保证晶体管的基极电位不受温度影响;电阻 R_E 起负反馈作用,稳定集电极电流 I_C;电容 C_E 起旁路作用,保证接入 R_E 后不影响电压放大倍数。

11.5　在题图 11.7 所示的放大电路中,设 $U_{CC}=10$ V,$R_E=5.6$ kΩ,$R_B=240$ kΩ,$\beta=40$,$R_S=10$ kΩ。试估算静态工作点,并计算其电流放大倍数、电压放大倍数以及输入、输出电阻。

解　(1) 估算静态工作点。

画出题图 11.7 的直流通路如题图 11.8 所示。在题图 11.8 中,有

$$I_B = \frac{U_{CC} - U_{BE}}{R_B + (1+\beta)R_E} = \frac{10 - 0.6}{240 + 41 \times 5.6} = 20(\mu A)$$

$$I_C = \beta I_B = 40 \times 20 \times 10^{-6} = 0.8(mA)$$

$$U_{CE} = U_{CC} - I_E R_E \approx U_{CC} - I_C R_E = 10 - 0.8 \times 5.6 = 5.52(V)$$

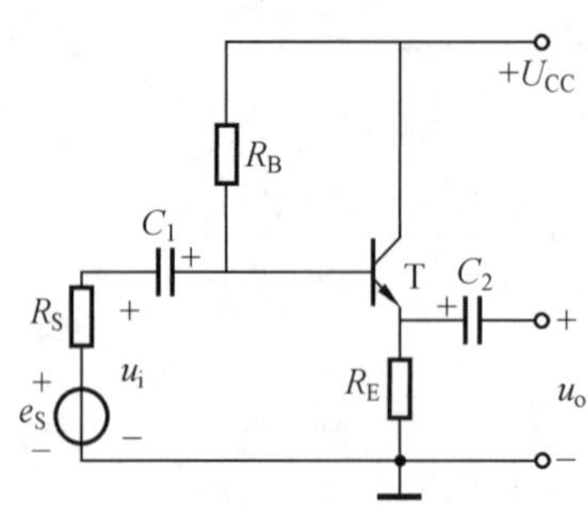

题图 11.7

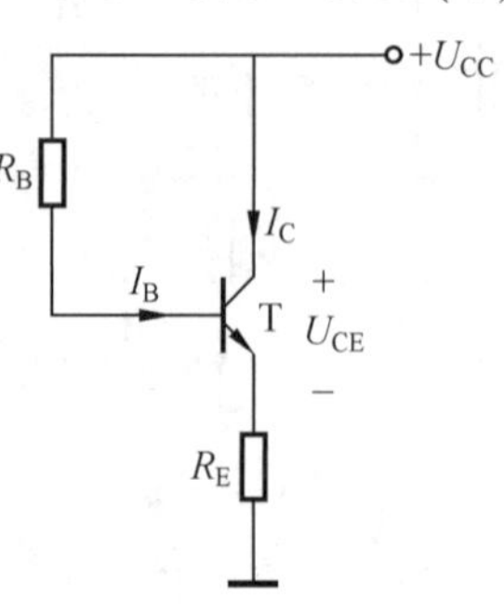

题图 11.8

(2) 电流放大倍数。

$$A_i = \frac{I_E}{I_B} = \frac{(1+\beta)I_B}{I_B} = 1 + \beta = 1 + 40 = 41$$

(3) 电压放大倍数。

$$A_u = \frac{(1+\beta)R_E}{r_{be} + (1+\beta)R_E} = \frac{41 \times 5.6}{1.533 + 41 \times 5.6} = \frac{229.6}{231.1} = 0.994$$

其中

$$r_{be} = 200 + (1+\beta)\frac{26}{I_E} = 200 + \frac{41 \times 26}{0.8} = 1.533(k\Omega)$$

(4) 输入电阻和输出电阻。

$$r_i = R_B \mathbin{/\!/} (r_{be} + (1+\beta)R_E) = 240 \mathbin{/\!/} 231.1 = 118(k\Omega)$$

$$r_o = \frac{R'_S + r_{be}}{1+\beta} = \frac{10 \mathbin{/\!/} 240 + 1.533}{41} = 272(\Omega)$$

11.6　在题图 11.9 所示的电路中，已知 $U_{CC} = 12$ V，晶体管的 $r_{be} = 1$ kΩ，$\beta = 50$，$R_{B1} = 120$ kΩ，$R_{B2} = 40$ kΩ，$R_C = 4$ kΩ，$R'_E = 100$ Ω，$R_E = 2$ kΩ，$R_L = 4$ kΩ。试求该电路的输入电阻、输出电阻和电压放大倍数。若 $R'_E = 0$，各值又为多少？两组结果说明什么问题？

解　画出题图 11.9 的微变等效电路如题图 11.10 所示。

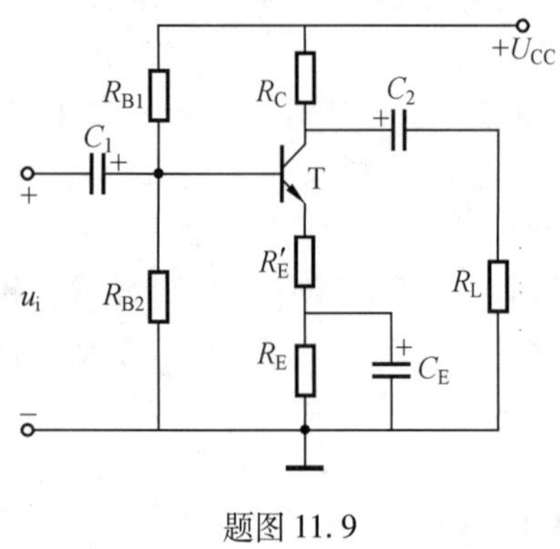

题图 11.9

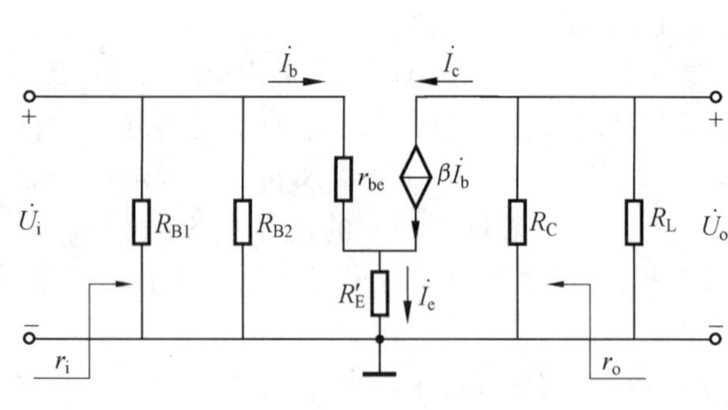

题图 11.10

(1) 在题图 11.10 中，r_{be} 流过基极电流$\dot{I}_b$，而 R'_E流过发射极电流$\dot{I}_e$，若将 R'_E电阻折合到基极回路，与 r_{be} 串联，则 R'_E电阻的阻值就要增大$(1+\beta)$ 倍，即$(1+\beta)R'_E$。所以该电路的输入电阻

$$r_i = R_{B1} /\!/ R_{B2} /\!/ [r_{be} + (1+\beta)R'_E] =$$
$$120 /\!/ 40 /\!/ (1 + 51 \times 0.1) =$$
$$120 /\!/ 40 /\!/ 6.1 = 5(\text{k}\Omega)$$

(2) 输出电阻为

$$r_o = R_C = 4\ \text{k}\Omega$$

(3) 因为
$$\dot{U}_i = \dot{I}_b r_{be} + \dot{I}_e R'_E = \dot{I}_b [r_{be} + (1+\beta)R'_E]$$
$$\dot{U}_o = -\dot{I}_c R'_L = -\beta \dot{I}_b R'_L$$

所以
$$A_u = \frac{\dot{U}_o}{\dot{U}_i} = -\frac{\beta R'_L}{r_{be} + (1+\beta)R'_E} = -\frac{50 \times 4 /\!/ 4}{1 + 51 \times 0.1} = -\frac{100}{6.1} = -16.4$$

(4) 若 $R'_E = 0$，则

$$r_i = R_{B1} /\!/ R_{B2} /\!/ r_{be} = 120 /\!/ 40 /\!/ 1 = 1(\text{k}\Omega)$$
$$r_o = R_C = 4\ \text{k}\Omega$$
$$A_u = -\frac{\beta R'_L}{r_{be}} = -\frac{50 \times 2}{1} = -100$$

两组结果说明了 R'_E起串联电流负反馈作用，它可使 r_i 提高，A_u 下降，但 A_u 的稳定性提高了。

11.7　在题图 11.2 所示放大电路中，$R_B = 280\ \text{k}\Omega$，$\beta = 40$，$R_C = 3\ \text{k}\Omega$，$U_{CC} = 12\ \text{V}$，$R_L = 3\ \text{k}\Omega$。试估算晶体管 T 的 r_{be}，并计算放大电路的 A_u、r_i 和 r_o。如欲提高该电路的电压放大倍数，可采用何种措施？需要调整电路中的哪些参数？

解　(1) 求 r_{be}。

由题图 11.3 的直流通路，有

$$I_B = \frac{U_{CC} - U_{BE}}{R_B} = \frac{12 - 0.6}{280 \times 10^3} = 41(\mu\text{A})$$
$$I_C = \beta I_B = 40 \times 41 \times 10^{-6} = 1.64(\text{mA})$$
$$r_{be} = 200 + (1+\beta)\frac{26}{I_E} = 200 + \frac{41 \times 26}{1.64} = 850(\Omega)$$

(2) 求 A_u。

$$A_u = -\frac{\beta R'_L}{r_{be}} = -\frac{40 \times 3 /\!/ 3}{0.85} = -70.6$$

(3) 求 r_i 和 r_o。

$$r_i = R_B /\!/ r_{be} = 280 /\!/ 0.85 \approx 850(\Omega)$$
$$r_o = R_C = 3\ \text{k}\Omega$$

(4) 若提高该电路的电压放大倍数，可将 R_B 调小，合理设置点 Q。

11.8　在题图 11.4 所示的分压偏置放大电路中，工作点稳定，已知 $R_{B1} = 30\ \text{k}\Omega$，$R_{B2} = 10\ \text{k}\Omega$，$R_C = 2\ \text{k}\Omega$，$R_E = 1\ \text{k}\Omega$，$R_L = 2\ \text{k}\Omega$，$U_{CC} = 12\ \text{V}$，晶体管 T 的 $\beta = 30$。试求：

(1) 放大电路的静态工作点，以及电压放大倍数、输入电阻和输出电阻。

(2) 如果信号输入端 $R_S = 10\ \text{k}\Omega$,则此时的电压放大倍数为多少?

解　(1) 求点 Q、A_u、r_i、r_o。

由题图 11.5 可知

$$V_B = \frac{R_{B2}}{R_{B1} + R_{B2}} \cdot U_{CC} = \frac{10}{30 + 10} \times 12 = 3(\text{V})$$

$$V_E = V_B - V_{BE} = 3 - 0.7 = 2.3(\text{V})$$

$$I_C \approx I_E = \frac{V_E}{R_E} = \frac{2.3}{1 \times 10^3} = 2.3(\text{mA})$$

$$I_B = \frac{I_C}{\beta} = \frac{2.3 \times 10^{-3}}{30} = 77(\mu\text{A})$$

$$U_{CE} = U_{CC} - I_C(R_C + R_E) = 12 - 2.3 \times 3 = 5.1(\text{V})$$

$$r_{be} = 200 + (1 + \beta)\frac{26}{I_E} = 200 + \frac{31 \times 26}{2.3} = 550(\Omega)$$

$$A_u = -\frac{\beta R'_L}{r_{be}} = -\frac{30 \times 2 /\!/ 2}{0.55} = -54.6$$

$$r_i = R_{B1} /\!/ R_{B2} /\!/ r_{be} = 30 /\!/ 10 /\!/ 0.55 = 512(\Omega)$$

$$r_o = R_C = 2\ \text{k}\Omega$$

(2) 求 A_{us}

$$A_{us} = \frac{r_i}{R_s + r_i} \cdot A_u = \frac{0.512 \times (-54.6)}{10 + 0.512} = -\frac{27.96}{10.512} = -2.66$$

11.9　进行单管交流电压放大电路实验的线路及所使用的仪器如题图 11.11 所示。试求:

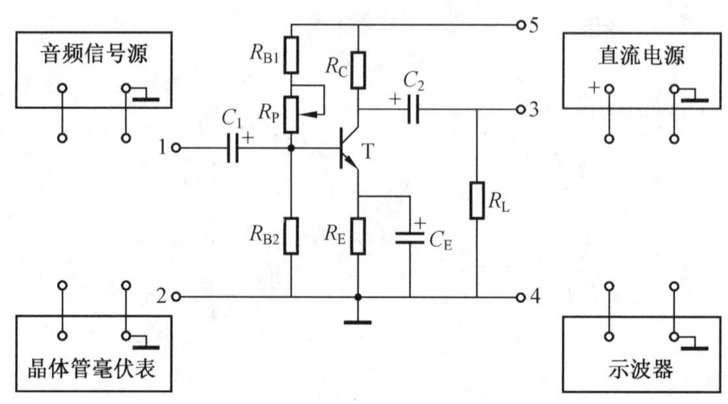

题图 11.11

(1) 请将各仪器与放大电路正确连接起来。

(2) 说明如何通过观察输出电压波形来调整静态工作点?

(3) 如果发现输出电压波形的上半波失真,这是何种失真? 如果发现输出波形的下半波失真,这又是何种失真? 两种失真怎样调整才能消除?

解　(1) 各仪器与放大电路连接如题图 11.12 所示。

(2) 用示波器观察输出电压波形,调节电阻 R_P 的阻值,当输出电压波形幅度最大且不失真时,静态工作点的位置最合适。

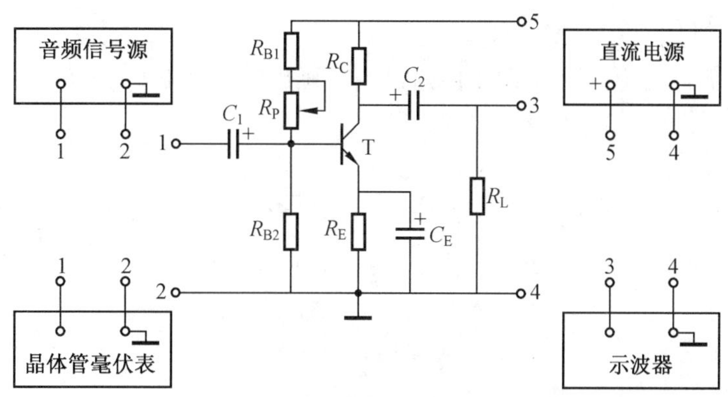

题图 11.12

(3) 输出电压波形的上半波失真为截止失真,下半波失真为饱和失真,若消除两种失真,需要调节可变电阻 R_P 的阻值。若消除截止失真,R_P 阻值减小,若消除饱和失真,R_P 阻值增大。

11.10　如果在题 11.11 中出现如下现象,试分析其原因或电路出现何种故障(设各仪器与放大电路完好,且连接正确)。

(1) 静态工作点虽然已调到最佳位置,但输出电压波形仍有失真。

(2) 输入信号 u_i 的幅值不变,静态工作点不变,将信号源的频率减小到某一数值后,输出无电压波形。

(3) 输入信号 u_i 的幅值及频率不变,静态工作点不变,但输出电压波形的幅度明显减小。

(4) 输出电压波形含有直流分量。

解　(1) 此时的失真是由输入信号过大引起的。

(2) 由于信号源的频率过低,电容的容抗加大,因此放大电路无法放大此频率下的输入信号。

(3) 说明电容 C_E 开路了,或者损坏断开,电路出现交流负反馈。

(4) 电容 C_2 损坏,短路。

11.11　在题图 11.13 所示的放大电路中,晶体管的 $\beta = 50, r_{be} = 1\ \text{k}\Omega$,信号源的 $E_S = 10\ \text{mV}, R_S = 0.5\ \text{k}\Omega$。试求:

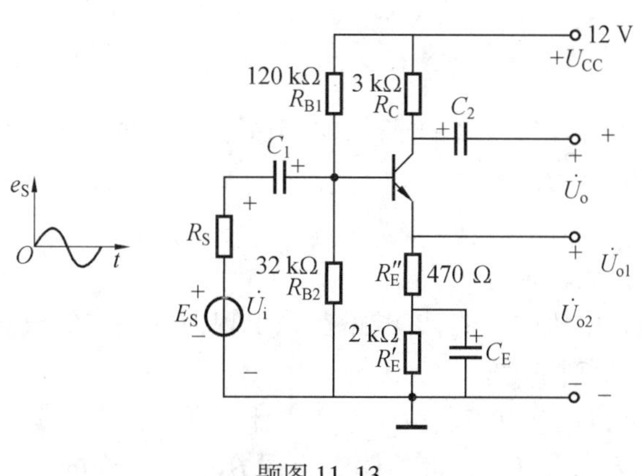

题图 11.13

(1) U_{o1}、U_{o2} 和 U_o。

(2) 当信号源波形为如图所示的正弦波时,试画出输出电压 $\dot{U}_{o1}$ 和 $\dot{U}_{o2}$ 的波形。

解 (1) 由题图 11.13 可得

$$A_{u1}=\frac{\dot{U}_{o1}}{\dot{U}_i}=-\frac{\beta R_C}{r_{be}+(1+\beta)R''_E}=-\frac{50\times 3}{1+51\times 0.47}=-\frac{150}{24.97}=-6$$

$$\begin{aligned}r_i&=R_{B1}\,/\!/\,R_{B2}\,/\!/\,[r_{be}+(1+\beta)R''_E]=\\&120\,/\!/\,32\,/\!/\,(1+51\times 0.47)=\\&120\,/\!/\,32\,/\!/\,24.97=\\&120\,/\!/\,13.15=12(\text{k}\Omega)\end{aligned}$$

$$U_i=\frac{r_i}{R_S+r_i}E_S=\frac{12}{0.5+12}\times 10=9.6(\text{mV})$$

$$U_{o1}=A_{u1}U_i=-6\times 9.6=-57.6(\text{mV})$$

$$A_{u2}=\frac{\dot{U}_{o2}}{\dot{U}_i}=\frac{(1+\beta)R''_E}{r_{be}+(1+\beta)R''_E}=\frac{51\times 0.47}{1+51\times 0.47}=0.96$$

$$U_{o2}=A_{u2}U_i=0.96\times 9.6=9.2(\text{mV})$$

$$U_o=U_{o1}-U_{o2}=-57.6-9.2=-66.8(\text{mV})$$

(2) $\dot{U}_{o1}$ 和 $\dot{U}_{o2}$ 的波形如题图 11.14 所示。

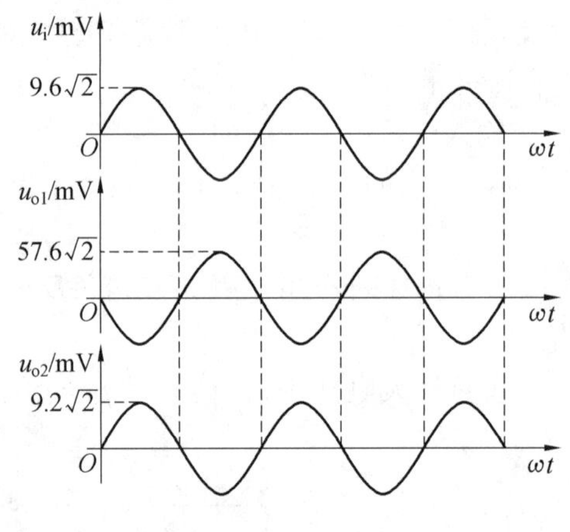

题图 11.14

11.12 放大电路如题图 11.15(a) 所示,图中晶体管 T 的输出特性以及放大电路的交直流负载线如题图 11.5(b) 所示。试求:

(1) R_B、R_C、R_L。

(2) 不产生失真的最大输入电压 U_{im}。

(3) 若不断加大输入电压的幅值,该电路首先出现何种性质的失真?调节电路中的哪个电阻能够消除此失真?如何调节?

(4) 将 R_L 电阻调大,对交、直流负载线会产生什么影响?

(5) 若电路中其他参数不变,只将晶体管换成 β 值小一半的管子,此时 I_B、I_C、U_{CE} 以及 $|A_u|$ 将如何变化?

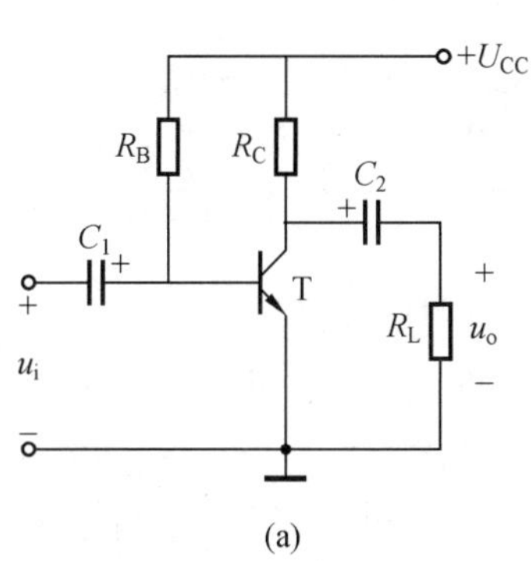

(a)

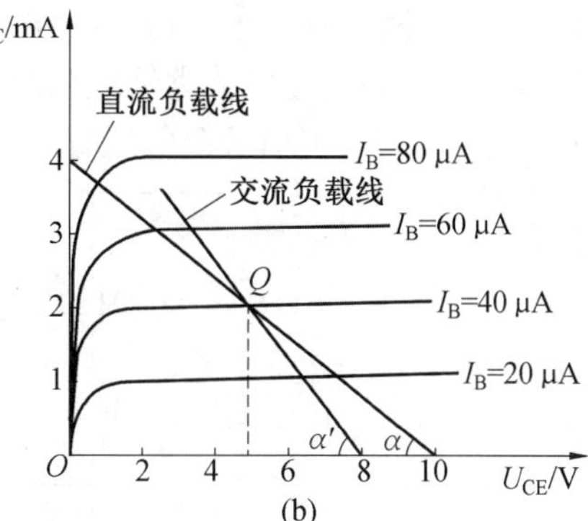

(b)

题图 11.15

解　由题图 11.15(b) 可知，$U_{CC}=10$ V，$I_B=40$ μA，$I_C=2$ mA，$\beta=50$，$U_{CE}\approx 5$ V，则

$$R_B=\frac{U_{CC}-U_{BE}}{I_B}\approx\frac{U_{CC}}{I_B}=\frac{10}{40\times10^{-6}}=250(\text{k}\Omega)$$

$$R_C=\frac{U_{CC}-U_{CE}}{I_C}=\frac{10-5}{2\times10^{-3}}=2.5(\text{k}\Omega)$$

由题图 11.15(b) 上的交流负载线可见，$I_CR'_L\approx 3$ V，所以

$$R'_L=\frac{3}{I_C}=\frac{3}{2\times10^{-3}}=1.5(\text{k}\Omega)$$

又可知

$$R'_L=\frac{R_C\cdot R_L}{R_C+R_L}$$

所以

$$1.5(R_C+R_L)=2.5R_L$$

则

$$R_L=3.75\text{ k}\Omega$$

(2) 由题图 11.15(b) 上的交流负载线可见，最大不失真输出电压幅度为

$$U_{om}=8-U_{CE}=8-5=3(\text{V})$$

交流电流 i_b 的变化幅度略小于 40 μA。故

$$U_{im}=i_br_{be}=40\times10^{-6}\times863=34.5(\text{mV})$$

其中

$$r_{be}=200+(1+\beta)\frac{26}{I_C}=200+\frac{51\times26}{2}=863(\Omega)$$

(3) 若输入电压信号不断加大，首先会出现截止失真，因为静态工作点靠近截止区。调节基极电阻 R_B，使 R_B 减小，即可消除截止失真。

(4) 调大负载电阻 R_L，对直流负载线无影响，对交流负载有影响，使题图 11.15(b) 的交流负载线与横轴的夹角变小，意味着交流输出电压的幅度增大。

(5) β 值下降一半，I_B 不变，I_C 减小近一半，U_{CE} 增大，静态工作点下移，靠近截止区，使输出电压的幅度变小，则电压放大倍数 $|A_u|$ 将减小一半。

11.13　两级阻容耦合电压放大电路如题图 11.16 所示，已知 $r_{be1}=1$ kΩ，$r_{be2}=1.47$ kΩ，$\beta_1=50$，$\beta_2=80$。试求：

(1) 放大电路各级的输入电阻和输出电阻。

(2) 各级放大电路的电压放大倍数和总的电压放大倍数(设 $R_S=0$)。

(3) 若 $R_S=600\ \Omega$,当信号源电压有效值 $E_S=8\ \mu V$ 时,放大电路的输出电压是多少?

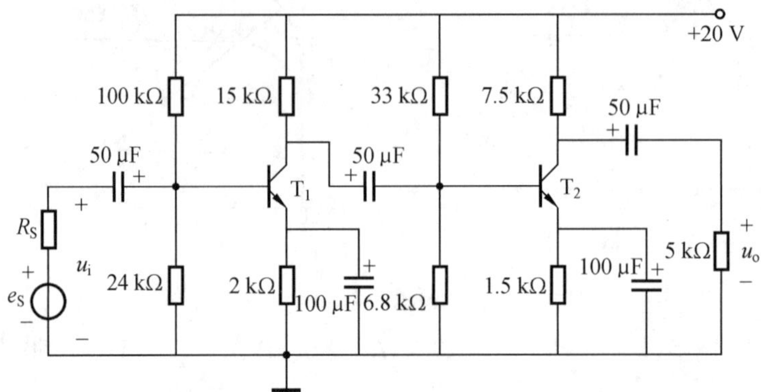

题图 11.16

解 (1) 画出题图 11.16 的微变等效电路如题图 11.17 所示。由图可知

$$r_{i1}=100 /\!/ 24 /\!/ 1=1(\text{k}\Omega)$$

$$r_{o1}=15\ \text{k}\Omega$$

$$r_{i2}=33 /\!/ 6.8 /\!/ 1.47=1.16(\text{k}\Omega)$$

$$r_{o2}=7.5\ \text{k}\Omega$$

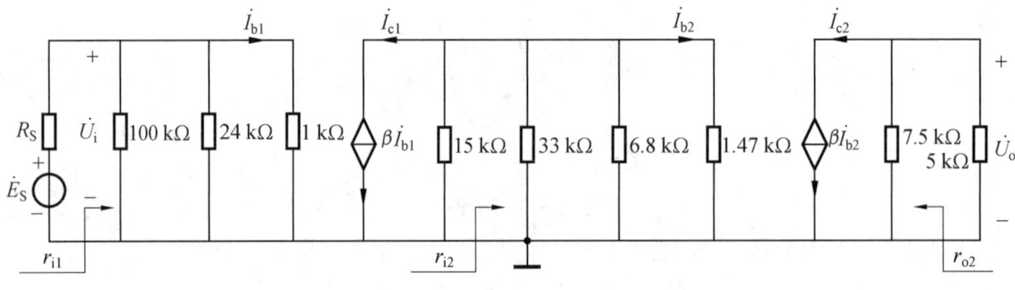

题图 11.17

(2) 各级放大电路的电压放大倍数为

$$A_{u1}=\frac{-\beta_1 R'_{L1}}{r_{be1}}=-\frac{\beta_1\times 15 /\!/ r_{i2}}{r_{be1}}=-\frac{50\times 15 /\!/ 1.16}{1}=-54$$

$$A_{u2}=-\frac{\beta_2 R'_{L2}}{r_{be2}}=-\frac{80\times 7.5 /\!/ 5}{1.47}=-163$$

总的电压放大倍数为

$$A_u=A_{u1}\cdot A_{u2}=-54\times(-163)=8\ 802$$

(3) 为求出输出电压 U_o,画出第一级放大电路的等效电路如题图 11.18 所示。

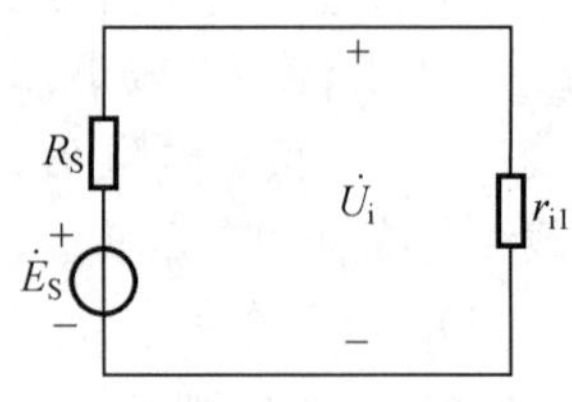

题图 11.18

$$U_i=\frac{r_{i1}}{R_S+r_{i1}}\cdot E_S=\frac{1\times 8}{0.6+1}=5(\mu V)$$

$$U_o=A_u\cdot U_i=8\ 802\times 5\times 10^{-6}=44(\text{mV})$$

11.14　题图 11.19 是两级阻容耦合电压放大电路，已知 $\beta_1=\beta_2=50$。试求：

(1) 前后级放大电路的静态值。

(2) 画出微变等效电路。

(3) A_{u1}、A_{u2}、A_u。

(4) r_i 和 r_o。

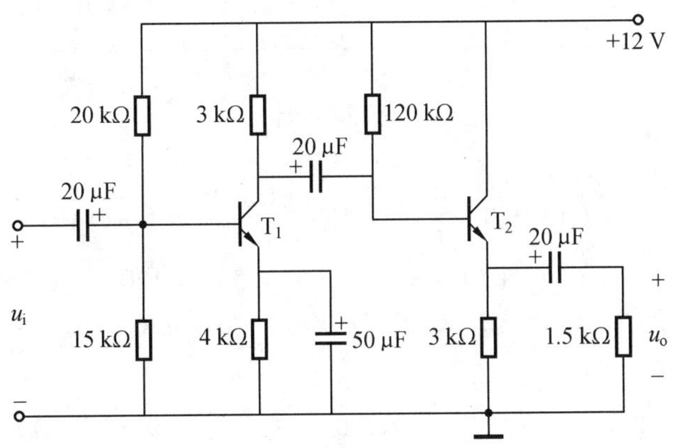

题图 11.19

解　(1) 求前后级放大电路静态值。第一级静态值

$$V_{B1}=\frac{15}{20+15}\times 12=5.14(\mathrm{V})$$

$$V_{E1}=V_{B1}-U_{BE1}=5.14-0.7=4.44(\mathrm{V})$$

$$I_{E1}=\frac{V_{E1}}{4}=\frac{4.44}{4}=1.11(\mathrm{mA})$$

$$I_{C1}\approx I_{E1}=1.11\ \mathrm{mA}$$

$$I_{B1}=\frac{I_{C1}}{\beta_1}=\frac{1.11}{50}=22(\mu\mathrm{A})$$

$$U_{CE1}=12-1.11\times(3+4)=4.23(\mathrm{V})$$

第二级静态值。第二级为射极输出器，其直流通路如题图 11.20 所示。根据 KVL 列出电压方程

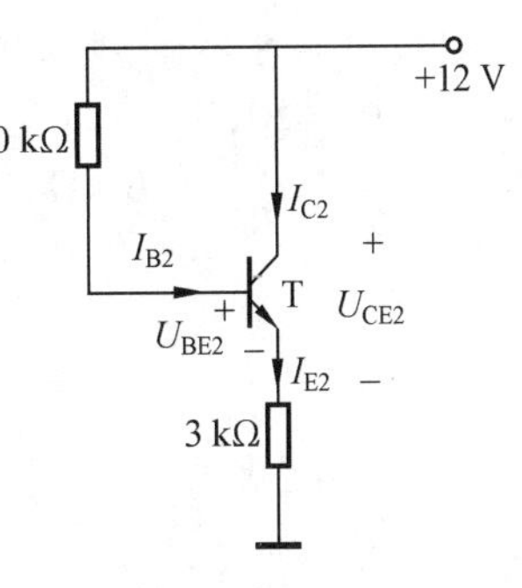

题图 11.20

$$12=120I_{B2}+U_{BE2}+3I_{E2}$$

因为

$$I_{E2}=I_{B2}+I_{C2}=I_{B2}+\beta_2 I_{B2}=(1+\beta_2)I_{B2}$$

所以

$$12=120I_{B2}+U_{BE2}+3\times(1+\beta_2)I_{B2}$$

则

$$I_{B2}=\frac{12-U_{BE2}}{120+3\times(1+\beta_2)}=\frac{12-0.7}{120+3\times 51}=41.4(\mu\mathrm{A})$$

$$I_{C2}=\beta_2 I_{B2}=50\times 41.4=2.1(\mathrm{mA})$$

$$U_{CE2}=12-3I_{C2}=12-3\times 2.1=5.7(\mathrm{V})$$

(2) 微变等效电路如题图 11.21 所示。

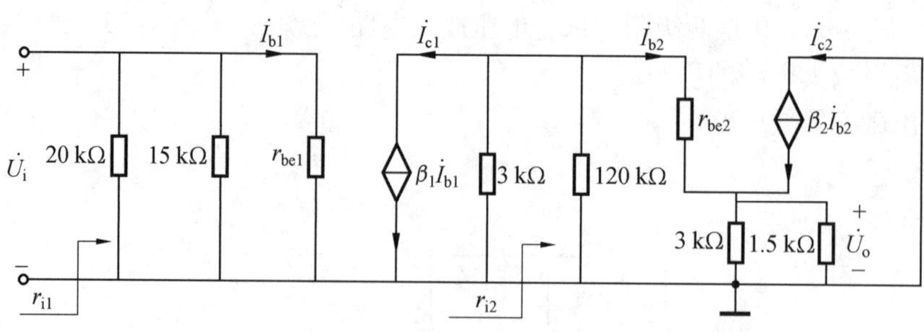

题图 11.21

(3) 求 A_{u1}、A_{u2}、A_u。

$$r_{be1} = 200 + (1+\beta_1)\frac{26}{I_{E1}} = 200 + \frac{51\times 26}{1.11} = 1.4(\text{k}\Omega)$$

$$r_{i2} = 120 \,/\!/\, [r_{be2} + (1+\beta_2)\times(3 \,/\!/\, 1.5)] = 120 \,/\!/\, (0.831 + 51) = 36.2(\text{k}\Omega)$$

$$A_{u1} = -\frac{\beta_1 R_{L1}'}{r_{be1}} = -\frac{\beta_1\times(R_{C1} \,/\!/\, r_{i2})}{r_{be1}} = -\frac{50\times 3 \,/\!/\, 36.2}{1.4} = -99$$

$$r_{be2} = 200 + (1+\beta_2)\frac{26}{I_{E2}} = 200 + \frac{51\times 26}{2.1} = 0.831(\text{k}\Omega)$$

$$R_L' = 3 \,/\!/\, 1.5 = 1(\text{k}\Omega)$$

$$A_{u2} = \frac{(1+\beta_2)R_L'}{r_{be2} + (1+\beta_2)R_L'} = \frac{51}{0.831 + 51} = 0.98$$

$$A_u = A_{u1}\cdot A_{u2} = -99\times 0.98 = -97$$

(4) 求 r_i 和 r_o。

$$r_i = r_{i1} = 20 \,/\!/\, 15 \,/\!/\, r_{be1} = 20 \,/\!/\, 15 \,/\!/\, 1.4 = 1.1(\text{k}\Omega)$$

$$r_o = r_{o2} = \frac{R_S' + r_{be2}}{\beta_2} = \frac{2.9 + 0.831}{50} = 75(\Omega)$$

其中

$$R_S' = 3 \,/\!/\, 120 = 2.9(\text{k}\Omega)$$

在题图 11.21 中,第一级放大电路对第二级放大电路来说,相当于第二级放大电路的信号源,其中 3 kΩ 的电阻就是信号源内阻 R_S。

11.15　求题图 11.22 中两级电压放大电路的输入电阻、输出电阻及电压放大倍数。已知,$\beta_1=\beta_2=50$,$U_{CC}=24$ V,$r_{be1}=2.85$ kΩ,$r_{be2}=1.6$ kΩ,$R_B=1$ MΩ,$R_{E1}=27$ kΩ,$R_{B1}'=82$ kΩ,$R_{B2}'=43$ kΩ,$R_{C2}=10$ kΩ,$R_{E2}'=7.5$ kΩ,$R_{E2}''=510$ Ω。

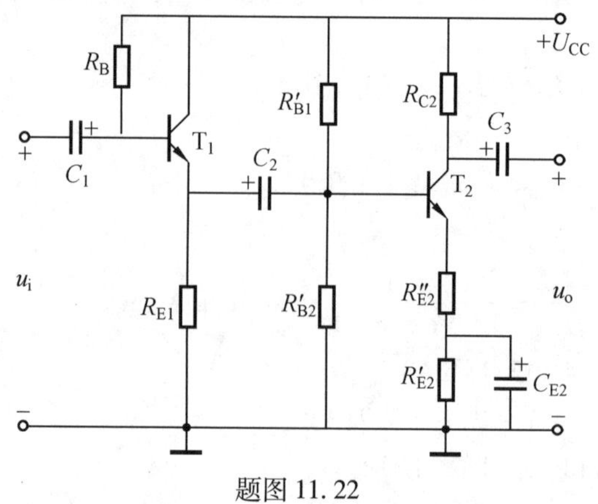

题图 11.22

解　画出两级放大电路的微变等效电路如题图 11.23 所示。根据微变等效电路,得

$$
\begin{aligned}
r_{i2} &= R'_{B1} /\!/ R'_{B2} /\!/ [r_{be2} + (1+\beta_2)R''_{E2}] = \\
&82 /\!/ 43 /\!/ (1.6 + 51 \times 0.51) = \\
&82 /\!/ 43 /\!/ 27.61 = 14(\text{k}\Omega)
\end{aligned}
$$

$$
\begin{aligned}
r_{i1} &= R_B /\!/ [r_{be1} + (1+\beta_1)(R_{E1} /\!/ r_{i2})] = \\
&1\,000 /\!/ [2.85 + 51 \times (27 /\!/ 14)] = \\
&1\,000 /\!/ (2.85 + 469.2) = \\
&1\,000 /\!/ 472.1 = 321(\text{k}\Omega)
\end{aligned}
$$

$$r_o = R_{C2} = 10\ \text{k}\Omega$$

$$
A_{u1} = \frac{(1+\beta_1)R'_{L1}}{r_{be1} + (1+\beta_1)R'_{L1}} = \frac{(1+\beta_1)R_{E1} /\!/ r_{i2}}{r_{be1} + (1+\beta_1)R_{E1} /\!/ r_{i2}} =
$$

$$
\frac{51 \times 27 /\!/ 14}{2.85 + 51 \times 27 /\!/ 14} = \frac{51 \times 9.2}{2.85 + 51 \times 9.2} = 0.99
$$

$$
A_{u2} = -\frac{\beta_2 R_{C2}}{r_{be2} + (1+\beta_2)R''_{E2}} = -\frac{50 \times 10}{1.6 + 51 \times 0.51} = -18.1
$$

$$
A_u = A_{u1} \cdot A_{u2} = 0.99 \times (-18.1) = -17.9
$$

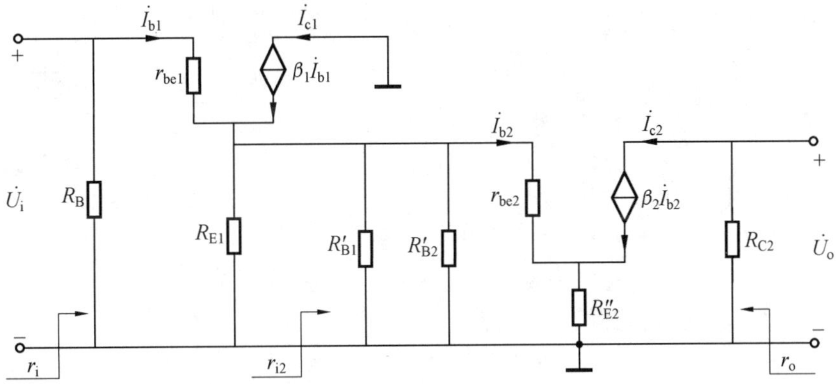

题图 11.23

11.16　题图 11.24 是由 T_1 和 T_2 组成的复合管,各管的电流放大系数分别为 β_1 和 β_2,输入电阻分别为 r_{be1} 和 r_{be2}。试证明复合管的电流放大系数为 $\beta \approx \beta_1\beta_2$,输入电阻 $r_{be} \approx \beta_1 r_{be2}$。由此说明,采用复合管有何好处?

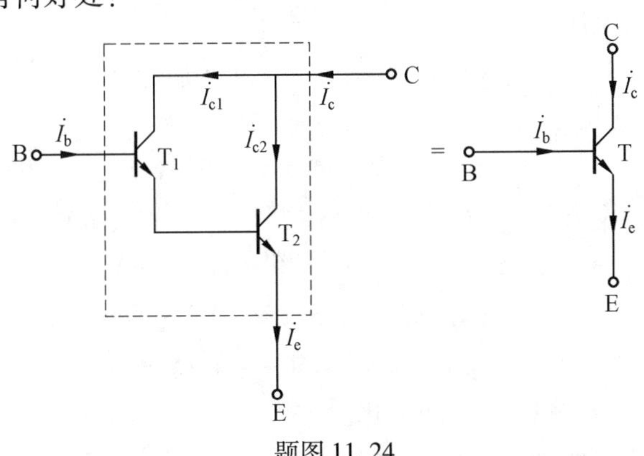

题图 11.24

解　由题图 11.24 得

$$\dot I_c = \dot I_{c1} + \dot I_{c2} = \beta_1 \dot I_b + \beta_2 \dot I_{b2} = \beta_1 \dot I_b + \beta_2(1+\beta_1)\dot I_b =$$

$$\beta_1 \dot I_b + (\beta_2 + \beta_1\beta_2)\dot I_b = (\beta_1 + \beta_2 + \beta_1\beta_2)\dot I_b = \beta \dot I_b$$

其中

$$\beta = \beta_1 + \beta_2 + \beta_1\beta_2 \approx \beta_1 \cdot \beta_2$$

$$r_{be} = \frac{\dot U_{be}}{\dot I_b} = \frac{\dot U_{be1} + \dot U_{be2}}{\dot I_b} = \frac{\dot I_b r_{be1} + \dot I_{b2} r_{be2}}{\dot I_b} =$$

$$\frac{\dot I_b r_{be1} + \dot I_{E1} r_{be2}}{\dot I_b} = \frac{\dot I_b [r_{be1} + (1+\beta_1) r_{be2}]}{\dot I_b} =$$

$$r_{be1} + r_{be2} + \beta_1 r_{be2} \approx \beta_1 r_{be2}$$

采用复合管可获得高电流放大倍数,进一步提高功率放大电路的输出功率。

11.17　在题图 11.25 给出的两级直接耦合放大电路中,已知 $R_B = 240\ \text{k}\Omega$,$R_{C1} = 3.9\ \text{k}\Omega$,$R_{C2} = 500\ \Omega$,稳压管 D_Z 的工作电压 $U_{DZ} = 4\ \text{V}$,$\beta_1 = 45$,$\beta_2 = 40$,$U_{CC} = 24\ \text{V}$。试计算放大电路各级的静态工作点。如果静态值 I_{C1} 由于温度的升高而增加 1%,试计算静态输出电压 U_o 的变化量。

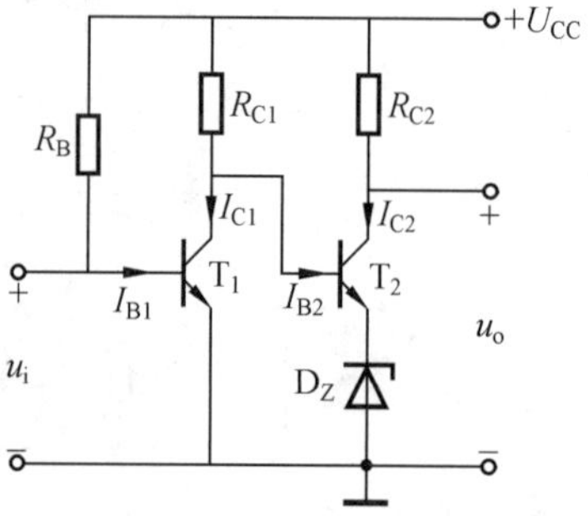

题图 11.25

解　(1) 求第一级放大电路的静态工作点

$$I_{B1} = \frac{U_{CC} - U_{BE1}}{R_B} \approx \frac{U_{CC}}{R_B} = \frac{24}{240 \times 10^3} = 0.1(\text{mA})$$

$$I_{C1} = \beta_1 I_{B1} = 45 \times 0.1 = 4.5(\text{mA})$$

$$U_{CE1} = U_{BE2} + U_{DZ} = 0.7 + 4 = 4.7(\text{V})$$

(2) 求第二级放大电路的静态工作点

$$I_{RC1} = \frac{U_{CC} - U_{CE1}}{R_{C1}} = \frac{24 - 4.7}{3.9 \times 10^3} = 4.95(\text{mA})$$

$$I_{B2} = I_{RC1} - I_{C1} = 4.95 - 4.5 = 0.45(\text{mA})$$

$$I_{C2} = \beta_2 I_{B2} = 40 \times 0.45 = 18(\text{mA})$$

$$U_{CE2} = U_{CC} - I_{C2}R_{C2} - U_{DZ} = 24 - 18 \times 10^{-3} \times 500 - 4 = 11(\text{V})$$

静态时,放大电路输出的电压为

$$U_o = U_{CE2} + U_{DZ} = 11 + 4 = 15(\text{V})$$

(3) 当 I_{C1} 增加 1% 时

$$I'_{C1} = 0.01 \times 4.5 + 4.5 = 4.545(\text{mA})$$

$$I'_{B2} = I_{RC1} - I'_{C1} = 4.95 - 4.545 = 0.405(\text{mA})$$

$$I'_{C2} = \beta_2 I'_{B2} = 40 \times 0.405 = 16.2(\text{mA})$$

$$U'_{CE2} = U_{CC} - I'_{C2}R_{C2} - U_{DZ} = 24 - 16.2 \times 10^{-3} \times 500 - 4 = 11.9(\text{V})$$

$$U_o = U'_{CE2} + U_{DZ} = 11.9 + 4 = 15.9(\text{V})$$

静态输出电压比原来升高 0.9 V,即变化量为 5.7%。

11.18　判断题图 11.26 所示各电路存在什么类型的交流反馈。

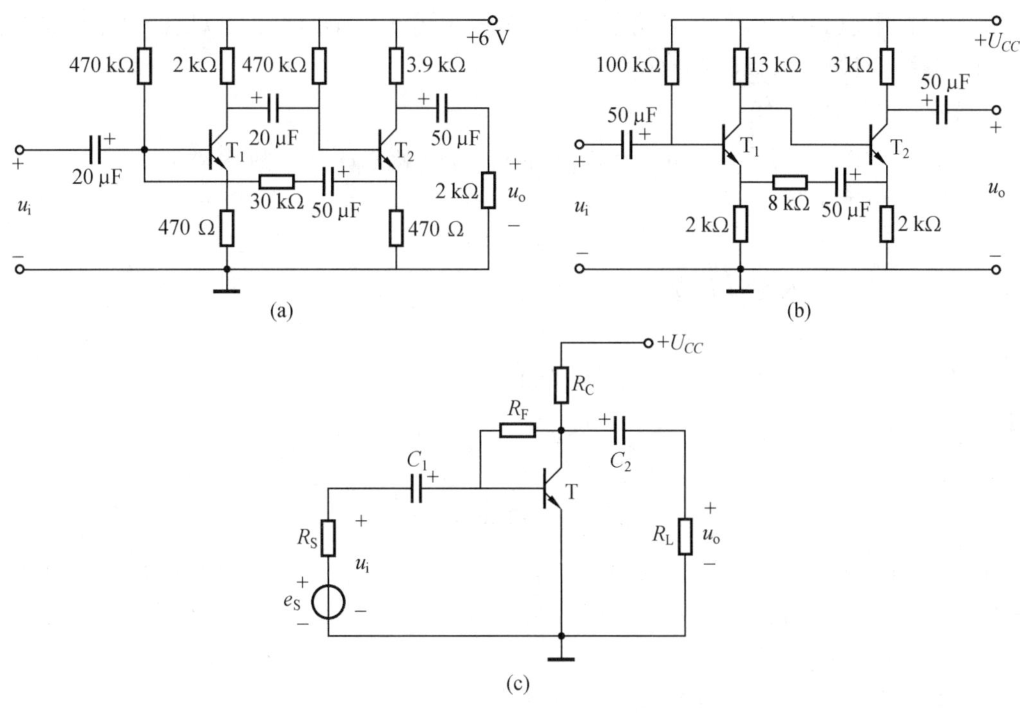

题图 11.26

解　(1) 题图 11.26(a) 电路分析。

① 画出题图 11.26(a) 的交流通路如题图 11.27 所示。

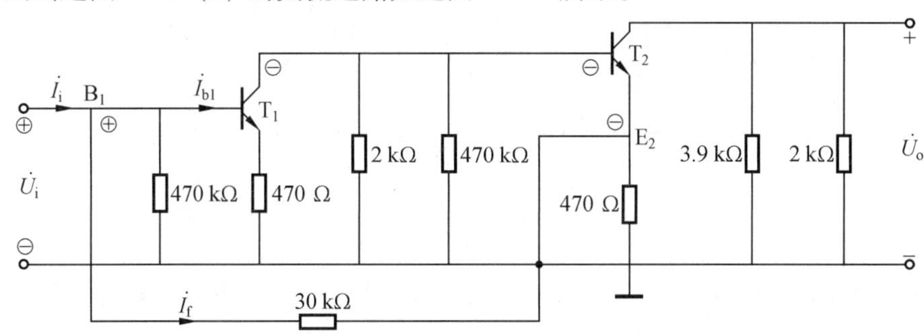

题图 11.27

② 找出反馈电阻。第一级放大电路的发射极电阻为 470 Ω，第二级放大电路的发射极电阻为 470 Ω，第一级的基极和第二级的发射极之间跨接的电阻为 30 kΩ。

③ 判断正负反馈及其类型。第一级和第二级的 470 Ω 电阻分别构成本级串联电流负反馈。30 kΩ 电阻和第二级的 470 Ω 电阻构成两级之间的负反馈，用瞬时极性法分析如下。

设 $\dot{U}_i$ 的瞬时极性为上 ⊕ 下 ⊖，则输入电流 $\dot{I}_i$ 和净输入电流 $\dot{I}_{b1}$ 的实际方向如题图 11.27 所示。若要判断出反馈电流 $\dot{I}_f$ 的实际方向，则必须判断出第二级发射极 E_2 电位的极性。

当 $\dot{U}_i$ 的瞬时极性为上 ⊕ 下 ⊖ 时，T_1 管的基极 B_1 对地电位为 ⊕，则集电极对地电位为 ⊖(单管放大，输入输出反相位)，所以，T_2 管的基极对地电位也为 ⊖(T_1 管的输出即为 T_2 管的输入)。因为集电极电流和基极电流同相位，所以 T_2 管的发射极 E_2 对地的电位也为 ⊖。

由于B_1的电位为⊕,E_2的电位为⊖,即B_1的电位高于E_2的电位,所以反馈电流$\dot{I}_f$从B_1流向E_2,其实际方向如题图 11.27 所示。

根据节点电流定律,有

$$\dot{I}_i = \dot{I}_{b1} + \dot{I}_f \quad (470\ \text{k}\Omega \text{ 电阻分流作用忽略不计,相当于开路})$$

又因为三者同相位,所以

$$I_{b1} = I_i - I_f$$

净输入电流I_{b1}小于输入电流I_i,故为负反馈。

因为
$$\dot{I}_f = \frac{\dot{U}_{B1} - \dot{U}_{E2}}{30 \times 10^3}$$

又因为$U_{E2} \gg U_{B1}$,所以

$$\dot{I}_f \approx -\frac{\dot{U}_{E2}}{30 \times 10^3} = -\frac{\dot{I}_{e2} \times 470}{30 \times 10^3} = -\frac{470 \times \dot{I}_{c2}}{30 \times 10^3}$$

反馈信号$\dot{I}_f$与输出电流$\dot{I}_{c2}$成正比,故为电流反馈。反馈信号$\dot{I}_f$与$\dot{I}_i$、$\dot{I}_{b1}$是并联关系,故为并联反馈。综上分析可知,题图 11.26(a) 电路是并联电流负反馈。

(2) 题图 11.26(b) 电路分析。

① 画出题图 11.26(b) 的交流通路如题图 11.28 所示。

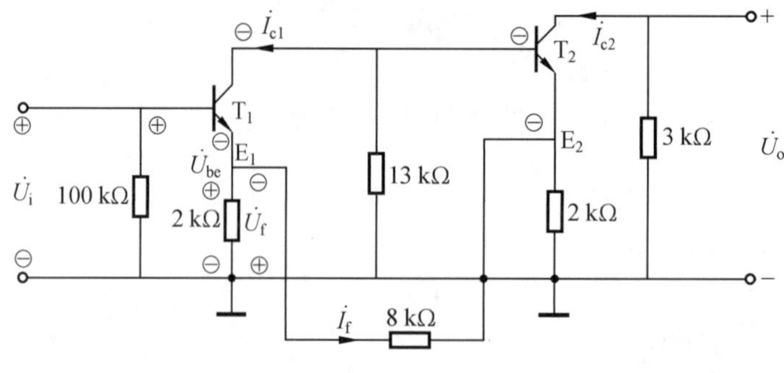

题图 11.28

②找出反馈电阻。第一级发射极电阻为2 kΩ,第二级发射极电阻为2 kΩ,E_1与E_2之间跨接的电阻为 8 kΩ。

③ 判断正负反馈及其类型。第一级和第二级的 2 kΩ 电阻分别构成本级串联电流负反馈。两个 2 kΩ 电阻和 8 kΩ 电阻共同构成了两级之间的正反馈,具体分析如下。

设$\dot{U}_i$的实际极性为上 ⊕ 下 ⊖,则净输入电压$\dot{U}_{be}$的实际极性也为上 ⊕ 下 ⊖,如题图 11.28 所示。若要判断出反馈电压$\dot{U}_f$的实际极性,则必须判断出E_1和E_2之间电流$\dot{I}_f$的实际方向。

由于T_1的基极对地电位为⊕,则T_1的发射极E_1对地电位也为⊕(只考虑$\dot{I}_{c1}$作用时),集电极对地电位为⊖,T_2管的基极对地电位也为⊖。因为基极电流与集电极电流同相位,所以T_2管的发射极E_2对地电位也为⊖。这样,E_1的电位高于E_2的电位,所以,电流$\dot{I}_f$从E_1流向E_2,其实际方向如题图 11.28 所示。

从以上分析可以得出，反馈电压$\dot{U}_f$ 由两部分组成，一部分电压$\dot{U}_f' = 2\dot{I}_{c1}$，另一部分电压$\dot{U}_f'' = -2\dot{I}_f$，$\dot{I}_f$ 的方向与$\dot{I}_{c1}$ 相反，即$\dot{U}_f = 2(\dot{I}_{c1} - \dot{I}_f)$，由于 $I_f \gg I_{c1}$（I_f 主要由后级产生），所以 $2I_f \gg 2I_{c1}$，故反馈电压$\dot{U}_f$ 的最后实际极性为上 ⊖ 下 ⊕。如题图 11.29 所示。

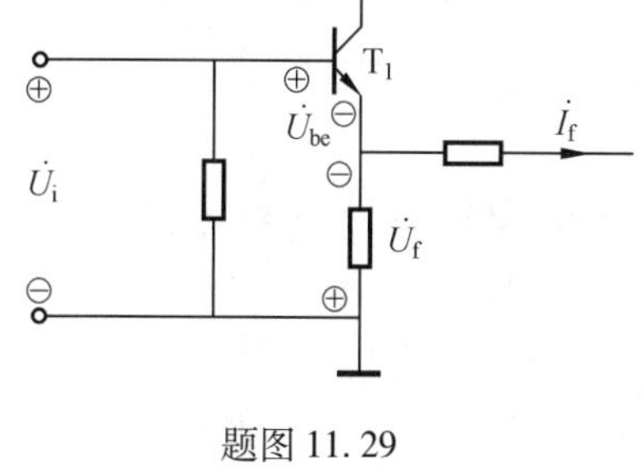

题图 11.29

根据回路电压定律，有

$\dot{U}_{be} = \dot{U}_i + \dot{U}_f$　（反馈信号与输入信号串联，且极性相同）

故

$$U_{be} = U_i + U_f$$

净输入电压 U_{be} 大于输入电压 U_i，所以为正反馈。

在题图 11.28 中，因为

$$\dot{U}_f = 2(\dot{I}_{c1} - \dot{I}_f) \approx -2\dot{I}_f = -2\frac{\dot{U}_{E1} - \dot{U}_{E2}}{8} \approx \frac{\dot{U}_{E2}}{4} = \frac{2\dot{I}_{c2}}{4} = \frac{1}{2}\dot{I}_{c2}$$

反馈信号$\dot{U}_f$ 与输出电流$\dot{I}_{c2}$ 成正比，故为电流反馈。反馈信号$\dot{U}_f$ 与$\dot{U}_{be}$、$\dot{U}_i$ 是串联关系，故为串联反馈。综上分析可知，题图 11.26(b) 电路是串联电流正反馈。

（3）题图 11.26(c) 电路分析。

① 画出题图 11.26(c) 电路的交流通路如题图 11.30 所示。

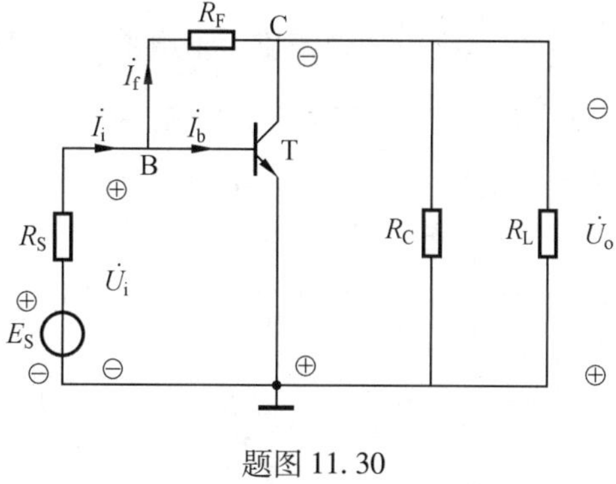

题图 11.30

② 反馈电阻为 R_F。

③ 判断正负反馈及其类型。

设$\dot{U}_i$ 的实际极性为上 ⊕ 下 ⊖，则输入电流$\dot{I}_i$ 和净输入电流$\dot{I}_b$ 的实际方向如题图 11.30 所示。

由于 T 管的基极 B 对地电位为 ⊕，则集电极 C 对地电位为 ⊖，所以基极 B 的电位高于集电极 C 的电位。故反馈电流$\dot{I}_f$ 从 B 流向 C。

根据节点电流定律，有

$$\dot{I}_b = \dot{I}_i - \dot{I}_f$$

又因为三者同相位，所以有

$$I_b = I_i - I_f$$

净输入电流 I_b 小于输入电流 I_i，故为负反馈。

因为
$$\dot{I}_f = \frac{\dot{U}_B - \dot{U}_o}{R_F} \approx \frac{-\dot{U}_o}{R_F}$$

反馈信号$\dot{I}_f$ 与$\dot{U}_o$ 成正比，故为电压反馈。反馈信号$\dot{I}_f$ 与$\dot{I}_i$、$\dot{I}_b$ 是并联关系，故为并联反馈。综上分析可知，题图 11.26(c) 电路是并联电压负反馈。

对于上述共发射极接法的电压放大电路，也可从反馈电路的接法上判断出反馈的类型，即从集电极取反馈信号是电压反馈，从发射极取反馈信号是电流反馈；反馈信号从基极引入是并联反馈，反馈信号从发射极引入是串联反馈。归纳为："集出为压，射出为流，基入为并，射入为串"。可用这四句话判断上述习题的反馈类型。

11.19　如果需要实现下列要求，交流放大电路中应引入哪种类型的负反馈？

(1) 要求输出电压 U_o 基本稳定，并能提高输入电阻。

(2) 要求输出电流基本稳定，并能提高输入电阻。

(3) 要求提高输入电阻，减小输出电阻。

解　(1) 在交流电压放大电路中引入串联电压负反馈。串联反馈可提高输入电阻，电压反馈可使输出电压稳定。

(2) 在交流电压放大电路中引入串联电流负反馈。

(3) 引入(1) 中的负反馈。

11.20　试画出能使输出电压 U_o 比较稳定、输出电阻小，而输入电阻大、信号源负担小的负反馈放大电路。

解　根据题意，放大电路引入串联电压负反馈，如题图 11.31 所示。

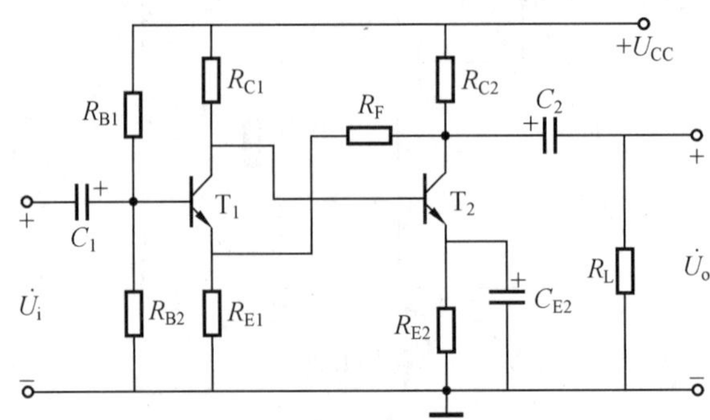

题图 11.31

第 12 章　集成运算放大电路

12.1　内容提要

1. 集成运算放大器的基本组成及主要技术指标

集成运算放大器由多级直流耦合放大电路组成，其输入信号采用差动输入方式，以减小零点漂移。

集成运算放大器的主要技术指标有开环电压放大倍数 A_{uo}、最大输出电压 U_{om}、差模输入电阻 r_{id} 和输出电阻 r_o 等。

开环电压放大倍数 A_{uo} 是指运算放大器（运放）的输入与输出之间没有外接反馈元件时的电压放大倍数。此值很高，一般为 $10^4 \sim 10^7$。

最大输出电压 U_{om} 是指在不失真的条件下，运放输出的最大电压。此值一般略小于直流电源的工作电压。

差模输入电阻 r_{id} 是指输入与输出之间无外接元件（无反馈）时，从运放输入端看进去的等效电阻。希望 r_{id} 越大越好。

输出电阻 r_o 是指在小信号输出的情况下，运放的带负载能力。希望 r_o 越小越好。

2. 理想运算放大器的分析依据

（1）理想运算放大器的条件。

①$A_{uo} = \infty$；

②$r_{id} = \infty$；

③$r_o = 0$。

（2）理想运算放大器工作在线性区的分析依据。

① 输入端虚短，即 $u_+ = u_-$；

② 输入端虚断，即 $i_+ = i_- = 0$；

③ 输入端虚地，即同相端接地时，$u_- = 0$。

（3）理想运算放大器工作在非线性区的分析依据。

①$u_+ > u_-$，$u_o = +U_{om}$；

②$u_+ < u_-$，$u_o = -U_{om}$。

其中，U_{om} 为饱和电压值。

3. 集成运算放大器的线性应用

集成运算放大器线性应用的条件是引入深度负反馈，使运算放大器工作在线性区。线性应用主要是针对常见的基本运算电路、电压电流转换电路、滤波电路等。

4. 集成运算放大器的非线性应用

集成运算放大器的非线性应用的条件是工作在开环状态或引入正反馈,使运算放大器工作在非线性区。非线性应用主要是针对常见的电压比较器和波形发生器、波形变换器等。

12.2 重点与难点

12.2.1 重点

(1) 集成运算放大器的分析依据。

① 理想运放工作在线性区的分析依据。

② 理想运放工作在非线性区的分析依据。

(2) 集成运算放大器的基本运算电路(比例、加法、减法、微分、积分运算电路)的分析与设计。

(3) 电压比较器应用电路的波形分析和电压传输特性的分析。

(4) 静态平衡电阻的概念与求解。

12.2.2 难点

(1) 非标准电路的分析。

(2) 输出波形的分析。

(3) 电压传输特性的分析。

12.3 例题分析

【例 12.1】 电路如图 12.1 所示。已知 $u_{i1}=0.1\ \text{V}$,$u_{i2}=0.5\ \text{V}$,试求输出电压 u_o 和 R_2。

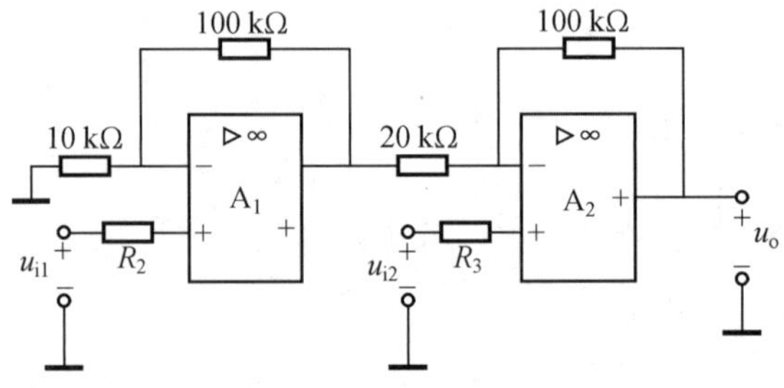

图 12.1 例 12.1 图

解 这是一个两级运算电路,第一级是同相比例运算电路,第二级是减法运算电路。则

$$u_{o1}=\left(1+\frac{100}{10}\right)u_{i1}=11u_{i1}$$

利用叠加原理求 u_o。

当 u_{i1} 单独作用时

$$u_o{}'=-\frac{100}{20}u_{o1}=-5\times 11u_{i1}=-55u_{i1}=-5.5(\text{V})$$

当 u_{i2} 单独作用时

$$u_o''=\left(1+\frac{100}{20}\right)u_{i2}=6u_{i2}=6\times0.5=3(\text{V})$$

$$u_o=u_o'+u_o''=-5.5+3=-2.5(\text{V})$$

$$R_2=100\ /\!/\ 10\approx10(\text{k}\Omega)$$

【例 12.2】　电路如图 12.2 所示。已知 $u_{i1}=+2\ \text{V}$，$u_{i2}=-0.5\ \text{V}$。试求输出电压 u_o。

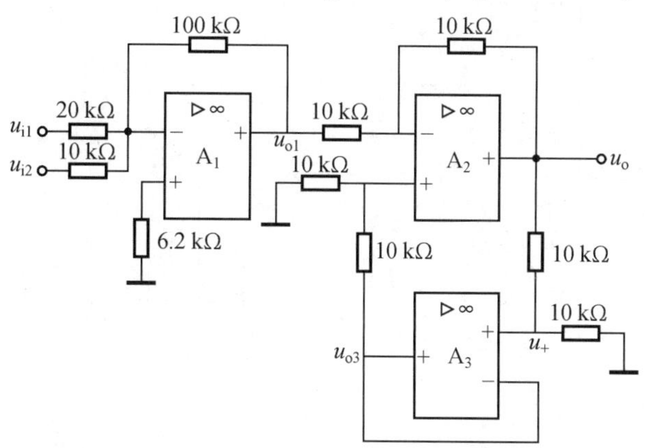

图 12.2　例 12.2 图

解　这是一个三级运算电路，第一级是加法运算电路，第二级是减法运算电路，第三级是电压跟随器。则

$$u_{o1}=-\left[\frac{100}{20}\times2+\frac{100}{10}\times(-0.5)\right]=-5(\text{V})$$

$$u_{o3}=u_+=\frac{1}{2}u_o$$

所以

$$u_o=u_{o3}-u_{o1}=\frac{1}{2}u_o-(-5)=\frac{1}{2}u_o+5$$

故

$$u_o=10\ \text{V}$$

【例 12.3】　电路如图 12.3 所示，已知 $u_i=5\sin\omega t\ \text{V}$。试画出输出电压 u_o' 和 u_o 的波形及电压传输特性。运放的工作电压为 ±12 V，稳压管的稳定电压为 6 V。

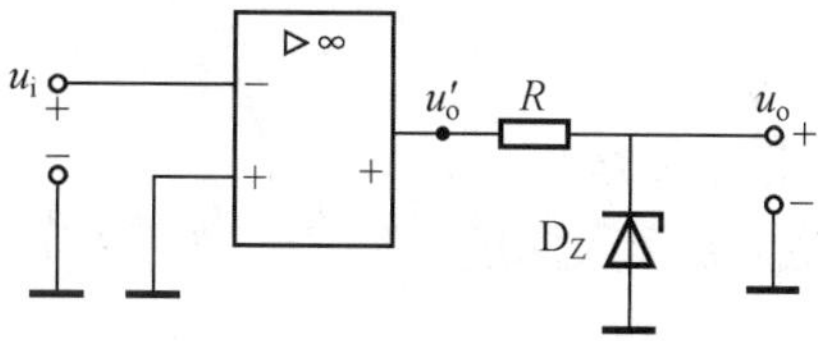

图 12.3　例 12.3 图 1

解　$u_i>0$ 时，$u_o'=-12\ \text{V}$，稳压管 D_Z 正向导通，忽略其正向压降，$u_o=0$。

$u_i<0$ 时，$u_o'=+12\ \text{V}$，稳压管 D_Z 反向导通，$u_o=6\ \text{V}$。

输出电压波形如图 12.4 所示。电压传输特性如图 12.5 所示。

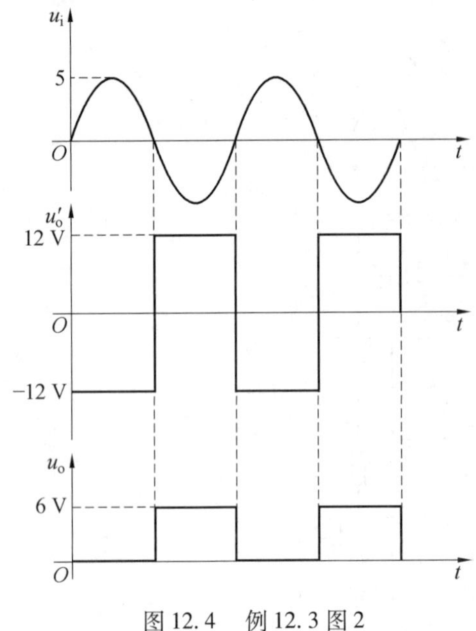

图 12.4　例 12.3 图 2

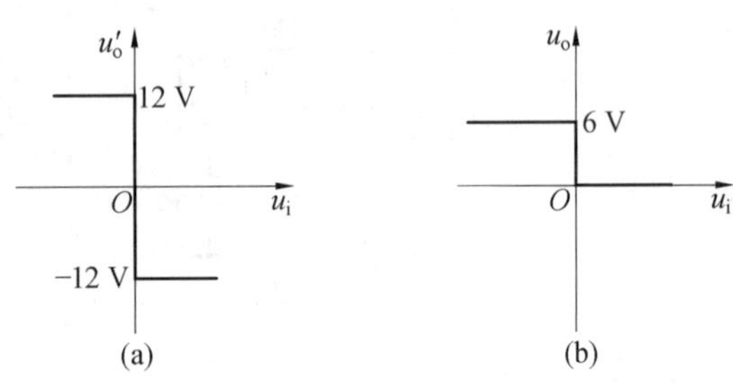

图 12.5　例 12.3 图 3

12.4　思考题分析

12.1　什么是理想运算放大器？理想运算放大器工作在线性区和饱和区各有什么特点？

解　理想运算放大器的条件是：

① 开环电压放大倍数 $A_{uo}=\infty$；

② 输入电阻 $r_{id}=\infty$；

③ 输出电阻 $r_o=0$。

理想运算放大器工作在线性区的特点是引入了深度负反馈，输入电压 u_i 与输出电压 u_o 之间为线性关系，即 $u_o=-A_{uo}u_i$。

理想运算放大器工作在非线性区的特点是无负反馈，$u_o\neq-A_{uo}u_i$，$u_o=\pm U_{om}$。

12.2　理想运算放大器工作在线性区的分析依据是什么？

解　分析依据是：

① 输入端虚短，即 $u_+=u_-$；

② 输入端虚断，即 $i_+=i_-=0$；

③ 输入端虚地，同相端接地时，$u_-=0$。

12.3　为什么在运算电路中要引入深度负反馈？在反相比例运算电路和同相比例运算电路中引入了什么形式的负反馈？

解　由于运算放大器由多级直接耦合放大电路组成，其电压放大倍数极高，一般为 $10^4\sim10^7$。如果使用运放时不外接负反馈电路，运算放大器就工作在非线性区，不能实现线性放大。所以，在线性运算电路中要引入深度负反馈。

反相比例运算电路中引入了并联电压负反馈，同相比例运算电路中引入了串联电压负反馈。

12.4　电压跟随器的输出信号和输入信号相同，为什么还要应用这种电路？

解　因为电压跟随器引入串联电压负反馈，其输入电阻高，输出电阻低，所以在实际当中接在放大电路的第一级，提高放大电路的输入电阻；接在放大电路的最后一级，提高带负载能力；接在放大电路的中间级，提高前级的电压放大倍数。

12.5　在图 12.6 所示电路中，当 $u_i = 1$ V 时，求 u_o。

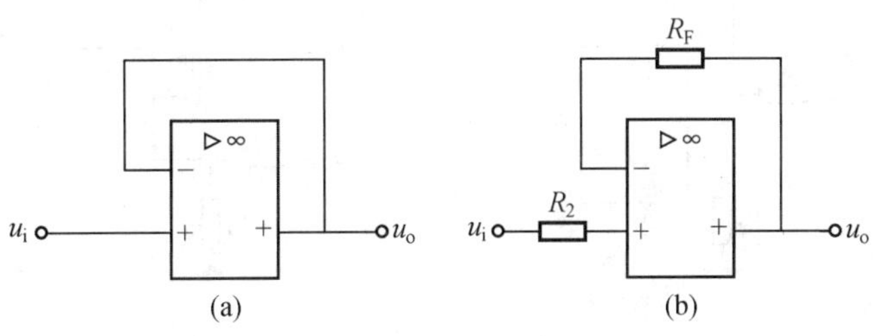

图 12.6　题 12.5 图

解　图 12.6(a)、(b) 都是电压跟随器。

图 12.6(a) 是电压跟随器的标准电路，$u_o = u_i = 1$ V。

图 12.6(b) 中，根据 $i_+ = i_- = 0$，所以 R_2 中无电流，R_F 中无电流，所以，$u_+ = u_i$，$u_- = u_o$；又根据 $u_- = u_+$，故 $u_o = u_i = 1$ V。

12.6　电压比较器的功能是什么？用作电压比较器的集成运放工作在什么区域？

解　电压比较器的功能是将任意输入信号转换成数字信号，此时集成运算放大器工作在非线性区。

12.7　在图 12.7(a) 所示的电路中，二极管 D_1、D_2 是为保护集成运放而设置的，试分析它们有什么保护作用？

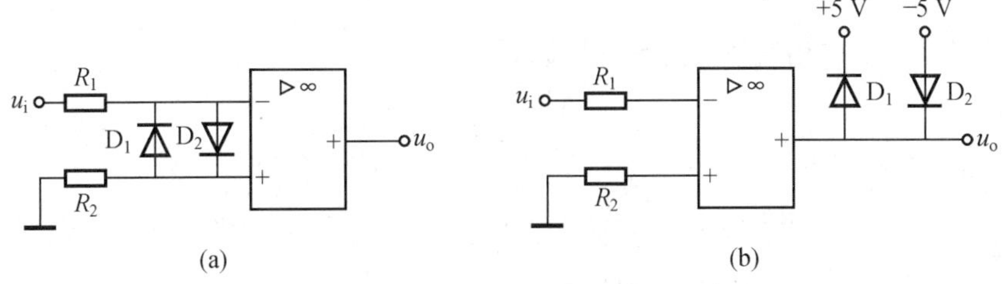

图 12.7　题 12.7 图

解　在图 12.7(a) 中，D_1、D_2 起输入端保护的作用。当输入端电压过高时，二极管 D_1 和 D_2 分别导通，使输入电压被钳制在二极管的正向压降 0.7 V 左右，从而保护运算放大器的输入级的三极管不会损坏。

12.8　在图 12.7(b) 所示的电路中，D_1、D_2 是钳位二极管，试分析它们为什么有钳位作用？

解　在图 12.7(b) 中，D_1、D_2 起输出电压钳位的作用。当输出电压为 $+U_{om}$ 时，D_1 导通，$u_o = +5$ V；当输出电压为 $-U_{om}$ 时，D_2 导通，$u_o = -5$ V。从而使输出电压被钳制在 ±5 V 左右。

12.5　习题分析

12.1　试写出如题图 12.1 所示电路中的输入、输出电压关系式。

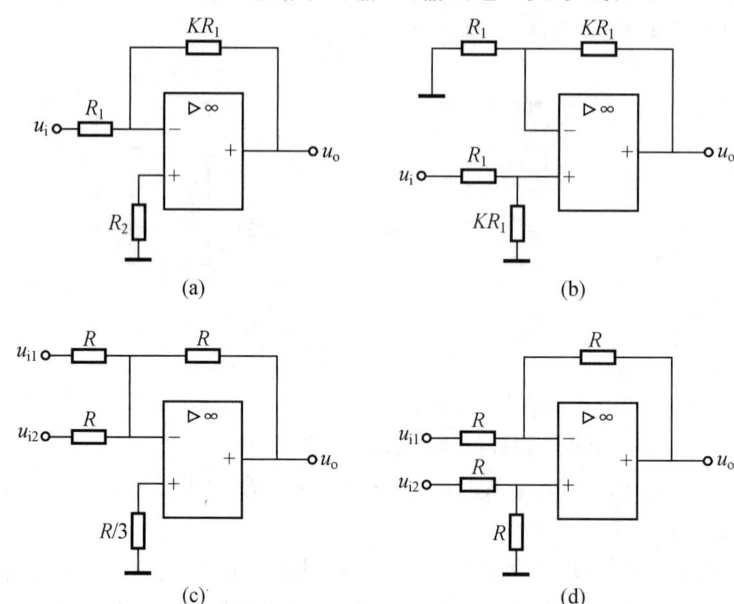

题图 12.1

解　题图 12.1(a) 是反相比例运算放大电路，则

$$u_o=-\frac{KR_1}{R_1}u_i=-Ku_i$$

题图 12.1(b) 是同相比例运算放大电路，则

$$u_+=\frac{KR_1}{R_1+KR_1}u_i=\frac{K}{1+K}u_i$$

$$u_o=\left(1+\frac{KR_1}{R_1}\right)u_+=(1+K)\frac{K}{1+K}u_i=Ku_i$$

题图 12.1(c) 是加法运算放大电路，则

$$u_o=-\left(\frac{R}{R}u_{i1}+\frac{R}{R}u_{i2}\right)=-(u_{i1}+u_{i2})$$

题图 12.1(d) 是减法运算放大电路，因为四个电阻相等，可利用公式 $u_o=\frac{R_F}{R_1}(u_{i2}-u_{i1})$ 得出

$$u_o=u_{i2}-u_{i1}$$

12.2　电路如题图 12.2 所示，$u_i=1$ V。试求输出电压 u_o、静态平衡电阻 R_2 和 R_3。

解　由题图 12.2 可得

$$u_{o1}=-\frac{20}{10}\times 1=-2(\text{V})$$

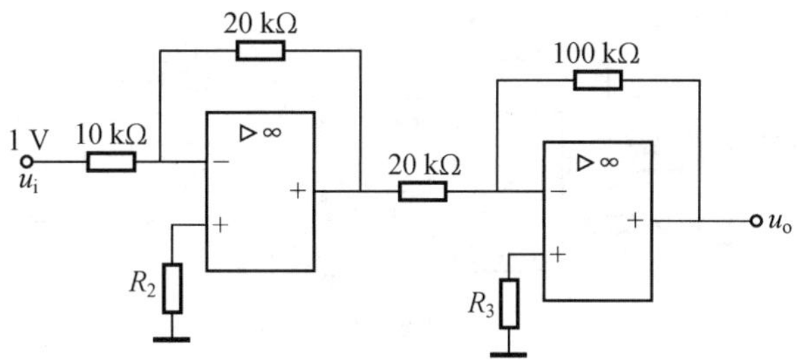

题图 12.2

$$u_o = -\frac{100}{20}u_{o1} = -\frac{100}{20} \times (-2) = 10(\text{V})$$

$$R_2 = 20 \mathbin{/\!/} 10 = 6.7(\text{k}\Omega)$$

$$R_3 = 100 \mathbin{/\!/} 20 = 16.7(\text{k}\Omega)$$

12.3　电路如题图 12.3 所示，试求输出电压 u_o。

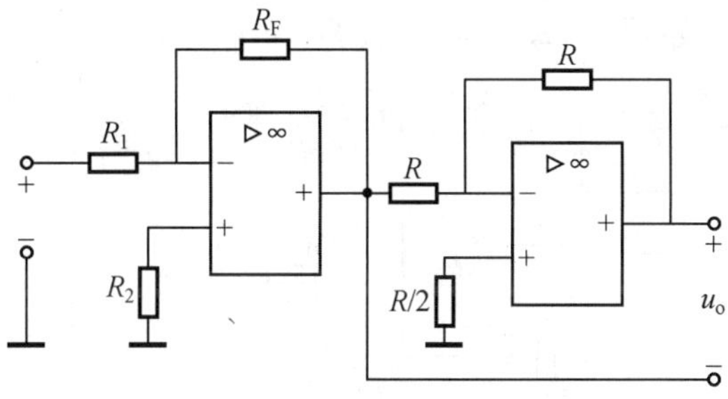

题图 12.3

解　由题图 12.3 可得

$$u_{o1} = -\frac{R_F}{R_1}u_i$$

$$u_{o2} = -\frac{R}{R}u_{o1} = \frac{R_F}{R_1}u_i$$

$$u_o = u_{o2} - u_{o1} = 2\frac{R_F}{R_1}u_i$$

12.4　在题图 12.4 所示电路中，$u_{i1} = 0.5$ V，$u_{i2} = 2$ V，试求 u_o。

解　由题图 12.4 可得

$$u_{o1} = \left(1 + \frac{10}{10}\right)u_{i1} = 2 \times 0.5 = 1(\text{V})$$

$$u_{o2} = u_{i2} = 2(\text{V})$$

用叠加原理求 u_o。

当 u_{o1} 单独作用时

$$u'_o = -\frac{50}{10}u_{o1} = -5(\text{V})$$

当 u_{o2} 单独作用时

$$u''_o = \left(1 + \frac{50}{10}\right)u_{o2} = 6 \times 2 = 12(\text{V})$$

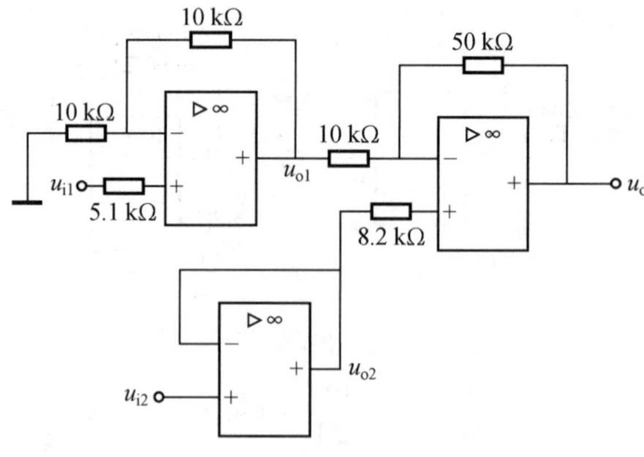

题图 12.4

所以

$$u_o = u'_o + u''_o = -5 + 12 = 7(\text{V})$$

12.5　已知运算电路如题图 12.5 所示，试求 u_{o1}、u_{o2} 和 u_{o3}。

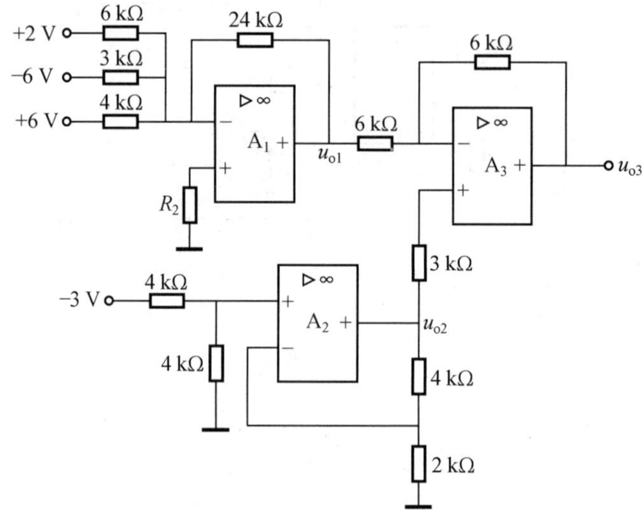

题图 12.5

解　由题图 12.5 可得

$$u_{o1} = -\left[\frac{24}{6} \times 2 + \frac{24}{3} \times (-6) + \frac{24}{4} \times 6\right] = -(8 - 48 + 36) = 4(\text{V})$$

$$u_{o2} = \left(1 + \frac{4}{2}\right) u_+ = 3 \times \frac{1}{2} \times (-3) = -4.5(\text{V})$$

用叠加原理求 u_{o3}。

当 u_{o1} 单独作用时

$$u'_{o3} = -\frac{6}{6}u_{o1} = -u_{o1} = -4(\text{V})$$

当 u_{o2} 单独作用时

$$u''_{o3} = \left(1 + \frac{6}{6}\right) u_{o2} = 2 \times (-4.5) = -9(\text{V})$$

所以

$$u_{o3}=u'_{o3}+u''_{o3}=-4-9=-13(\mathrm{V})$$

12.6　已知运算电路如题图 12.6 所示，试求 u_o。

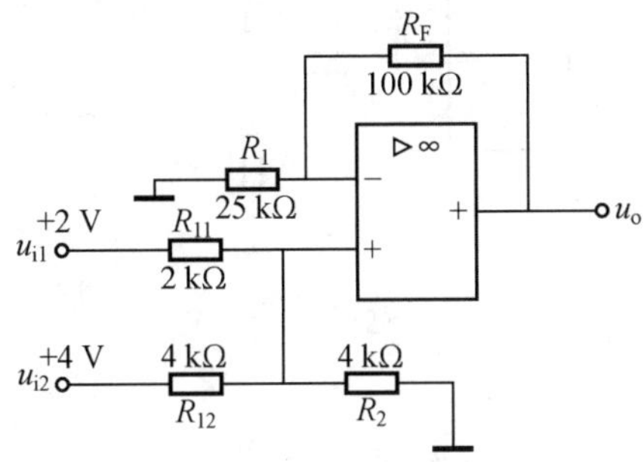

题图 12.6

解　利用节点电压法求出 u_+ 为

$$u_+=\frac{\dfrac{u_{i1}}{R_{11}}+\dfrac{u_{i2}}{R_{12}}}{\dfrac{1}{R_{11}}+\dfrac{1}{R_{12}}+\dfrac{1}{R_2}}=\frac{\dfrac{2}{2}+\dfrac{4}{4}}{\dfrac{1}{2}+\dfrac{1}{4}+\dfrac{1}{4}}=2(\mathrm{V})$$

$$u_o=\left(1+\frac{R_F}{R_1}\right)u_+=\left(1+\frac{100}{25}\right)\times 2=10(\mathrm{V})$$

12.7　已知运算电路如题图 12.7 所示，试求输出电压 u_o。

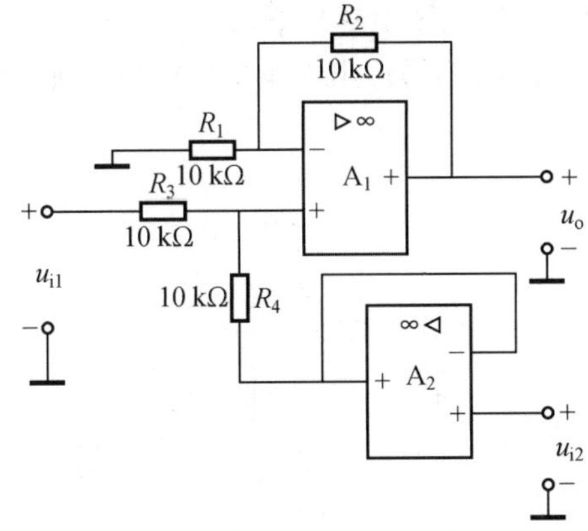

题图 12.7

解　A_2 是同号器，则 $u_{o2}=u_{i2}$。用节点电压法求 A_1 运算放大器的 u_+，即

$$u_+=\frac{\dfrac{u_{i1}}{R_3}+\dfrac{u_{o2}}{R_4}}{\dfrac{1}{R_3}+\dfrac{1}{R_4}}=\frac{\dfrac{1}{10}(u_{i1}+u_{i2})}{\dfrac{1}{10}+\dfrac{1}{10}}=\frac{1}{2}(u_{i1}+u_{i2})$$

所以

$$u_o=\left(1+\frac{R_2}{R_1}\right)u_+=u_{i1}+u_{i2}$$

12.8　题图 12.8 为一运算电路，试求输出电压 u_o。

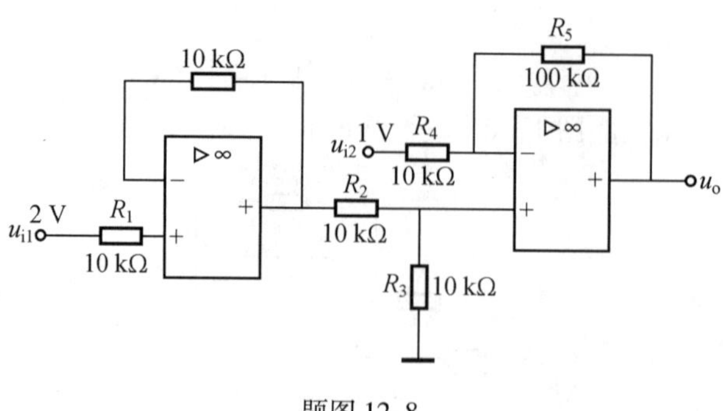

题图 12.8

解 由题图 12.8 可知

$$u_{o1} = u_{i1} = 2\ \text{V}$$

用叠加原理求 u_o。

u_{i2} 单独作用时

$$u_o' = -\frac{100}{10}u_{i2} = -10u_{i2} = -10\ \text{V}$$

u_{i1} 单独作用时

$$u_o'' = \left(1 + \frac{100}{10}\right) \cdot \frac{1}{2}u_{i1} = 5.5u_{i1} = 11\ \text{V}$$

$$u_o = u_o' + u_o'' = -10 + 11 = 1(\text{V})$$

12.9 某积分电路如题图 12.9 所示，已知基准电压 $U_R = 0.5$ V，试求：

（1）当开关 S 接通 U_R 时，输出电压由 0 V 下降到 −5 V 所需要的时间。

（2）当开关 S 接通被测电压 u_i，测得输出电压从 0 V 下降到 −5 V 所需时间为 2 s 时，计算被测电压值。

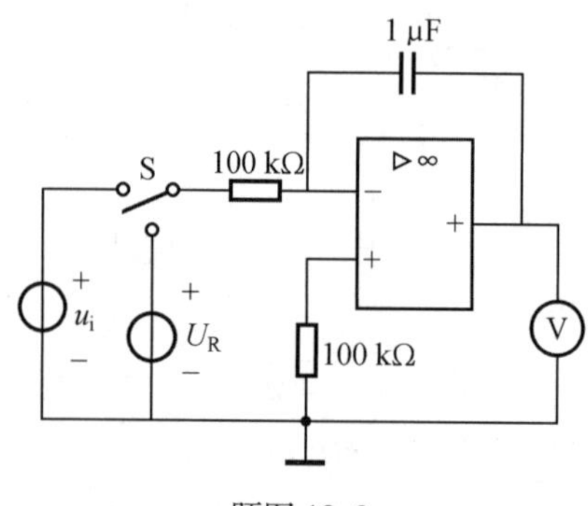

题图 12.9

解 （1）当开关 S 接通 U_R 时，有

$$u_o = -\frac{1}{RC}\int U_R \mathrm{d}t = -\frac{U_R}{RC}t = \frac{-0.5}{100 \times 10^3 \times 1 \times 10^{-6}}t$$

当 u_o 从 0 V 下降到 −5 V 时，有

$$-5 = \frac{-0.5}{100 \times 10^3 \times 1 \times 10^{-6}}t$$

则

$$t = 1\ \text{s}$$

（2）当开关 S 接通被测电压 u_i 时，有

$$u_o = -\frac{1}{RC}\int u_i \mathrm{d}t = -\frac{u_i}{RC}t$$

当 $u_o = -5$ V 时，所需时间为 2 s，则

$$-5 = \frac{u_i}{0.1} \times 2$$

所以

$$u_i = 0.25 \text{ V}$$

12.10　在题图 12.10 中，运放的工作电压为 ±15 V，输入信号 u_{i1} 和 u_{i2} 为阶跃电压信号。试求输入信号接入 5 s 后，输出电压 u_o 上升到几伏？

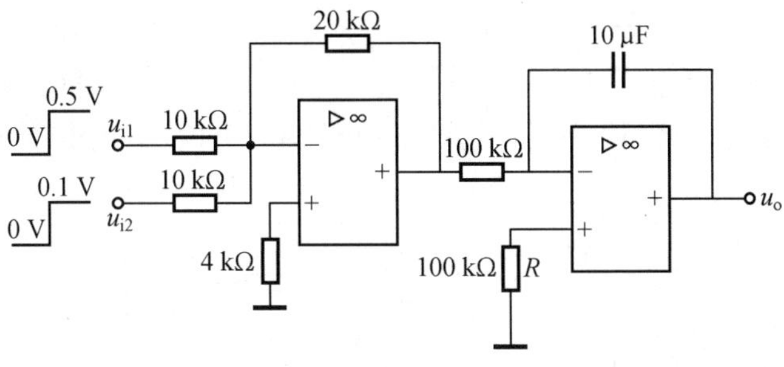

题图 12.10

解　由题图 12.10 可得

$$u_{o1} = -\left(\frac{20}{10} \times 0.5 + \frac{20}{10} \times 0.1\right) = -1.2(\text{V})$$

当输入信号接入 5 s 后

$$u_o = -\frac{1}{RC}\int u_{o1} \mathrm{d}t = -\frac{u_{o1}}{RC} t = -\frac{-1.2 \times 5}{100 \times 10^3 \times 10 \times 10^{-6}} = 6(\text{V})$$

12.11　电路和输入电压 u_i 的波形如题图 12.11 所示，试画出输出电压 u_o 的波形及电压传输特性。已知稳压管的稳定电压 $U_Z = 5$ V，正向导通压降为 0.7 V，基准电压 $U_R = 5$ V。

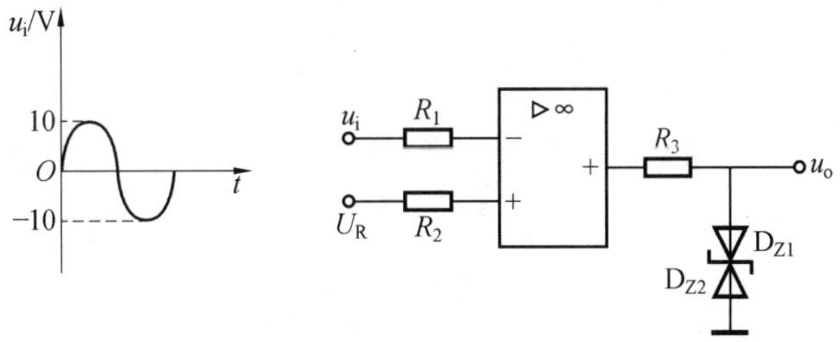

题图 12.11

解　当 u_i 为正半周、$u_i < U_R$ 时，D_{Z1} 正向导通，D_{Z2} 反向导通，即

$$u_o = U_{Z1} + U_{Z2} = 0.7 + 5 = 5.7(\text{V})$$

当 $u_i > U_R$ 时，D_{Z1} 反向导通，D_{Z2} 正向导通，即

$$u_o = -0.7 - 5 = -5.7(\text{V})$$

当 u_i 为负半周、$u_i < U_R$ 时，D_{Z1} 正向导通，D_{Z2} 反向导通，即

$$u_o = 0.7 + 5 = 5.7(\mathrm{V})$$

u_o 的电压波形如题图 12.12 所示,电压传输特性如题图 12.13 所示。

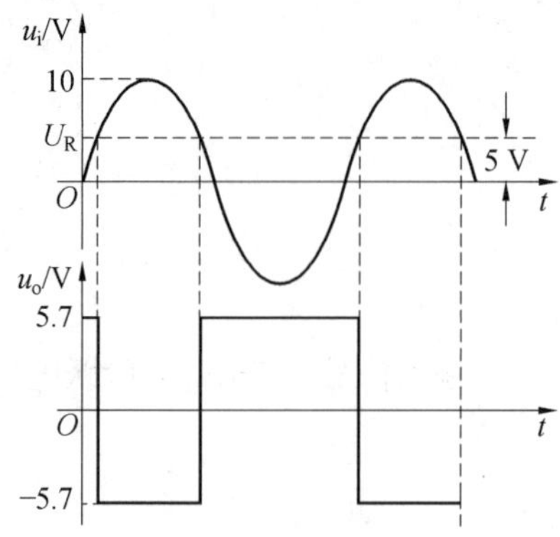

题图 12.12

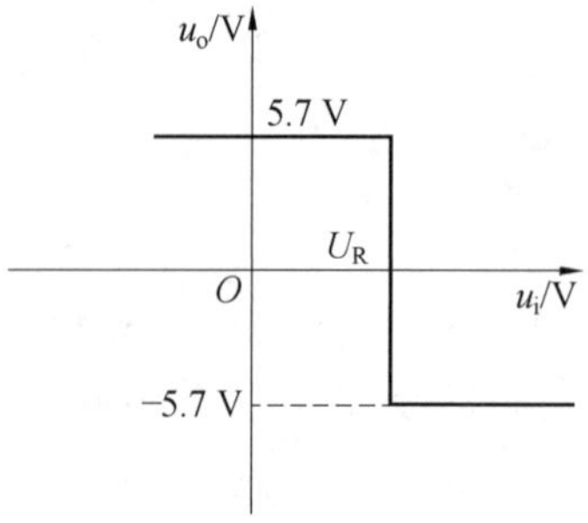

u_o/V
5.7 V
U_R
O
u_i/V
−5.7 V

题图 12.13

12.12　已知电路如题图 12.14 所示,试求:开关 S 打开时,输出电压 u_o;开关 S 闭合时,输出电压 u_o。

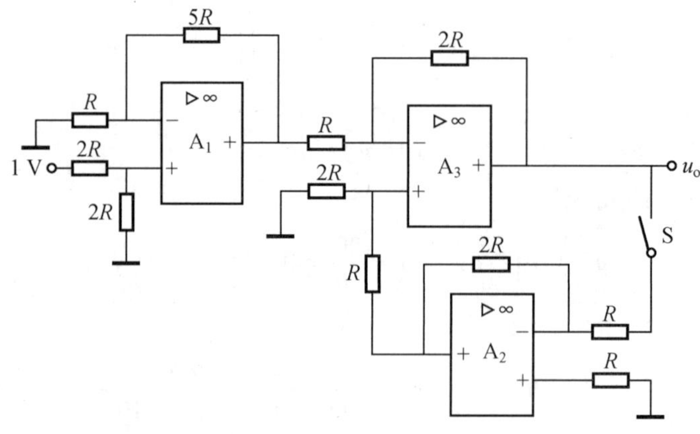

题图 12.14

解　开关 S 打开时

$$u_{o1} = \left(1 + \frac{5R}{R}\right) u_+ = 6 \times \frac{1}{2} \times 1 = 3(\mathrm{V})$$

$$u_o = -\frac{2R}{R} u_{o1} = -2 \times 3 = -6(\mathrm{V})$$

开关 S 闭合时

$$u_{o2} = -\frac{2R}{R} u_o = -2u_o$$

用叠加原理求 u_o。

当 u_{o1} 单独作用时

$$u'_o = -\frac{2R}{R} u_{o1} = -2u_{o1} = -2 \times 3 = -6(\mathrm{V})$$

当 u_{o2} 单独作用时

$$u''_o = \left(1 + \frac{2R}{R}\right) u_+ = 3 \times \frac{2R}{2R + R} u_{o2} = 2u_{o2} = -4u_o$$

所以

$$u_o = u_o' + u_o'' = -6 - 4u_o$$

整理得 $$u_o = -\frac{6}{5} = -1.2(\mathrm{V})$$

12.13　电路如题图 12.15 所示。试分别画出点 a、b、c 的电压波形(二极管正向导通压降忽略不计)。

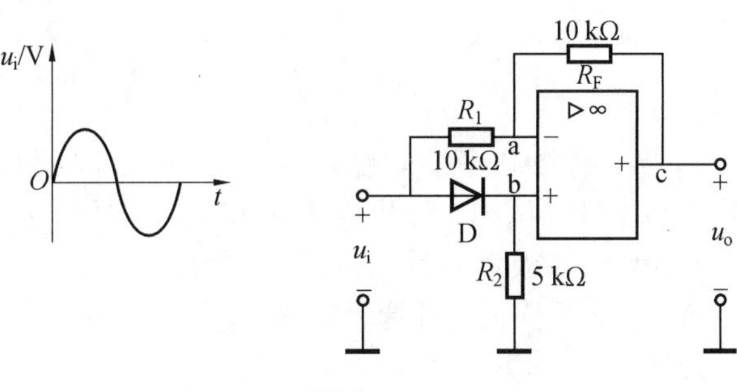

题图 12.15

解　用叠加原理求 u_c。

当 u_i 为正半周时

$$u_a = u_i$$

二极管 D 导通,则

$$u_b = u_i$$

$$u_c' = -\frac{R_F}{R_1}u_i = -u_i$$

$$u_c'' = \left(1 + \frac{R_F}{R_1}\right)u_b = \left(1 + \frac{10}{10}\right)u_i = 2u_i$$

所以

$$u_c = u_c' + u_c'' = 2u_i - u_i = u_i$$

当 u_i 为负半周时,由于二极管 D 截止,同相端接地,有

$$u_a = 0,\quad u_b = 0$$

$$u_c = -\frac{R_F}{R_1}(-u_i) = u_i$$

画出波形如题图 12.16 所示。

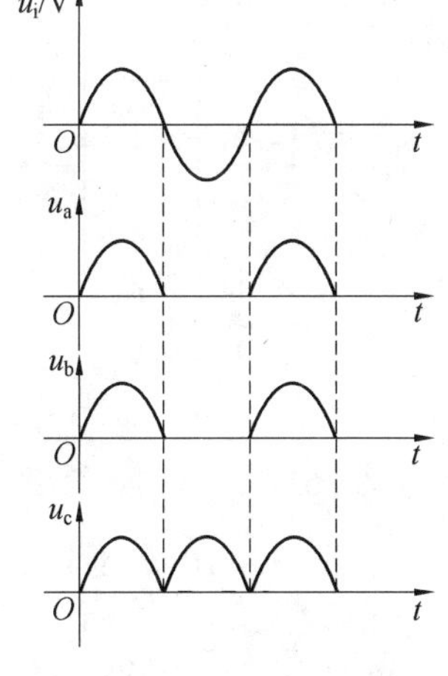

题图 12.16

12.14　已知运算电路如题图 12.17 所示。试求 u_o。

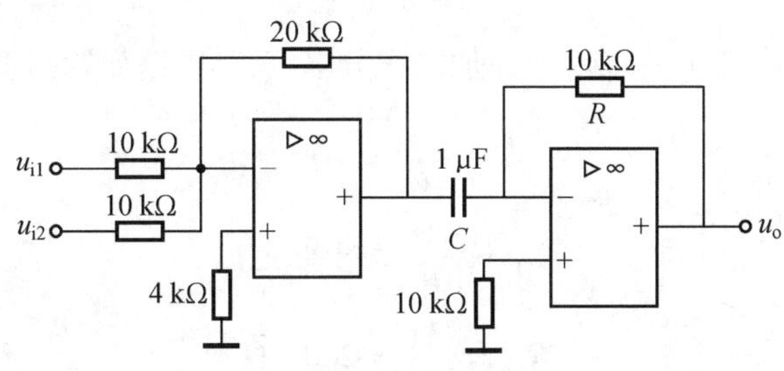

题图 12.17

解　由题图 12.17 可知

$$u_{o1}=-\left(\frac{20}{10}\times u_{i1}+\frac{20}{10}\times u_{i2}\right)=-2(u_{i1}+u_{i2})$$

$$u_o=-RC\frac{\mathrm{d}u_{o1}}{\mathrm{d}t}=2RC\frac{\mathrm{d}(u_{i1}+u_{i2})}{\mathrm{d}t}=$$

$$2\times10\times10^3\times1\times10^{-6}\mathrm{d}\left(\frac{u_{i1}+u_{i2}}{\mathrm{d}t}\right)=$$

$$20\frac{\mathrm{d}(u_{i1}+u_{i2})}{\mathrm{d}t}$$

12.15　在题图12.18所示电路中,输入电压 $u_i=10\sin\omega t$,集成运放的 $\pm U_{om}=\pm13$ V,二极管 D 的正向电压降可忽略不计。试画出输出电压 u'_o 和 u_o 的波形。

解　$u_i>0$ 时,$u'_o=-13$ V,二极管 D 反向截止,$u_o=0$ V。

$u_i<0$ 时,$u'_o=+13$ V,二极管 D 正向导通,$u_o=+13$ V。

输出电压 u'_o 和 u_o 的波形如题图 12.19 所示。

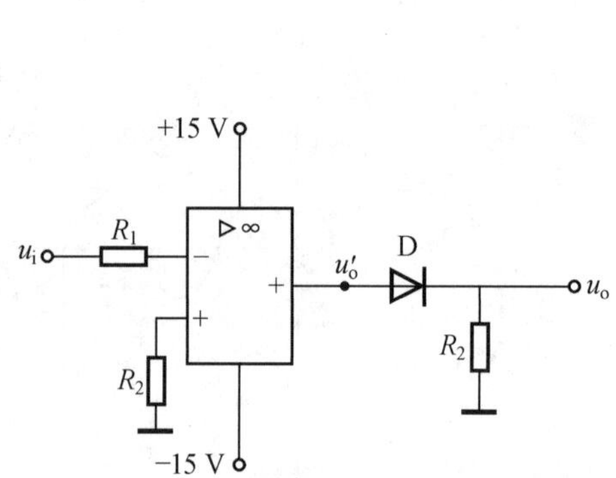

题图 12.18

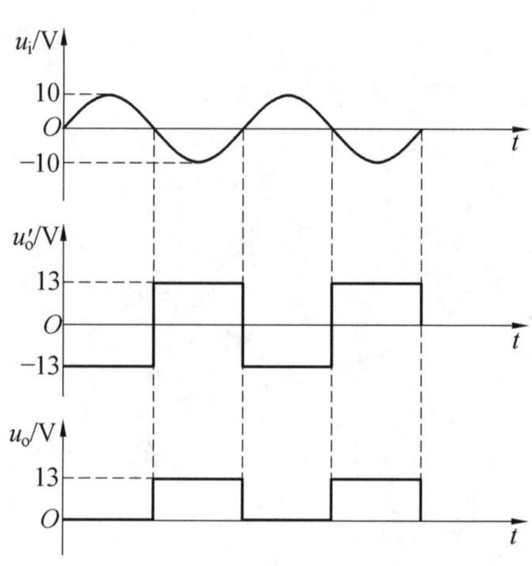

题图 12.19

12.16　按下列运算关系画出运算电路,并计算各电阻值。

(1) $u_o=-10\int u_{i1}\mathrm{d}t-5\int u_{i2}\mathrm{d}t$　($C_F=1\ \mu$F)

(2) $u_o=-5\int u_i\mathrm{d}t$　($C_F=1\ \mu$F)

(3) $u_o=0.5u_i$

(4) $u_o=2(u_{i2}-u_{i1})$

解　(1) $u_o=-10\int u_{i1}\mathrm{d}t-5\int u_{i2}\mathrm{d}t$ 为加法积分电路,其电路如题图 12.20 所示。其中

$$\frac{1}{R_{11}C_F}=10$$

$$R_{11}=\frac{1}{10C_F}=100\ \text{k}\Omega$$

$$R_{12}=\frac{1}{5C_F}=200\ \text{k}\Omega$$

$$R_3=100\ /\!/\ 200=66.7(\text{k}\Omega)$$

(2) $u_o = 5\int u_i \mathrm{d}t$ 为标准的积分电路，其电路如题图 12.21 所示。

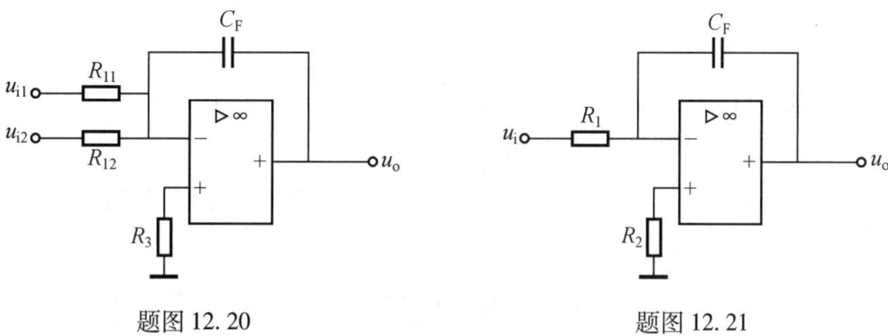

题图 12.20　　　　题图 12.21

其中

$$\frac{1}{R_1 C_F} = 5$$

所以

$$R_1 = \frac{1}{5C_F} = 200\ \text{k}\Omega$$

$$R_2 = R_1 = 200\ \text{k}\Omega$$

(3) $u_o = 0.5u_i$ 为电压跟随器，其电路如题图 12.22 所示。其中设 $R = 10\ \text{k}\Omega$。

(4) $u_o = 2(u_{i2} - u_{i1})$ 为减法电路，如题图 12.23 所示。

设

$$R_1 = R_2 = 50\ \text{k}\Omega$$

$$R_3 = R_4 = 100\ \text{k}\Omega$$

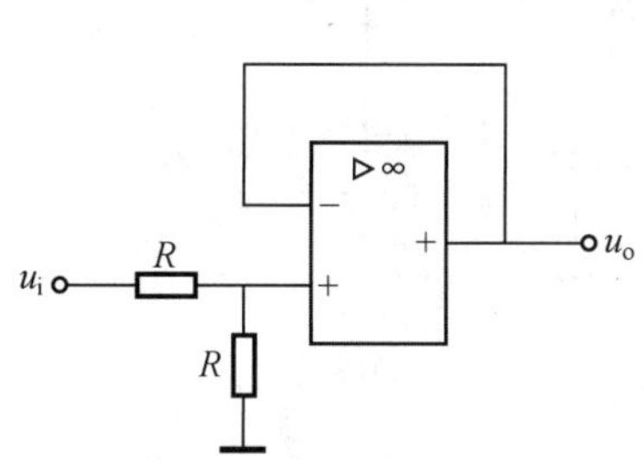

题图 12.22

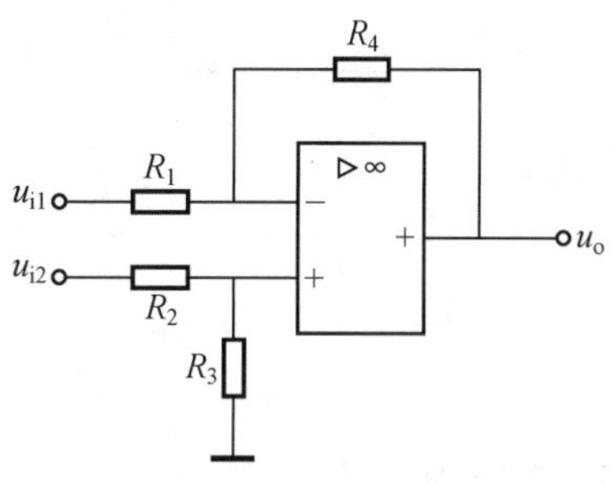

题图 12.23

12.17　已知电路如题图 12.24 所示，试求 u_o。

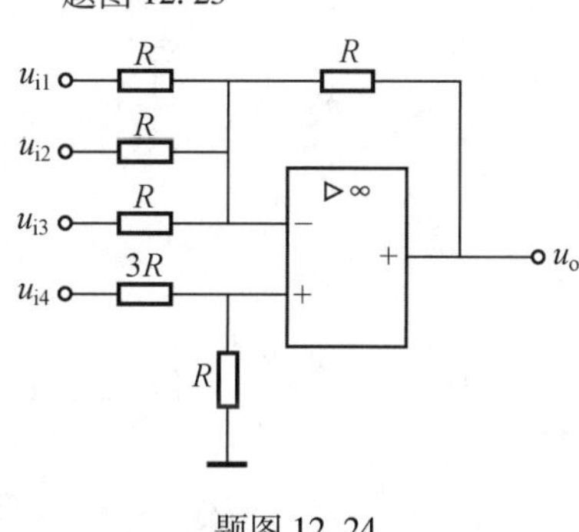

题图 12.24

解　用叠加原理求 u_o。

当反相端的输入信号单独作用时

$$u_o' = -(u_{i1} + u_{i2} + u_{i3})$$

当同相端的输入信号单独作用时

$$u_o'' = \left(1 + \frac{R}{\frac{1}{3}R}\right)\frac{R}{3R + R}u_{i4} = u_{i4}$$

所以

$$u_o = u_o' + u_o'' = -(u_{i1} + u_{i2} + u_{i3}) + u_{i4}$$

12.18　窗口比较器电路如题图 12.25(a) 所示。已知参考电压 $U_{RH} = +3\ \text{V}$，$U_{RL} = -2\ \text{V}$，稳压管稳定电压 $U_Z = 6\ \text{V}$，试画出该电路的电压传输特性。

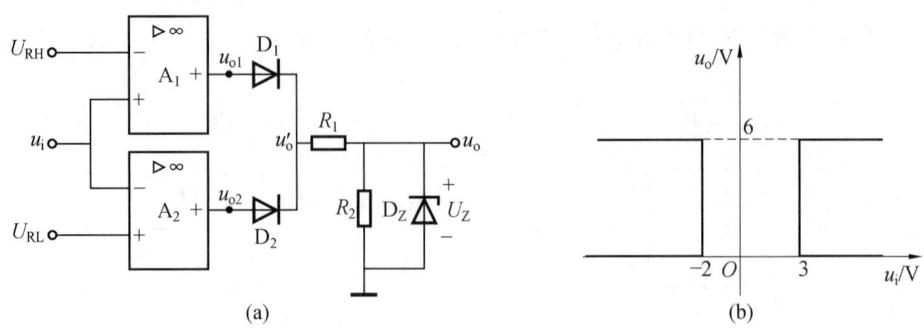

题图 12.25

解 （1）当 $u_i > +3$ V 时，$u_{o1} = +U_{om}$，$u_{o2} = -U_{om}$，使 D_1 导通，D_2 截止。

忽略 D_1 的管压降，$u'_o \approx u_{o1} = +U_{om}$，稳压管工作在反向击穿区，则输出电压 $u_o = U_Z = 6$ V。

（2）当 $u_i < -2$ V 时，$u_{o1} = -U_{om}$，$u_{o2} = +U_{om}$，使 D_1 截止，D_2 导通。

忽略 D_2 的管压降，$u'_o \approx u_{o2} = +U_{om}$，稳压管工作在反向击穿区，则输出电压 $u_o = U_Z = 6$ V。

（3）当 -2 V $< u_i < +3$ V 时，$u_{o1} = u_{o2} = -U_{om}$，$D_1$ 和 D_2 均截止，$u'_o = 0$，稳压管也处于截止状态，$u_o = 0$。

由上分析，画出该电路的电压传输特性如题图 12.25（b）所示。

12.19　在题图 12.26 中，u_i 的波形如题图 12.26（a）所示，设 $u_{C(0-)} = 0$。试求 u_o。

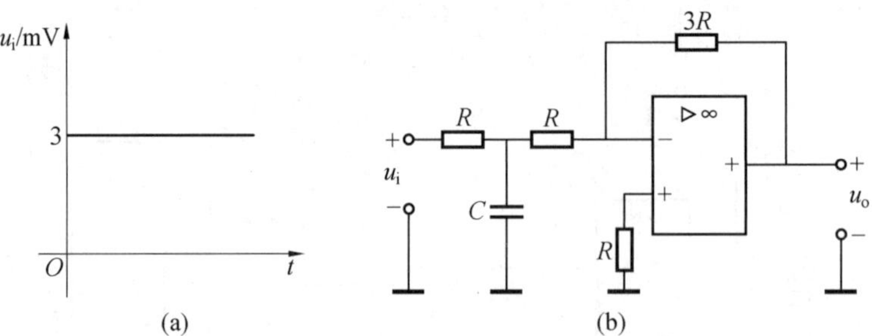

题图 12.26

解 用三要素法求出 $u_C(t)$

$$u_C(0_+) = u_C(0_-) = 0$$

$$u_C(\infty) = \frac{1}{2}u_i = 1.5\ \text{mV}\quad（同相端接地，u_- = 0，相当于接地）$$

$$\tau = \frac{1}{2}RC$$

所以

$$u_C(t) = 1.5(1 - e^{-\frac{2}{RC}t})\quad (\text{mV})$$

故

$$u_o = -\frac{3R}{R}u_C(t) = -3 \times 1.5(1 - e^{-\frac{2}{RC}t}) = -4.5(1 - e^{-\frac{2}{RC}t})\quad (\text{mV})$$

12.20　题图 12.27 是利用运放测量电流的电路。当被测电流 I 分别为 5 mA、0.5 mA 和 50 μA 时，电压表均达到 5 V 满量程，求各挡对应的电阻值。

解 被测电流 I 为 5 mA 时

$$u_o = 5R_1$$

所以

$$R_1 = \frac{5}{5} = 1(\text{k}\Omega)$$

被测电流 I 为 0.5 mA 时

$$u_o = 0.5(R_1 + R_2)$$

所以

$$R_1 + R_2 = \frac{u_o}{0.5} = 10(\text{k}\Omega)$$

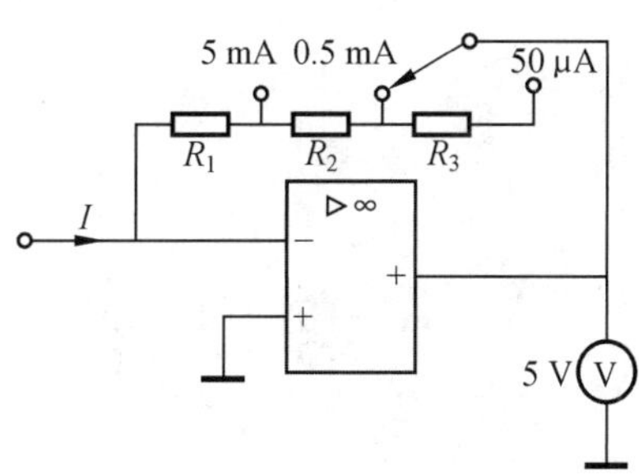

题图 12.27

故

$$R_2 = 10 - 1 = 9(\text{k}\Omega)$$

被测电流 I 为 50 μA 时

$$u_o = 50(R_1 + R_2 + R_3) \times 10^{-3}$$

所以

$$R_1 + R_2 + R_3 = \frac{u_o}{0.05} = 100(\text{k}\Omega)$$

故

$$R_3 = 100 - (R_1 + R_2) = 100 - (9 + 1) = 90(\text{k}\Omega)$$

12.21 已知运算电路如题图 12.28 所示，试求 u_o。

解 由题图 12.28 可知

$$u_+ = \frac{R_3}{R_2 + R_3}u_i$$

$$u_- = u_+$$

$$i_1 = -\frac{u_+}{R_1}$$

$$i_C = C_F\frac{\mathrm{d}u_{CF}}{\mathrm{d}t}$$

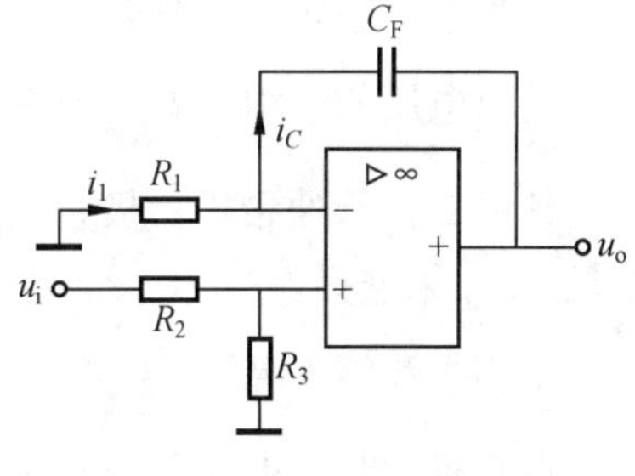

题图 12.28

因为

$$i_1 = i_C$$

所以

$$-\frac{u_+}{R_1} = C_F\frac{\mathrm{d}u_{CF}}{\mathrm{d}t} = C_F\left[\frac{\mathrm{d}u_+}{\mathrm{d}t} - \frac{\mathrm{d}u_o}{\mathrm{d}t}\right]$$

$$u_+ = -R_1C_F\left(\frac{\mathrm{d}u_+}{\mathrm{d}t} - \frac{\mathrm{d}u_o}{\mathrm{d}t}\right)$$

两边积分

$$\int u_+\,\mathrm{d}t = -R_1C_Fu_+ + R_1C_Fu_o$$

所以

$$u_o = u_+ + \frac{1}{R_1C_F}\int u_+\,\mathrm{d}t = \frac{R_3}{R_2 + R_3}u_i + \frac{R_3}{R_1C_F(R_2 + R_3)}\int u_i\mathrm{d}t$$

第13章　直流稳压电源与振荡电源

13.1　内容提要

1. 线性直流稳压电源

线性直流稳压电源由工频变压器、整流电路、滤波电路、稳压电路组成。

(1) 单相半波整流电路。

单相半波整流电路采用一个二极管进行整流,输出电压的平均值 $U_o = 0.45U_2$,其中 U_2 为变压器副边交流电压的有效值。输出电流的平均值 $I_o = \frac{U_o}{R_L} = 0.45\frac{U_2}{R_L}$。

(2) 单相桥式整流电路。

单相全波整流电路通常采用4个二极管进行整流,即单相桥式整流电路。单相桥式整流电路输出电压的平均值 $U_o = 0.9U_2$,输出电流的平均值 $I_o = \frac{U_o}{R_L} = \frac{0.9U_2}{R_L}$。

整流二极管通常以二极管正向导通时的工作电流 I_D 和反向截止时承受最高的反向工作电压 U_{DRM} 来选择。

单相半波整流电路,$I_D = I_o$,$U_{DRM} = \sqrt{2}U_2$;

单相桥式整流电路,$I_D = \frac{1}{2}I_o$,$U_{DRM} = \sqrt{2}U_2$。

(3) 滤波电路。

由于单相半波、全波整流电路输出电压脉动很大,为了减小输出电压的脉动程度,使输出直流电压比较平稳,需要在二极管整流电路后面加入滤波电路。

常用的滤波电路有电容滤波、电感电容滤波、π型 LC 滤波、π型 RC 滤波电路。

采用电容滤波,电路简单,但由于电容通过负载放电,因此带载能力差。有电容滤波时,输出电压的平均值升高。即:

单相半波整流电路,$U_o = U_2$;单相桥式整流电路,$U_o = 1.2U_2$。

有电容滤波时,二极管反向截止时承受的最高反向工作电压 $U_{DRM} = \sqrt{2}U_2$ 保持不变。

(4) 稳压电路。

为了使输出电压 U_o 不受负载变化和电源波动的影响,在滤波电路和负载之间接入稳压电路。

常用的稳压电路有稳压管稳压电路和晶体管稳压电路。稳压管稳压电路结构简单,但稳压性能不高,常用于负载较小、变化不大的场合。稳压管稳压电路中的限流电阻由下式确定:

$$\frac{U_{\mathrm{imax}} - U_{\mathrm{Z}}}{I_{\mathrm{zmax}} + I_{\mathrm{Lmin}}} < R < \frac{U_{\mathrm{imin}} - U_{\mathrm{Z}}}{I_{\mathrm{zmin}} + I_{\mathrm{Lmax}}}$$

晶体管稳压电路结构比较复杂,但稳压性能高,常用于负载变化较大的场合。目前晶体管稳压电路已做成集成电路,即三端集成稳压块。

三端集成稳压块分为固定电压输出和可调电压输出两类。固定电压输出分为 W78 ×× 和 W79 ×× 系列。前者输出固定正电压,后者输出固定负电压。固定电压等级为 5、6、9、12、15、18、24 V 等。可调电压输出分为 W117/227/317 和 W137/237/337 系列。前者输出可调正电压,后者输出可调负电压。电压调节范围为 ±1.25 ~ ±37 V。

使用三端集成稳压块要注意:输入电压要大于最小输入电压(最小输入电压等于输出电压加最小压差($U_{\mathrm{i}} - U_{\mathrm{o}}$)),稳压块才能正常工作。

2. 振荡电源

常用的振荡电源有正弦波振荡电源和非正弦波振荡电源两大类。

(1) 正弦波振荡电源。

正弦波振荡电源的电路结构形式有 LC 振荡电路和 RC 振荡电路两种,LC 振荡电路频率高,RC 振荡电路频率低。它们凭借自身特有的电路结构可以产生自激振荡,有稳定的正弦波输出。

① 正弦波振荡电路的组成。LC 振荡电路和 RC 振荡电路都是由三部分组成的,即放大电路、正反馈电路和选频电路。

② 自激振荡的条件与振荡的稳定。正弦波自激振荡的条件为:

幅度条件,$U_{\mathrm{f}} \geqslant U_{\mathrm{i}}$;相位条件,正反馈。

对 LC 振荡电路而言,要求它的反馈绕组 L_{f} 有足够的匝数,以保证 $U_{\mathrm{f}} \geqslant U_{\mathrm{i}}$(起振时 $U_{\mathrm{f}} > U_{\mathrm{i}}$,稳定时 $U_{\mathrm{f}} = U_{\mathrm{i}}$)。晶体管的非线性有自动稳幅的作用,使 LC 振荡电路有稳定的正弦波输出。

对于由集成运放电路组成的 RC 振荡电路而言,当 $R_1 = R_2 = R$ 和 $C_1 = C_2 = C$ 时,要求它的同相比例放大电路的电压放大倍数 $A_{uf} \geqslant 3$(起振时,$A_{uf} > 3$,稳定时 $A_{uf} = 3$)。并联在 R_{F1} 上的正反向二极管 D_1 和 D_2 有自动稳幅的作用,使 RC 振荡电路有稳定的正弦波输出。

③ 振荡频率。

LC 振荡电路

$$f_0 = \frac{1}{2\pi\sqrt{LC}}$$

RC 振荡电路

$$f_0 = \frac{1}{2\pi\sqrt{R_1 R_2 C_1 C_2}}$$

当 $R_1 = R_2 = R$ 和 $C_1 = C_2 = C$ 时

$$f_0 = \frac{1}{2\pi RC}$$

(2) 非正弦波振荡电源。

非正弦波振荡电源可以产生方波、矩形波、三角波和锯齿波等输出信号,本章只介绍了矩形波、方波和三角波振荡电源。非振荡电源的结构形式有多种,常用的是由 555 定时器和集成运放组成。

① 矩形波的振荡周期(集成运放组成)为

$$T = 2R_f C\ln\left(1 + \frac{2R_1}{R_2}\right)$$

② 方波振荡周期(由555定时器组成)为

$$T = t_{p1} + t_{p2} = 0.7(R_1 + 2R_2)C$$

③ 三角波的振荡周期(集成运放组成)为

$$T = 4RC\frac{R_2}{R_1}$$

13.2 重点与难点

13.2.1 重点

(1) 单相半波整流、桥式整流输出电压和电流的平均值计算。

(2) 整流二极管的选择。

(3) 电容滤波的工作原理分析,有电容滤波时,半波、桥式整流电路输出电压的平均值计算。

(4) 稳压管的稳压原理的分析,限流电阻的选择条件。

(5) 三端集成稳压块的应用电路分析。

(6) 正弦波振荡电路的自激振荡条件。

(7) 由集成运算放大器组成的 RC 振荡电路的分析。

(8) RC 振荡电路和 LC 振荡电路是否满足振荡条件的判断。

(9) RC、LC 振荡频率的公式。

(10) 矩形波、三角波振荡电路的工作原理分析。

(11) 由555定时器和集成运算放大器组成的方波振荡电路的分析。

13.2.2 难点

(1) 整流二极管的选择。

(2) 直流稳压电源的设计。

(3) 振荡电路是否能振荡的判断。

(4) 555定时器如何构成方波振荡器。

13.3 例题分析

【例13.1】 有一单相桥式整流电路如图13.1所示。已知负载电阻 $R_L = 750\ \Omega$,变压器副边电压 $U_2 = 20$ V,试求 U_o、I_o,并选择二极管。

解
$$U_o = 0.9U_2 = 0.9 \times 20 = 18(\text{V})$$

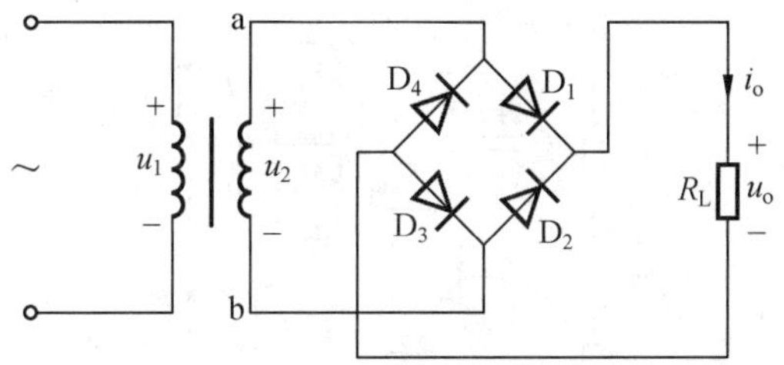

图 13.1　例 13.1 图

$$I_o = \frac{U_o}{R_L} = \frac{18}{750} = 24(\text{mA})$$

选择二极管以 I_D 和 U_{DRM} 为依据。

$$I_D = \frac{1}{2}I_o = \frac{1}{2} \times 24 = 12(\text{mA})$$

$$U_{DRM} = \sqrt{2}U_2 = 28.28(\text{V})$$

查手册或教材附录可知，选用 2AP4 型二极管。其最大整流电流为 16 mA，最高反向工作电压为 50 V。

【例 13.2】　三端集成稳压器的应用电路如图 13.2 所示。已知 $U_2 = 15$ V，稳压管的稳定电压为 6 V。试求：

(1) U_i 的值。

(2) 输出电压 U_o 的调整范围。

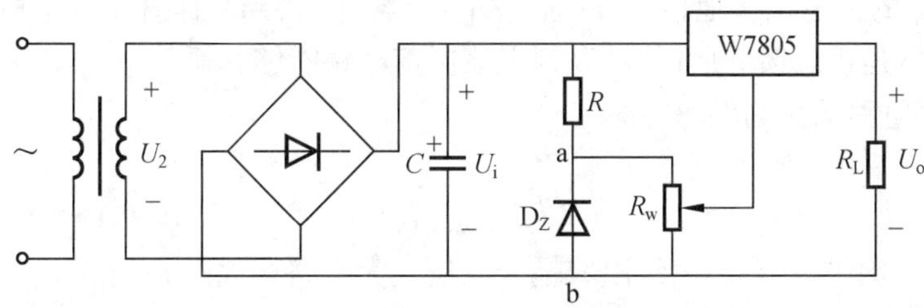

图 13.2　例 13.2 图

解　(1) 单相桥式整流电路有电容滤波时

$$U_i = 1.2U_2 = 1.2 \times 15 = 18(\text{V})$$

(2) 当滑动头在点 a 时

$$U_o = U_Z + 5 = 6 + 5 = 11(\text{V})$$

当滑动头在点 b 时

$$U_o = 5\ \text{V}$$

故输出电压 U_o 的调整范围为 5 ~ 11 V。

【例 13.3】　在图 13.3 所示 LC 正弦波振荡电路中，变压器有三个绕组 L_1、L_2 和 L_3。试说明：

(1) L_1、L_2 和 L_3 各起什么作用？

(2) 该振荡电路能否起振？

(3) 写出该振荡电路振荡频率的关系式。

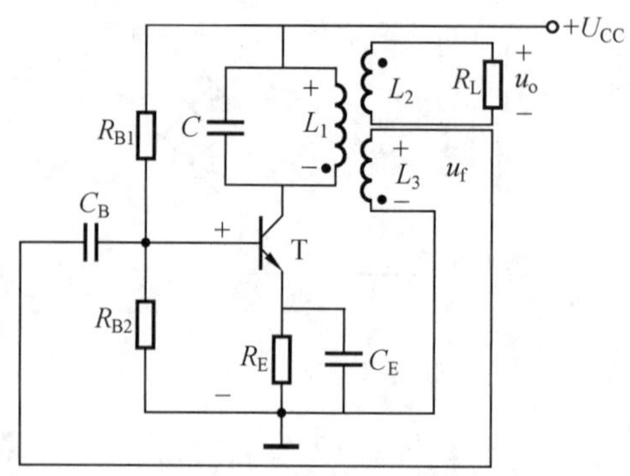

图 13.3　例 13.3 图

解　(1) 接在集电极的原绕组 L_1 与电容 C 并联,构成选频电路。副绕组 L_2 是输出绕组,产生输出电压 u_o,供给负载 R_L。反馈绕组 L_3 产生反馈电压 u_f,加在放大电路的输入端,如果是正反馈,振荡电路便产生自激振荡。

(2) 该振荡电路能否起振,可采用瞬时极性法进行判断。

设某瞬间晶体管 T 的基极信号电位升高(标号:基极画"+",地画"-");集电极信号电位的变化与基极相反,所以集电极信号电位降低(标号:L_1 下面画"-",上面画"+";L_1 的上面的信号电位即为地电位)。

根据原绕组 L_1 两端信号电位的极性和反馈绕组 L_3 同名端的标记,可以推知 L_3 上产生的反馈电压 u_f 的极性是上"+"下"-"。

反馈电压 u_f 的低电位接地,高电位通过耦合电容 C_B 接到晶体管 T 的基极上,使基极的信号电位增强,显然是正反馈。所以,可以判定该振荡电路能够起振。

(3) 该振荡电路的振荡频率为

$$f_0 = \frac{1}{2\pi\sqrt{L_1 C}}$$

【例 13.4】　图 13.4 是由两级阻容耦合电压放大电路构成的 RC 振荡电路,图中的 RC 串并联网络既是反馈电路,也是选频电路。

(1) 试分析该振荡电路是否满足相位条件?

(2) 为使该振荡电路顺利起振,两级电压放大电路的电压放大倍数 A_u 应为多少?

(3) 写出该振荡电路的振荡频率关系式。

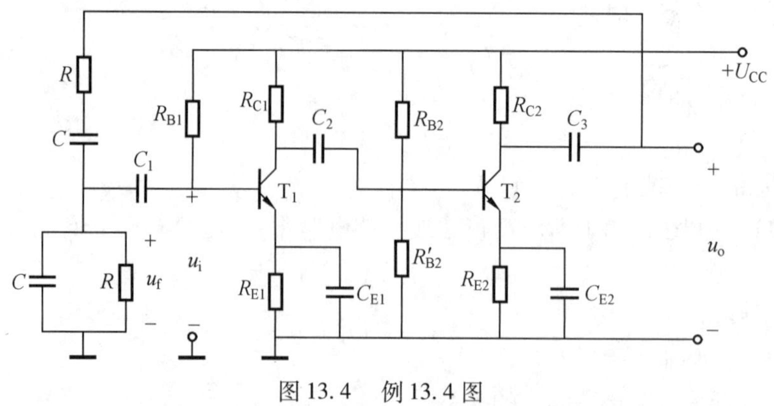

图 13.4　例 13.4 图

解　(1) 相位条件。在放大电路的输入端,假设有一个正弦输入信号 u_i,那么在放大电路的输出端就会有一个被放大了的正弦输出信号 u_o,u_o 与 u_i 同相(因为是两级电压放大)。u_o 反馈到 RC 串联网络上,由其并联部分取得反馈电压 u_f。因为 u_f 是 u_o 的一部分,所以 u_f 与 u_i 同相,是正反馈,满足相位条件。

(2) 两级电压放大电路的电压放大倍数。在放大电路的输入端,输入信号来自反馈电压,即 $u_i = u_f$。RC 串并联网络不仅使 u_f 与 u_o 在相位上同相,而且在大小上 U_f 是 U_o 的1/3。所以,U_i 也是 U_o 的1/3,可以写出 $A_u = \dfrac{U_o}{U_i} = 3$。为使振荡电路顺利起振,两级电压放大电路的电压放大倍数 A_u 应大于3。

(3) 振荡电路的振荡频率为

$$f_0 = \frac{1}{2\pi RC}$$

13.4　思考题分析

13.1　如何选择整流二极管?

解　根据整流二极管的正向平均电流 I_D 和最高反向工作电压 U_{DRM} 来选择整流二极管。

13.2　在单相桥式整流电路中,每个二极管导通时流过的电流为多少?其波形如何?

解　在单相桥式整流电路中,每个二极管导通时的电流 $I_D = \dfrac{1}{2}I_o$,即为负载电流的一半。其波形如图 13.5 所示。

13.3　在图 13.6 中,若二极管 D_1 损坏而短路,后果如何?

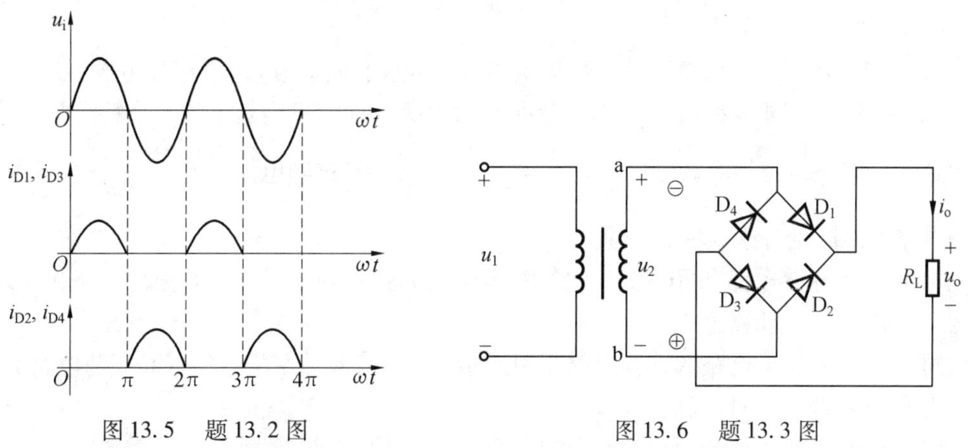

图 13.5　题 13.2 图　　图 13.6　题 13.3 图

解　电源电压 u_2 的负半波到时,二极管 D_2 导通,造成变压器副边短路,其后果是将变压器烧坏。

13.4　试画出图 13.6 中变压器副边电流 i_2 和负载电流 i_o 的波形。

解　在图13.6中,u_2 为正半周时,D_1、D_3 导通,i_2 的电流方向是从b端流入变压器副边;u_2 为负半周时,D_2、D_4 导通,i_2 的电流方向是从a端流入变压器副边,即 i_2 为正弦波。而负载电流为全波整流,其波形如图 13.7 所示。

13.5　在单相桥式整流电路中有电容滤波时，输出电压 U_o 为多少？每个二极管承受的最高反向工作电压是多少？

解　在单相桥式整流电路中有电容滤波时，$U_o = 1.2U_2$。

每个二极管承受的最高反向工作电压 $U_{DRM} = \sqrt{2}U_2$。

13.6　在图 13.8 中，若三端集成稳压器选用 W7815，当输入电压 $U_i = 15$ V 时，输出电压 U_o 是否也等于 15 V？为什么？

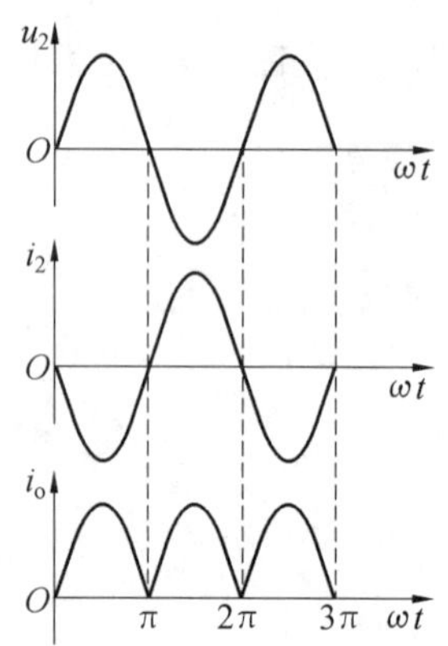

图 13.7　题 13.4 图

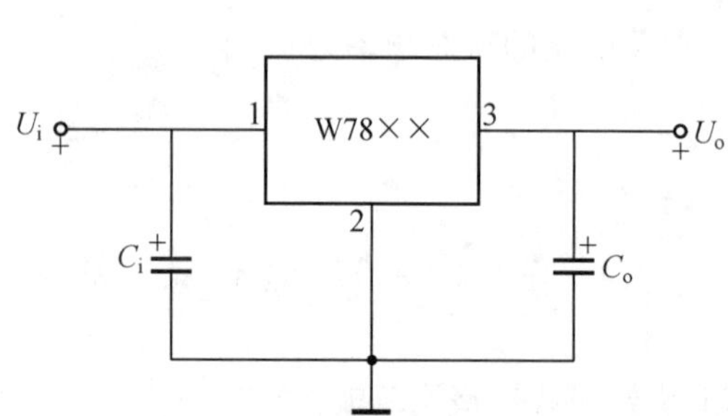

图 13.8　题 13.6 图

解　当输入电压 $U_i = 15$ V 时，稳压管不能正常工作，U_o 不等于 15 V。因为三端稳压器内部电路是由晶体管串联稳压电路组成的，所以输入最小电压应等于输出电压 U_o 加上最小压差 $(U_i - U_o)$，一般最小压差为 3 V 左右。所以，输入电压应大于 $U_o + 3 = 15 + 3 = 18(\text{V})$，稳压管才能正常工作，输出 $U_o = 15$ V。

13.7　正弦波振荡电路由哪几部分组成？为什么要有选频电路？没有选频电路是否也能产生振荡？

解　(1) 正弦波振荡电路是由放大电路、反馈电路和选频电路三部分组成的。

(2) 在各种不同频率的信号中，能满足自激振荡条件的只是其中的一个特定频率(这个频率由选频电路决定：对 LC 选频电路是 $f_0 = \dfrac{1}{2\pi\sqrt{LC}}$，对 RC 选频电路是 $f_0 = \dfrac{1}{2\pi RC}$)。所以，没有选频电路不能产生自激振荡。

13.8　LC 振荡电路和 RC 振荡电路的选频电路有何不同？写出 LC 振荡电路和 RC 振荡电路的振荡频率 f_0 的计算公式。

解　(1) LC 振荡电路的选频电路是由电感 L 和电容 C 并联构成的；RC 振荡电路的选频电路是由 RC 串并联网络构成的。

(2) LC 振荡电路和 RC 振荡电路的振荡频率分别为

$$f_0 = \frac{1}{2\pi\sqrt{LC}},\quad f_0 = \frac{1}{2\pi RC}$$

13.9　555 集成定时器接成多谐振荡器时，第 ④ 脚为什么接高电平？

解　555 集成定时器的第 ④ 脚是它的复位端，当该脚为低电平(或其电位低于 0.7 V)时，555 定时器内部的 RS 触发器被永久复位(置“0”)。所以，为了保持多谐振荡器的稳定工作，555 的第 ④ 脚必须接高电平。

13.10　在图 13.9 所示的矩形波振荡电路中，R_3 电阻起什么作用？调节哪些参数可以改变矩形波的频率？

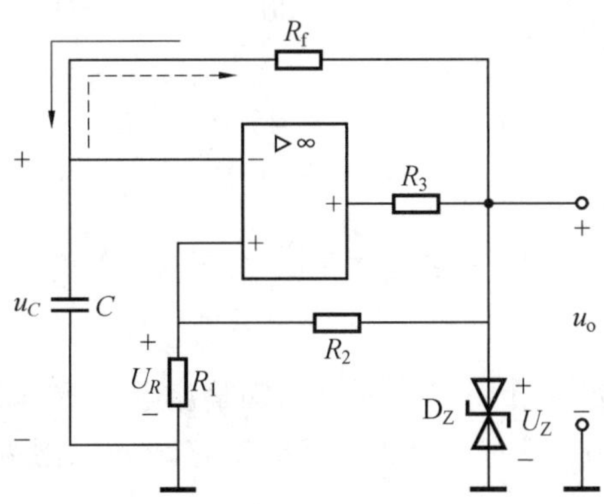

图 13.9　题 13.10 图

解　图 13.9 中的电阻 R_3 起限流作用，与稳压管配合，稳定输出电压。

调整电阻 R_1、R_2、R_f 和 C 的数值，可以改变矩形波的频率。

13.11　为什么有源积分电路中，电容的充电、放电的电流是恒流？

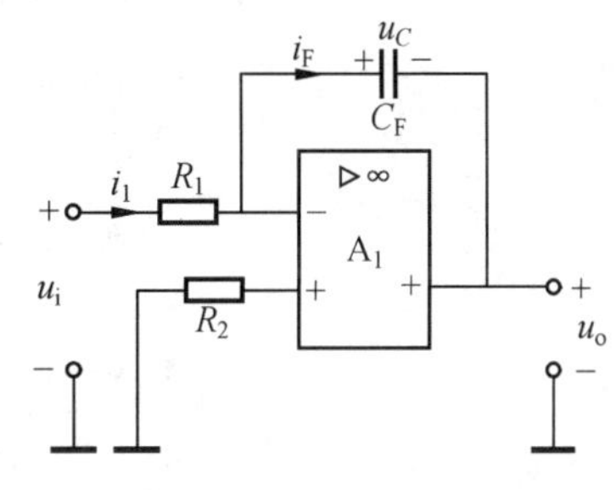

图 13.10　题 13.11 图

解　在图 13.10 中，由于 $u_- = u_+ = 0$，则

$$i_1 = \frac{u_i}{R_1}$$

$$i_F = i_1 = \frac{u_i}{R_1}$$

$$u_o = -u_C = -\frac{1}{C_F}\int i_F \mathrm{d}t$$

所以

$$u_o = -\frac{1}{R_1 C_F}\int u_i \mathrm{d}t$$

可见，电容的充电电流 i_F 只与输入电压 u_i 有关，电容的充电、放电的电流是恒定的。

13.5　习题分析

13.1　在题图 13.1 中，已知 $R_L = 80\ \Omega$，直流伏特计 V 的读数为 110 V，试求：(1) 直流安培计 A 的读数；(2) 整流电流的最大值；(3) 交流伏特计 V_1 的读数。二极管的正向压降忽略不计。

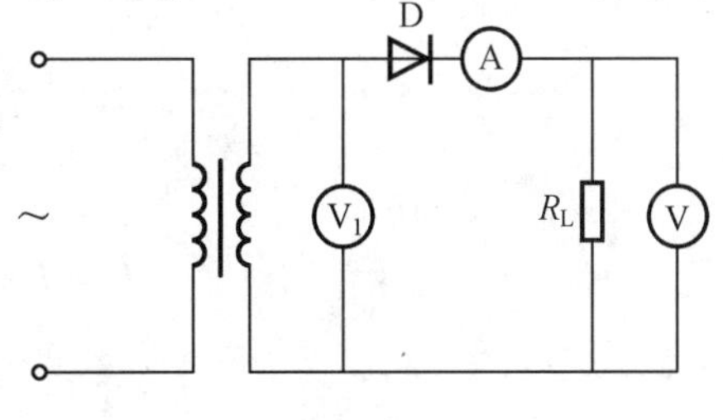

题图 13.1

解　(1) 已知负载电压 $U_o = 110$ V，$R_L = 80\ \Omega$，则负载电流为

$$I_o = \frac{U_o}{R_L} = \frac{110}{80} = 1.375(\mathrm{A})$$

(2) 整流电流的最大值为

$$I_{\text{omax}} = \frac{\sqrt{2}U_2}{R_L} = \frac{\sqrt{2} \times \frac{110}{0.45}}{80} = 4.32(\text{A})$$

(3) 因为

$$U_o = 0.45\ U_2$$

所以

$$U_2 = \frac{U_o}{0.45} = \frac{110}{0.45} = 244.4(\text{V})$$

故 V_1 的读数为 244.4 V。

13.2　整流稳压电路如题图 13.2 所示。已知整流电压 $U'_o = 27$ V，稳压管的稳定电压为 9 V，稳压管的最小稳定电流为 5 mA，最大稳定电流为 26 mA，限流电阻 $R = 0.6$ kΩ，负载电阻 $R_L = 1$ kΩ。

(1) 试求电流 I_o、I_{DZ} 和 I。

(2) 如果负载开路，稳压管能否正常工作？为什么？

(3) 如果电源电压不变，该稳压电路允许负载电阻变化的范围是多少？

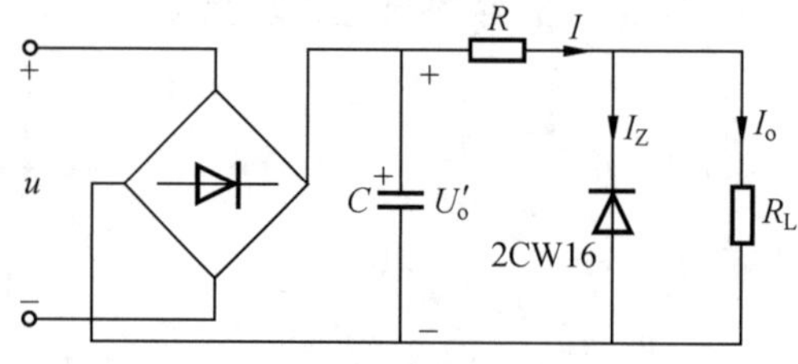

题图 13.2

解　(1) 由题图 13.2 可得

$$I_o = \frac{U_o}{R_L} = \frac{9}{1} = 9(\text{mA})$$

$$I = \frac{U'_o - U_Z}{R} = \frac{27-9}{0.6} = 30(\text{mA})$$

$$I_{DZ} = I - I_o = 30 - 9 = 21(\text{mA})$$

(2) 若负载开路，则

$$I_o = 0,\quad I_{DZ} = I = 30\ \text{mA}$$

$I_{DZ} > I_{DZM}$，稳压管损坏。

(3) 当 $I_{DZ} = 26$ mA 时

$$I_o = I - I_{DZ} = 30 - 26 = 4(\text{mA})$$

$$R_L = \frac{9}{4} = 2.25(\text{k}\Omega)$$

当 $I_{DZ} = 5$ mA 时

$$I_o = I - I_{DZ} = 30 - 5 = 25(\text{mA})$$

$$R_L = \frac{9}{25} = 0.36(\text{k}\Omega)$$

负载电阻变化范围为

$$0.36 \sim 2.25\ \text{k}\Omega$$

13.3　试分析题图 13.3 所示的变压器副绕组有中心抽头的单相整流电路，副绕组两段的电压有效值各为 U。

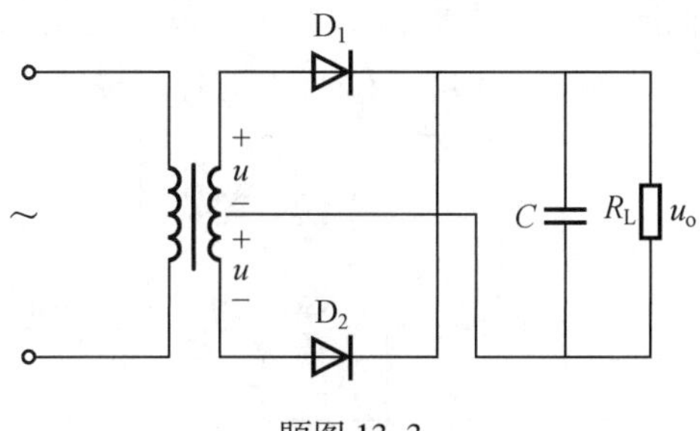

题图 13.3

（1）标出负载电阻 R_L 上电压 u_o 和滤波电容器 C 的极性。

（2）分别画出无滤波电容器和有滤波电容器两种情况下负载电阻上电压 u_o 的波形，其电路是全波整流还是半波整流？

（3）如无滤波电容器，负载整流电压的平均值 U_o 和变压器副绕组每段的交流电压有效值 U 之间的数值关系如何？如有滤波电容，则又如何？

（4）分别说明有滤波电容器和无滤波电容器两种情况下，二极管截止时所承受的最高反向电压 U_{DRM} 是否都等于 $2\sqrt{2}U$。

（5）如果整流二极管 D_2 虚焊，U_o 是否是正常情况下的一半？如果变压器副边中心抽头虚焊，这时有输出电压吗？

（6）如果把 D_2 的极性接反，电路是否能正常工作？会出现什么问题？

（7）如果 D_2 因过载损坏造成短路，还会出现什么其他问题？

（8）如果输出端短路，又将出现什么问题？

（9）如果把图中的 D_1 和 D_2 都反接，是否仍有整流作用？所不同的是什么？

解　（1）负载电阻 R_L 上电压 u_o 的极性为上"+"下"−"，滤波电容 C 上的极性也为上"+"下"−"。

（2）负载电阻上电压 u_o 的波形是全波整流。波形如题图 13.4 所示。

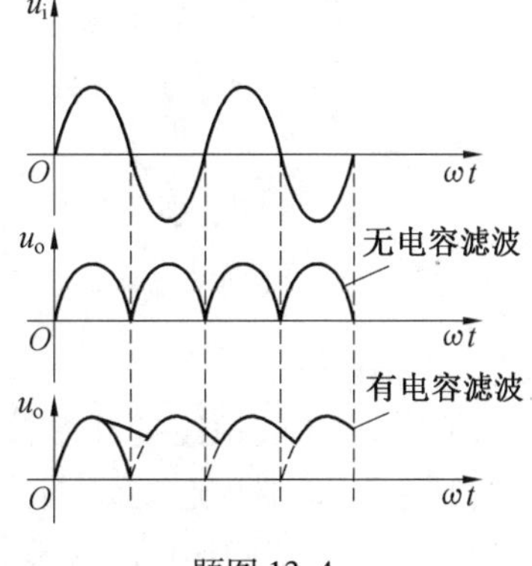

题图 13.4

（3）无电容滤波 $U_o = 0.9\ U$；有电容滤波 $U_o = 1.2\ U$。

（4）当 D_1 截止、D_2 导通时，D_1 承受的反向电压为 $2u$；当 D_1 导通、D_2 截止时，D_2 承受的反向电压也为 $2u$。所以，D_1 和 D_2 截止时承受的最高反向工作电压均为 $2\sqrt{2}U$，与有无电容器无关。

（5）若 D_2 虚焊，U_o 不是正常工作下的一半。因为有电容滤波时，$U_o = 1.2U$；D_2 虚焊时，$U_o = U$。

若变压器副边中心抽头虚焊，负载 R_L 被开路，$u_o = 0$。

（6）D_2 极性接反，当 u 为正半周时，D_1、D_2 同时导通，造成变压器副边短路，烧坏二极管及变压器绕组。

(7) D_2 损坏而短路，使 u 为正半周时，D_1 导通，造成变压器副边短路，后果同(6)。

(8) 正半周 D_1 导通，变压器副绕组短路，负半周 D_2 导通，后果相同。

(9) D_1 和 D_2 接反，仍有整流作用，输出负电压。注意，电容极性要对调。

13.4　有一单相桥式整流电路如题图 13.5 所示。已知负载电阻 $R_L = 800\ \Omega$，变压器副边交流电压的有效值 $U_2 = 16$ V。试求：(1) U_o、I_o；(2) 选择二极管。

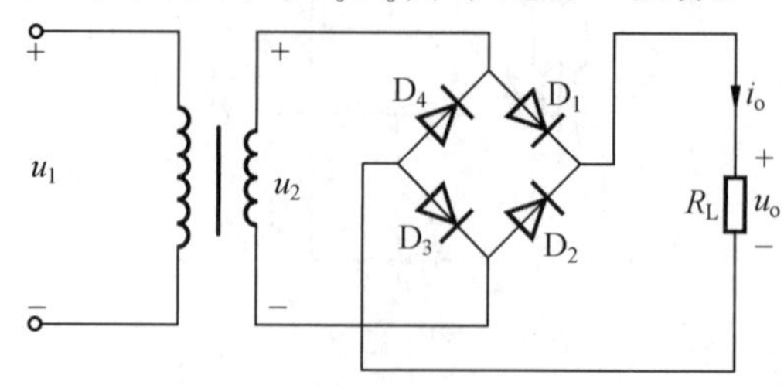

题图 13.5

解　(1)

$$U_o = 0.9U_2 = 0.9 \times 16 = 14.4(\text{V})$$

$$I_o = \frac{U_o}{R_L} = \frac{14.4}{800} = 18(\text{mA})$$

(2)

$$I_D = \frac{1}{2}I_o = \frac{1}{2} \times 18 = 9(\text{mA})$$

$$U_{DRM} = \sqrt{2}U_2 = 1.414 \times 16 = 22.6(\text{V})$$

查手册，选用 2AP2(16 mA，30 V) 的二极管。

13.5　用两个 W7815 稳压器构成输出(1) +30 V、(2) −30 V、(3) ±15 V 的稳压电路。

解　用两个 W7815 组成的稳压电路如题图 13.6 所示。

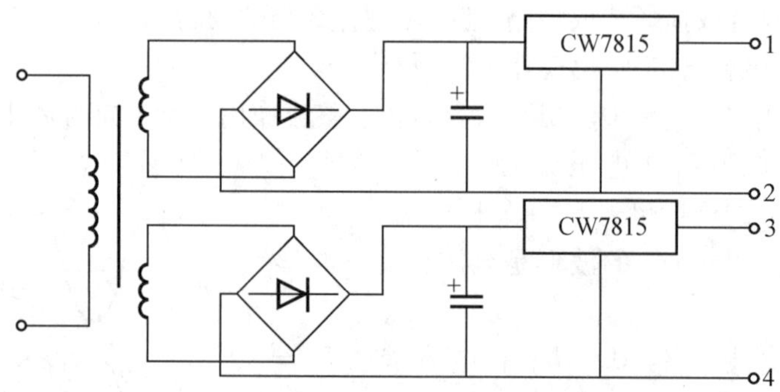

题图 13.6

(1) 将 2—3 端相连接，4 端接地，从 1—4 端输出 +30 V 直流电压。

(2) 将 2—3 端相连接，1 端接地，从 4—1 端输出 −30 V 直流电压。

(3) 将 2—3 端相连接并接地，从 1 端对地输出 +15 V 直流电压，从 4 端对地输出 −15 V 直流电压。

13.6　一直流负载的工作电压为 5 V，工作电流小于 1 A，另一负载的额定工作电压为 −12 V，工作电流小于 0.5 A，请分别选用集成稳压器组成所需的电源，并给出稳压器输入的电压值。

解　选 W7805 稳压器，组成 +5 V 电源，稳压器最小输入电压值为 5 + 3 = 8(V)

选 W7912 稳压器组成 – 12 V 直流电源，稳压器最小输入电压值为 – 12 – 3 = – 15(V)。两组直流电源如题图 13.7 所示。

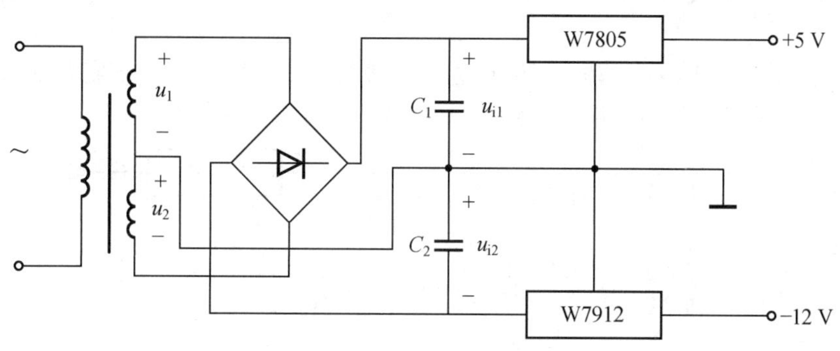

题图 13.7

13.7　在题图 13.5 中，若接有滤波电容 C 时，试求输出电压 U_o 和负载 R_L 中的电流 I_o。

解

$$U_o = 1.2U_2 = 1.2 \times 16 = 19.2(\text{V})$$

$$I_o = \frac{U_o}{R_L} = \frac{19.2}{800} = 24(\text{mA})$$

13.8　在题表 13.1 中选出适当的元器件，设计出一个 + 12 V、1 A 的直流稳压电源，画出电路图。

题表 13.1

整流变压器	整流二极管		
	型　号	最大整流电流 /A	反向工作峰值电压 /V
220 V/10 V	2CP10	0.1	25
220 V/20 V	2CZ12	0.5 ~ 2	50
220 V/36 V			

滤波电容	集成稳压块			
	型　号	最大输入电压 /V	最小输入电压 /V	最大输出电流 /A
100 μF/16 V	W7812	35	15	1.5
1 000 μF/25 V	W7820	35	15	1.5
1 000 μF/50 V	W7912	– 35	– 15	1.5
	W7920	– 35	– 15	1.5

解　(1) 选择稳压块。因为要求直流电源输出电压为 + 12 V，所以选择型号为 W7812 的集成稳压块。

(2) 选择整流变压器。根据稳压块最小输入电压不能低于 15 V，最高输入电压不能高于 35 V 的技术指标，若选 220 V/10 V 的变压器，稳压块的输入电压为 10 × 1.2 = 12(V)，小于其最小输入电压，不合适；若选 220 V/36 V 的变压器，稳压块的输入电压为 36 × 1.2 = 43.2(V)，超过其最大输入电压，也不合适。只有选择 220 V/20 V 的变压器满足要求。

(3) 选择整流二极管。2CP10 型(0.1 A，25 V) 的整流二极管不合适，因为电流和耐压值都低于实际要求值，所以，选择 2CZ12 型整流二极管。

(4) 选择滤波电容。滤波电容主要按耐压值和容量两个参数来选择。

本电源电路中,电容器的最高耐压值是$\sqrt{2}\,U_2 = 20\sqrt{2} = 45$ V,故选 1 000 μF/50 V 的滤波电容。

综上所述,整流变压器选 220 V/20 V,整流二极管选 2CZ12 × 4,集成稳压块选 W7812,滤波电容选 1 000 μF/50 V,画出稳压电路如题图 13.8 所示。

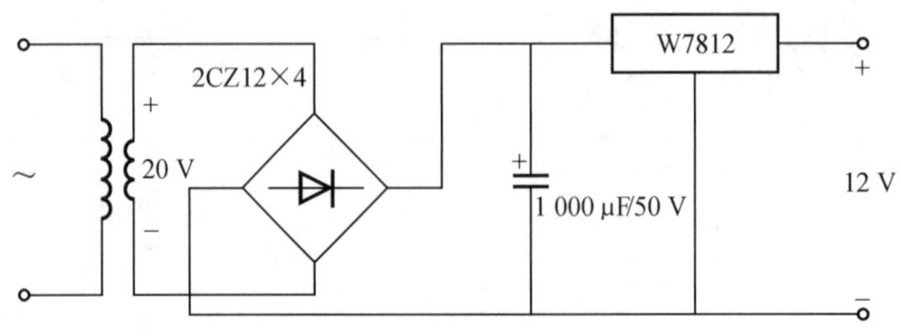

题图 13.8

13.9　题图 13.9 所示的 LC 正弦波振荡电路不能起振,但将反馈绕组 L_f 的两个接线端 A、B 对调一下便能起振了。试说明原因,并标出原绕组 L 和反馈绕组 L_f 的同名端。

解　(1) 图示振荡电路不能起振的原因是没有满足相位条件(正反馈)。当将反馈绕组 L_f 的两个接线端 A 和 B 对调一下(反馈电压 u_f 改变极性,变为正反馈),满足了相位条件,所以便能起振了,如题图 13.10 所示。

(2) 在题图 13.10 电路中,原绕组 L 和反馈绕组 L_f 的同名端如图中标记"·"所示(正反馈),只有这样,振荡电路才能起振。

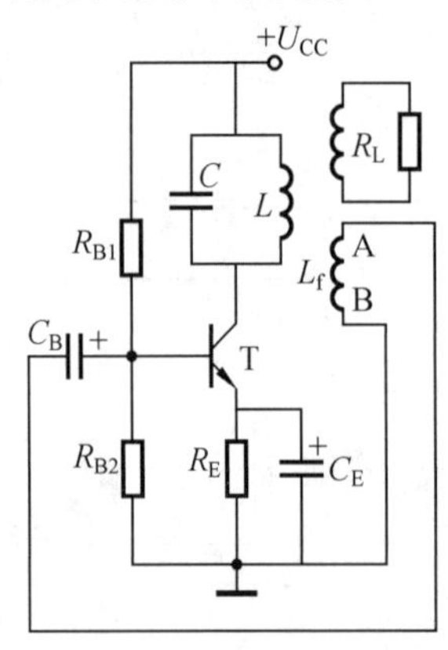

题图 13.9

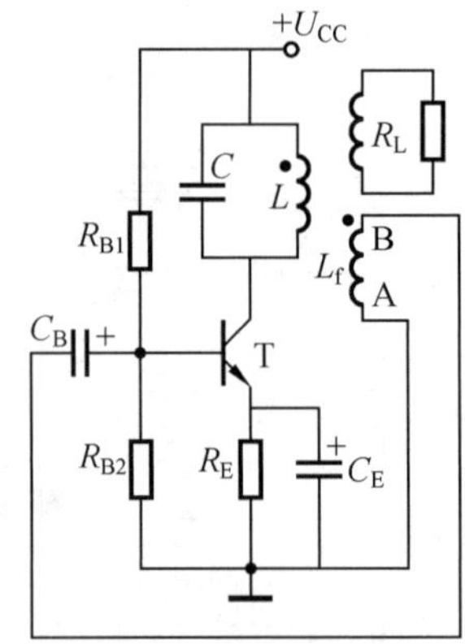

题图 13.10

13.10　在题图 13.11 所示正弦波振荡电路中,电感 $L = 100$ μH,电容 C 可从 30 pF 到 300 pF 连续变化,试计算其振荡频率 f_0 的变化范围。

解　(1) 当 $C = 300$ pF 时

$$f_0 = \frac{1}{2\pi\sqrt{LC}} = \frac{1}{2\pi\sqrt{100\times10^{-6}\times300\times10^{-12}}} = 919(\text{kHz})$$

(2) 当 $C = 30$ pF 时

$$f_0 = \frac{1}{2\pi\sqrt{LC}} = \frac{1}{2\pi\sqrt{100\times10^{-6}\times30\times10^{-12}}} = 2\,907(\text{kHz})$$

所以，f_0 的变化范围为 919 ~ 2 907 kHz。

13.11　试根据自激振荡的相位条件，判断题图 13.12 所示两个电路能否产生正弦波振荡，并说明原因。若不能产生振荡，问采取什么措施才能使其产生振荡？

解　(1) 在题图 13.12(a) 所示电路中，因为是一级放大电路，输出电压 u_o 与输入电压 u_i 相位相反，而反馈电压 u_f(是 u_o 的一部分) 与输入电压 u_i 也是相位相反，故不满足相位条件，不能产生振荡。要想使其振荡，必须满足相位条件(正反馈)。措施是再加一级放大。

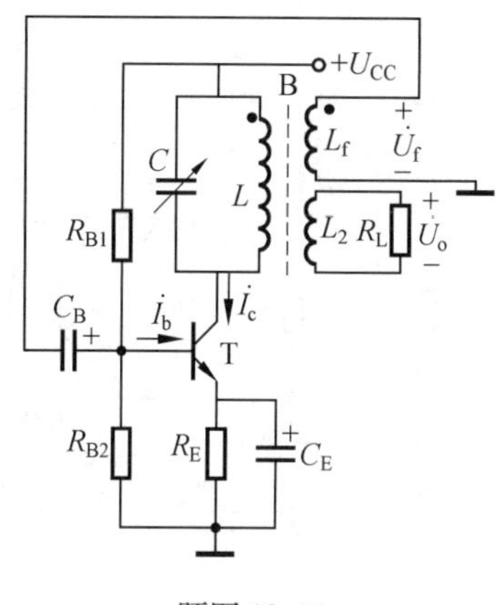

题图 13.11

(2) 在题图 13.12(b) 所示电路中，按瞬时极性法判断，从 RC 串并联网络向第一级放大电路输入端 T_1 管引入的发射极反馈是负反馈，不满足相位条件，故不能产生振荡。要想使该电路产生振荡，措施是将反馈电压加到第一级放大电路 T_1 管的基极上，变为正反馈。

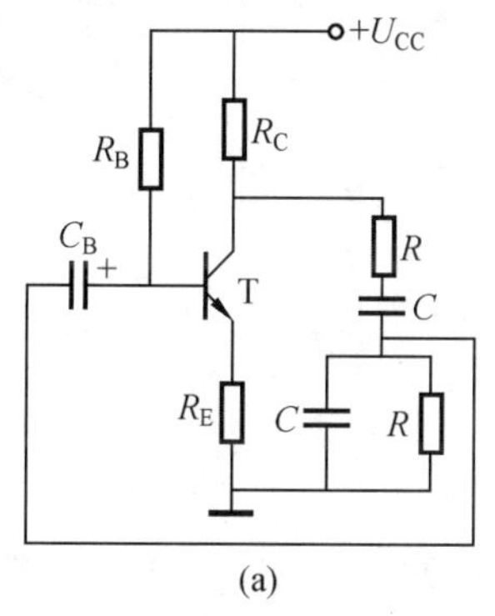

(a)

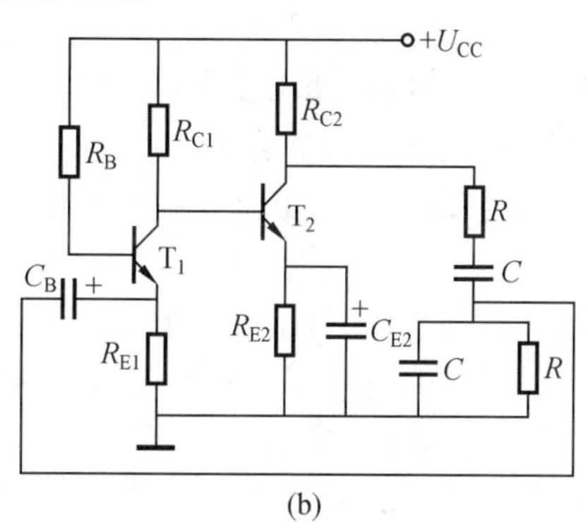

(b)

题图 13.12

13.12　题图 13.13 是由 555 定时器组成的门铃电路，试分析其工作原理，并说明电容 C_3 的作用。

解　(1) 工作原理。该电路是一个方波振荡器。按下按钮 S 时，电源 U_{CC} 通过电阻 R_1 和 R_2 使电容器 C_1 开始充电。当电容电压上升到 $u_{C1} > \frac{2}{3}U_{CC}$ 时，便将 555 定时器输出端③脚置"0"($u_o \approx 0$)，如图 13.14 中 t_1 时刻所示。之后，电容器 C_1 开始放电，当电容电压下降到 $u_{C1} < \frac{1}{3}U_{CC}$ 时，便将 555 定时器输出端③脚置"1"($u_o \approx 5$ V)，如图 13.14 中 t_2 时刻所示。接着，电容器 C_1 又开始充电，重复上述过程，在 555 定时器的输出端③脚产生一定频率的连续方波，如图 13.14 中电压 u_o 所示。方波信号经电容器 C_3 进入扬声器，扬声器音圈振动，发出音响。松开按钮 S，音响停止。

(2) 电容器 C_3 的作用。在 555 定时器输出端③脚输出的方波电压中，含有直流成分。电容器 C_3 的作用就是隔断直流。为减少交流成分在电容器 C_3 上的电压降，C_3 的容量要选得大些。

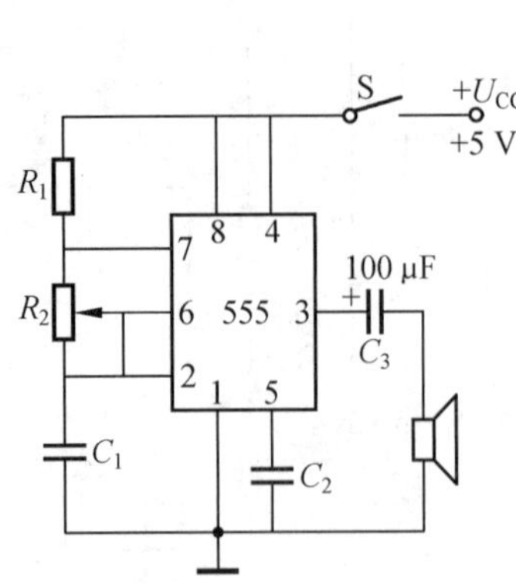

题图 13.13

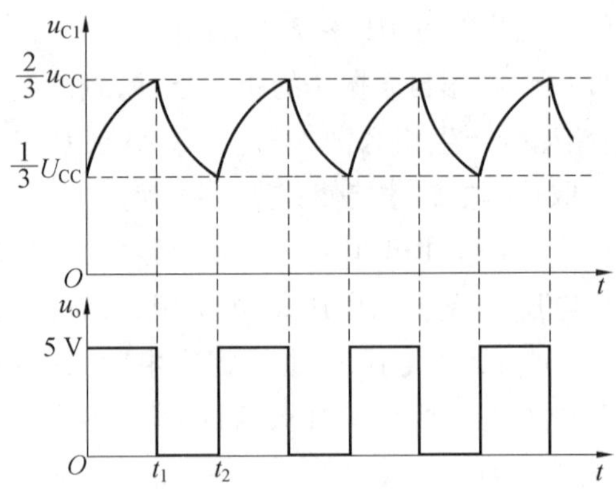

题图 13.14

13.13　题图13.15是一个防盗报警电路，a、b两点之间由一细铜丝接通。将该细铜丝置于盗窃者必经之处。当盗窃者行窃碰断细铜丝时，扬声器立即发出报警声。

(1) 试说明555定时器接成了何种电路？

(2) 分析本报警电路的工作原理。

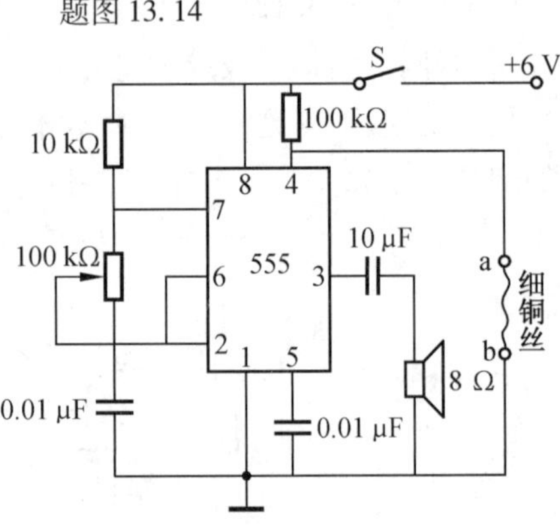

题图 13.15

解　(1) 在本电路中，555定时器接成了方波振荡器，用于音响报警。

(2) 报警原理。开关S闭合后，由于555定时器的复位端④脚通过细铜丝接地，其输出端③脚被置“0”，无信号输出，扬声器不发声，处于待警状态。

一旦行窃者将细铜丝碰断，555定时器的④脚通过100 kΩ电阻与+6 V电源接通，定时器输出端③脚结束置“0”，变为置“1”，立即发出方波电压信号 u_o，并送入扬声器，扬声器随之鸣叫报警。

13.14　在题图13.16中，已知 $R_1=R_2=25\ \text{k}\Omega$，$R_3=5\ \text{k}\Omega$，$R_w=100\ \text{k}\Omega$，$C=0.1\ \mu\text{F}$，$U_Z=\pm 8\ \text{V}$，试求：

(1) 输出电压的幅值和振荡频率约为多少？

(2) 占空比的调节范围是多少？

$$\left(\text{占空比}=\frac{\text{矩形波宽度 } T_1}{\text{周期 } T}\right)$$

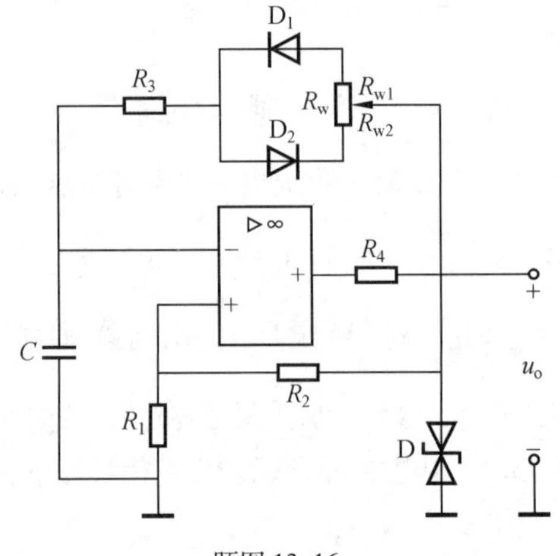

题图 13.16

解　(1)　$u_o=\pm U_2=\pm 8\ \text{V}$

振荡周期为

$$T=2\left(R_3+\frac{1}{2}R_w\right)C\ln\left(1+\frac{2R_1}{R_2}\right)=$$

$$2\times 55\times 10^3\times 0.1\times 10^{-6}\times \ln 3=$$

$$11\times 10^{-3}\times 0.477=$$

$$5.25(\text{ms})$$

$$f=\frac{1}{T}=\frac{1}{5.25\times10^{-3}}=190.5(\text{Hz})$$

（2）当电位器 R_w 的滑动头在最上端时，$R_w=0$，则

$$T_1=R_3C\ln\left(1+\frac{2R_1}{R_2}\right)=5\times10^3\times10^{-6}\times0.1\times\ln3=$$

$$0.5\times10^{-3}\times0.477=0.24(\text{ms})$$

$$占空比=\frac{T_1}{T}=\frac{0.24}{5.25}=0.045$$

当电位器 R_w 的滑动头在最下端时，$R_w=100\ \text{k}\Omega$，则

$$T_1=(R_3+R_w)C\ln\left(1+\frac{2R_1}{R_2}\right)=105\times10^3\times0.1\times10^{-6}\times\ln3=$$

$$10.5\times10^{-3}\times0.477=5(\text{ms})$$

$$占空比=\frac{5}{5.25}=0.95$$

所以，占空比的调节范围为 0.045 ~ 0.95。

13.15　在题图 13.17 中，已知 $R_1=R_2=10\ \text{k}\Omega$，$R=100\ \text{k}\Omega$，$C=0.01\ \mu\text{F}$，$R_3=3.9\ \text{k}\Omega$，$R_5=100\ \text{k}\Omega$。试求输出信号的振荡周期和频率。

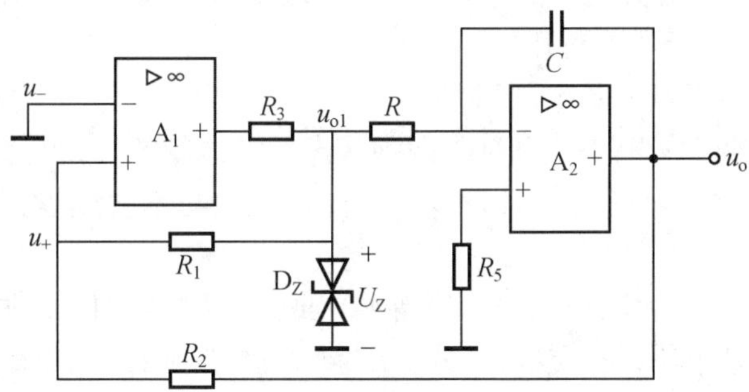

题图 13.17

解

$$T=\frac{4R_2RC}{R_1}=\frac{4\times10\times10^3\times100\times10^3\times0.01\times10^{-6}}{10\times10^3}=4(\text{ms})$$

$$f=\frac{1}{T}=\frac{1}{4\times10^{-3}}=250(\text{Hz})$$

第 14 章　组合逻辑电路

14.1　内容提要

1. 半导体二极管和三极管的开关作用

(1) 半导体二极管。当处于导通状态时，其两极间的电压降 $U \approx 0$；当处于截止状态时，其两极间的电流 $I \approx 0$。所以，二极管工作在导通和截止状态时具有开关作用，其阳极和阴极之间可看成是一个开关（导通时相当于开关闭合，截止时相当于开关断开）。

(2) 半导体三极管。当处于饱和导通状态时，其集电极和发射极之间的电压 $U_{CE} = U_{CES} \approx 0$；当处于截止状态时，其集电极和发射极之间的电流 $I_C = I_{CEO} \approx 0$。所以，三极管的饱和导通和截止也具有开关作用，其集电极和发射极之间可看成是一个开关（饱和导通时相当于开关闭合，截止时相当于开关断开）。

2. 逻辑代数的基本运算和基本法则

逻辑代数的每个变量只有“1”和“0”两种状态。晶体管的导通与截止、开关的接通与断开、电平的高与低、条件的具备与不具备以及事件的发生与不发生，等等，均可用“1”和“0”表示。

(1) 基本运算。基本运算有与运算（逻辑乘）、或运算（逻辑加）和非运算（逻辑非）。

(2) 基本法则。基本法则有交换律、分配律、结合律、反演律、还原律和吸收律等。

3. 常用逻辑门电路

常用逻辑门电路有与门、或门、非门、与非门和或非门等。

4. 逻辑函数的化简方法

(1) 公式化简法。

(2) 卡诺图化简法。

5. 组合逻辑电路的分析与设计

(1) 组合逻辑电路的分析。根据逻辑图，写出逻辑表达式，然后对逻辑表达式进行化简，最后列出真值表，分析其逻辑功能。

(2) 组合逻辑电路的设计。根据设计要求，列出真值表，然后根据真值表写出逻辑表达式，用卡诺图或公式法进行化简，最后用与非门实现逻辑电路。

6. 常用中规模组合逻辑电路

(1) 加法器。加法器包括半加器和全加器。

(2) 编码器。编码器包括普通编码器和优先编码器。

(3) 译码器。译码器包括二进制译码器、二十进制译码器、七段译码器。

(4) 数据选择器。数据选择器包括 4 选 1 数据选择器和 8 选 1 数据选择器。

14.2　重点与难点

14.2.1　重点

(1) 二极管和三极管的开关作用。

(2) 逻辑函数的化简方法。

(3) 基本逻辑门的符号、功能、表达式和真值表。

(4) 组合逻辑电路的分析。

(5) 组合逻辑电路的设计。

14.2.2　难点

(1) 逻辑函数的化简。

(2) 组合逻辑电路的设计。

14.3　例题分析

【例 14.1】　试用逻辑代数的运算法则化简以下逻辑式,并说明所采用的主要方法。

(1) $F = ABC + A\bar{B}\bar{C} + AB\bar{C} + A\bar{B}C$

(2) $F = ABC + A\bar{B}C + \bar{A}BC$

(3) $F = AB + \bar{A}\bar{C} + B\bar{C}$

解　(1) 并项法。将原式三次并项,消去两个变量。

$$F = ABC + A\bar{B}\bar{C} + AB\bar{C} + A\bar{B}C = AB(C + \bar{C}) + A\bar{B}(\bar{C} + C) = AB + A\bar{B} = A(B + \bar{B}) = A$$

(2) 加项法。在原式中加上一项 ABC,然后并项化简。

$$F = ABC + A\bar{B}C + \bar{A}BC = ABC + A\bar{B}C + \bar{A}BC + ABC = AC(B + \bar{B}) + BC(\bar{A} + A) = AC + BC$$

(3) 分项法。在原式中对 $B\bar{C}$ 乘以 $(A + \bar{A})$,然后分项化简。

$$F = AB + \bar{A}\bar{C} + B\bar{C} = AB + \bar{A}\bar{C} + B\bar{C}(A + \bar{A}) = AB + \bar{A}\bar{C} + AB\bar{C} + \bar{A}B\bar{C} = AB(1 + \bar{C}) + \bar{A}\bar{C}(1 + B) = AB + \bar{A}\bar{C}$$

【例 14.2】　已知逻辑函数 $F = AB\bar{C} + \bar{A}BC$。试用与非门元件实现之,需要几个与非门元件?画出逻辑电路图。

解　逻辑函数 $F = AB\bar{C} + \bar{A}BC$ 是一个三变量的与或式,如果要用与非门元件实现,必须将其化为与非式。

(1) 化为与非式的最简单方法,是将该与或式直接“两次取非”,然后运用反演律。

$$F = AB\bar{C} + \bar{A}BC = \overline{\overline{AB\bar{C} + \bar{A}BC}} = \overline{\overline{AB\bar{C}} \cdot \overline{\bar{A}BC}}$$

可以看出,需要 5 个与非门元件,逻辑电路图如图 14.1(a) 所示。

(2) 为节省与非门元件,使所用与非门元件数目最少,可设法在逻辑函数的变换过程中,让各与或项含有公共的$\overline{ABC}$,然后再将与或式“两次取非”并运用反演律。

$$F = AB\bar{C} + \bar{A}BC = AB(\bar{C} + \overline{AB}) + BC(\bar{A} + \overline{BC}) =$$

$$AB\,\overline{ABC} + BC\,\overline{ABC} = \overline{\overline{AB\,\overline{ABC} + BC\,\overline{ABC}}} =$$

$$\overline{\overline{AB\,\overline{ABC}} \cdot \overline{BC\,\overline{ABC}}}$$

可以看出,在最后的逻辑式中,含有一个公共的$\overline{ABC}$项,只需要4个与非门元件,逻辑电路图如图14.1(b)所示,可以节省一个与非门元件。

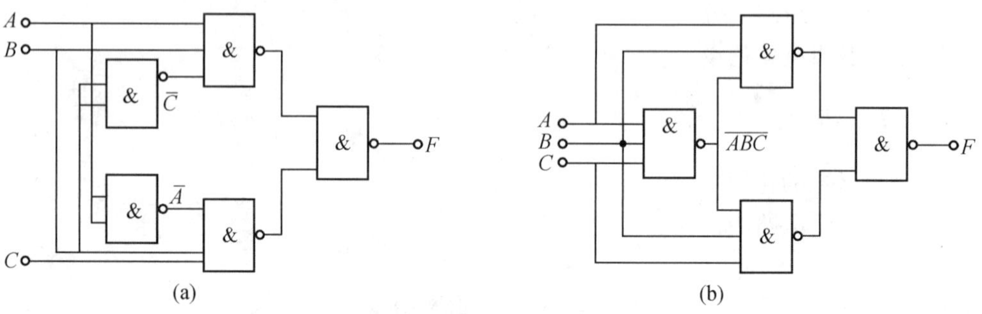

图14.1　例14.2图

【例14.3】　甲乙两校举行联欢晚会,甲校学生持红票入场,乙校学生持黄票入场。会场入口处设自动检票机:符合规定者放行,不符合规定者不准入场。试设计检票机放行的逻辑电路。

解　(1)设逻辑变量。

①输入变量。

设　$A=1$　甲校学生　　$A=0$　乙校学生

　　$B=1$　有红票　　$B=0$　无红票

　　$C=1$　有黄票　　$C=0$　无黄票

②输出变量。

设　$F=1$　放行　　$F=0$　不准入场

(2)画出真值表(表14.1)。

表14.1　例14.3的真值表

	A	B	C	F
乙校学生	0	0	0	0
	0	0	1	1
	0	1	0	0
	0	1	1	1
甲校学生	1	0	0	0
	1	0	1	0
	1	1	0	1
	1	1	1	1

(3) 写出放行的逻辑函数式。

$$F = \bar{A}\bar{B}C + \bar{A}BC + AB\bar{C} + ABC = \bar{A}C(\bar{B} + B) + AB(\bar{C} + C) = \bar{A}C + AB$$

(4) 画出逻辑电路图。逻辑电路图如图 14.2 所示。

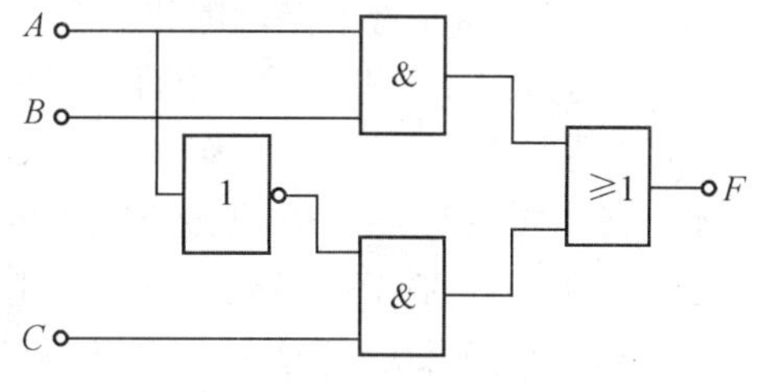

图 14.2　例 14.3 图

本题设了三个输入逻辑变量。如果设成两个输入逻辑变量,其真值表和逻辑函数式就简单多了,读者不妨一试。

【例 14.4】　试用 CT4000 型集成与非门实现逻辑函数 $F = \bar{A}B + CD$,画出接线图。

解　(1) 将原与或式化为与非式

$$F = \bar{A}B + CD = \overline{\overline{\bar{A}B + CD}} = \overline{\overline{\bar{A}B} \cdot \overline{CD}}$$

(2) 画逻辑电路图和接线图。可以看出,需要4个与非门,一片 CT4000 型集成芯片刚好够用。逻辑电路图和元件接线图如图 14.3(a)、(b) 所示。CT4000 型集成芯片中的四个与非门可随意安排,但连线要短,尽量避免交叉。1 门当作非门使用,将两个输入引脚并联,输入变量 A。14 脚和 7 脚分别为电源端和地端,外加 + 5 V 电压。

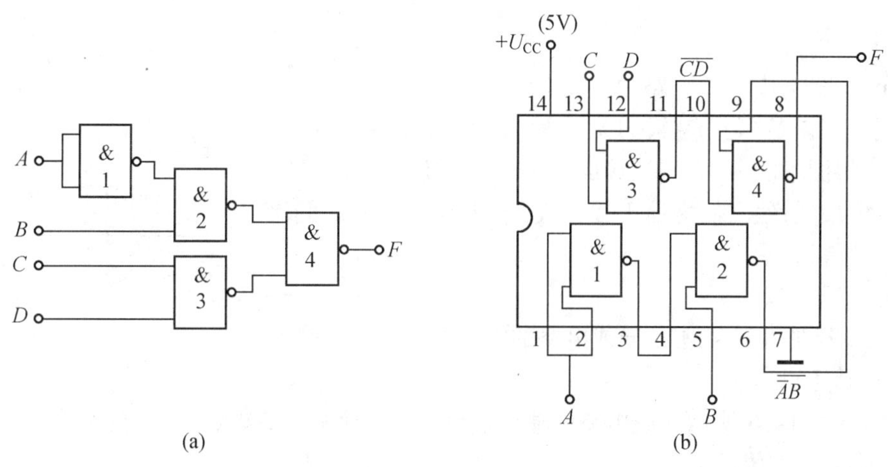

图 14.3　例 14.4 图

14.4　思考题分析

14.1　什么是数字信号? 什么是模拟信号? 各有什么特点?

解　连续变化的信号称为模拟信号,不连续变化的信号称为脉冲信号。脉冲信号可以用数码“1”和“0”表示,这样的脉冲信号也称为数字信号。它们的特点是:模拟信号是连续的,数字信号是断续的。

14.2　什么是正脉冲? 什么是负脉冲?

解　脉冲信号变化后的电平(电压)值高于其初始电平(电压)值者,称为正脉冲;反之,变化后的电平(电压)值低于其初始电平(电压)值者,称为负脉冲。

14.3　晶体管工作在饱和状态或截止状态时,为什么相当于一个开关的闭合或断开?

解 (1) 晶体管工作在饱和状态时，其管压降 $U_{CE}=U_{CES}\approx 0$，即晶体管的C、E两极间的电压基本上等于零，相当于一个普通开关的闭合。

(2) 晶体管工作在截止状态时，其集电极电流 $I_C=I_{CEO}\approx 0$，即晶体管的C、E两极间的电流基本上等于零，相当于一个普通开关的断开。

(3) 晶体管的饱和与截止，在原理上相当于普通开关的通与断；但在开关动作上，晶体管大大优越于普通开关(前者是自动的，后者靠人工操作)。在数字电路中，开关速度很快，只有晶体管才能胜任。

14.4　有一个两输入端的或门，其中一端接输入信号，另一端接什么电平时或门才允许信号通过?

解　或门的逻辑表达式为 $F=A+B$。设输入端 A 接输入信号，则 B 端为控制信号，当 $B=0$，即 B 端接低电平时，或门打开，A 端的输入信号通过或门送出去。

14.5　在实际应用中，能否将与非门用作非门？为什么？举例说明。

解　可以。将与非门的多余输入端和使用端相连，就可以当非门使用。如图14.4所示。

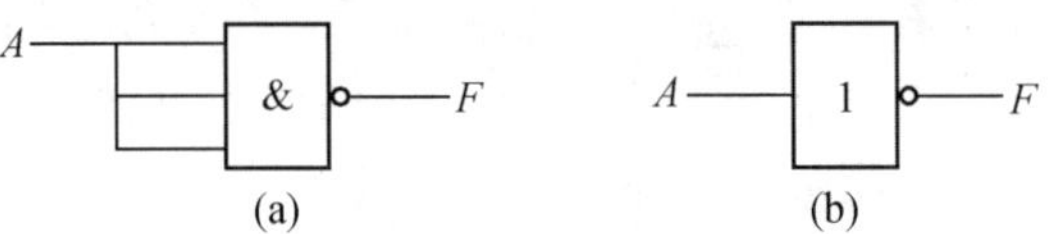

图14.4　题14.5图

14.6　若将图14.5电路中的 +12 V误接成 −12 V，F 与 A、B、C 之间还满足“与”逻辑的关系吗？此时 V_F 为多少?

解　将图中的 +12 V误接成 −12 V，二极管 D_A、D_B、D_C 的阳极电位最低，使它们均处于截止状态。F 与 A、B、C 之间不满足“与”逻辑关系。

此时 $V_F=-12$ V。

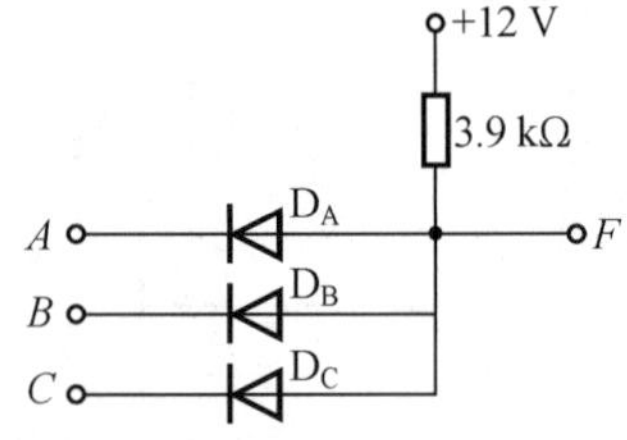

图14.5　题14.6图

14.7　若在图14.6所示异或电路的输出端再加上一个非门，试分析其逻辑功能。

解　在图14.6所示异或电路的输出端再加上一个非门，构成一个新的组合逻辑电路，如图14.7所示，其逻辑式为

$$Y=\overline{F}=\overline{A\overline{B}+\overline{A}B}=\overline{A\overline{B}}\cdot\overline{\overline{A}B}=$$
$$(\overline{A}+\overline{\overline{B}})(\overline{\overline{A}}+\overline{B})=(\overline{A}+B)(A+\overline{B})=$$
$$AB+\overline{A}\overline{B}$$

可以看出，新的组合逻辑电路是一个同或电路。同或、异或之间为“非”的逻辑关系。

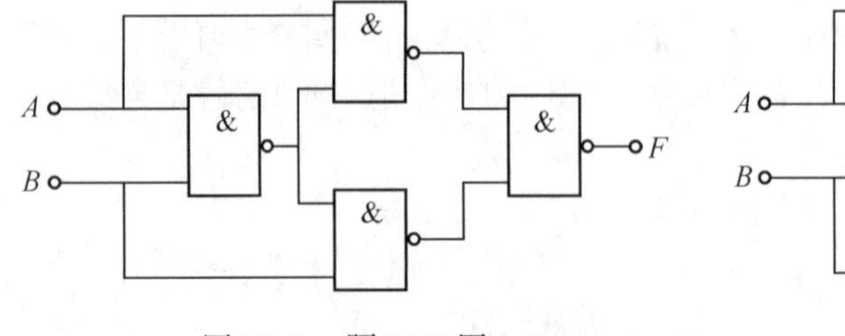

图14.6　题14.7图1

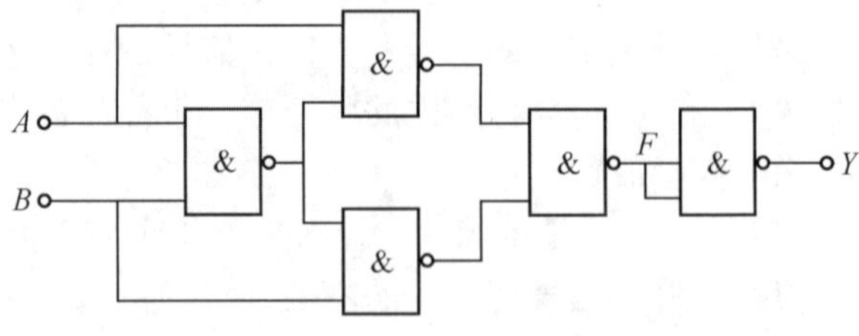

图14.7　题14.7图2

14.8　写出图 14.8 所示两图逻辑式。

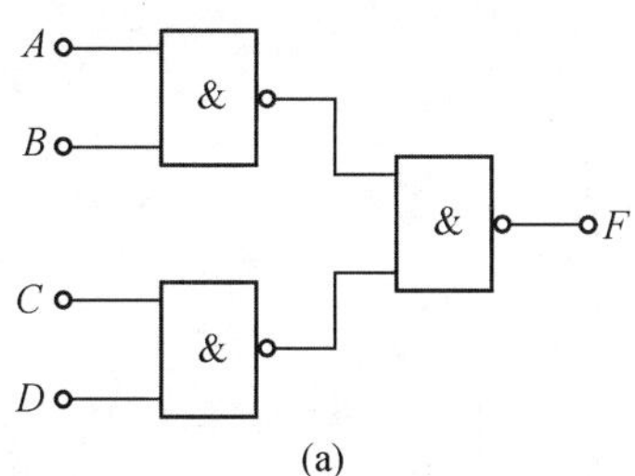

(a)

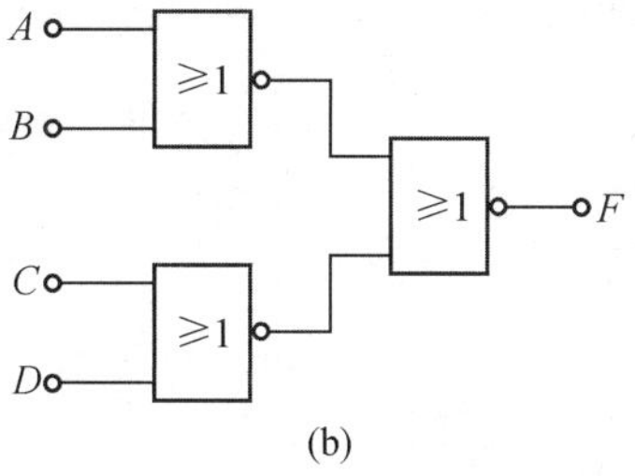

(b)

图 14.8　题 14.8 图

解　(1) 图 14.8(a) 的逻辑式为

$$F = \overline{\overline{AB} \cdot \overline{CD}}$$

(2) 图 14.8(b) 的逻辑式为

$$F = \overline{\overline{A + B} + \overline{C + D}}$$

14.9　图 14.9 所示两图的逻辑功能是否相同？试证明之。

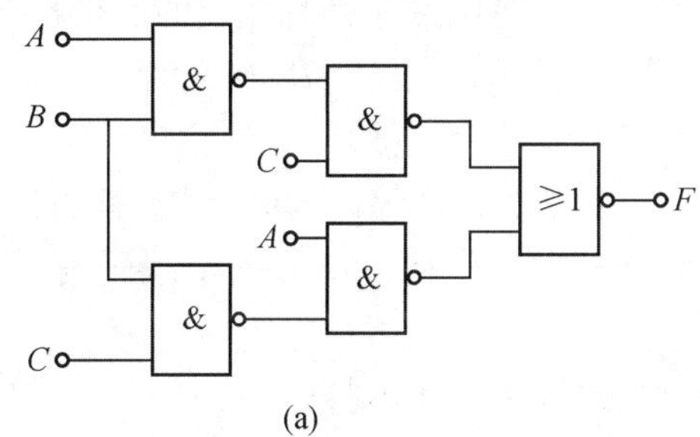

(a)

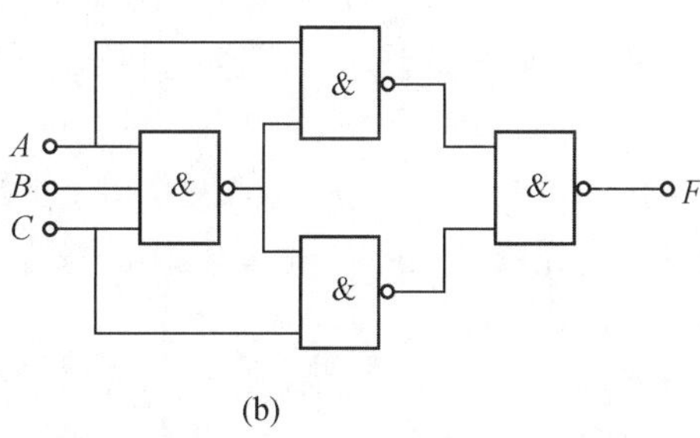

(b)

图 14.9　题 14.9 图

解　(1) 在图 14.9(a) 中,逻辑式为

$$\begin{aligned} F = \overline{\overline{\overline{AB}C} + \overline{A\overline{BC}}} = \overline{\overline{\overline{AB}C}} \cdot \overline{\overline{A\overline{BC}}} = \overline{AB}C \cdot A\overline{BC} = (\bar{A} + \bar{B})C \cdot A(\bar{B} + \bar{C}) = \\ (\bar{A}C + \bar{B}C) \cdot (A\bar{B} + A\bar{C}) = \\ \bar{A}CA\bar{B} + \bar{A}CA\bar{C} + \bar{B}CA\bar{B} + \bar{B}CA\bar{C} = \\ A\bar{B}C \end{aligned}$$

(2) 在图 14.9(b) 中,逻辑式为

$$\begin{aligned} F = \overline{\overline{A\overline{ABC}} \cdot \overline{C\overline{ABC}}} = \overline{\overline{A\overline{ABC}}} + \overline{\overline{C\overline{ABC}}} = \\ A\overline{ABC} + C\overline{ABC} = \overline{ABC}(A + C) = \\ (\bar{A} + \bar{B} + \bar{C})(A + C) = \\ A\bar{A} + A\bar{B} + A\bar{C} + C\bar{A} + C\bar{B} + C\bar{C} = \\ A\bar{B} + A\bar{C} + C\bar{A} + C\bar{B} \end{aligned}$$

(3) 列出真值表(表 14.2)。

表 14.2　题 14.9 的真值表

A	B	C	$F=A\bar{B}C$	$A\bar{B}$	$A\bar{C}$	$C\bar{A}$	$C\bar{B}$	$F=A\bar{B}+A\bar{C}+C\bar{A}+C\bar{B}$
0	0	0	0	0	0	0	0	0
0	0	1	0	0	0	1	1	1
0	1	0	0	0	0	0	0	0
0	1	1	0	0	0	1	0	1
1	0	0	0	1	1	0	0	1
1	0	1	1	1	0	0	1	1
1	1	0	0	0	1	0	0	1
1	1	1	0	0	0	0	0	0

由真值表可以看出,两个电路的逻辑功能不相同。

14.10　1 + 1 = 10,1 + 1 = 1 两式的含义是什么?

解　(1)1 + 1 = 10,是二进制加法运算。式中的 1 和 0,表示二进制数。

(2)1 + 1 = 1,是逻辑代数中的逻辑加运算。式中的 1 和 0,表示两种相反的逻辑状态。

14.11　什么是普通编码器?什么是优先编码器?它们的主要区别是什么?

解　普通编码器在任何时刻,只允许输入一个编码信号,否则编码器将输出混乱。优先编码器在任何时刻,可允许输入两个以上的编码信号,但是在设计编码器时,对所有的输入信号规定了优先级。在同时输入几个编码信号时,只对其中优先权最高的一个编码信号进行编码。

普通编码器和优先编码器的主要区别是,普通编码器在任何时刻只允许输入一个编码信号,优先编码器在任何时刻可允许输入多个编码信号。

14.12　CT4148(74LS148)优先编码器的 EI 端、EO 端和 GS 端各起什么作用?

解　74LS148 优先编码器的 EI 端是输入控制端,其作用是,当 EI = 0 时,编码器工作;EI = 1 时,禁止编码。

EO 端是输出控制端,其作用是,EO = 0,无编码信号输入;EO = 1,且 EI = 0 时,编码器工作。

GS 端是工作状态控制端,其作用是,GS = 0,有编码信号输入;GS = 1,无编码信号输入,编码器处于非编码工作状态。

14.13　什么叫译码?什么叫二进制译码器?什么叫二 - 十进制译码器?什么叫 8421BCD 码?

解　(1) 将二进制代码(或二元信息代码) 通过组合逻辑电路转换成相应的某种形式的代码(或信息) 的过程称为译码,该组合逻辑电路称为译码器。

(2) 对二进制代码进行译码的组合逻辑电路称为二进制译码器。

(3) 四位二进制代码共有 16 种状态,用其前 10 种状态表示十进制数,称为二 - 十进制。对二 - 十进制代码(二 - 十进制代码又称 BCD 码) 进行译码的组合逻辑电路称为二 - 十进制译码器。

(4) 表示十进制数 0 ~ 9 的四位二进制数,从高位至低位,每位的 1,依次表示十进制数的

8、4、2、1。这种二－十进制代码称为 8421BCD 码。

14.14　什么叫译码器的使能输入端？CT4139（74LS139）译码器的使能输入端 S 上的非号是什么含义？

解　(1) 有的译码器为了增强逻辑功能，使工作更加灵活，增加了一个使能端。当使能端 $\overline{S}=0$ 时，译码器处于工作状态；当 $\overline{S}=1$ 时，译码器处于禁止状态。

(2) CT4139 译码器使能端 S 上的非号，表示低电平有效，即 $\overline{S}=0$ 时，译码器才能译码。

14.15　有一个 7 段显示译码器，输出高电平有效，如要显示数据，试问配接的数码管（LED）应是共阳极型的还是共阴极型的？

解　因为译码器输出 a、b、c、d、e、f、g 高电平有效，所以配接的数码管（LED）应当是共阴极型的。这样，当译码器输出端 a、b、c、d、e、f、g 中某些为高电平时，数码管中的相应二极管导通发光，显示出相应的数码。

14.5　习题分析

14.1　已知输入信号 A 和 B 的波形如题图 14.1(a) 所示，试画出“与”门输出 $F=A\cdot B$ 和“或”门输出 $F=A+B$ 的波形。

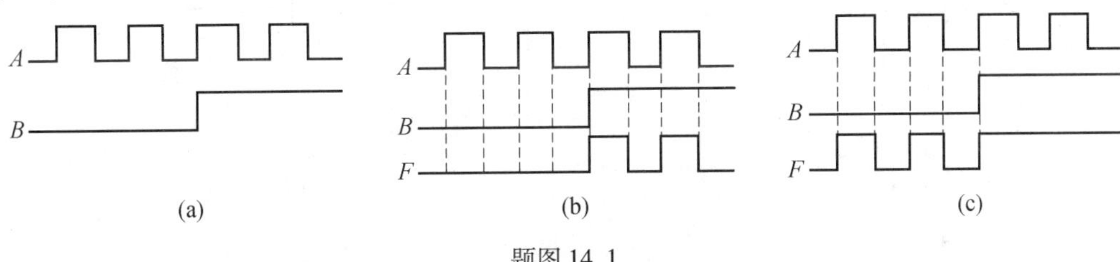

题图 14.1

解　(1)“与”门输出 $F=A\cdot B$ 的波形如题图 14.1(b) 所示。

(2)“或”门输出 $F=A+B$ 的波形如题图 14.1(c) 所示。

14.2　已知输入信号 A、B、C 的波形如题图 14.2(a) 所示，试分别画出“与非”门输出 $F=\overline{ABC}$ 和“或非”门输出 $F=\overline{A+B+C}$ 的波形。

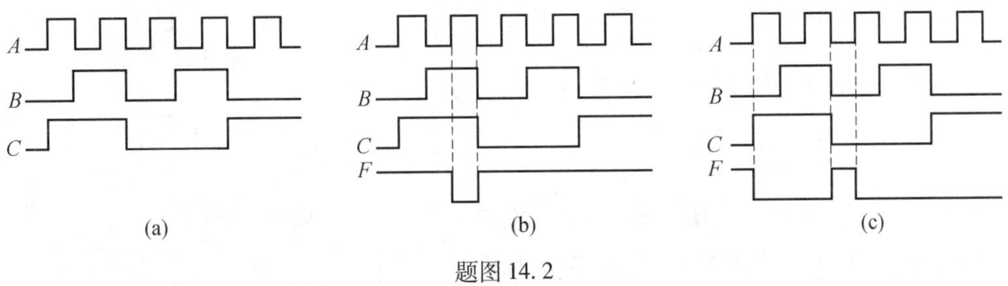

题图 14.2

解　(1)“与非”门输出 $F=\overline{ABC}$ 的波形如题图 14.2(b) 所示。

(2)“或非”门输出 $F=\overline{A+B+C}$ 的波形如题图 14.2(c) 所示。

14.3　根据下列各逻辑代数式，画出逻辑图。

(1) $F=(A+B)C$　　(2) $F=A(B+C)+BC$

(3) $F=A\overline{B}+B\overline{C}+C\overline{A}$　　(4) $F=AB+BC+CA+\overline{A}\overline{B}\overline{C}$

解 (1) $F=(A+B)C$ 的逻辑图如题图 14.3(a) 所示。

(2) $F=A(B+C)+BC$ 的逻辑图如题图 14.3(b) 所示。

(3) $F=A\bar{B}+B\bar{C}+C\bar{A}$ 的逻辑图如题图 14.3(c) 所示。

(4) $F=AB+BC+CA+\bar{A}\bar{B}\bar{C}$ 的逻辑图如题图 14.3(d) 所示。

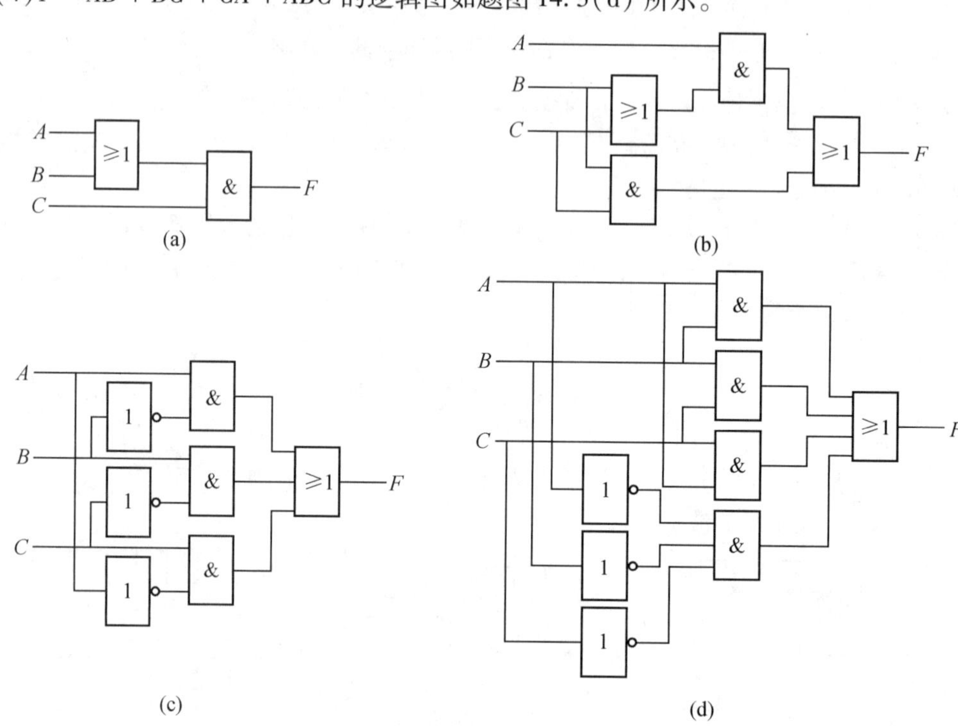

题图 14.3

14.4 已知逻辑电路如题图 14.4 所示，试写出其逻辑式、化简并分析逻辑功能。

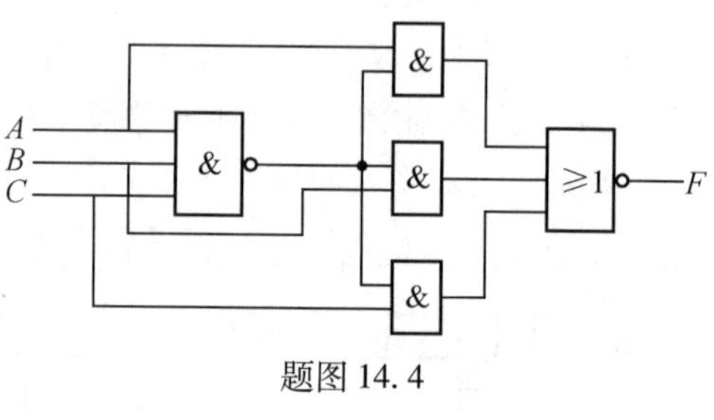

题图 14.4

解 (1) 在题图 14.4 中共有五个门，逐个写出逻辑式，可知

$$F=\overline{A\,\overline{ABC}+B\,\overline{ABC}+C\,\overline{ABC}}=$$

$$\overline{\overline{ABC}(A+B+C)}=$$

$$\overline{\overline{ABC}}+\overline{A+B+C}=$$

$$ABC+\bar{A}\bar{B}\bar{C}$$

(2) 由逻辑式 $F=ABC+\bar{A}\bar{B}\bar{C}$ 可以看出：当 A、B、C 三个输入逻辑变量的状态一致时（全为 1 或全为 0），输出 F 为 1；不一致时，输出 F 为 0。所以这是个“判一致”电路。

14.5 已知逻辑电路如题图 14.5 所示，试写出其逻辑式、化简并分析逻辑功能。

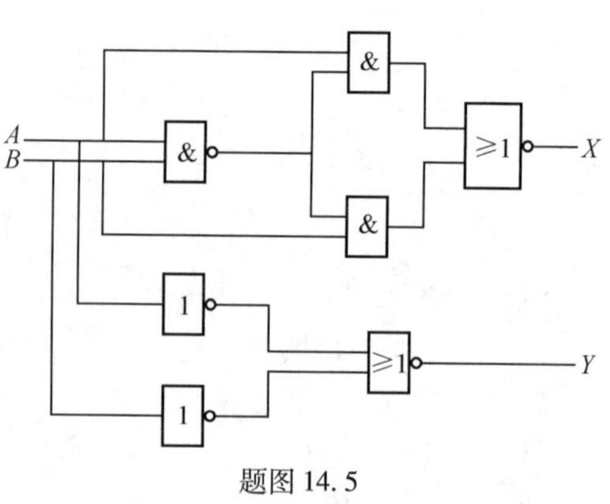

题图 14.5

解 (1) 逻辑式。

$$X = A\overline{AB} + B\overline{AB} = \overline{AB}(A + B) =$$
$$(\bar A + \bar B)(A + B) = \bar A A + \bar A B + \bar B A + \bar B B =$$
$$A\bar B + \bar A B$$

$$Y = \overline{\bar A + \bar B} = \bar{\bar A} \cdot \bar{\bar B} = AB$$

(2) 逻辑功能。可以看出,这是半加器电路。A、B 为两个加数,X 为本位和,Y 为向高位的进位数。

14.6　已知逻辑电路如题图 14.6 所示,试写出其逻辑式、化简并分析逻辑功能。

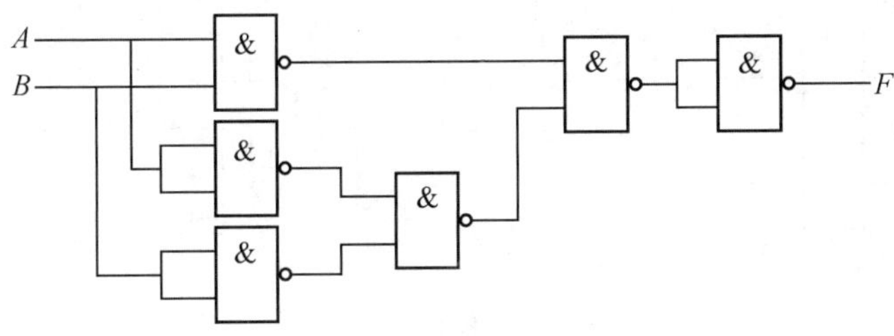

题图 14.6

解　逻辑电路中共有 6 个二输入端的与非门,其中 3 个当作非门使用。逐个写出各门的逻辑式,可得

$$F = \overline{\overline{\overline{AB} \cdot \overline{\bar A \bar B}}} = \overline{AB} \cdot \overline{\bar A \bar B} = (\bar A + \bar B)(\bar{\bar A} + \bar{\bar B}) =$$
$$(\bar A + \bar B)(A + B) = \bar A A + \bar A B + \bar B A + \bar B B =$$
$$A\bar B + \bar A B$$

由逻辑式可知,其电路为异或门。

14.7　用与非门实现以下逻辑关系,画出逻辑图。

(1) $F = A + B + C$　　(2) $F = \overline{A + B + C}$

(3) $F = AB + BC + CA$　(4) $F = \bar A \bar B + (\bar A + \bar B)$

解　(1) $F = A + B + C = \overline{\overline{A + B + C}} = \overline{\bar A \cdot \bar B \cdot \bar C}$

(2) $F = \overline{A + B + C} = \bar A \cdot \bar B \cdot \bar C = \overline{\overline{\bar A \cdot \bar B \cdot \bar C}}$

(3) $F = AB + BC + CA = \overline{\overline{AB + BC + CA}} = \overline{\overline{AB} \cdot \overline{BC} \cdot \overline{CA}}$

(4) $F = \bar A \bar B + (\bar A + \bar B)\bar C = \overline{\overline{\bar A \bar B + \bar B \bar C + \bar C \bar A}} = \overline{\overline{\bar A \bar B} \cdot \overline{\bar B \bar C} \cdot \overline{\bar C \bar A}}$

各逻辑关系用与非门实现后的逻辑图分别如题图 14.7(a)、(b)、(c)、(d) 所示(图中的非门即与非门)。

14.8　试用卡诺图法将下列逻辑函数化简为最简式。

(1) $F(A,B,C) = \bar A \bar B \bar C + \bar A B \bar C + A \bar B \bar C + A B \bar C + ABC$

(2) $F(A,B,C) = \bar A \bar B \bar C + \bar A \bar B C + \bar A B \bar C + \bar A B C + A B \bar C + ABC$

(3) $F(A,B,C,D) = \sum m(3,5,7,9,11,12,13,15)$

(4) $F(A,B,C,D) = \sum m(0,5,7,8,12,14)$

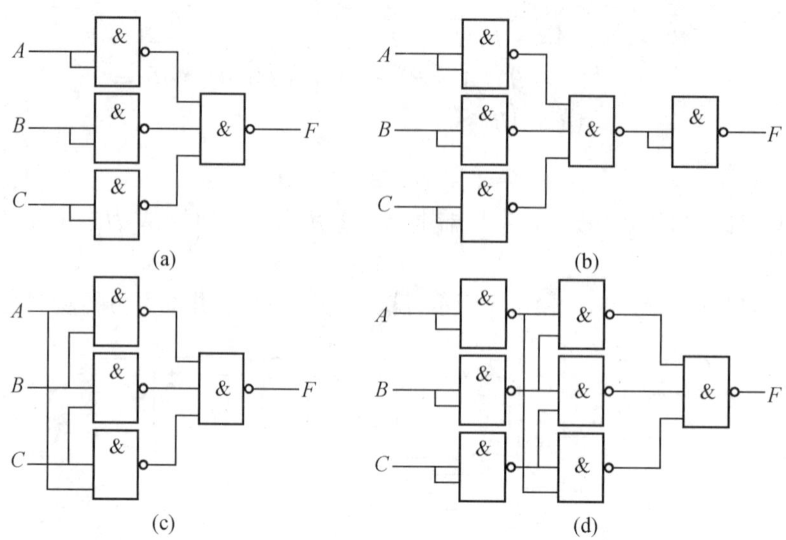

题图 14.7

解 (1) $F(A,B,C)=\overline{A}\overline{B}\overline{C}+\overline{A}B\overline{C}+A\overline{B}\overline{C}+AB\overline{C}+ABC=$

$000+010+100+110+111$

将最小项填入卡诺图题图 14.8(a) 中，由化简规则得最简式为

$$F=AB+\overline{C}$$

(2) $F(A,B,C)=\overline{A}\overline{B}\overline{C}+\overline{A}\overline{B}C+\overline{A}B\overline{C}+\overline{A}BC+AB\overline{C}+ABC=$

$000+001+010+011+110+111$

将最小项填入卡诺图题图 14.8(b) 中，由化简规则得最简式为

$$F=\overline{A}+B$$

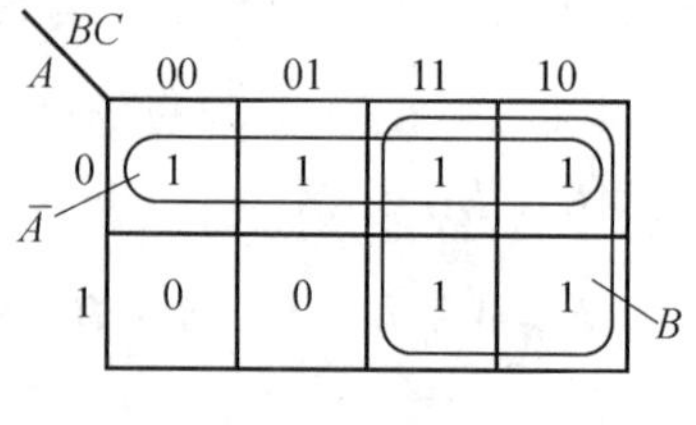

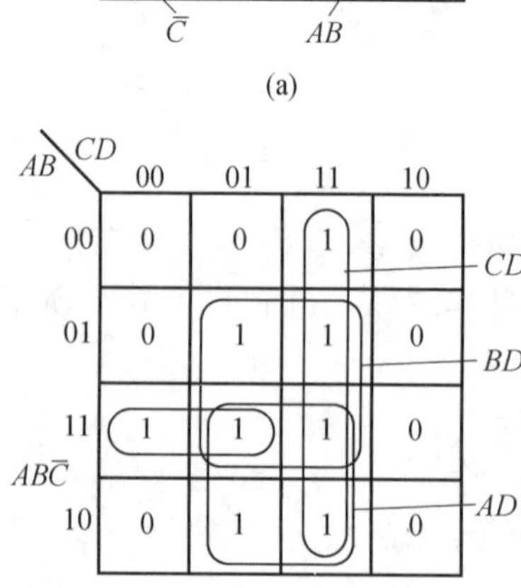

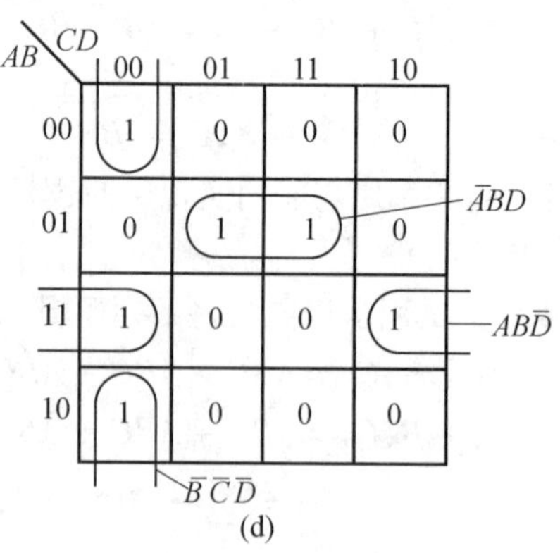

题图 14.8

(3) $F(A,B,C,D) = \sum m(3,5,7,9,11,12,13,15)$

将最小项填入卡诺图题图 14.8(c) 中，由化简规则得最简式为

$$F = CD + BD + AD + AB\overline{C}$$

(4) $F(A,B,C,D) = \sum m(0,5,7,8,12,14)$

将最小项填入卡诺图题图 14.8(d) 中，由化简规则得最简式为

$$F = \overline{A}BD + AB\overline{D} + \overline{B}\,\overline{C}\,\overline{D}$$

14.9　试用一片 CT4000(74LS00) 集成与非门实现逻辑式 $F = \overline{\overline{AB} \cdot \overline{CD}}$，画出接线图。

解　(1) 本题给出的逻辑函数 $F = \overline{\overline{AB} \cdot \overline{CD}}$ 是与非式，其对应的逻辑图如题图 14.9 所示。由四个与非门构成，其标号为 $F_1 \sim F_4$。

(2) 在集成与非门 CT4000 型芯片的管脚图上，按上述标号连线，四个与非门的接线图如题图 14.10 所示。

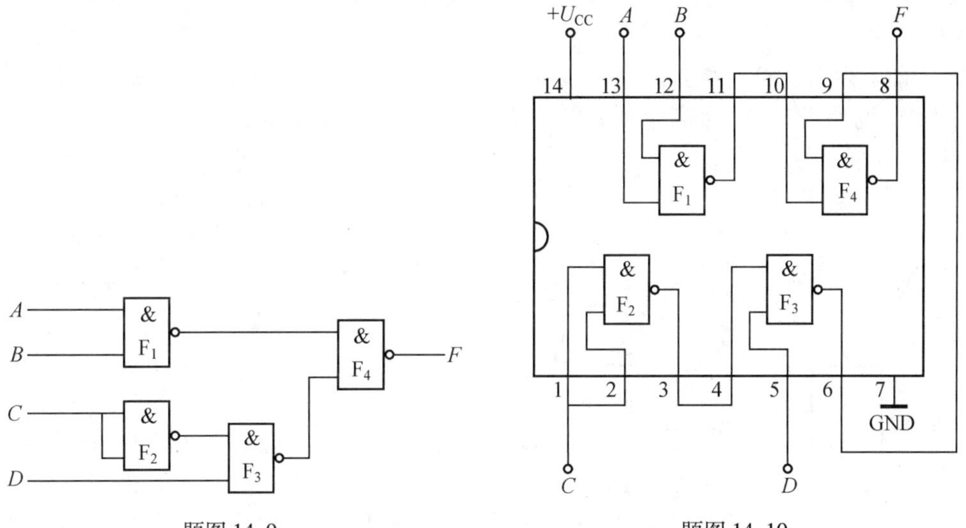

题图 14.9　　　　题图 14.10

14.10　某组合逻辑电路的框图及其输入、输出波形如题图 14.11(a)、(b) 所示，试用与非门实现此逻辑电路，画出逻辑图。

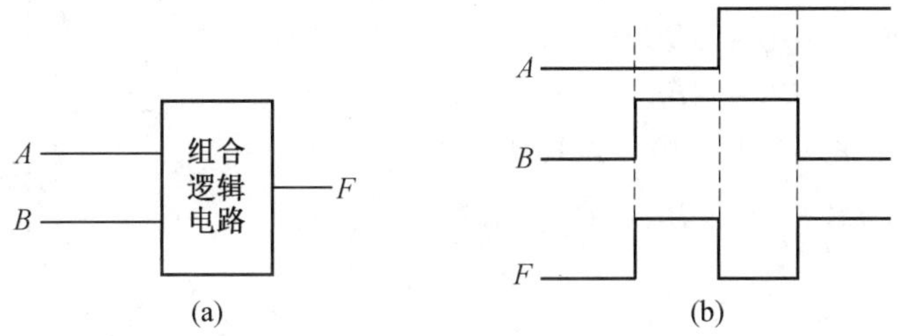

(a)　　　　(b)

题图 14.11

解　(1) 由题图 14.11(b) 所示波形图可列出真值表(题表 14.1)。

(2) 由真值表写出逻辑式

$$F = A\overline{B} + \overline{A}B$$

可以看出，是异或逻辑。

(3) 对上式两次取非,化为与非式

$$F = \overline{\overline{A\overline{B} + \overline{A}B}} = \overline{\overline{A\overline{B}} \cdot \overline{\overline{A}B}}$$

(4) 逻辑图如题图 14.12 所示。

题表 14.1

A	B	F
0	0	0
0	1	1
1	0	1
1	1	0

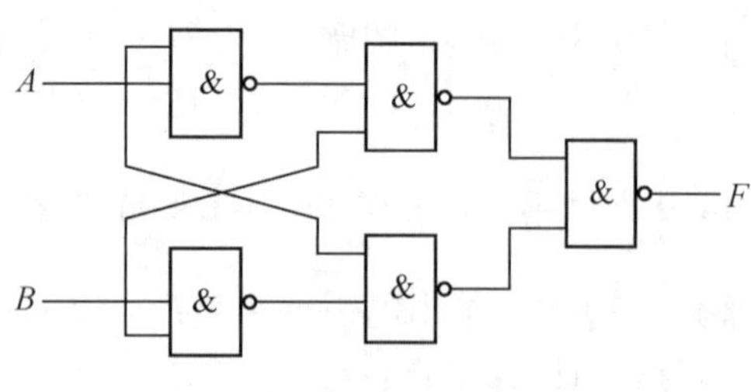

题图 14.12

14.11 已知电路如题图 14.13 所示。当逻辑电路(框图) 的输入变量 A、B、C 中有两个或两个以上为高电平时,继电器 KM 才动作,试用与非门构成框图里的逻辑电路,并说明二极管 D 的作用。

解 (1) 列出逻辑电路的真值表。当 A、B、C 中有两个或两个以上为高电平时,继电器 KM 才动作,说明此时 F 为高电平;当 A、B、C 不为上述情况时,F 为低电平。真值表见题表 14.2。

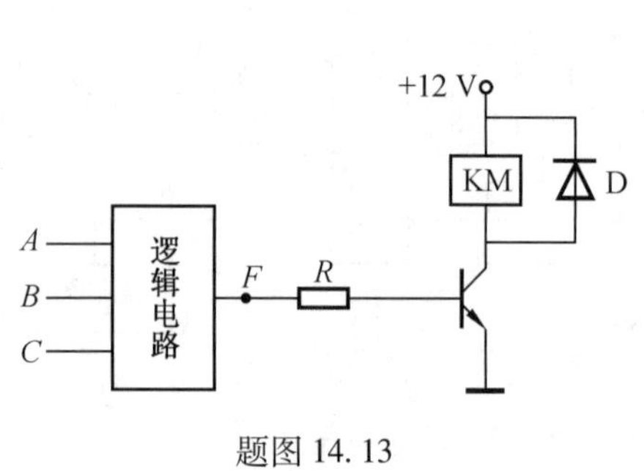

题图 14.13

题表 14.2

A	B	C	F
0	0	0	0
0	0	1	0
0	1	0	0
0	1	1	1
1	0	0	0
1	0	1	1
1	1	0	1
1	1	1	1

(2) 写出逻辑式,化简并变为与非式。

$$\begin{aligned} F &= \overline{A}BC + A\overline{B}C + AB\overline{C} + ABC = \\ &\overline{A}BC + A\overline{B}C + AB\overline{C} + ABC + ABC + ABC = \\ &AB(\overline{C} + C) + BC(\overline{A} + A) + CA(\overline{B} + B) = \\ &AB + BC + CA = \overline{\overline{AB + BC + CA}} = \\ &\overline{\overline{AB} \cdot \overline{BC} \cdot \overline{CA}} \end{aligned}$$

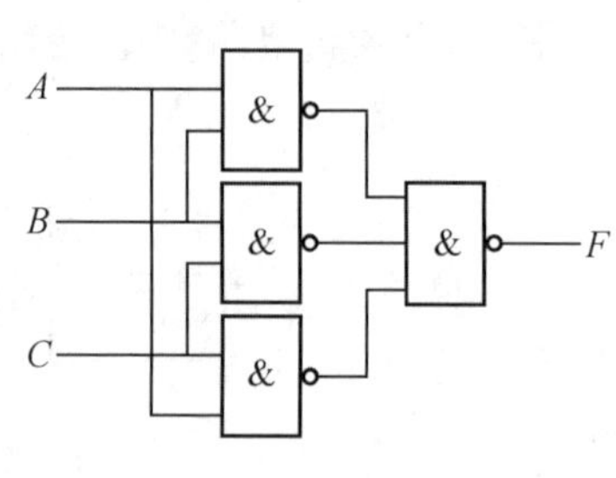

题图 14.14

(3) 画出逻辑电路图,如题图 14.14 所示。

(4) D 为续流二极管。当晶体管 T 截止时,线圈 KM 两端产生一个电压,极性为上“-”下“+”,D 导通,起续流和保护晶体管的作用。

14.12 试设计一个判奇数的逻辑电路,其逻辑功能为:当输入变量 A、B、C 中有奇数个“1”时,输出为“1”,否则为“0”。

解　按判奇功能列出真值表，见题表 14.3。

题表 14.3

A	B	C	F
0	0	0	0
0	0	1	1
0	1	0	1
0	1	1	0
1	0	0	1
1	0	1	0
1	1	0	0
1	1	1	1

(2) 由真值表写出逻辑式并化简

$$F = \overline{A}\overline{B}C + \overline{A}B\overline{C} + A\overline{B}\overline{C} + ABC =$$

$$\overline{A}(\overline{B}C + B\overline{C}) + A(\overline{B}\overline{C} + BC) =$$

$$\overline{A}(B \oplus C) + A(\overline{B \oplus C}) =$$

$$A \oplus B \oplus C$$

(3) 画出逻辑电路图。由表达式可见，此电路可用两个异或门组成，如题图 14.15 所示。

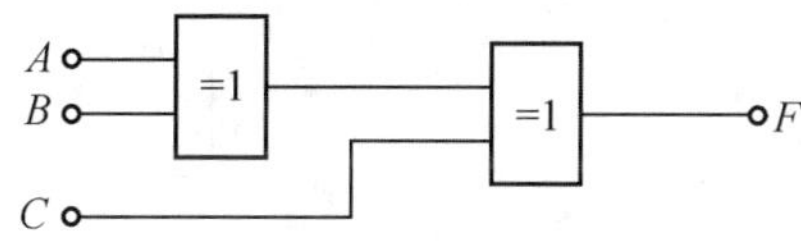

题图 14.15

14.13　试设计一个判一致的逻辑电路，其逻辑功能为：当输入变量 A、B、C 电平一致时输出为“1”，否则为“0”。

解　(1) 列出真值表，见题表 14.4。

(2) 写出逻辑式

$$F = ABC + \overline{A}\overline{B}\overline{C}$$

(3) 画出逻辑电路，如题图 14.16 所示。

题表 14.4

A	B	C	F
0	0	0	1
0	0	1	0
0	1	0	0
0	1	1	0
1	0	0	0
1	0	1	0
1	1	0	0
1	1	1	1

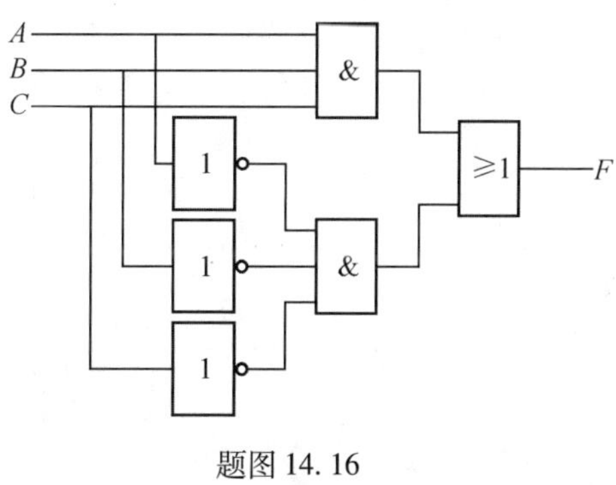

题图 14.16

14.14　写出题图 14.17 所示两图的逻辑式。

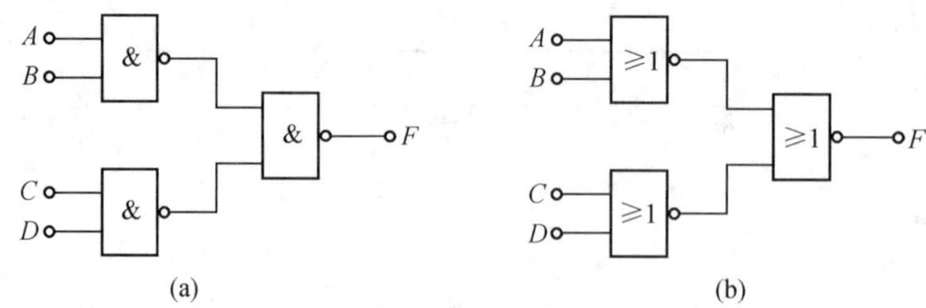

题图 14.17

解　其逻辑式为

(1) 图(a)

$$F=\overline{\overline{AB}\cdot\overline{CD}}$$

(2) 图(b)

$$F=\overline{\overline{A+B}+\overline{C+D}}$$

14.15　题图 14.18 所示两图的逻辑功能是否相同？试证明之。

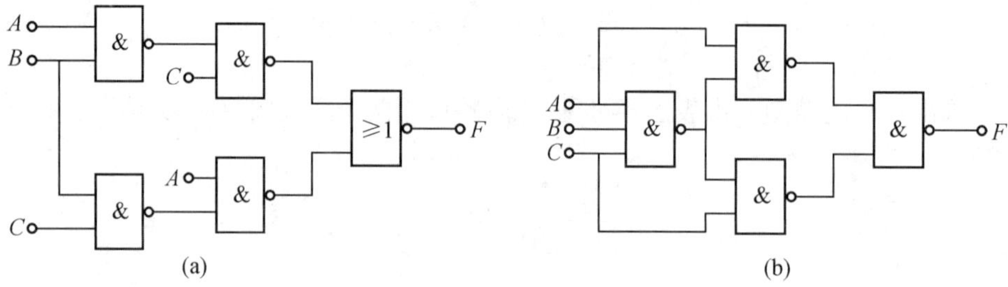

题图 14.18

解　详细证明见思考题 14.9。

14.16　交通十字路口有红、黄、绿信号指示灯。正常状态下，只允许有一个灯亮；其余情况均为故障状态，应自动报警及时检修。试为该指示灯系统设计一个故障报警的逻辑电路。

解　(1) 列出真值表，见题表 14.5。设 A、B、C 分别表示红、黄、绿信号灯，灯亮为 1，不亮为 0；发生故障自动报警时，F 为 1，无故障不报警时，F 为 0。

题表 14.5

A	B	C	F
0	0	0	1
0	0	1	0
0	1	0	0
0	1	1	1
1	0	0	0
1	0	1	1
1	1	0	1
1	1	1	1

（2）写出报警的逻辑式并化简

$$F = \bar{A}\bar{B}\bar{C} + \bar{A}BC + A\bar{B}C + AB\bar{C} + ABC =$$
$$\bar{A}\bar{B}\bar{C} + (\bar{A}BC + A\bar{B}C + AB\bar{C} + ABC + ABC + ABC) =$$
$$\bar{A}\bar{B}\bar{C} + AB(\bar{C} + C) + BC(\bar{A} + A) + CA(\bar{B} + B) =$$
$$\bar{A}\bar{B}\bar{C} + (AB + BC + CA)$$

（3）画出报警的逻辑电路，如题图 14.19 所示。

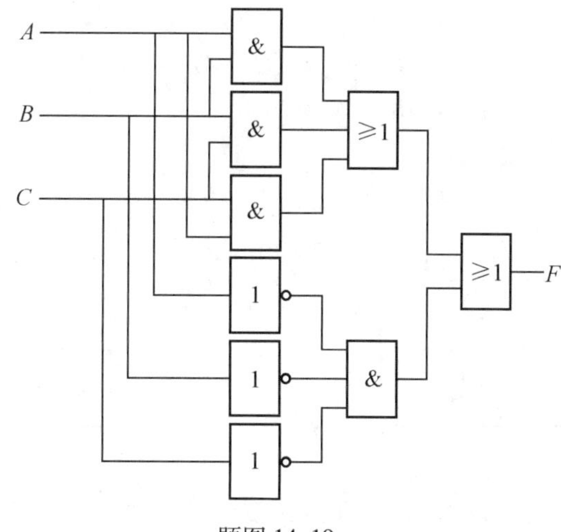

题图 14.19

14.17　某汽车驾驶员培训班结业考核有 A、B、C 三名评判员，其中 A 为主评判员，B、C 为副评判员。评判时按少数服从多数的原则通过；但若主评判认为合格，亦可通过。试设计该考核逻辑电路（提示：此题按 $\bar{F}$ 列逻辑式，经化简再取反，得逻辑式 F，比较简单）。

解　（1）列出真值表，见题表 14.6。设评判员 A、B、C 认为合格给 1，不合格给 0；考核通过，F 为 1，未通过，F 为 0。

题表 14.6

A	B	C	F
0	0	0	0
0	0	1	0
0	1	0	0
0	1	1	1
1	0	0	1
1	0	1	1
1	1	0	1
1	1	1	1

（2）写出逻辑式并化简

$$F = \bar{A}BC + A\bar{B}\bar{C} + A\bar{B}C + AB\bar{C} + ABC$$

① 用卡诺图化简，如题图 14.20 所示。逻辑式用最小项表示

$$F = m_3 + m_4 + m_5 + m_6 + m_7$$

在卡诺图中用 1 表示各最小项，可以画出一个大圈和一个小圈。化简后的逻辑式为

$$F = A + BC$$

② 用逻辑代数的公式法化简，由真值表可以看出，若按 $\overline{F}$ 列式比较简单。

$$\overline{F} = \overline{A}\overline{B}\overline{C} + \overline{A}\overline{B}C + \overline{A}B\overline{C} = \overline{A}\overline{B}\overline{C} + \overline{A}\overline{B}C + \overline{A}B\overline{C} + \overline{A}\overline{B}\overline{C} =$$
$$\overline{A}\overline{B}(\overline{C} + C) + \overline{A}\overline{C}(\overline{B} + B) = \overline{A}\overline{B} + \overline{A}\overline{C}$$

取反

$$F = \overline{\overline{A}\overline{B} + \overline{A}\overline{C}} = \overline{\overline{A}\overline{B}} \cdot \overline{\overline{A}\overline{C}} = (\overline{\overline{A}} + \overline{\overline{B}})(\overline{\overline{A}} + \overline{\overline{C}}) = (A + B)(A + C) =$$
$$AA + AC + BA + BC = A + AC + AB + BC =$$
$$A(1 + C + B) + BC = A + BC$$

以上两种化简方法，任取一种。

(3) 画出逻辑电路，如题图 14.21 所示。

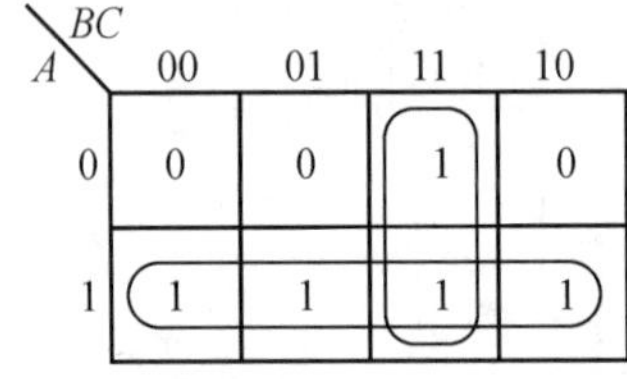

题图 14.20

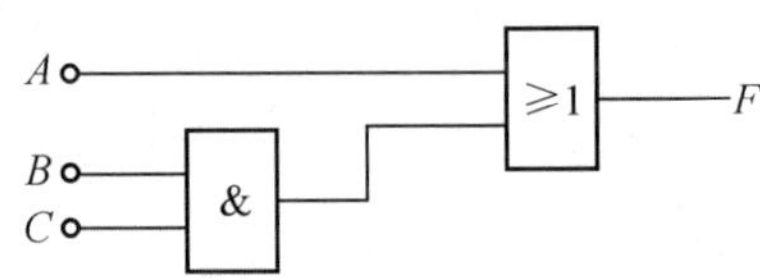

题图 14.21

14.18　某体操队进行训练考核，有 A、B、C、D 四位裁判（A 为主裁判，B、C、D 为副裁判），考核时 A 认为主要动作合格可得 2 分；B、C、D 各位认为其他规定动作合格可分别得 1 分。当总得分等于或超过 3 分时，运动员考核通过。试设计一个考核逻辑电路（提示：此题列出真值表后，建议采用卡诺图法化简逻辑式。画圈时尽量画大圈，以获得最简式）。

解　(1) 根据评分标准和通过的规定，列出真值表，见题表 14.7。

题表 14.7

A	B	C	D	最小项	分数	F	A	B	C	D	最小项	分数	F
0	0	0	0	m_0	0	0	1	0	0	0	m_8	2	0
0	0	0	1	m_1	1	0	1	0	0	1	m_9	3	1
0	0	1	0	m_2	1	0	1	0	1	0	m_{10}	3	1
0	0	1	1	m_3	2	0	1	0	1	1	m_{11}	4	1
0	1	0	0	m_4	1	0	1	1	0	0	m_{12}	3	1
0	1	0	1	m_5	2	0	1	1	0	1	m_{13}	4	1
0	1	1	0	m_6	2	0	1	1	1	0	m_{14}	4	1
0	1	1	1	m_7	3	1	1	1	1	1	m_{15}	5	1

(2) 列出考核合格的逻辑式并化简。由题表 14.7 可以看出，所列逻辑式将含有很多与项（8 个），用逻辑代数的公式法化简很困难，而用卡诺图法化简则简单得多。逻辑式的最小项形式为

$$F = m_7 + m_9 + m_{10} + m_{11} + m_{12} + m_{13} + m_{14} + m_{15}$$

其对应的卡诺图如题图 14.22 所示。所画的含 1 包围圈应尽量画大的（每次都应包含新的 1），可画出三个大圈，一个小圈。按包围圈标号顺序，逻辑式中所含有的与项依次为

$$F = AB + AC + AD + BCD$$

(3) 画出逻辑电路,如题图 14.23 所示。

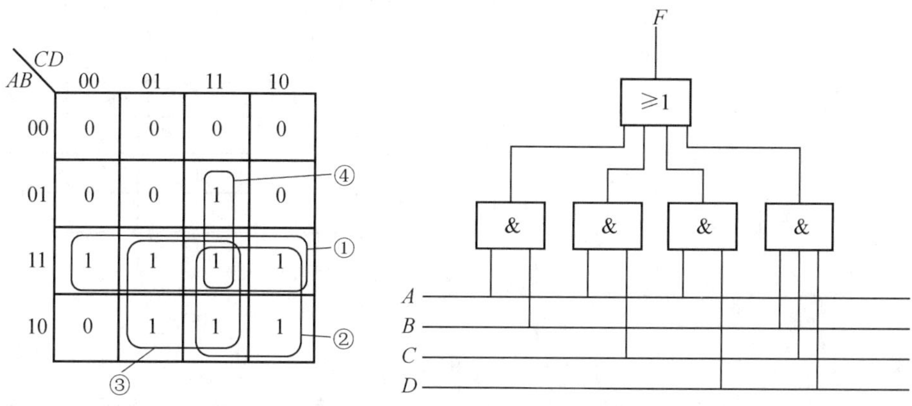

题图 14.22　　　　题图 14.23

(4) 若用与非门实现逻辑电路,将 $F = AB + AC + AD + BCD$ 用与非表达式表示,即

$$F = \overline{\overline{AB + AC + AD + BCD}} = \overline{\overline{AB} \cdot \overline{AC} \cdot \overline{AD} \cdot \overline{BCD}}$$

逻辑电路如题图 14.24 所示。

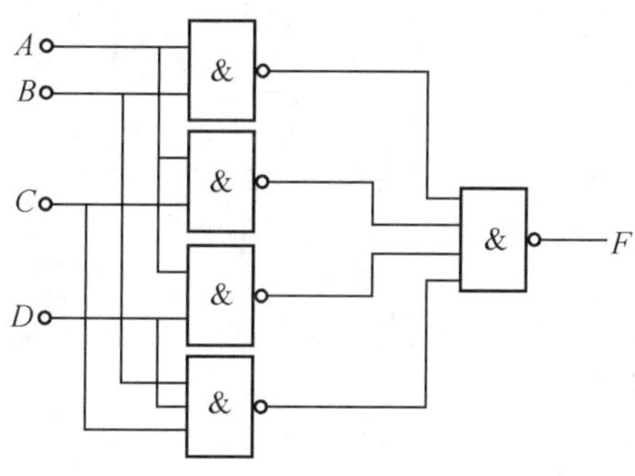

题图 14.24

14.19　题图 14.25 是 $Y_0 \sim Y_3$ 高电平有效的 2 线 - 4 线译码器。现需 $\overline{Y}_0 \sim \overline{Y}_3$ 低电平有效的 2 线 - 4 线译码器,试列出译码真值表,并画出译码器逻辑图。

输入		输出			
B	A	Y_0	Y_1	Y_2	Y_3
0	0	1	0	0	0
0	1	0	1	0	0
1	0	0	0	1	0
1	1	0	0	0	1

(a)

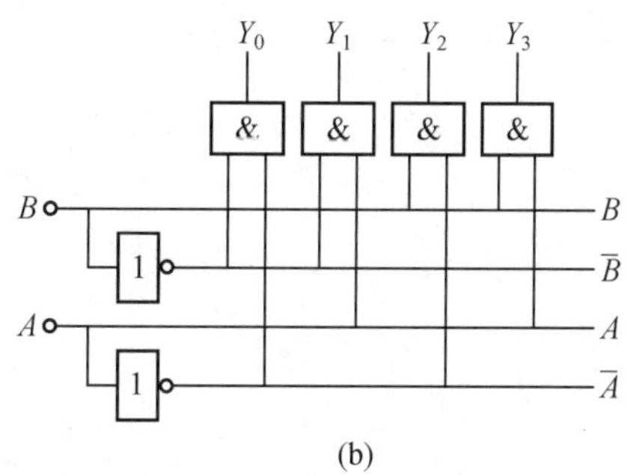

(b)

题图 14.25　两位二进制译码器

解　(1) 输出低电平有效的 2 线 - 4 线译码器真值表,如题图 14.26(a) 所示。

(2) 译码器逻辑图如题图 14.26(b) 所示。输出的逻辑式分别为

$$\overline{Y}_0 = \overline{\overline{B}\,\overline{A}}, \quad \overline{Y}_1 = \overline{\overline{B}A}$$

$$\overline{Y}_2 = \overline{B\overline{A}}, \quad \overline{Y}_3 = \overline{BA}$$

输入		输出			
B	A	$\overline{Y}_0$	$\overline{Y}_1$	$\overline{Y}_2$	$\overline{Y}_3$
0	0	0	1	1	1
0	1	1	0	1	1
1	0	0	1	0	0
1	1	0	1	1	0

(a)

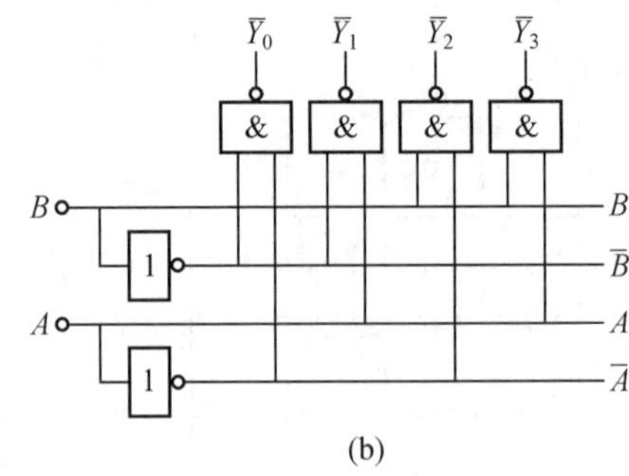

(b)

题图 14. 26

14. 20　试画出配接共阳极接法LED数码管的8421码二－十进制七段译码器及数码显示电路原理框图,并列出七段显示译码真值表。

解　(1) 七段译码与显示器框图如题图 14. 27 所示。

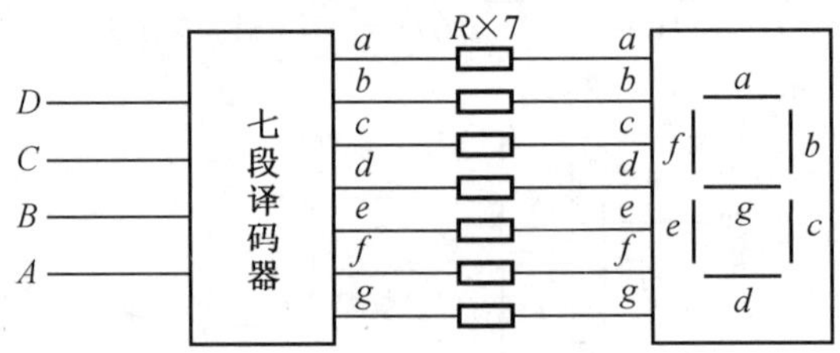

题图 14. 27

(2) 七段译码器真值表与字形显示,见题表 14. 8。因配接共阳极 LED 数码管,所以译码器输出 a、b、c、d、e、f、g 应低电平有效。

题表 14. 8

十进制数	译码器输入				译码器输出							LED字形
	D	C	B	A	a	b	c	d	e	f	g	
0	0	0	0	0	0	0	0	0	0	0	1	0
1	0	0	0	1	1	0	0	1	1	1	1	1
2	0	0	1	0	0	0	1	0	0	0	0	2
3	0	0	1	1	0	0	0	0	1	1	0	3
4	0	1	0	0	1	0	0	1	1	0	0	4
5	0	1	0	1	0	1	0	0	1	0	0	5
6	0	1	1	0	0	1	0	0	0	0	0	6
7	0	1	1	1	0	0	0	1	1	1	1	7
8	1	0	0	0	0	0	0	0	0	0	0	8
9	1	0	0	1	0	0	0	0	1	0	0	9

第 15 章　时序逻辑电路

15.1　内容提要

1. 双稳态触发器

双稳态触发器主要包括 *RS* 触发器、*JK* 触发器和 *D* 触发器。

基本 *RS* 触发器具有置“0”、置“1”和保持的逻辑功能，其真值表见表 15.1。

主从型 *JK* 触发器是在时钟脉冲的后沿翻转，具有置“0”、置“1”、保持和计数的功能，其真值表见表 15.2。

D 触发器是在时钟脉冲的前沿翻转，具有置“0”、置“1”的逻辑功能，其真值表见表 15.3。

表 15.1　基本 *RS* 触发器真值表

S_D	R_D	Q_{n+1}
1	0	0
0	1	1
1	1	Q_n
0	0	不定

表 15.2　*JK* 触发器真值表

J	K	Q_{n+1}
0	0	Q_n
0	1	0
1	0	1
1	1	$\overline{Q}_n$

表 15.3　*D* 触发器真值表

D	Q_{n+1}
0	0
1	1

2. 时序逻辑电路

时序逻辑电路具有记忆功能，它的基本单元是双稳态触发器。最常用的时序逻辑电路有寄存器和计数器。

(1) 寄存器。

寄存器分为数码寄存器和移位寄存器。数码寄存器是在寄存指令的控制下，各位数码同时送入寄存器中，即为并行输入；移位寄存器是在移位脉冲指令的控制下，各位数码逐位送入寄存器中，即为串行输入。

(2) 计数器。

计数器的功能是累计输入脉冲的数目，按计数方式分为加法计数器和减法计数器，按进制分为二进制计数器、十进制计数器和 *N* 进制计数器。

① 异步二进制加法计数器。

二进制计数器可计 2^n 个脉冲数，其中 n 为触发器的级数。

当时针脉冲只加到最低位触发器的时钟脉冲端时，其他各位触发器的时钟是由相邻低位触发器输出的电平提供，则使各触发器转换状态的时间不同，这种时钟输入的方式称为异步。

② 同步二进制加法计数器。

当时钟脉冲同时加到各位触发器的时钟脉冲端时，则使各触发器转换状态的时间相同，这种时钟输入方式称为同步。

③ 十进制计数器。

十进制计数器可计0 ~ 9 个脉冲数。常用的集成十进制计数器为74LS160、74LS192，它们具有预置数、保持的功能。其中，74LS160 具有同步置数的功能。

④N 进制计数器。

当计数器可计脉冲数为$2^{n-1} < N < 2^n$时，就构成了任意进制计数器，称为N进制计数器。

常用的集成计数器 74LS160、74LS161、74LS191、74LS192 可以很方便地组成 N 进制计数器，其中 74LS161 的功能与 74LS160 相同。

3. 顺序脉冲发生器和序列信号发生器

(1) 顺序脉冲发生器。

顺序脉冲发生器输出的脉冲是按照一定的先后顺序，在时钟脉冲的作用下依次输出的。

顺序脉冲发生器可用环形计数器构成。当顺序脉冲较多时，可用计数器和译码器组合构成。

(2) 序列信号发生器。

序列信号发生器输出的脉冲是一组特定的串行数字信号，这种特定的串行数字信号称为序列信号。

序列信号发生器可用计数器和数据选择器构成，也可用带反馈的移位寄存器组成。

15.2　重点与难点

15.2.1　重点

(1) 基本 RS 触发器置“0”、置“1” 的作用。

(2) 按时钟控制信号、输入信号的要求，画出 JK 触发器、D 触发器输出端的波形。

(3) 二进制同步、异步计数器逻辑功能的分析，要求写出输入驱动方程，列出状态表，分析逻辑功能。

(4)N 进制同步、异步计数器逻辑功能的分析，要求写出输入驱动方程，列出状态表，分析逻辑功能。

(5) 采用反馈归零法和置数法，用集成计数器组成任意进制计数器。

15.2.2　难点

异步 N 进制计数器逻辑功能的分析。

15.3　例题分析

【例15.1】　已知维持阻塞型D触发器的C、R_D、D端的波形如图15.1 所示，试画出Q端的输出波形。

解　维持阻塞型 D 触发器是在时钟脉冲前沿到来时进行状态转换的。在时钟脉冲 C 没来之前，由图 15.1 中的置“0” 端 R_D 的波形可知，D 触发器的初始状态为“0”。

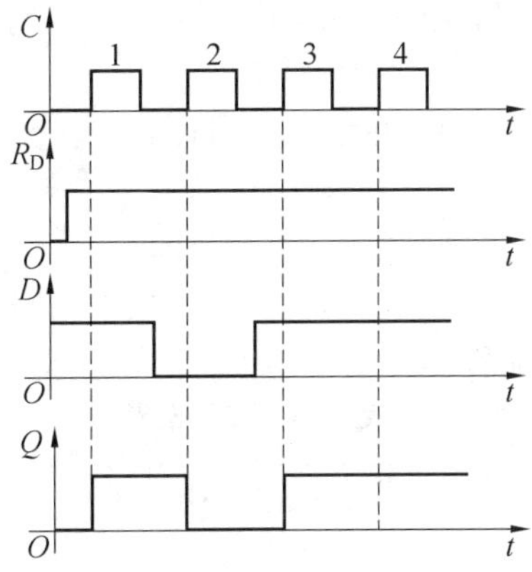

图 15.1　例 15.1 图

当第一个时钟脉冲 C 的前沿到来时，由于 $D=1$，所以 Q 从 0 转换到 1；当第二个时钟脉冲 C 的前沿到来时，由于 $D=0$，所以 $Q=0$；当第三个时钟脉冲 C 的前沿到来时，由于 D 又为 1，所以 $Q=1$。其输出波形如图 15.1 所示。

【例 15.2】　已知主从型 JK 触发器的 C、J、K 端的波形如图 15.2 所示，试画出 Q 端的波形。设触发器的初始状态为“0”。

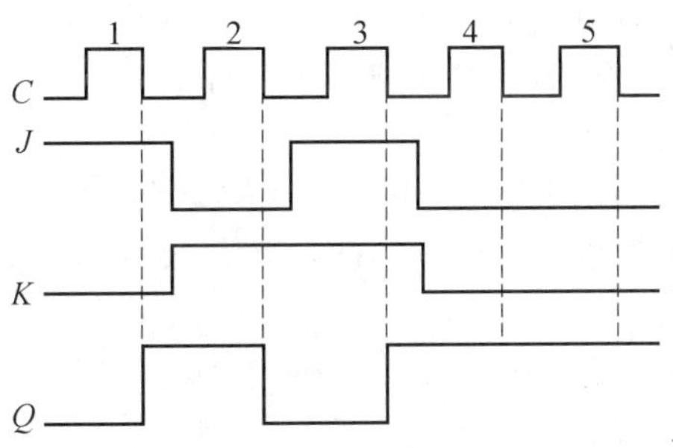

图 15.2　例 15.2 图

解　主从型 JK 触发器是在时钟脉冲后沿到来时进行状态转换的。

当第一个时钟脉冲 C 的后沿到来时，由于 $J=1$，$K=0$，所以 Q 从 0 转换到 1，即 $Q=1$；当第二个时钟脉冲后沿到来时，由于 $J=0$，$K=1$，所以 $Q=0$；当第三个时钟脉冲 C 的后沿到来时，由于 $J=1$，$K=1$，触发器处于计数状态，所以 Q 从 0 转换到 1；当第四个时钟脉冲 C 的后沿到来时，由于 $J=0$，$K=0$，触发器的状态不变，所以 Q 仍然为 1。其输出波形如图 15.2 所示。

【例 15.3】　已知逻辑电路如图 15.3 所示，试分析其逻辑功能。

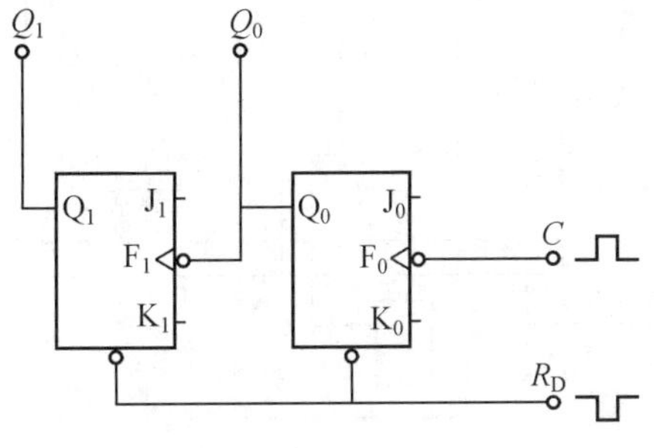

图 15.3　例 15.3 图

解　由于高位触发器 F_1 的时钟脉冲由低位触发器 F_0 的输出电平 Q_0 提供,所以此电路是异步计数电路。

(1) 写出两个触发器时钟脉冲 C 的表达式,即

$$C_0 = C, \quad C_1 = Q_0$$

(2) 写出两个触发器输入信号的逻辑表达式,即

$$J_0 = K_0 = 1, \quad J_1 = K_1 = 1 \quad (\text{悬空相当于高电平})$$

(3) 根据前两项,写出在时钟脉冲的作用下,计数器的状态表,见表 15.4。

表 15.4　例 15.3 表

计数脉冲数	输出端状态		各J、K端状态			
C	Q_1	Q_0	J_1	K_1	J_0	K_0
0	0	0	1	1	1	1
1	0	1	1	1	1	1
2	1	0	1	1	1	1
3	1	1	1	1	1	1
4	0	0	1	1	1	1

当 $C=0$ 时,计数器清零,R_D 加入负脉冲。触发器状态为“00”。

当第一个时钟脉冲 C 的后沿到来时,由于 $J_0=K_0=1$,所以 F_0 翻转,$Q_0=1$。由于 F_1 的时钟脉冲 $C_1=Q_0$,尽管 $J_1=K_1=1$,但 C_1 从 0 变为 1,是脉冲前沿,所以触发器 F_1 状态不变。两触发器的状态为“01”。

当第二个时钟脉冲 C 的后沿到来时,由于 $J_0=K_0$ 总为 1,所以 F_0 又翻转,$Q_0=0$。由于 Q_0 是 F_1 的时钟脉冲 C_1,Q_0 从 1 翻转到 0,时钟脉冲 C_1 的后沿到来,F_1 翻转,$Q_1=1$。触发器的状态为“10”。

当第三个时钟脉冲 C 的后沿到来时,F_0 又翻转,$Q_0=1$,F_1 不变,$Q_1=1$。触发器的状态为“11”。

当第四个时钟脉冲 C 的后沿到来时,F_0 翻转,$Q_0=0$,由于 Q_0 从 1 翻转到 0,F_1 的时钟脉冲 C_1 的后沿到来,所以 F_1 翻转,$Q_1=0$。两触发器的状态为“00”。回到初始状态,翻转过程见表 15.4。

(4) 逻辑功能。从表 15.4 可以看出,此逻辑电路是两位异步二进制加法计数器。

【例 15.4】　已知逻辑电路如图 15.4 所示,试分析其逻辑功能。

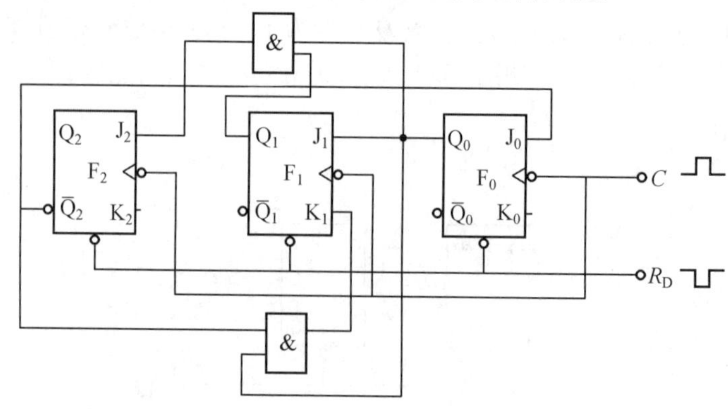

图 15.4　例 15.4 图

解　本题 F_0、F_1 和 F_2 触发器共用外部时钟脉冲 C,所以是同步计数电路。

(1) 写出各触发器输入驱动表达式

$$J_0 = \overline{Q}_2, K_0 = 1; \quad J_1 = Q_0, K_1 = \overline{Q}_2 Q_0; \quad J_2 = Q_1 Q_0, K_2 = 1$$

(2) 根据输入驱动表达式,写出在时钟脉冲 C 作用下计数器的状态表,见表 15.5。

表 15.5　例 15.4 表

计数脉冲数	输出端状态			各 J、K 端状态					
C	Q_2	Q_1	Q_0	J_2	K_2	J_1	K_1	J_0	K_0
0	0	0	0	0	1	0	0	1	1
1	0	0	1	0	1	1	1	1	1
2	0	1	0	0	1	0	0	1	1
3	0	1	1	1	1	1	1	1	1
4	1	0	0	0	1	0	0	0	1
5	0	0	0	0	1	0	0	1	1

在时钟脉冲 C 没到来时,R_D 端加入负脉冲,计数器清零,其输出状态为“000”。

此时,各触发器输入端的状态为:$J_0 = K_0 = 1, J_1 = K_1 = 0, J_2 = 0, K_2 = 1$。

当第一个时钟脉冲后沿到来时,F_0 翻转,即 $Q_0 = 1$,F_1、F_2 触发器状态不变,其输出状态为“001”。

在第二个时钟脉冲后沿没到之前,各触发器输入端的状态为:$J_0 = 1, K_0 = 1, J_1 = Q_0 = 1, K_1 = \overline{Q}_2 Q_0 = 1, J_2 = 0, K_2 = 1$。

当第二个时钟脉冲后沿到来时,F_0、F_1 翻转,$Q_0 = 0, Q_1 = 1$,F_2 不变,其输出状态为“010”。

在第三个时钟脉冲后沿没到来之前,各触发器输入端的状态为:$J_0 = 1, K_0 = 1, J_1 = 0, K_1 = 0, J_2 = 0, K_2 = 1$。

当第三个时钟脉冲后沿到来时,F_0 翻转,$Q_0 = 1$,F_1、F_2 不变,其输出状态为“011”。

在第四个时钟脉冲后沿没到之前,各触发器输入端的状态为:$J_0 = 1, K_0 = 1, J_1 = 1, K_1 = 1, J_2 = 1, K_2 = 1$。

当第四个时钟脉冲后沿到来时,F_0、F_1、F_2 同时翻转,其输出状态为“100”。

在第五个时钟脉冲后沿没到之前,各触发器输入端的状态为:$J_0 = 0, K_0 = 1, J_1 = 0, K_1 = 0, J_2 = 0, K_2 = 1$。

当第五个时钟脉冲后沿到来时,F_0、F_1 不变,F_2 翻转,其输出状态为“000”。转换过程见表 15.5。

(3) 逻辑功能。

从表 15.5 可以看出,此逻辑电路是同步五进制计数器。

【例 15.5】　由 74LS160 集成计数组成的逻辑电路如图 15.5(a)、(b) 所示。

试分析:(1) 图 15.5(a)、(b) 图各为几进制计数器? 画出状态转换表。

(2) 说明 $\overline{R}_D$ 和 $\overline{LD}$ 的作用。

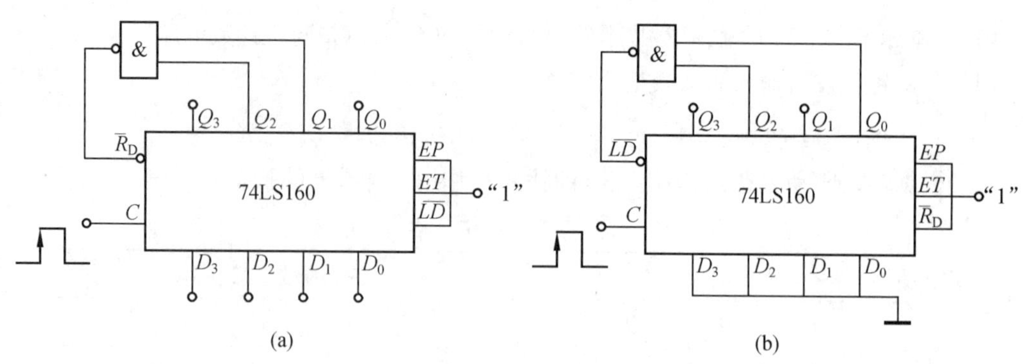

图 15.5　例 15.5 图

解　(1) 图 15.5(a) 的状态转换表见表 15.6,图 15.5(b) 的状态转换表见表 15.7。

表 15.6　例 15.5 表 1

C	Q_2	Q_1	Q_0
0	0	0	0
1	0	0	1
2	0	1	0
3	0	1	1
4	1	0	0
5	1	0	1
6	1	1	0
	0	0	0

表 15.7　例 15.5 表 2

C	Q_2	Q_1	Q_0
0	0	0	0
1	0	0	1
2	0	1	0
3	0	1	1
4	1	0	0
5	1	0	1
6	0	0	0

从两个状态转换表中可见,图 15.5(a)、图 15.5(b) 都是六进制计数器。

(2)$\bar{R}_D$ 端为清零输入端,当 $\bar{R}_D = 0$ 时,计数器清零;$\overline{LD}$ 为预置数控制端,当 $\overline{LD} = 0$ 时,在下一个时钟脉冲的前沿到时,D_3、D_2、D_1、D_0 的数据就送到输出端,即 $Q_3Q_2Q_1Q_0 = D_3D_2D_1D_0$。

在此题中,图 15.5(a) 是用反馈归零法实现六进制计数器,图 15.5(b) 是用置数法实现六进制计数器。两者的区别是,反馈归零法有过渡状态 110 的存在,虽然过渡状态短暂,但对电路也会产生影响。

【例 15.6】　由 74LS161 计数器组成的 N 进制计数器如图 15.6 所示。试分析此电路为几进制计数器?

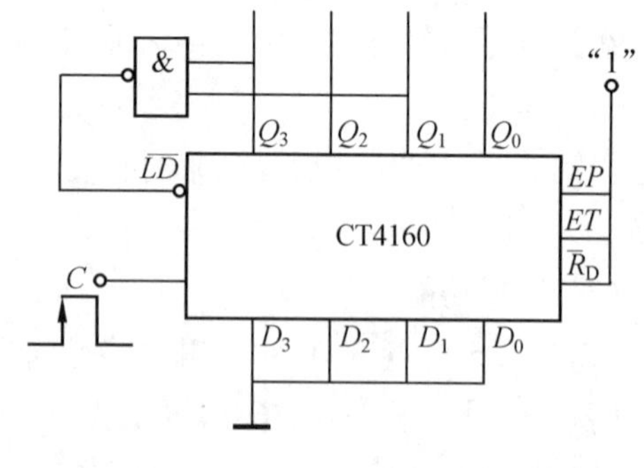

图 15.6　例 15.6 图

解　从图 15.6 可以看出,此电路是利用置数法实现 N 进制计数器的功能。

从图中可以看出,$D_3D_2D_1D_0 = 0000$,$\overline{LD}$ 接与非门的输出端,与非门的输入端分别与计数器的输出端 Q_3、Q_1 端相接。$EP = ET = \bar{R}_D = 1$,计数器处于计数状态。当计数器计到第 10 个脉冲时,其

输出状态为 $Q_3Q_2Q_1Q_0=1010$。此时与非门输出由 1 变 0，使置数端$\overline{LD}=0$，从而使计数器执行接收数据输入端 $D_3D_2D_1D_0=0000$ 的数据。所以，当第 11 个脉冲 C 的后沿到来时，$D_3D_2D_1D_0=0000$ 的数据就置入计数器，从而使计数器复位，输出全为“0”状态，实现十一进制的逻辑功能。

15.4　思考题分析

15.1　基本 RS 触发器的两个输入端为什么不能同时加低电平？

解　基本 RS 触发器的两个输入端若同时加低电平，则 $Q=\overline{Q}=1$，这在正常工作中是不允许出现的状态。其次，当低电平消失后，触发器 Q 端的状态是难以确定的。

15.2　时钟脉冲 C 起什么作用？主从型 JK 触发器、维持阻塞型 D 触发器分别在时钟脉冲的前沿触发还是后沿触发？

解　时钟脉冲 C 起控制作用，以控制触发器的翻转时刻。当 $C=0$ 时，不论触发器的输入状态如何，触发器输出状态都不变；当 $C=1$ 时，触发器输出状态进行转换，是“0”，还是“1”由此时输入端的状态决定。

对于主从型 JK 触发器，当时钟脉冲 C 后沿到来时，触发器输出状态进行转换，即主从型 JK 触发器是在时钟脉冲 C 的后沿触发。对于 D 触发器，当时钟脉冲 C 前沿到来时，触发器输出状态进行转换，即 D 触发器是在时钟脉冲 C 的前沿触发。

15.3　在 JK 触发器和 D 触发器中，R_D、S_D 端起什么作用？

解　在 JK 触发器和 D 触发器中，R_D、S_D 端用来预置触发器的初始状态，当触发器进行工作时，R_D、S_D 端不起作用。

预置触发器的初始状态时，R_D、S_D 端加负脉冲（低电平）；触发器进行工作时，R_D、S_D 端接高电平。

15.4　数码寄存器和移位寄存器有什么区别？

解　数码寄存器寄存数码的方式是并行输入，即当寄存指令到来时，需要寄存的数码同时送入寄存器中。

移位寄存器寄存数码的方式是串行输入，即来一个寄存指令，寄存一位数码，需要寄存的数码是按着寄存指令的节拍，逐位送入寄存器中的。

15.5　什么是并行输入、串行输入、并行输出和串行输出？

解　并行输入是在寄存指令的作用下，数码同时送入寄存器中。

串行输入是在寄存指令的作用下，数码逐位送入寄存器中。

并行输出是在取出指令的作用下，数码同时从寄存器中取出。

串行输出是在取出指令的作用下，数码逐位从寄存器中取出。

15.6　若用 74LS192 组成七进制计数器，应如何使用清零端？

解　用 CR 清零端实现七进制计数器，即采用反馈归零法，则电路如图 15.7 所示。

15.7　CT4160 和 CT4161 的置数端$\overline{LD}$ 的作用是什么？

解　74LS160 和 74LS161 的置数端$\overline{LD}$ 的作用是，当$\overline{LD}=0$ 时，在下一个时钟脉冲到来时，就将数据输入端 D_3、D_2、D_1、D_0 的数据送到计数器的输出端，即 $Q_3Q_2Q_1Q_0=D_3D_2D_1D_0$。

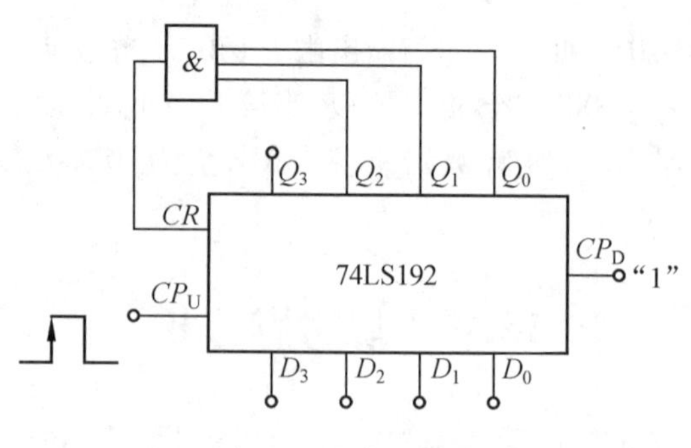

图 15.7　题 15.6 图

15.5　习题分析

15.1　设维持阻塞型 D 触发器的初始状态 $Q=0$,时钟脉冲 C 和 D 输入端信号如题图 15.1(a) 所示,试画出 Q 端的波形。

解　维持阻塞型 D 触发器的逻辑功能为:在时钟脉冲 C 的前沿到来时,D 为 1,输出就为 1;D 为 0,输出就为 0。其 Q 端波形如题图 15.1(b) 所示。

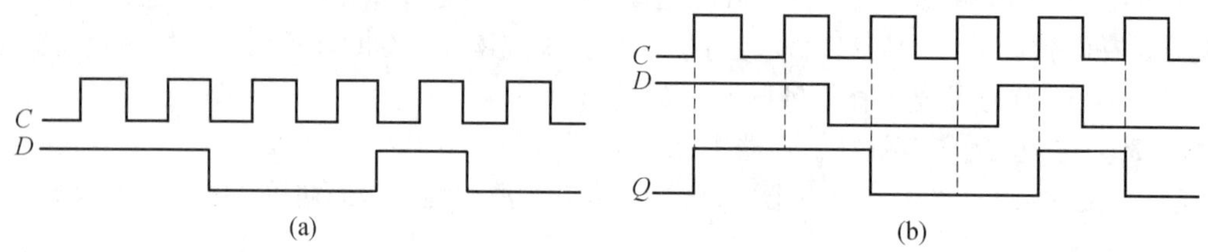

题图 15.1

15.2　设主从型 JK 触发器的初始状态 $Q=0$,时钟脉冲 C 及 J、K 两输入信号如题图 15.2(a) 所示,试画出 JK 触发器输出端的波形。

解　主从型 JK 触发器的逻辑功能为置"0"、置"1"、保持和计数,触发器输出状态是在时钟脉冲 C 的后沿到来时进行转换的。当 $C=1$ 时,由于 $J=1,K=0$,触发器置"1",即 $Q=1$;当 $C=2$ 时,由于 $J=0,K=1$,触发器置"0",即 $Q=0$;当 $C=3$ 时,由于 $J=K=1$,触发器翻转,则 $Q=1$;当 $C=4$ 时,由于 $J=K=1$,触发器又翻转,则 $Q=0$;当 $C=5$ 时,由于 $J=K=0$,触发器保持状态不变,则 $Q=0$。其 Q 端波形如题图 15.2(b) 所示。

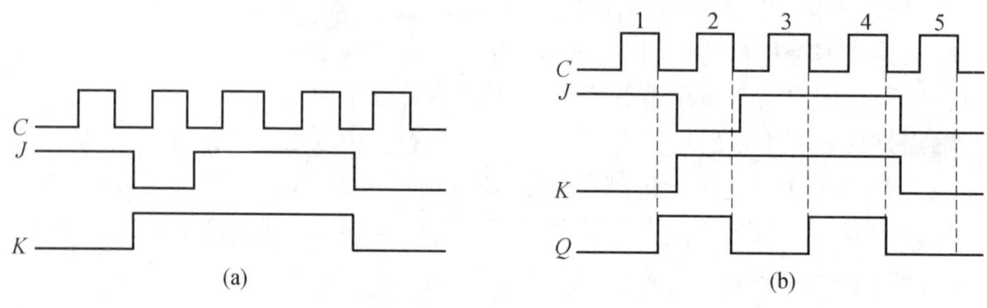

题图 15.2

15.3　试画出题图 15.3(a)、(b) 两电路在 6 个时钟脉冲作用下输出端 Q 的波形。设初始状态分别为 $Q=0$、$Q_0=0$、$Q_1=0$。

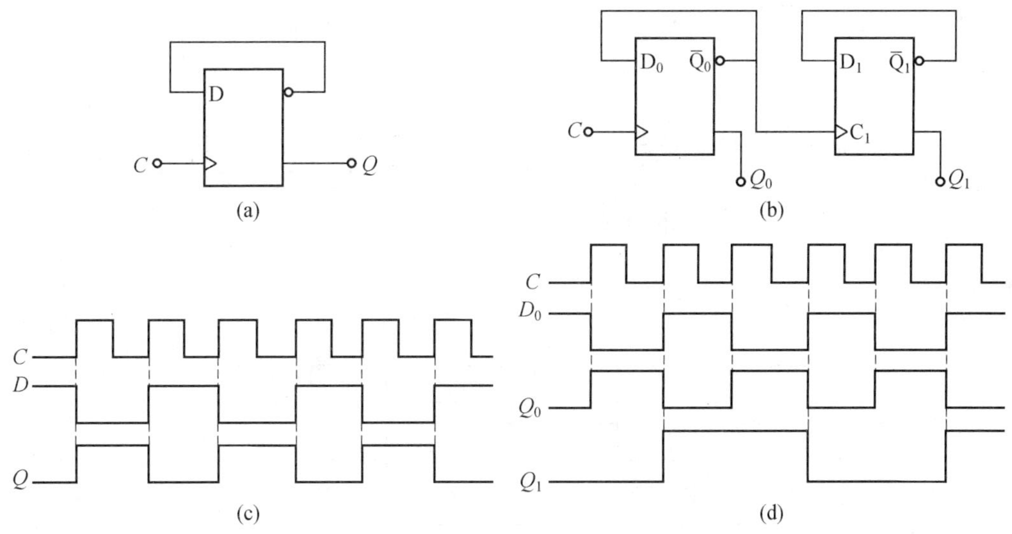

题图 15.3

解　题图 15.3(a) 的 D 触发器接成计数状态，即 $D=\overline{Q}$。其输出端 Q 的波形如题图 15.3(c) 所示。

题图 15.3(b) 的两个 D 触发器接成计数状态，即 $D_0=\overline{Q}_0$，$D_1=\overline{Q}_1$，并且 $C_1=\overline{Q}_0=D_0$。其输出端 Q_0 与 Q_1 的波形如题图 15.3(d) 所示。

15.4　电路如题图 15.4(a) 所示，在图 15.4(b) 所示的 D 输入信号和时钟脉冲 C 的作用下，画出触发器输出端 Q 的波形。

解　设触发器的初始状态 $Q=0$。

在第一个时钟脉冲 C 后沿到来时，由于 $D=1$，所以 $J=1$，经非门反相，$K=0$，触发器翻转，则 $Q=1$；在第二个时钟脉冲 C 后沿到来时，由于 $D=0$，所以 $J=0$，$K=1$，触发器翻转，则 $Q=0$。从上分析可见，JK 触发器外接一个非门，逻辑功能就转换为 D 触发器的逻辑功能。其 Q 端的波形如题图 15.4(c) 所示。

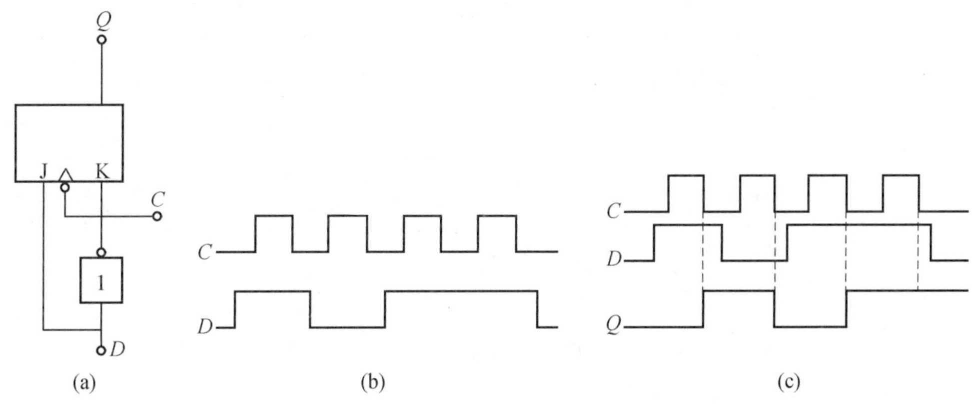

题图 15.4

15.5　试画出题图 15.5(a) 所示电路在时钟脉冲 C 作用下 Q_0、Q_1 端的波形，设初始状态 $Q_0 = Q_1 = 0$。

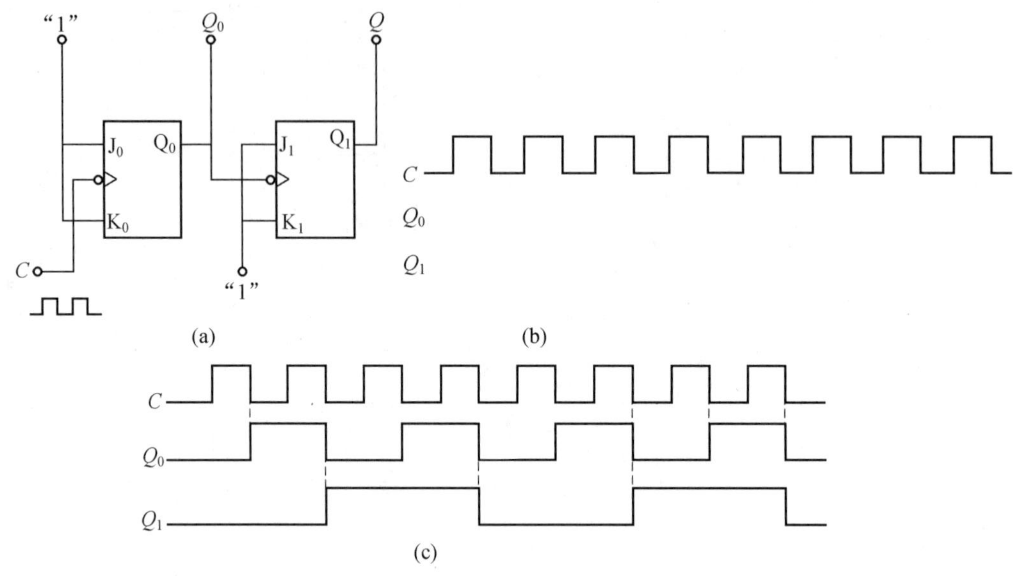

题图 15.5

解　由题图 15.5(a) 可以看出

$$J_0 = K_0 = 1,\quad J_1 = K_1 = 1,\quad C_1 = C,\quad C_2 = Q_0$$

当第 1 个时钟脉冲 C 后沿到时，由于 $J_0 = K_0 = 1$，触发器翻转，Q_0 由"0"跳变到"1"，此时 C_2 脉冲是前沿，则 Q_1 不变，仍为"0"态。

当第 2 个时钟脉冲 C 后沿到时，Q_0 由 1 跳变到 0，即 $Q_0 = 0$；此时 C_2 脉冲由"1"跳变到"0"，即时钟脉冲后沿到，且 $J_1 = K_1 = 1$，触发器翻转 $Q_1 = 1$；其波形如题图 15.5(c) 所示。

15.6　试画出题图 15.6(a) 计数器在时钟脉冲作用下各触发器输出端的波形。设触发器的初始状态为 000。

解　由题意可知，$D_0 = Q_1, D_1 = Q_2, D_2 = \overline{Q}_0$，初始状态为"000"。列出状态表见题表 15.1。从题表 15.1 中可以看出，此计数器为一环形计数器，其波形如题图 15.6(b) 所示。

题表 15.1

C	Q_2	Q_1	Q_0
0	0	0	0
1	1	0	0
2	1	1	0
3	1	1	1
4	0	1	1
5	0	0	1
6	1	0	0
⋮		⋮	

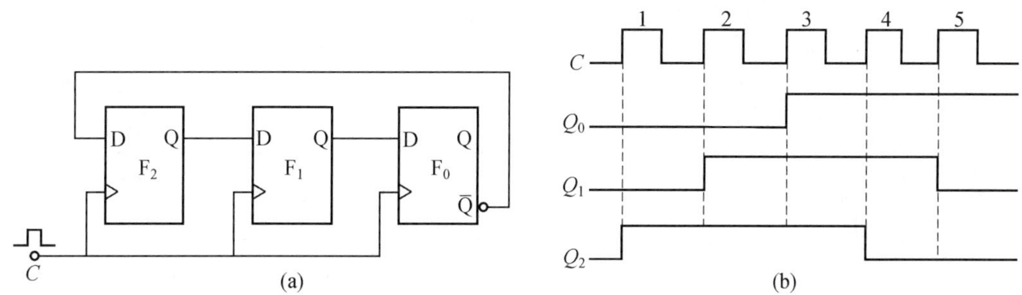

题图 15.6

15.7　试画出题图 15.7(a) 计数器在时钟脉冲作用下各触发器输出端的波形。设触发器的初始状态为 $Q_2Q_1Q_0=001$。

解　由题意可知，$D_0=Q_1$，$D_1=Q_2$，$D_2=Q_0$，初始状态为 $Q_2Q_1Q_0=001$。列出状态表见题表 15.2。

题表 15.2

C	Q_2	Q_1	Q_0
0	0	0	1
1	1	0	0
2	0	1	0
3	0	0	1
4	1	0	0
5	0	1	0
⋮		⋮	

从题表 15.2 中可以看出，此计数器为一环形计数器，其波形如题图 15.7(b) 所示。

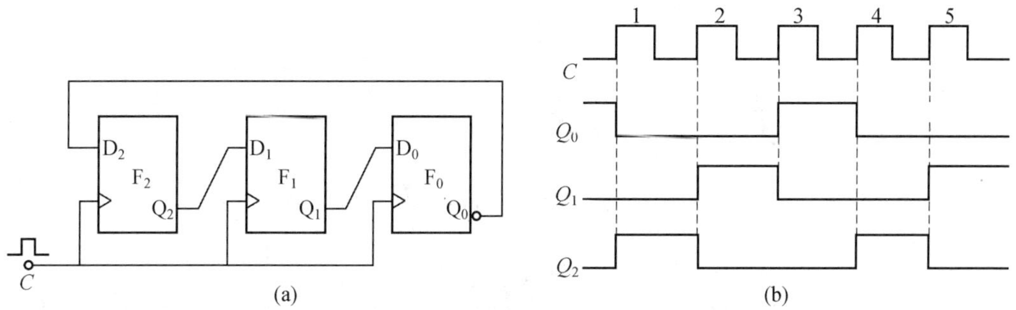

题图 15.7

15.8　已知逻辑电路及相应的 C、R_D 和 D 的波形如题图 15.8(a)、(b) 所示，试画出 Q_0 和 Q_1 端的波形，设初始状态 $Q_0=Q_1=0$。

解　在题图 15.8(a)、(b) 中，D 触发器的输入信号在时钟脉冲作用下总为 1。JK 触发器的输入信号等于 Q_0，即 $J=K=Q_0$。在时钟脉冲作用期间，置"0" 端 R_D 出现低电平，迫使 Q_0 和 Q_1 置"0"。其 Q_0 和 Q_1 的波形如题图 15.8(c) 所示。

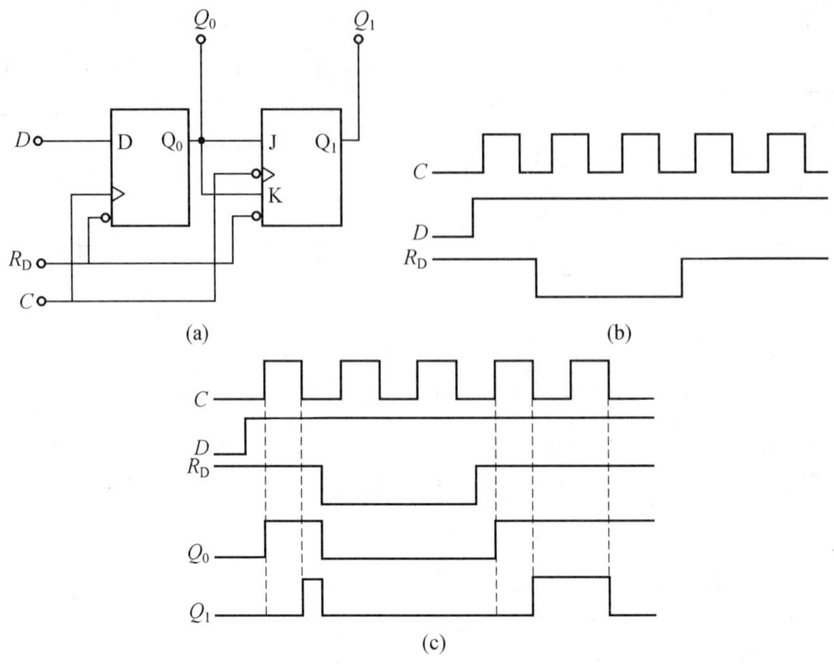

题图 15.8

15.9　已知电路如题图 15.9(a) 所示,试分析计数器的逻辑功能,并画出波形图。设初始状态为“000”。

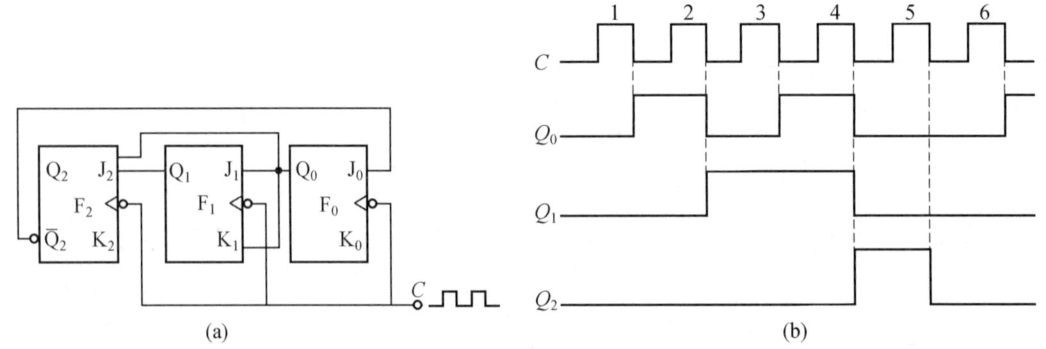

题图 15.9

解　(1) 写出输入信号的表达式,即

$$J_0 = \overline{Q}_2, K_0 = 1; \quad J_1 = K_1 = Q_0; \quad J_2 = Q_1 Q_0, K_2 = 1$$

(2) 列出状态表(题表 15.3)。

题表 15.3

C	Q_2	Q_1	Q_0	J_2	K_2	J_1	K_1	J_0	K_0
0	0	0	0	0	1	0	0	1	1
1	0	0	1	0	1	1	1	1	1
2	0	1	0	0	1	0	0	1	1
3	0	1	1	1	1	1	1	1	1
4	1	0	0	0	1	0	0	0	1
5	0	0	0	0	1	0	0	1	1

(3) 分析功能。从题表 15.3 中可以看出,每来 5 个脉冲,计数器的状态就循环一次。所以,此计数器是同步五进制计数器,其输出波形如题图 15.9(b) 所示。

15.10　已知电路如题图 15.10(a) 所示,试分析其逻辑功能,并画出波形图。设初始状态为"000"。

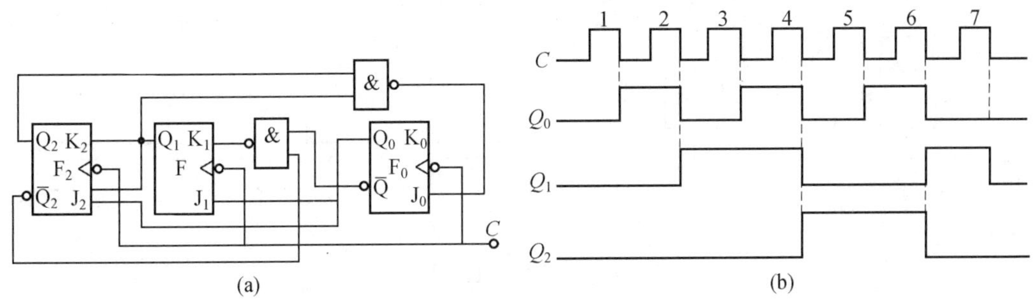

题图 15.10

解　(1) 写出输入信号的表达式,即

$$J_0 = \overline{Q_1 Q_2} = \overline{Q}_1 + \overline{Q}_2, \quad K_0 = 1$$

$$J_1 = Q_0, \quad K_1 = \overline{\overline{Q}_2 \overline{Q}_0} = Q_2 + Q_0$$

$$J_2 = Q_1 Q_0, \quad K_2 = Q_1$$

(2) 列出状态表,见题表 15.4。

题表 15.4

C	Q_2	Q_1	Q_0	J_2	K_2	J_1	K_1	J_0	K_0
0	0	0	0	0	0	0	0	1	1
1	0	0	1	0	1	1	1	1	1
2	0	1	0	0	1	0	0	1	1
3	0	1	1	1	1	1	1	1	1
4	1	0	0	0	0	0	1	1	1
5	1	0	1	0	0	1	1	1	1
6	1	1	0	0	1	0	1	0	1
7	0	0	0	0	0	0	0	1	1

(3) 分析功能。从题表 15.4 中可以看出,每来 7 个脉冲,计数器的状态就循环一次,所以此计数器是同步七进制计数器。输出波形如题图 15.10(b) 所示。

15.11　已知某工作系统的信号灯逻辑控制电路如题图 15.11(a) 所示。

(1) 试列出在 8 个时钟脉冲作用下 $Q_2Q_1Q_0$ 的状态表。

(2) 试画出在 8 个时钟脉冲作用下绿灯、黄灯和红灯上的信号波形图。

(3) 若时钟脉冲 C 的周期为 1 s,试计算每个信号灯闪亮的时间。

解　(1) 由题意可知,$D_0 = \overline{Q}_2, D_1 = Q_0, D_2 = Q_1$,列出状态表(题表 15.5)。

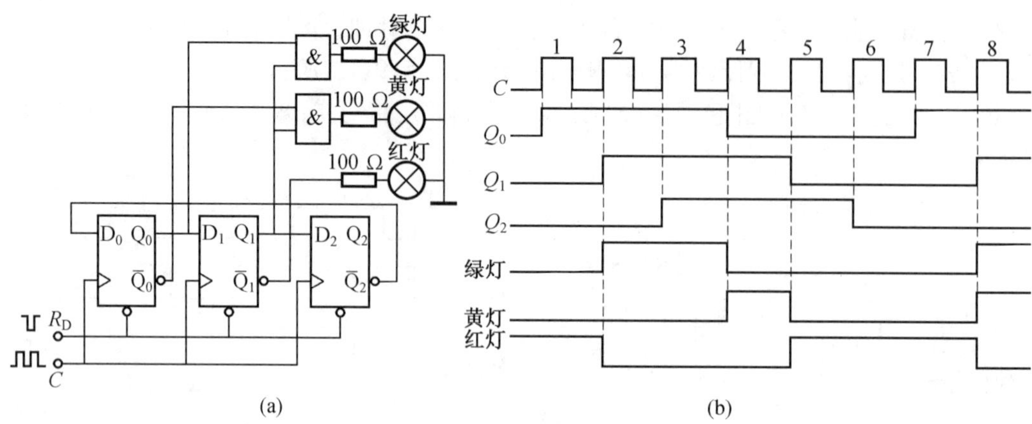

(a) (b)

题图 15.11

题表 15.5

C	Q_2	Q_1	Q_0	D_2	D_1	D_0
0	0	0	0	0	0	1
1	0	0	1	0	1	1
2	0	1	1	1	1	1
3	1	1	1	1	1	0
4	1	1	0	1	0	0
5	1	0	0	0	0	0
6	0	0	0	0	0	1
7	0	0	1	0	1	1
8	0	1	1	1	1	1

(2) 绿灯 $=Q_0Q_1$，黄灯 $=\bar{Q}_0Q_1$，红灯 $=\bar{Q}_1$。画出波形如题图 15.11(b) 所示。

(3) 若时钟脉冲 C 的周期为 1 s，则绿灯亮 2 s，黄灯亮 1 s，红灯亮 3 s。

15.12　试用一片 CT4160 集成计数器组成八进制计数器。CT4160 的功能表如题图 15.12(a) 所示。

C	$\bar{R}_D$	$\overline{LD}$	EP	ET	工作状态
×	0	×	×	×	置零
↑	1	0	×	×	预置数
×	1	1	0	1	保持
×	1	1	×	0	保持(但Z=0)
↑	1	1	1	1	计数

(a)

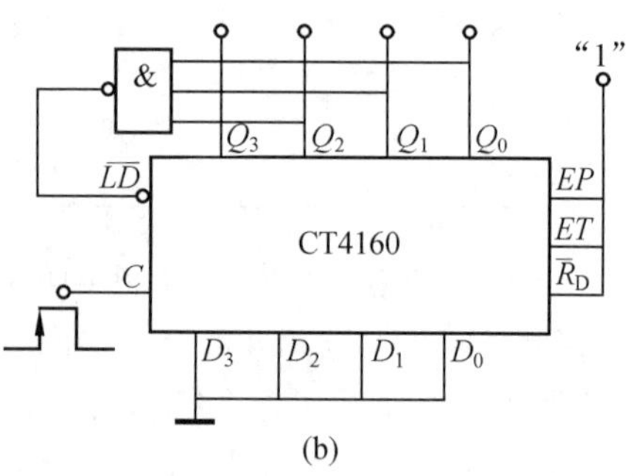

(b)

题图 15.12

解　由题图 15.12(a) CT4160 的功能表可知，$\overline{LD}=0$ 时，计数器置数。$\bar{R}_D=EP=ET=1$ 时，接成计数状态。将 CT4160 的数据输入端 $D_3D_2D_1D_0=0000$，即计数器的预置数为 0000。将

与非门的输入端分别与 Q_2、Q_1 和 Q_0 相连接，输出端与 $\overline{LD}$ 相接，具体逻辑电路如题图 15. 12(b) 所示。

首先用 $\bar{R}_D$ 端将计数器清零，使 $Q_3Q_2Q_1Q_0 = 0000$ 之后，$\bar{R}_D$ 恢复高电平，计数器在时钟脉冲作用下开始计数。当第 7 个时钟脉冲到来时，计数器输出状态 $Q_3Q_2Q_1Q_0 = 0111$。此时与非门的三个输入端都为“1”，与非门输出为“0”，使置数端 $\overline{LD} = 0$；当第 8 个时钟脉冲到来时，$Q_3Q_2Q_1Q_0 = D_3D_2D_1D_0 = 0000$。计数器复位，返回到初始状态 0000，实现了八进制计数器的功能。

15. 13　由题图 15. 13(a) 所示功能表，试画出用一片 74LS191 和 CT4161 集成计数器分别构成十三进制计数器的电路图。

输入								输出			
$\overline{LD}$	$\overline{CT}$	U/D	CP	D_3	D_2	D_1	D_0	Q_3	Q_2	Q_1	Q_0
0	×	×	×	d_3	d_2	d_1	d_0	d_3	d_2	d_1	d_0
1	0	0	↑	×	×	×	×	加计数			
1	0	1	↑	×	×	×	×	减计数			
1	1	×	×	×	×	×	×	保持			

(a) 74LS191功能表

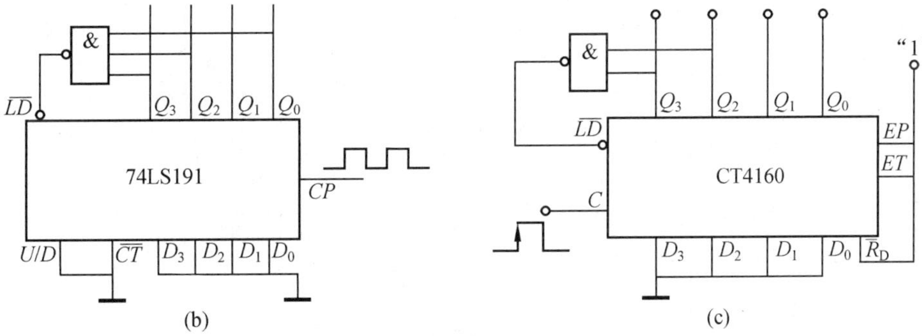

(b)

(c)

题图 15. 13

解　由题图 15. 13(a)74LS191 的功能表可知，$\overline{LD}$ 为置数端，$\overline{LD} = 0$ 时置数，$Q_3Q_2Q_1Q_0 = D_3D_2D_1D_0$。$\overline{CT}$ 为使能控制端，$\overline{CT} = 0$ 时，计数器计数。U/D 为计数状态控制端，$U/D = 0$ 时为加法计数。由一个与非门和一片 74LS191 构成的十三进制计数器如题图 15. 13(b) 所示。题图 15. 13(c) 是由 CT4161 和与非门构成的十三进制计数器，其功能表与 CT4160 相同。

15. 14　试用两片 74LS192 集成计数器组成五十进制计数器。

解　74LS192 是同步十进制计数器，采用串行进位的方式组成的五十进制计数器如题图 15. 14 所示。

在题图 15. 14 中，第(1) 片接成十进制计数器，第(2) 片接成五进制计数器，第(2) 片的时钟脉冲由第(1) 片的输出进位端 $\overline{CO}$ 提供。

在题图 15. 14 中，两片的 CP_D 恒为 1，都处于加法计数状态。第(1) 片每计到 9(1001) 时，$\overline{CO}$ 端输出低电平，使第(2) 片的时钟脉冲端 CP_U 也为低电平，即没有时钟脉冲。当第(1) 片的下个时钟脉冲到来时，第(1) 片计成 0(0000) 状态，$\overline{CO}$ 端从低电平跳回高电平，使第(2) 片的时钟脉冲的上升沿来到,于是第(2)片计入1(0001)。可见,第(1)片计数器每计10个脉冲,就给第(2)片计数器送入一个时钟脉冲,第(2)片计数器就进行加1计数。当两片计数器计到50个状态,第(2)片计数器输出为0101时,与门输出为1,第(2)片计数器立即从0101转为0000,两片计数器即返回到原来的0态,实现了五十进制的功能。

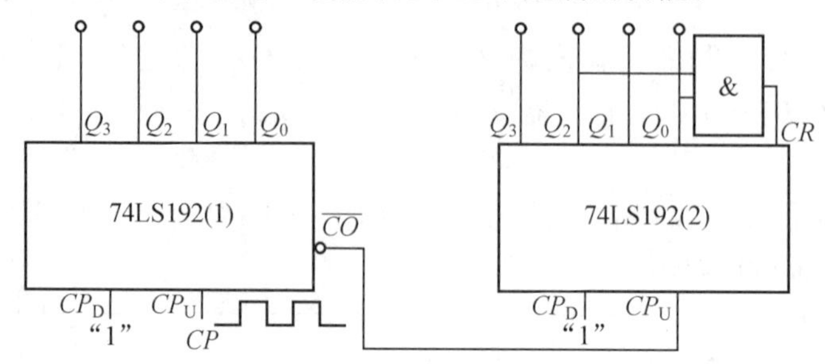

题图 15.14

15.15 试用两片CT4161集成计数器组成六十进制计数器。

解 74LS161为同步十六进制器,采用串行进位方式组成的六十进制计数器如题图15.15所示。

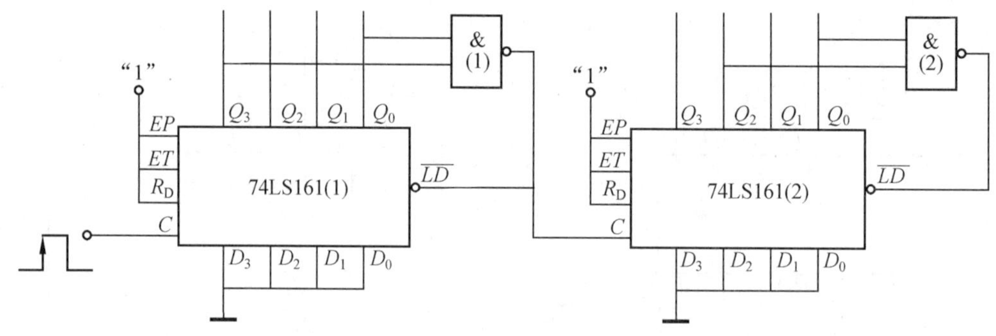

题图 15.15

在题图15.15中,两片的$EP=ET=1$,均处于计数状态。第(2)片的时钟由与非门(1)提供。第(1)片计数器用置数法接成十进制计数器,第(2)片计数器接成六进制计数器。第(1)片每计到9(1001)时,与非门(1)输出低电平,使$\overline{LD}=0$。当第(1)片计数器的下一个时钟脉冲到来时,$Q_3Q_2Q_1Q_0=D_3D_2D_1D_0=0$,与非门(1)为高电平,为第(2)片计数器提供一个时钟脉冲的上升沿,使第(2)片计数器计为1(0001)状态。可见,第(1)片计数器每计10个脉冲,就向第(2)片计数器输入一个时钟脉冲,使第(2)片计数器处于加"1"的状态。当两片计数器计到59时,第(1)片计数器输出为1001,第(2)片计数器输出为0101,第(1)片计数器$\overline{LD}=0$,第(2)片计数器$\overline{LD}=0$。当第60个脉冲到来时,第(1)片计数器输出为0000,第(2)片计数器输出也为0000,实现了六十进制计数的功能。

第 16 章　数字量和模拟量的转换

16.1　内容提要

1. 数 - 模转换器

常用的数 - 模转换电路主要由 T 型电阻网络、模拟开关及求和放大器三部分组成。

数 - 模转换器按输入的二进制数的位数分类有八位、十位、十二位和十六位等。

数 - 模转换器的主要性能指标包括分辨率、精度、输出范围、数字输入特性等。使用时要注意选择性能合适、性能价格比高的数 - 模转换器。

2. 模 - 数转换器

常用的模 - 数转换器为逐次逼近型,其转换原理与用天平称重的原理相似。

逐次逼近型模 - 数转换器由时钟脉冲、逐次逼近寄存器、D/A 转换器、电压比较器和参考电源等组成。

模 - 数转换器的主要性能指标包括分辨率、转换时间、精度、输入电压范围、输入电阻等。

16.2　重点与难点

16.2.1　重点

(1) 用戴维宁定理对 T 型电阻网络进行化简。

(2) 已知数字量,求出数 - 模转换电路的输出电压(模拟量)。

(3) 逐次逼近型模 - 数转换器的工作原理分析。

(4) 已知模拟量,求出模 - 数转换电路的数字量。

16.2.2　难点

模 - 数转换器的工作原理及求解数字量。

16.3　例题分析

【例 16.1】　在图 16.1 中,设 $U_{\mathrm{REF}} = 5\ \mathrm{V}$,若 $R_{\mathrm{F}} = 3R$,试求 $d_3d_2d_1d_0 = 1100$ 时输出电压 U_{o}。

解　图 16.1 是 T 型电阻网络 D/A 转换器。根据 D/A 转换器的计算公式

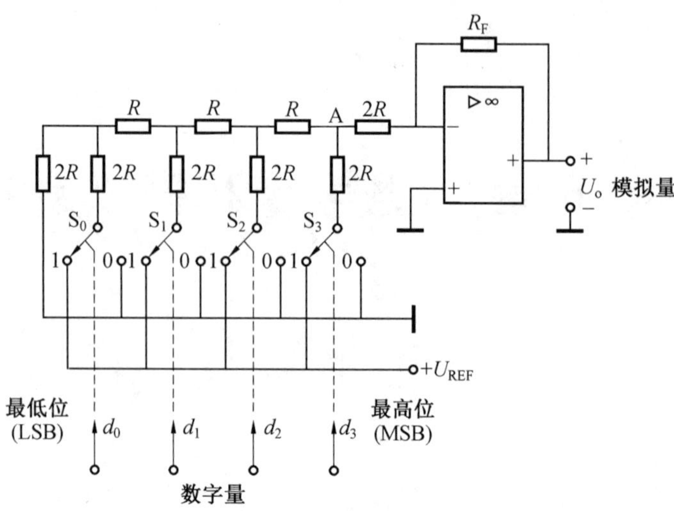

图 16.1　例 16.1 图

$$U_o = -\frac{U_{REF}}{2^n}(d_{n-1} \cdot 2^{n-1} + d_{n-2} \cdot 2^{n-2} + \cdots + d_0 \cdot 2^0)$$

当数字量是 $d_3d_2d_1d_0 = 1100$ 时，则

$$U_o = -\frac{5}{2^4}(d_3 \cdot 2^3 + d_2 \cdot 2^2 + d_1 \cdot 2^1 + d_0 \cdot 2^0) =$$

$$-\frac{5}{16}(1 \times 2^3 + 1 \times 2^2 + 0 \times 2^1 + 0 \times 2^0) =$$

$$-\frac{5}{16} \times 12 = -3.75(\text{V})$$

【例16.2】　有一四位逐次逼近型A/D转换器如图16.2所示，设 $U_{REF} = 9$ V，$U_i = 7.4$ V，转换后输出的数字量应为多少？

解　图16.2是四位逐次逼近型A/D转换器。根据题意，四位T型电阻网络的输出电压 U_A 与输入模拟电压 U_i 进行比较，即 U_A 向 U_i 逼近，完成模拟量转换成数字量。转换过程分析如下：

第一个时钟脉冲 C 前沿到来时，C_0 为负脉冲，使逐次逼近寄存器的输出状态为 $Q_3Q_2Q_1Q_0 = 1000$，T型电阻网络输出为

$$U_A = \frac{U_{REF}}{2^4}(1 \times 2^3) = \frac{9}{16} \times 8 = 4.5(\text{V})$$

由于 $U_A < U_i$，比较器输出为高电平，反相器输出为低电平，所以 $J = 1$，$K = 0$。

第二个时钟脉冲 C 前沿到来时，C_1 为负脉冲，使 $Q_3Q_2Q_1Q_0 = 1100$，T型电阻网络输出为

$$U_A = \frac{U_{REF}}{2^4}(1 \times 2^3 + 1 \times 2^2) = \frac{9}{16} \times 12 = 6.75(\text{V})$$

由于 $U_A < U_i$，所以 $J = 1$，$K = 0$。

第三个时钟脉冲 C 前沿到来时，C_2 为负脉冲，使 $Q_3Q_2Q_1Q_0 = 1110$，T型电阻网络输出为

$$U_A = \frac{U_{REF}}{2^4}(1 \times 2^3 + 1 \times 2^2 + 1 \times 2^1) = \frac{9}{16} \times 14 = 7.88(\text{V})$$

由于 $U_A > U_i$,比较器输出为低电平,反相器输出为高电平,所以 $J=0,K=1$。

第四个时钟脉冲 C 前沿到来时,C_3 为负脉冲,使 $Q_3Q_2Q_1Q_0=1101$,T 型电阻网络输出为

$$U_A=\frac{U_{REF}}{2^4}(1\times 2^3+1\times 2^2+1\times 2^0)=\frac{9}{16}\times 13=7.31(\mathrm{V})$$

所以,$U_A \approx U_i$,U_A 向 U_i 逼近。当 C_3 端的负脉冲结束时,二进制数码 $d_3d_2d_1d_0=1101$ 即存入数码寄存器,完成了模 - 数转换。

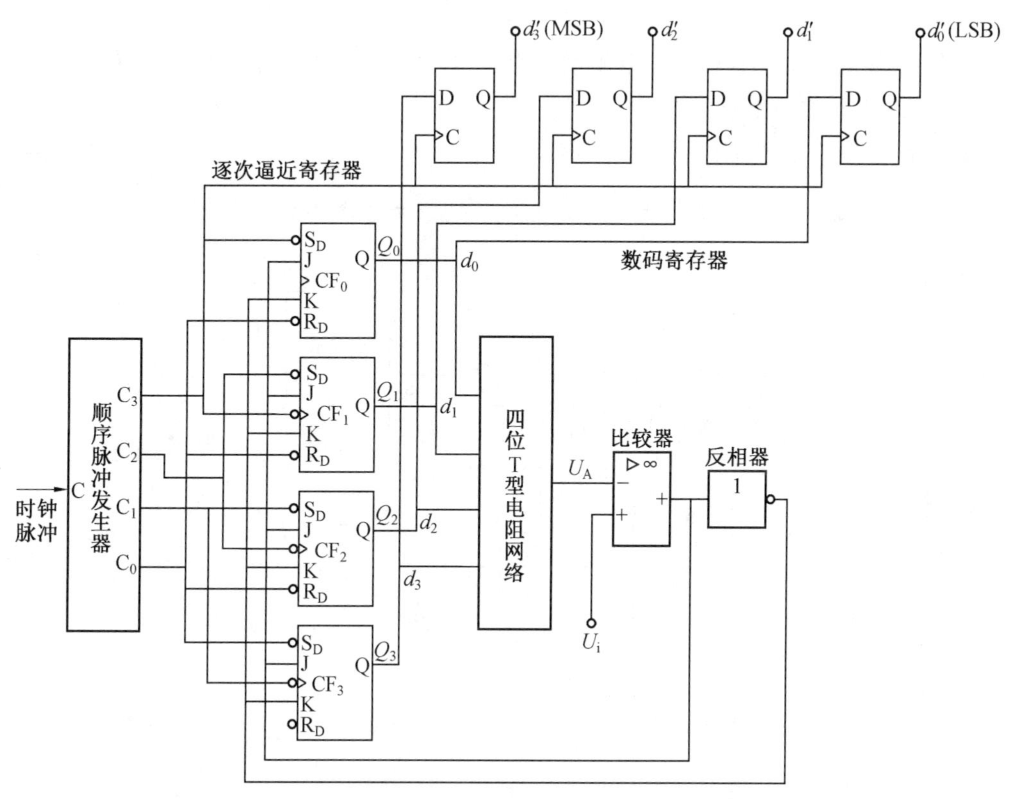

图 16.2　四位逐次逼近型 A/D 转换器

16.4　思考题分析

16.1　如图 16.1 所示的 T 型电阻网络 D/A 转换器输出电压 U_o 的最大变化范围为多少?

解　根据 D/A 转换器的计算公式

$$U_o=-\frac{U_{REF}}{2^4}(d_3\cdot 2^3+d_2\cdot 2^2+d_1\cdot 2^1+d_0\cdot 2^0)$$

当 $d_3d_2d_1d_0=0000\sim 1111$ 时

$$U_o=\left(0\sim -\frac{15U_{REF}}{16}\right)\ \mathrm{V}$$

16.2　如果将图 16.2 所示的逐次逼近型 A/D 转换器的输出扩展到 10 位,取时钟信号频率为 1 MHz,完成一次转换操作所需要的时间为多少?

解 如果将图16.2所示的四位逐次逼近型A/D转换器的输出扩展到10位时，完成一次转换操作所需的时间为

$$10T=\frac{10}{f}=\frac{10}{1\times10^{6}}=10\times10^{-6}\text{s}=10(\mu\text{s})$$

16.5 习题分析

16.1 在题图16.1所示T型电阻网络D/A转换器中，设 $U_{REF}=5$ V，若 $R_F=3R$，试求 $d_3d_2d_1d_0=1011$ 时的输出电压 U_o。

解 根据D/A转换器的计算公式，有

$$U_o=-\frac{5}{2^4}(1\times2^3+1\times2^1+1\times2^0)=-\frac{5}{16}\times11=-3.44(\text{V})$$

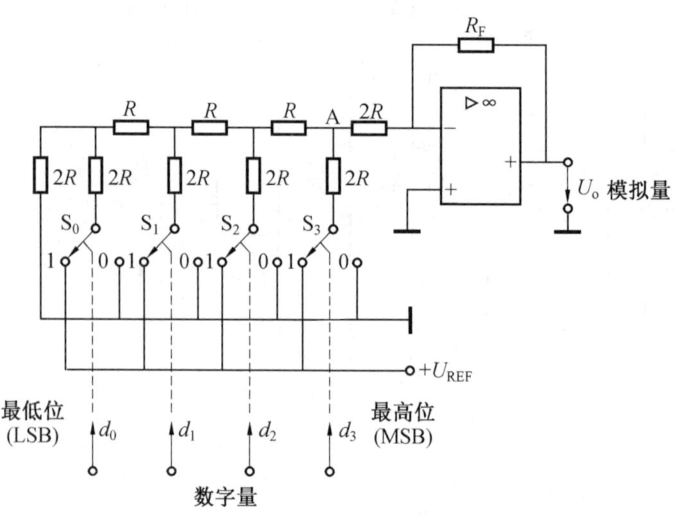

题图16.1

16.2 设DAC0832集成D/A转换器的 $U_{REF}=5$ V，试分别计算 $d_7\sim d_0=10011111$、10000101、00000111时的输出电压 U_o。

解 根据数－模转换器输出模拟电压与输入数字量之间的关系公式

$$U_o=-\frac{N}{256}U_{REF}$$

当 $d_7\sim d_0=10011111$ 时

$$N=2^7+2^4+2^3+2^2+2^1+2^0=128+16+8+4+2+1=159$$

则

$$U_o=-\frac{159}{256}\times5=-3.1(\text{V})$$

当 $d_7\sim d_0=10000101$ 时

$$N=2^7+2^2+2^0=128+4+1=133$$

则

$$U_o = -\frac{133}{256} \times 5 = -2.6(\mathrm{V})$$

当 $d_7 \sim d_0 = 00000111$ 时

$$N = 2^2 + 2^1 + 2^0 = 4 + 2 + 1 = 7$$

$$U_o = -\frac{7}{256} \times 5 = -0.137(\mathrm{V})$$

16.3　某 D/A 转换器要求十位二进制数能代表 0 ~ 10 V，试问此二进制数的最低位代表几伏？

解　设二进制数字信号 $d_9 \sim d_0 = 0000000001$，最小模拟电压

$$U_o = \frac{10}{2^{10}-1} \times (0+0+0+0+0+0+0+0+0+1) = \frac{10}{2^{10}-1} = 0.0098(\mathrm{V})$$

16.4　有一四位逐次逼近型 A/D 转换器如题图 16.2 所示。设 $U_{REF} = 10$ V，$U_i = 8.2$ V，转换后输出的数字量应为多少？

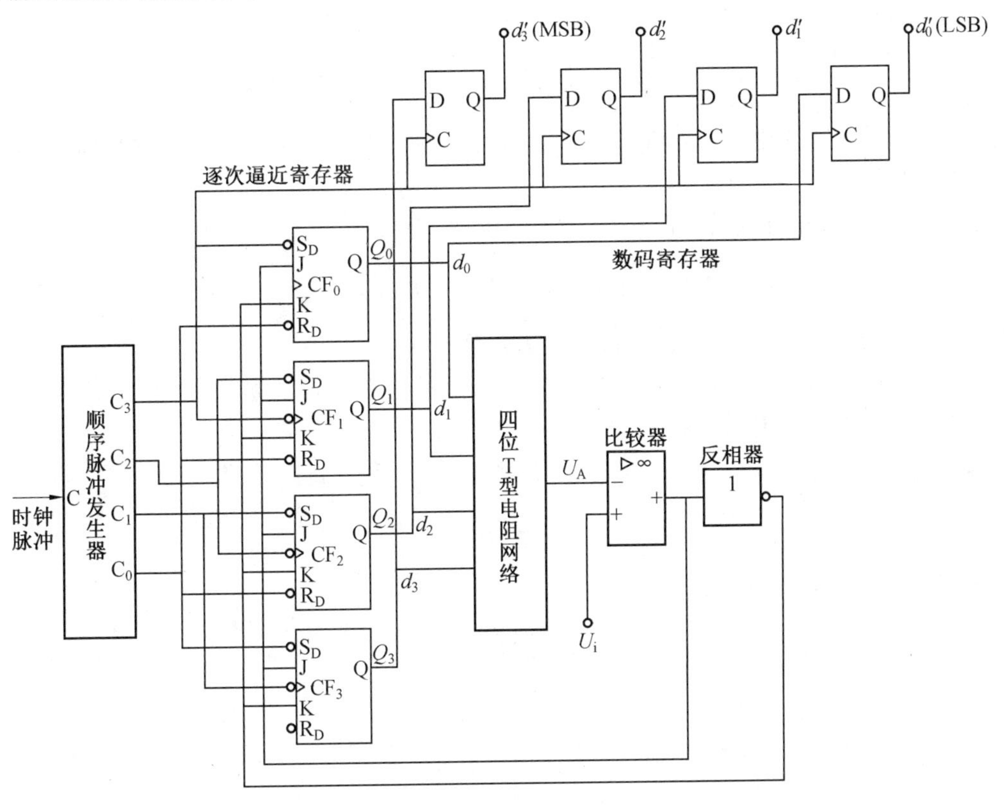

题图 16.2

解　当 $C = 1$ 时，顺序脉冲发生器的 C_0 端来负脉冲，如题图 16.3 所示。逐次逼近寄存器的输出状态 $Q_3Q_2Q_1Q_0 = 1000$，即 $d_3d_2d_1d_0 = 1000$。T 型电阻网络输出

$$U_A = \frac{10}{2^4} \times 2^3 = \frac{10}{16} \times 8 = 5(\mathrm{V})$$

由于 $U_A < U_i$，所以比较器输出为高电平，将各触发器的 J 端置“1”，即 $J = 1$；反相器输出为低电平，将各触发器的 K 端置“0”，即 $K = 0$。

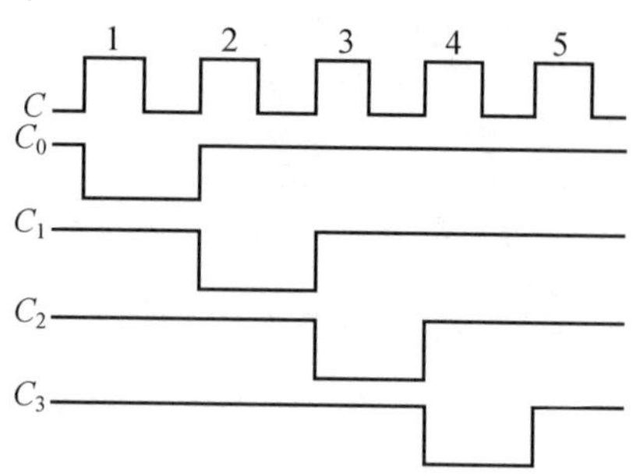

题图 16.3

当 $C=2$ 时，顺序脉冲发生器的 C_1 端来负脉冲，使 $Q_3Q_2Q_1Q_0=1100$，因而

$$U_A=\frac{10}{2^4}\times(1\times2^3+1\times2^2)=\frac{10}{16}\times12=7.5(\text{V})$$

由于 $U_A<U_i$，所以 $J=1,K=0$。

当 $C=3$ 时，顺序脉冲发生器的 C_2 端来负脉冲，使 $Q_3Q_2Q_1Q_0=1110$，因而

$$U_A=\frac{10}{2^4}\times(1\times2^3+1\times2^2+1\times2^1)=\frac{10}{16}\times14=8.75(\text{V})$$

由于 $U_A>U_i$，所以比较器输出为低电平，将各触发器的 J 端置“0”，即 $J=0$；反相器输出为高电平，将各触发器的 K 端置“1”，即 $K=1$。

当 $C=4$ 时，顺序脉冲发生器的 C_3 端来负脉冲，使 $Q_3Q_2Q_1Q_0=1101$，因而

$$U_A=\frac{10}{2^4}\times(1\times2^3+1\times2^2+1\times2^0)=\frac{10}{16}\times13=8.125(\text{V})$$

所以 $U_A\approx U_i$，故转换后输出的数字量为 $d_3d_2d_1d_0=1101$。

16.5　如果要将一个最大幅度值为 5 V 的模拟信号转换为数字信号，要求能识别出 4.88 mV 的输入信号变化，应选用几位的 A/D 转换器？

解　若要识别 $U_i=4.88$ mV 信号，应选用 10 位的 A/D 转换器，即

$$U_o=\frac{U_{\text{REF}}}{2^n}N$$

当 $d_9\sim d_0=0000000001$ 时

$$U_o=\frac{5}{2^{10}}\times(1\times2^0)=\frac{5}{2^{10}}=\frac{5}{1\,024}=4.88(\text{mV})$$

参 考 文 献

[1] 毕淑娥.《电工与电子技术基础》同步辅导[M].哈尔滨:哈尔滨工业大学出版社,2005.
[2] 毕淑娥.电路分析基础学习指导[M].北京:机械工业出版社,2013.